职业教育系列教材
新形态教材

有机化学

YOUJI HUAXUE

第三版

柯宇新　王广珠　郭春香　主编

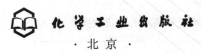

化学工业出版社

·北京·

内容简介

全书分为理论篇及实验篇，共十九章。理论篇部分包括十五章，分别为绪论，链烃，环烃，卤代烃，醇、酚、醚，醛、酮、醌，羧酸及取代羧酸，羧酸衍生物及油脂，对映异构，有机含氮化合物，杂环化合物和生物碱，糖类，氨基酸和蛋白质，萜类和甾体化合物，药用高分子化合物等；实验篇包括一般知识、基本操作、有机化合物的性质和制备实验。本书按照官能团体系，着重介绍各类有机化合物的命名、结构、性质、一些典型的有机反应及其反应过程。全书重点突出，文字简练，通俗易懂，充分体现职业教育特色和药品、食品行业特色。另外，本教材配有教学配套资源（PPT、微课、视频等），使师生便教易学。

本教材可作为高职院校（包含"三年制""五年一贯制""三、二分段制"院校）药学类与食品药品类等专业的教学用书，还可供从事药学类与食品药品类等专业的工作人员参考。

图书在版编目（CIP）数据

有机化学 / 柯宇新，王广珠，郭春香主编. -- 3 版.
北京：化学工业出版社，2025. 7. --（职业教育系列教材）. -- ISBN 978-7-122-48249-5

Ⅰ. O62

中国国家版本馆 CIP 数据核字第 2025XT2090 号

责任编辑：陈燕杰　　　　　　　　文字编辑：白华霞
责任校对：李露洁　　　　　　　　装帧设计：王晓宇

出版发行：化学工业出版社
　　　　　（北京市东城区青年湖南街 13 号　邮政编码 100011）
印　　装：北京云浩印刷有限责任公司
787mm×1092mm　1/16　印张 19½　字数 508 千字
2025 年 9 月北京第 3 版第 1 次印刷

购书咨询：010-64518888　　　　　售后服务：010-64518899
网　　址：http://www.cip.com.cn
凡购买本书，如有缺损质量问题，本社销售中心负责调换。

定　　价：49.80 元　　　　　　　　版权所有　违者必究

编写人员名单

主　编　柯宇新　王广珠　郭春香

副主编　张明光　蒋雨来　高　源

编　者

王广珠（山东药品食品职业学院）

张明光（江苏医药职业学院）

陈彩玲（广州市医药职业学校）

赵儒霞（山东药品食品职业学院）

柯宇新（广东省食品药品职业技术学校）

秦晋钰（山西药科职业学院）

高　源（山东药品食品职业学院）

郭春香（广东省食品药品职业技术学校）

唐　贝（河南应用技术职业学院）

唐　璐（广东省食品药品职业技术学校）

蒋雨来（山东药品食品职业学院）

前 言

本书是按照高等职业教育药学类与食品药品类专业有机化学教学的基本要求，在多年教学实践和广泛征集使用学校的意见与建议，参阅了近年出版的有机化学和相关学科的教科书的基础上编写而成的。本书在编写时融入了党的二十大精神，并突出了以下六方面的特点。

1. 有机融入课程思政元素，落实立德树人根本任务。教材各栏目尽量选取我国科技工作者在有机化学领域所做出的巨大成就作为案例，以增强学生的民族自豪感和社会责任感。

2. 采用情景案例与教学内容相结合的编写形式。即以情景案例导入为主线，创设问题情境。在编写中，力求所选案例具有知识性、针对性、启发性和实践性，突出案例的引导效果；根据案例情况，提出相关问题，启发学生思维，激发学生的学习兴趣，提高学生学习的主动性和积极性。

3. 优化编写模式。充分考虑现代高等职业教育特点，始终贯穿"必需、够用、适度拓展"的原则，按"学习目标—情景案例分析—知识内容—课堂活动—知识链接（拓展）—技能实训—目标检测"格式模块编写，由浅入深，保证内容的启发性和互动性，提高学生学习的自主性。

4. 体系编排新颖，内容取材与专业息息相关。本教材将有机化学理论和实验两部分有机地融为一体，内容的选择以"基础理论、基本知识和基本技能"为主，突出结构、性质和用途之间的关系，在保持学科系统性基础上，注重专业特点。在各章节尽量选择与药品食品有关的重要化合物进行介绍。

5. 体现职业教育思想，突出实用性。本教材从学生的身心特点、认知和情感出发，适当淡化或删减了理论性偏深或实用性不强的内容，如把结构理论及反应机理放在知识链接（拓展）栏目，使之形成与正文相对独立的内容，便于教学选用，降低了知识的难度和广度，注重理论和实践相结合，紧紧围绕药品食品职业教育的主体展开叙述和讨论，体现了高职教材"思想性、科学性、先进性、启发性、实用性"的统一。

6. 发展互联网+教育，推进纸数融合。本教材为书网融合教材，即纸质教材有机融合电子教材、教学配套资源（PPT、微课、视频、图片等）、数字化教学服务，使教学资源更加多样化、立体化，以增强学生在信息环境下的自主学习能力。

本书编写分工为：柯宇新编写第一章；郭春香编写第二章和第十九章；秦晋钰编写第三章；王广珠编写第四章和第六章；蒋雨来编写第五章和第十四章；唐贝编写第七章和第十六章；张明光编写第八章和第九章；高源编写第十章；陈彩玲编写第十一章和第十三章；赵儒霞编写第十二章；唐璐编写第十五章、第十七章和第十八章。全书由柯宇新负责修改、统稿和定稿。

由于编者水平有限，加上编写时间仓促，本书难免有不妥之处，殷切希望读者批评指正。

编者

理论篇

第一章　绪论　001

一、有机化合物与有机化学　002

二、有机化合物的性质特点　003

三、有机化合物的结构特点　004

四、共价键的属性　006

五、共价键的断裂方式和有机反应类型　008

六、有机化合物的分类　009

七、有机化学与药品的关系　011

本章重要知识点小结　011

目标检测　012

第二章　链烃　014

第一节　烷烃　015

一、烷烃的结构　015

二、烷烃的通式、同系列和同系物　019

三、烷烃的命名　019

四、烷烃的物理性质　023

五、烷烃的化学性质　024

六、重要的烷烃　025

第二节　烯烃　026

一、烯烃的结构及同分异构现象　026

二、烯烃的命名　029

三、烯烃的物理性质　031

四、烯烃的化学性质　031

五、重要的烯烃　035

第三节　炔烃　036

一、炔烃的结构　036

二、炔烃的命名和同分异构现象　037

三、炔烃的物理性质　038

四、炔烃的化学性质　038

五、重要的炔烃——乙炔　041

第四节　二烯烃　041

一、二烯烃的分类和命名　041

二、共轭二烯烃的结构和共轭效应　042

三、共轭二烯烃的性质　042

本章重要知识点小结　044

目标检测　044

第三章　环烃　047

第一节　脂环烃　048

一、脂环烃的命名　048

二、环烷烃的结构　049

三、环烷烃的性质　050

第二节　芳香烃　052

一、苯的结构　052

二、芳香烃的分类　054

三、苯的同系物的命名　055

四、单环芳烃的物理性质　056

五、单环芳烃的化学性质　056

六、苯环上取代反应的定位规律　059

七、稠环芳烃　061

本章重要知识点小结　066

目标检测　066

第四章　卤代烃　069

一、卤代烃的分类　070

二、卤代烃的命名　070

三、卤代烃的物理性质　071

四、卤代烷的化学性质　073

五、重要的卤代烃　079

本章重要知识点小结　080

目标检测　080

第五章　醇、酚、醚　083

第一节　醇　084

一、醇的分类、同分异构和命名 084
二、醇的物理性质 086
三、醇的化学性质 086
四、重要的醇 090
第二节 酚 092
一、酚的分类和命名 093
二、酚的物理性质 094
三、酚的化学性质 094
四、重要的酚 096
第三节 醚 098
一、醚的结构、分类和命名 098
二、醚的物理性质 099
三、醚的化学性质 100
四、重要的醚 101
本章重要知识点小结 102
目标检测 102

第六章 醛、酮、醌 105

第一节 醛和酮 105
一、醛、酮的结构、分类和命名 105
二、醛、酮的物理性质 108
三、醛、酮的化学性质 109
四、重要的醛、酮 117
第二节 醌 118
一、醌的结构和命名 118
二、重要的醌类化合物 119
本章重要知识点小结 120
目标检测 121

第七章 羧酸及取代羧酸 123

第一节 羧酸 124
一、羧酸的结构 124
二、羧酸的分类和命名 124
三、羧酸的物理性质 126
四、羧酸的化学性质 127
五、重要的羧酸 131
第二节 取代羧酸 132
一、卤代酸 132
二、羟基酸 133
三、羰基酸 137
本章重要知识点小结 139

目标检测 139

第八章 羧酸衍生物及油脂 141

第一节 羧酸衍生物 141
一、羧酸衍生物的命名 142
二、羧酸衍生物的物理性质 143
三、羧酸衍生物的化学性质 145
四、重要的羧酸衍生物 150
第二节 油脂 151
一、油脂的组成与结构 152
二、油脂的物理性质 152
三、油脂的化学性质 153
四、油脂在医药上的应用 154
第三节 碳酸衍生物 154
一、碳酰氯 155
二、碳酰胺 155
三、丙二酰脲 156
四、硫脲 156
五、胍 157
本章重要知识点小结 157
目标检测 158

第九章 对映异构 161

第一节 手性分子和对映异构 162
一、手性 162
二、手性分子 162
三、对映异构 163
第二节 手性化合物的性质——
物质的旋光性 165
一、偏振光及旋光性 165
二、旋光仪和比旋光度 166
第三节 对映异构体的标记 167
一、对映异构体的表示法 167
二、对映异构体的构型标记法 168
三、外消旋体与对映异构体的性质 170
第四节 非对映体和内消旋化合物 171
一、非对映体 171
二、内消旋化合物 172
本章重要知识点小结 173
目标检测 173

第十章　有机含氮化合物　175

第一节　硝基化合物　175
一、硝基化合物的分类和命名　175
二、硝基化合物的性质　176
三、重要的硝基化合物　178
第二节　胺　179
一、胺的分类及命名　180
二、胺的性质　181
三、常见的胺　185
四、季铵化合物　186
第三节　重氮化合物和偶氮化合物　187
一、重氮化合物　188
二、偶氮化合物　189
本章重要知识点小结　190
目标检测　191

第十一章　杂环化合物和生物碱　193

第一节　杂环化合物　193
一、杂环化合物的分类和命名　194
二、常见杂环化合物的化学性质　196
三、重要的杂环化合物及其衍生物　198
四、重要的稠杂环化合物及其衍生物　202
第二节　生物碱　203
一、生物碱的分类和命名　204
二、生物碱的一般性质　204
三、重要的生物碱　205
本章重要知识点小结　206
目标检测　207

第十二章　糖类　208

第一节　单糖　209
一、单糖的结构　209
二、单糖的物理性质　211
三、单糖的化学性质　212
四、重要的单糖　215
第二节　二糖　216
一、蔗糖　216
二、麦芽糖　217
三、乳糖　217
第三节　多糖　218

一、淀粉　218
二、糖原　219
三、纤维素　219
本章重要知识点小结　220
目标检测　220

第十三章　氨基酸和蛋白质　223

第一节　氨基酸　224
一、氨基酸的分类、命名和构型　224
二、氨基酸的性质　225
三、重要的氨基酸　228
第二节　蛋白质　228
一、蛋白质的结构　229
二、蛋白质的性质　229
本章重要知识点小结　231
目标检测　232

第十四章　萜类和甾体化合物　234

第一节　萜类化合物　234
一、萜类化合物的结构　234
二、萜类化合物的分类　235
三、常见的萜类化合物　235
第二节　甾体化合物　238
一、甾体化合物的结构和命名　238
二、重要的甾体化合物　240
本章重要知识点小结　243
目标检测　243

第十五章　药用高分子化合物　244

第一节　高分子化合物概述　244
一、高分子化合物的一般概念　244
二、高分子化合物的分类　245
三、高分子化合物的命名　245
四、高分子化合物的结构　246
第二节　药用高分子化合物　247
一、药用天然高分子化合物　247
二、药用合成高分子化合物　248
本章重要知识点小结　249
目标检测　250

实验篇

第十六章　有机化学实验的一般知识　251

第一节　有机化学实验室规则　251

第二节　实验室安全知识　252

一、保护眼睛和其他个人安全防护　252

二、防火　252

三、防爆炸　253

四、防中毒　253

五、割伤救护　254

六、防触电　254

七、实验室应备的急救箱　254

第三节　常用的玻璃仪器和装置　254

一、常用的普通玻璃仪器　254

二、常用的标准磨口玻璃仪器　255

三、有机化学实验常用装置　256

四、玻璃仪器的洗涤、干燥和保养　257

第十七章　有机化学实验的基本操作　260

实验一　塞子钻孔和简单玻璃工操作　260

一、目的要求　260

二、基本原理　260

三、仪器与试剂　260

四、实验步骤　260

五、实验内容　263

六、注释　264

七、思考题　264

实验二　熔点的测定　265

一、目的要求　265

二、基本原理　265

三、仪器与试剂　265

四、实验步骤　265

五、实验内容　267

六、注释　267

七、思考题　267

实验三　蒸馏及沸程的测定　267

一、目的要求　267

二、基本原理　268

三、仪器与试剂　268

四、实验步骤　268

五、注释　270

六、思考题　270

实验四　重结晶　271

一、目的要求　271

二、基本原理　271

三、仪器与试剂　271

四、实验步骤　271

五、实验内容　273

六、注释　273

七、思考题　273

实验五　萃取　274

一、目的要求　274

二、基本原理　274

三、仪器与试剂　274

四、实验步骤　274

五、实验内容　275

六、注释　276

七、思考题　276

实验六　减压蒸馏　277

一、目的要求　277

二、基本原理　277

三、仪器与试剂　277

四、实验步骤　277

五、注释　279

六、思考题　279

实验七　水蒸气蒸馏　280

一、目的要求　280

二、基本原理　280

三、仪器与试剂　280

四、实验步骤　280

五、注释　281

六、思考题　281

实验八　薄荷油折射率的测定　282

一、目的要求　282

二、基本原理　282

三、仪器与试剂　282

四、实验步骤　282

五、实验内容 283
六、注释 283
七、思考题 284
实验九 糖的旋光度测定 284
一、目的要求 284
二、基本原理 284
三、仪器与试剂 284
四、实验步骤 284
五、实验内容 285
六、注释 285
七、思考题 285

第十八章 有机化合物的性质 286

实验十 烃和卤代烃的性质 286
一、实验目的 286
二、实验原理 286
三、试剂 286
四、操作步骤 286
五、思考题 287
实验十一 醇和酚的性质 287
一、实验目的 287
二、实验原理 287
三、实验步骤 287
四、注释 288
五、思考题 288
实验十二 醛和酮的性质 288
一、实验目的 288
二、实验原理 288
三、实验步骤 289
四、注释 289
五、思考题 290
实验十三 羧酸及其衍生物、取代
羧酸的性质 290
一、实验目的 290
二、实验原理 290
三、实验步骤 290
四、注释 291
五、思考题 292
实验十四 糖的性质 292
一、实验目的 292

二、实验原理 292
三、实验步骤 292
四、注释 293
五、思考题 293
实验十五 氨基酸、蛋白质的性质 293
一、实验目的 293
二、仪器与试剂 293
三、实验内容与步骤 293
四、思考题 295

第十九章 有机化合物的制备实验 296

实验十六 乙酸乙酯的制备 296
一、实验目的 296
二、实验原理 296
三、仪器与试剂 296
四、实验步骤 296
五、注意事项 297
六、思考题 297
实验十七 乙酰水杨酸的制备 297
一、实验目的 297
二、实验原理 297
三、仪器和试剂 298
四、实验步骤 298
五、思考题 298
实验十八 从茶叶中提取咖啡因 298
一、实验目的 298
二、实验原理 298
三、主要产物及其物理常数 299
四、仪器与试剂 299
五、实验步骤 299
六、注意事项 299
实验十九 肥皂的制备 300
一、实验目的 300
二、实验原理 300
三、仪器与试剂 300
四、实验步骤 300
五、注释 301
六、问题与讨论 301

参考文献 302

本书数字资源

1.1　有机分子中碳原子的成键特点视频　004
1.2　同分异构现象及结构式的表示式视频　005
2.1　烷烃的系统命名法视频　020
2.2　高锰酸钾与烯烃的氧化反应视频　033
4.1　氯代烃取代反应知识点总结视频　073
4.2　氯代烃知识点总结视频　080
5.1　系统命名法——饱和一元醇、不饱和醇视频　085
5.2　醇和无机酸的反应视频　087
5.3　甘油与氢氧化铜的反应视频　090
5.4　苯酚与三氯化铁的反应视频　095
6.1　醛酮的氧化反应知识点总结视频　115
6.2　醛酮的知识点总结视频　120
7.1　羧酸的命名视频　124
7.2　羧酸的酸性视频　127
7.3　甲酸、乙酸、乙二酸的酸性比较视频　128
7.4　甲酸、乙酸、乙二酸与高锰酸钾的反应视频　131
7.5　甲酸的银镜反应视频　131
7.6　酚羟基的特性反应视频　136
8.1　羧酸衍生物的化学性质视频　145
8.2　羧酸衍生物及油酯视频　157
9.1　葡萄糖溶液旋光度的测定视频　166
9.2　对映异构的 R,S 命名法视频　168
9.3　对映异构视频　173
10.1　胺的碱性视频　181
10.2　有机含氮化合物知识总结视频　190
11.1　五元杂环的结构和化学性质视频　196
11.2　六元杂环的结构和化学性质视频　197
12.1　糖类与托伦试剂的反应视频　212
12.2　糖类与班氏试剂的反应视频　212
12.3　糖类与塞利凡诺夫试剂的反应视频　215
13.1　氨基酸、蛋白质与茚三酮的反应视频　226
13.2　蛋白质的盐析实验视频　230
13.3　蛋白质与重金属的反应视频　231
13.4　蛋白质的缩二脲反应视频　231
14.1　甾醇类化合物——胆固醇视频　240
14.2　甾体激素视频　241

本书 PPT

目标检测答案

理 论 篇

第一章 绪 论

 ## 学习目标

知识目标

1. 掌握有机化合物的定义、有机化合物的特性、有机化合物的结构式。
2. 熟悉有机化合物的表示方法、分类方法、常见官能团。
3. 了解有机化学与药学和食品类专业的关系。

能力目标

1. 能从物质化学组成上区分有机化合物和无机化合物。
2. 能识别常见官能团。
3. 会书写有机化合物的结构式。

情景导入

我国科学家屠呦呦从东晋（公元 3~4 世纪）葛洪《肘后备急方》有关"青蒿一握，以水二升渍，绞取汁，尽服之"的截疟记载中得到启发，推进了青蒿素的发现，创制了新型抗疟药青蒿素和双氢青蒿素。2015 年 10 月，屠呦呦获得诺贝尔生理学或医学奖，她发现的青蒿素可以有效降低疟疾患者的死亡率。青蒿素的结构式为：

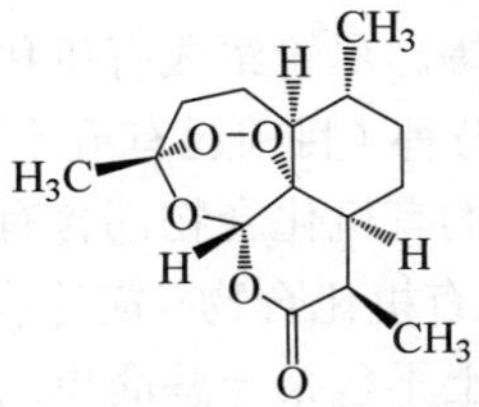

问题：1. 青蒿素由哪些元素组成？青蒿素属于哪一类化合物？
2. 青蒿素分子中含有几个六元环？含有哪些官能团？

3. 有机化合物有哪些特性？结构式如何书写？

一、有机化合物与有机化学

早在 200 多年前，化学家就已经把物质区分为无机化合物和有机化合物两大类。当时的化学家把从岩石、矿物质中得到的物质如铁、铜、氯化钠等称为无机化合物，喻指无生命力的物质。而把从动植物自身产生的物质以及利用这些物质生产的酒和染料等"由生物得到的物质"统称为有机化合物。在 19 世纪初之前，人们普遍认为有机化合物是与生命现象密切相关的，是生物体内在特殊的、神秘的"生命力"作用下产生的，只能从生物体内得到，不能人工合成。这就是以瑞典当时的化学权威贝采利乌斯（Berzelius，1779—1848）为代表的"生命力"学说的观点。"生命力"学说给有机化合物赋予"有生机之物"的神秘色彩，严重阻碍了有机化合物合成的发展。

1825 年德国化学家维勒（F. Wohler)将典型的无机化合物氰酸铵的水溶液加热得到了有机化合物尿素（存在于人和哺乳动物的尿液中）：

$$NH_4CNO \xrightarrow{\text{加热}} H_2NCONH_2$$
氰酸铵　　　　　　　尿素

从此冲破了无机化合物和有机化合物的鸿沟，此后人们又陆续地合成了许多有机化合物。如今，许多生命物质，例如淀粉、蛋白质、核酸和激素等也都成功地合成了。由于历史的沿用，现在仍然使用"有机化合物"这个名称，只不过它的含义已经不同了。

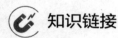 **知识链接**

人工合成淀粉

淀粉不仅是粮食的主要成分，也是重要的工业原料，在造纸业、纺织业、食品药品工业、胶黏剂生产等领域有广泛应用。

继 20 世纪 60 年代在世界上首次人工合成结晶牛胰岛素之后，2021 年中国科学家又在人工合成淀粉方面取得了重大颠覆性、原创性突破——国际上首次在实验室实现二氧化碳到淀粉的从头合成。该成果尚处于实验室阶段，离实际应用还有很长的距离，但如果成本能降低到可与农业种植相比时，将有机会节省超过 90%的土地和淡水资源，并可消除化肥和农药对环境的负面影响。因此，该成果对于提高人类粮食安全水平，促进"碳中和"的生物经济发展都具有重大意义。

无机化合物和有机化合物之间并没有十分明显的界限，但在组成、结构和性质上有着明显的不同之处。构成无机化合物的元素有上百种，而构成有机化合物的基本元素只有碳、氢、氧和氮四种，少数还含有硫、磷、卤素等。尽管组成有机化合物的元素种类为数不多，但有机化合物的数量却是惊人的，已达四千多万种（目前已有五千多万种有机和无机化合物）。通过对有机化合物的元素进行测定，发现所有的有机化合物都含有碳元素，多数的含有氢，其次还含有氧、氮、硫、磷和卤素等元素。因此，有机化合物（简称有机物）的现代定义是指含碳化合物，或指碳氢化合物及其衍生物。但习惯上不包括一些简单的碳化合物，如一氧化碳、二氧化碳、碳酸盐和氰化物等，因为它们的性质与无机化合物相似。有机化学是研究有机化合物的组成、结构、性质、制备方法与应用的科学。

人物

首次人工合成有机物的化学家
——弗里德里希·维勒

弗里德里希·维勒（Friedrich Wohler，1800—1882），德国化学家，他因人工合成了尿素，打破了有机化合物的生命力学说而闻名。

维勒自 1824 年起研究氰酸铵的合成，但是他发现在氰酸中加入氨水后蒸干得到的白色晶体并不是铵盐，到了 1828 年他终于证明这个实验的产物是尿素。维勒由于偶然发现了从无机物合成有机物的方法，而被认为是有机化学研究的先锋。在此之前，人们普遍认为：有机物只能依靠一种生命力在动物或植物体内产生，人工只能合成无机化合物，而不能合成有机化合物。维勒的老师贝采利乌斯是生命力学说的代表人物，他写信给维勒，幽默地讽刺他能不能在实验室里"制造出一个小孩来"。维勒将自己的发现和实验过程写成题为《论尿素的人工制成》的论文，发表在 1828 年《物理学和化学年鉴》第 12 卷上。他的论文详尽记述了如何用氰酸与氨水或氯化铵与氰酸银来制备纯净的尿素。随着其他化学家对他的实验的重现成功，人们认识到有机物是可以在实验室由人工合成的，这打破了多年来占据有机化学领域的生命力学说。随后，乙酸、酒石酸等有机物相继被合成出来，支持了维勒的观点。

二、有机化合物的性质特点

有机化合物和无机化合物在性质上有一定的差别，主要表现在以下 5 个方面。

1. 绝大多数有机化合物易燃烧

绝大多数有机化合物容易燃烧，如汽油、油脂、柴油、天然气等都容易燃烧，燃烧的最后产物是二氧化碳和水，若含有其他元素，则生成这些元素的氧化物。大多数无机化合物则不易燃烧，也不能烧尽。但有的有机化合物不仅不易燃烧，而且可以作为灭火剂，如 CCl_4 等。

2. 绝大多数有机化合物的熔点较低

有机化合物的熔点一般较低，多在 400℃ 以下，而无机化合物则高得多。例如，肉桂酸的熔点为 133℃，而氯化钠的熔点为 808℃。

3. 绝大多数有机化合物难溶于水

大多数有机化合物不溶或难溶于水，而易溶于酒精、氯仿、丙酮等有机溶剂中。当然，极性较大的有机化合物，如乙醇、乙酸等，则易溶于水，甚至可以任意比例与水互溶。

4. 有机化合物的反应比较慢而且副反应多

无机化合物的反应一般为离子反应，反应速率快。多数有机化合物的反应过程复杂，反应速率较慢，往往需要加热、催化剂等条件以加快反应。另外，有机物分子发生反应时，常伴有副反应发生，所以反应后的产物常常是混合物。

5. 多数有机化合物的稳定性较差

多数有机化合物不如无机物稳定。有机化合物常因温度、细菌、空气或光照的影响而分解变质。例如，维生素 C 片剂是白色的，若长时间放置则会被空气氧化而变质呈黄色。

三、有机化合物的结构特点

所谓结构是指组成分子的各个原子相互结合的次序和方式。原子的种类、数目、结合次序和排列方式不同，分子的结构不同，性质也就不同。19 世纪中后期，由于生产发展的需要，也由于科学实验资料的不断积累，有机化学的结构理论在科学实践中总结和建立起来，并逐步得到完善。

（一）碳原子及其共价键的形成

有机化合物是含碳化合物，尽管组成有机化合物的元素种类为数不多，但有机化合物的数量却是惊人的。之所以如此，原因在于碳原子的结构特点。碳元素位于周期表的第 2 周期第Ⅳ A 族，最外层有四个电子。碳原子在化学反应中，既不容易得到电子，也不容易失去电子，因此，不易形成离子键。碳原子与其他原子结合时，一般是通过共用电子对形成共价键。一个原子差几个电子达到稳定结构，就要形成几个共价键，一个原子在形成分子时，生成共价键的数目称为共价数。因此，在有机化合物分子中，碳原子的共价数总是 4 价，氮为 3 价，氧和硫为 2 价，氢和卤素为 1 价。

最简单的有机化合物甲烷（CH_4）的分子是由一个碳原子和四个氢原子以共价键的方式结合而成的。这种结合使碳原子达到最外层有八个电子的稳定结构，氢原子也达到最外层有两个电子的稳定结构。甲烷（CH_4）分子的电子式为：

$$H : \overset{\overset{\displaystyle H}{..}}{\underset{\overset{\displaystyle ..}{H}}{C}} : H$$

如果用每条短线"—"代表一对共用电子对，则甲烷（CH_4）分子的结构式为：

$$H - \overset{\displaystyle H}{\underset{\displaystyle H}{C}} - H$$

结构式是表示有机化合物分子结构的化学图式，这样的图式不仅能表示有机化合物分子中原子的种类和数目，而且还能表示原子相互结合的次序和方式。

必须指出，一个碳原子和四个氢原子结合成一个甲烷分子以后，这五个原子并不在一个平面上。19 世纪末荷兰化学家范特霍夫（J. H. van't Hoof）提出了碳原子的正四面体学说，并为现代物理方法测定证明。该学说认为碳原子位于正四面体的中心，4 个相同的价键伸向以碳原子为中心的正四面体的四个角顶，并和氢原子连接。4 个等同碳氢键的键长均为 109pm，各键之间的夹角均为 109.5°。见图 1-1。

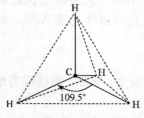

图 1-1　甲烷的正四面体结构

（二）碳原子的结合方式

碳原子彼此之间也可以结合，而且彼此之间的结合方式很多。两个碳原子之间可以用一对、两对或三对共用电子对结合，分别形成单键（用"—"表示）、双键（用"＝"表示）或三键（用"≡"表示）。例如：

$$-\overset{|}{\underset{|}{C}}-\overset{|}{\underset{|}{C}}-　\quad -\overset{|}{C}=\overset{|}{C}-　\quad -C\equiv C-$$

碳碳单键　　　碳碳双键　　　碳碳三键

多个碳原子之间还可以相互连接成长短不一的链状和各种不同的环状，从而构成有机化合物的基本骨架（或称为有机化合物的碳骨架）。例如：

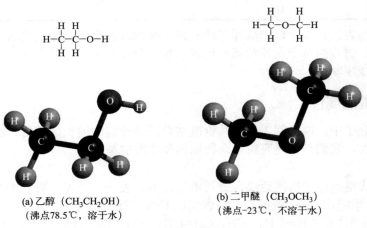

扫一扫

同分异构现象及结构式的表示式视频

碳原子的结合方式多样是有机化合物数目众多的原因之一。

随堂练习 1-1

组成分子式为 C_5H_{12} 的戊烷有 3 种碳链骨架，你能写出它们的结构式吗？

（三）同分异构现象普遍

化合物的性质不仅取决于分子的组成，而且更取决于分子的结构。例如，乙醇和二甲醚组成相同，分子式都是 C_2H_6O，但分子中原子相互结合的次序和方式不同，即分子结构不同，因而其性质各异，是两种不同的化合物（图 1-2）。像这种具有相同的分子式，但结构不同的现象称为同分异构现象，具有相同的分子式而结构不同的化合物互称为同分异构体。

(a) 乙醇（CH_3CH_2OH）
（沸点78.5℃，溶于水）

(b) 二甲醚（CH_3OCH_3）
（沸点-23℃，不溶于水）

图 1-2 乙醇与二甲醚

同分异构现象在有机化合物中普遍存在，这是有机化合物数目众多的又一原因。

（四）有机化合物结构的表示

由于有机化合物中同分异构现象普遍存在，因此，我们不能只用分子式来表示某一种有机化合物，而必须用结构式或结构简式来表示（表 1-1）。

表 1-1 有机化合物的表示方式

化合物	结构式	结构简式	键线式
正戊烷	H-C-C-C-C-C-H	$CH_3-CH_2-CH_2-CH_2-CH_3$ 或 $CH_3CH_2CH_2CH_2CH_3$ 或 $CH_3(CH_2)_3CH_3$	∿

续表

化合物	结构式	结构简式	键线式
异戊烷	H H H H-C-C-C-H H H H H-C-H H	$CH_3-CH-CH_2-CH_3$ CH_3 或 $CH_3CHCH_2CH_3$ CH_3 或$(CH_3)_2CHCH_2CH_3$	
正丙醇	H H H H-C-C-C-OH H H H	$CH_3CH_2CH_2OH$	OH
1-戊烯	H H H H-C-C-C-C=C-H H H H H H	$CH_3CH_2CH_2CH=CH_2$	
环丁烷	H H H-C-C-H H-C-C-H H H	H_2C-CH_2 H_2C-CH_2	
苯	H H C C H-C C-H H-C C-H C C H H	H H C C HC CH HC CH C H	

　　需要指出，当表示含 3 个以上碳原子的有机化合物时常采用键线式表示。键线代表碳原子构成的碳链骨架，键线的每个角顶和端点均表示有一个碳原子，写出除氢原子外与碳原子相连的其他原子和官能团即可。

四、共价键的属性

　　有机化合物分子中，原子间主要以共价键结合。共价键的键长、键角、键能和键的极性等都是共价键的属性，它们是描述有机化合物结构和性质的基础。

1. 键长

　　键长通常指成键两原子核间距离，键长单位以 nm 表示。键长主要取决于两个原子的成键类型，例如 C−C 单键比 C=C 双键长，后者又比 C≡C 三键长。C−C 键的键长还与成键碳原子的杂化方式有关。例如，CH_3-CH_3、$CH_3-CH=CH_2$、$CH_3-C≡CH$ 分子中 C−C 单键的键长分别为 0.154nm、0.151nm、0.146nm。但键长受与其相连的原子或基团的影响较小，通常可根据键长判断两原子的成键类型。化学键键长越长，越容易受外界的影响而发生极化。反之，键长越短，形成的共价键越稳定。所以有时可以从键长的数据来估计化学键的稳定程度。表 1-2 列出了一些常见共价键的键长。

表 1-2　一些常见共价键的键长

键	键长/nm	键	键长/nm
C−H	0.109	C=C	0.134
C−C	0.154	C≡C	0.120
C−N	0.147	N−H	0.103
C−O	0.143	O−H	0.097
C−Cl	0.177	C=O	0.122
C−Br	0.191	C≡N	0.116

2. 键角

键角是指分子中一个原子与另外两个原子形成的两个共价键之间的夹角。键角的大小随着分子结构的不同而有所改变，键角反映了分子的空间结构，例如甲烷∠HCH=109.5°，乙烯∠HCH=118°，甲醛∠HCH=116.5°。

表 1-3 列出了一些化合物的键角。

表 1-3 一些化合物的键角

键角	数值	化合物	键角	数值	化合物
H–C–H	109.5°	甲烷	C–O–C	110°	甲醚
	109.3°	乙烷	H–N–H	105.8°	甲胺
	116.5°	甲醛	C–S–C	105°	甲硫醚
	110°	氯甲烷	C–N–C	108°	三甲胺
C–O–H	108.9°	甲醇	C–C=O	120°	乙醛
	107.8°	甲酸	O–C=O	124.3°	甲酸

3. 键能

以共价键结合的双原子分子（气态）裂解成原子（气态）时所吸收的能量称为该种共价键的键能，键能的单位是 kJ/mol。键能是化学键强度的主要标志之一，它在一定程度上反映键的稳定性。键能越大，键越牢固。表 1-4 列出了一些常见共价键的键能。

表 1-4 一些常见共价键的键能

键	键能/（kJ/mol）	键	键能/（kJ/mol）
C–H	415.3	C–I	217.6
C–C	345.6	C–F	485.3
C–N	304.6	C=C	610.0
C–O	357.7	C≡C	835.1
C–Cl	338.9	N–H	390.8
C–Br	284.5	O–H	462.8

4. 键的极性

两个相同的原子形成的共价键，由于成键电子云对称地分布在两个原子核之间，正电荷中心和负电荷中心重合，这样的共价键没有极性，因此称为非极性键。但不相同原子形成的共价键，由于成键原子的电负性不同，使电子云靠近电负性较大的原子一端，这样的共价键具有极性，因此称为极性键。电负性较大的原子的一端带部分负电荷，用δ^-表示，电负性较小的原子的一端带部分正电荷，用δ^+表示，这样正负电荷中心不重合，构成一个偶极，有一定的偶极矩。例如，CH_3Cl 中的 C–Cl 键，氯原子的电负性比碳大，所以电子云偏向氯原子，即 $CH_3 \rightarrow Cl$。键的极性大小取决于成键原子的电负性之差，电负性差越大，键的极性越大；反之，若电负性差越小，键的极性越小。表 1-5 列出了一些元素的电负性。

表 1-5　一些元素的电负性

元素	电负性	元素	电负性
C	2.5	Cl	3.0
H	2.2	F	4.0
N	3.0	Br	2.9
O	3.5	I	2.6
S	2.5	P	2.2

共价键极性的大小常用偶极矩（μ）来表示。偶极矩为正、负电荷中心的电荷值（q）和正、负电荷中心之间的距离（d）的乘积，即

$$\mu = q \times d$$

偶极矩的国际单位为 C·m（库仑·米）。偶极矩具有方向性，通常规定其方向由正到负，用 $\mapsto$ 表示。例如，$\overset{\mapsto}{H-F}$，$\mu = 5.84 \times 10^{-30} C \cdot m$。键的偶极矩越大表示键的极性越大。对于双原子分子来说，键的极性就是分子的极性，键的偶极矩就是分子的偶极矩，而对于多原子分子来说，分子的偶极矩是分子中各个键偶极矩的向量和。例如，一氯甲烷分子的偶极矩为 $\mu = 6.21 \times 10^{-30} C \cdot m$，一氯甲烷为极性分子；四氯化碳分子的偶极矩为零，为非极性分子。所以，键的极性和分子的极性是不相同的，某一共价键表现有极性，而整个分子可能无极性，如四氯化碳；也可能有极性，如一氯甲烷。

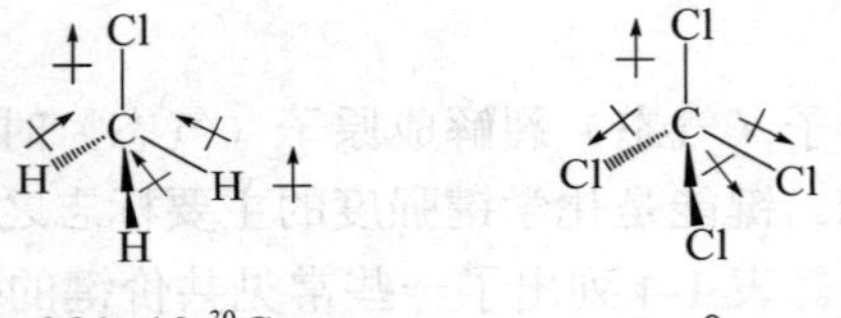

$\mu = 6.21 \times 10^{-30} C \cdot m$　　　　　$\mu = 0$

在外界电场影响下，物质分子中原来正负电荷的中心将会发生改变，因而键的极性也会发生变化。这种由于外界电场作用而使共价键极性改变的现象叫作键的极化。键极化的难易程度则称为键的极化度。共价键的极化度大小主要取决于成键原子电子云流动性的大小，电子云流动性越大，键的极化度也越大；反之则小。例如，碳卤键的极化度大小为：C-I>C-Br>C-Cl>C-F。

五、共价键的断裂方式和有机反应类型

有机化合物发生化学反应时，都包含着旧键的断裂和新键的形成，从而产生新的分子。共价键的断裂方式有两种，一种是异裂，另一种是均裂。根据共价键断裂的方式不同，可以把有机化学反应分为离子型反应和自由基反应。

（一）离子型反应

共价键断裂时，共用电子对被键合原子的某一方获得而产生正负离子的，这种断裂方式称为共价键的异裂。在共价键的异裂过程中，有带电荷的正、负离子产生。当成键两原子之一是碳原子时，异裂既可生成碳正离子，也可生成碳负离子：

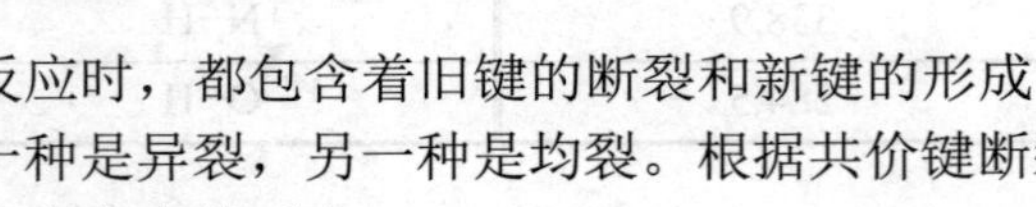

碳正离子　　　　　　　　　　　碳负离子

例如：

$$(CH_3)_3C-Cl \longrightarrow :Cl^- + (CH_3)_3C^+ （叔丁基碳正离子）$$

$$RC\equiv CH \xrightarrow[NH_3]{NaNH_2} RC\equiv CNa （RC\equiv C:^- 为炔基碳负离子）$$

通过共价键异裂断裂旧化学键，由正、负离子与其他分子结合形成新化学键的反应称为离子型反应。这种离子型反应一般发生在有机物的极性分子中，其通过共价键的异裂产生离子型中间体，从而使反应进一步完成。

碳正离子或碳负离子都非常活泼，因此可作为反应中间体与试剂进行反应。碳正离子能与亲核试剂（如 H_2O、ROH、NH_3、RNH_2、OH^-、CN^- 等）进行反应。这种由亲核试剂进攻碳正离子而引起的反应称为亲核反应。亲核反应又分为亲核取代反应和亲核加成反应。相反，碳负离子能与亲电试剂（如 H^+、Cl^-、Br^-、$AlCl_3$ 等）进行反应。这种由亲电试剂进攻碳负离子所引起的反应称为亲电反应。亲电反应可分为亲电取代反应和亲电加成反应。

（二）自由基反应

共价键断裂时，成键的一对共用电子平均分给两个原子或原子团，这种断裂方式称为均裂。均裂产生的具有不成对电子的原子或原子团称为自由基（或称游离基）：

$$R\overset{\displaystyle H}{\underset{\displaystyle H}{-C}}:L \xrightarrow{均裂} R\overset{\displaystyle H}{\underset{\displaystyle H}{-C}}\cdot + L\cdot$$

这种由共价键均裂生成自由基而发生的化学反应称为自由基反应或游离基反应。自由基反应一般在光、热或引发剂的作用下进行。

例如：

$$Cl:Cl \xrightarrow{光照} 2Cl\cdot$$

$$CH_4 + Cl\cdot \xrightarrow{光照} CH_3\cdot + HCl$$

$$\cdots\cdots$$

反应过程中既没有共价键的均裂，也没有共价键的异裂，而是旧的共价键的断裂和新的共价键的生成同时发生，这样的有机反应称为协同反应。协同反应过程无任何中间体产生。如双烯合成反应就是遵从协同反应机理。

六、有机化合物的分类

有机化合物结构复杂，数目众多，为了便于系统学习和研究，必须对有机化合物进行科学分类。一般按碳的骨架和官能团进行分类。

（一）按碳的骨架分类

根据分子中碳原子的结合方式（碳的骨架）不同，有机化合物可分为三大类。

1. 链状化合物

这类化合物分子中的碳原子相互连接成不闭口的链状，因其最初是在脂肪中发现的，所以又叫脂肪族化合物。例如：

$$CH_3CH_2CH_2CH_3 \qquad CH_3CH_2CH=CH_2 \qquad CH_3CH_2OH$$

丁烷 　　　　　　1-丁烯 　　　　乙醇

2. 碳环化合物

这类化合物分子中含有碳原子组成的环，根据碳环结构特点又可分为两类。

（1）脂环族化合物   脂环族化合物是指性质与脂肪族化合物相似的碳环化合物。例如：

环戊烷   环己烷   环戊二烯

（2）芳香族化合物   芳香族化合物是指含有苯环或稠合苯环的化合物。例如：

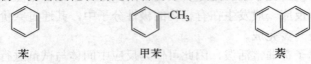

苯   甲苯   萘

3. 杂环化合物

杂环化合物的分子中，组成环的原子除碳原子外，还有氧、硫、氮等杂原子。例如：

呋喃   噻吩   吡咯

（二）按官能团分类

官能团是指决定有机化合物主要性质的原子或原子团。含有相同官能团的有机化合物具有相似的性质，可将它们归于一类。一些常见的官能团及有机化合物的类别见表1-6。本书将这两种分类方法结合起来讨论各类有机化合物。

表1-6   一些常见的重要官能团

化合物类型	化合物举例	官能团构造	官能团名称
烯烃	$CH_2=CH_2$	$\text{C}=\text{C}$	碳碳双键
炔烃	$CH\equiv CH$	$-C\equiv C-$	碳碳三键
卤代烃	C_2H_5-X	$-X(F, Cl, Br, I)$	卤基（卤原子）
醇和酚	C_2H_5OH, C_6H_5OH	$-OH$	羟基
醚	$C_2H_5-O-C_2H_5$	$(C)-O-(C)$	醚键
醛	$CH_3-\overset{\displaystyle }{\underset{O}{C}}-H$	$-\overset{\displaystyle }{\underset{O}{C}}-H(-CHO)$	醛基
酮	$CH_3-\overset{\displaystyle }{\underset{O}{C}}-CH_3$	$(C)-\overset{\displaystyle }{\underset{O}{C}}-(C)\ (-CO-)$	酮基
羧酸	$CH_3-\overset{\displaystyle }{\underset{O}{C}}-OH$	$-\overset{\displaystyle }{\underset{O}{C}}-OH\ (-COOH)$	羧基
胺	CH_3-NH_2	$-NH_2$	氨基
硝基化合物	CH_3-NO_2	$-NO_2$	硝基

随堂练习1-2

你能指出下列有机物的类别吗？

CH_3CH_2-Br $CH_3CH_2CH_2-OH$ $CH_3-\overset{\displaystyle O}{\overset{\|}{C}}-CH_3$ HCHO

（苯环）—COOH   （苯环）—OH

七、有机化学与药品的关系

今天，作为基础学科的有机化学已经渗入各个学科领域之中，医药科学由于其研究的药物绝大部分为有机化合物，因而更是和有机化学结下了不解之缘。早在几千年前，人们就大量应用天然药物（主要是植物药和动物药）来治疗疾病。19 世纪以后，有机化学家除分离天然药物组分外，还将其中分出的有效成分进行结构测定并模拟合成新的药物。19 世纪末期合成了今天仍在广泛使用的消炎镇痛药阿司匹林，近半个世纪以来，合成出来的磺胺类药，抗生素青霉素、链霉素，甾体和非甾体抗炎药等，解除了无数患者的病痛。近三四十年来出现的青蒿素类抗疟药物、紫杉醇抗癌药以及今天尤其关注的流感治疗药物达菲（即磷酸奥司他韦），无不凝结着有机化学的贡献。由于引起疾病的病原体（原虫、细菌、病毒等）会经常产生基因变异，以抵抗外来药物的作用，所以新药的研制成了永不间断的话题。药物（包括天然药物）的研究仍然是有机化学研究的一个重要领域，同时，在医药学研究工作中提出的新课题又必将推动有机化学的发展。

有机化学与药物化学、中药化学、生物化学、药物分析和药物制剂等课程密不可分，学习并掌握有机化合物的结构和性质的知识和基本理论，有助于更好地理解药物的性质与其结构的关系，进一步为掌握药物的合成、分离、精制和检验等技术奠定基础。有机化学是研究碳化合物的化学，绝大多数食品和营养物质（如油脂、蛋白质、糖类、维生素等）都以碳化合物为主要组成成分，所以说有机化学和食品是息息相关的。总之，有机化学是药学类和食品类专业的一门重要基础课程。

 本章重要知识点小结

一、基本概念

有机化合物是碳氢化合物及其衍生物；有机化学是研究有机化合物的科学。

二、有机化合物的特点

（1）化学组成特点　都含有碳元素，多数都含有氢，其次还含有氧、氮、硫、磷和卤素等元素。

（2）结构特点　有机分子中，碳原子的共价数总是 4 价的，碳原子的结合方式多样，同分异构现象普遍。

（3）性质特点　难溶于水，熔点较低，易燃烧，反应比较慢而且副反应多，稳定性较差。

三、有机化合物的表示方法

常用结构式、结构简式和键线式表示。

四、共价键的属性

共价键的键长、键角、键能和键的极性等都是共价键的属性，它们是描述有机化合物结构和性质的基础。

五、共价键的断裂方式和有机反应类型

共价键的断裂方式有两种，一种是异裂，另一种是均裂。根据共价键断裂的方式不同，可以把有机化学反应分为离子型反应和自由基反应。

六、有机化合物的分类

按碳的骨架和官能团两种方法进行分类。

目标检测

一、单项选择题

1. 下列物质中属于有机化合物的是（　　）。

　A. CH_4 　　　　　B. CO_2 　　　　　C. H_2CO_3 　　　　　D. $NaHCO_3$

2. 第一次由无机化合物得到有机化合物的人是（　　）。

　A. 贝采利乌斯　　　B. 维勒　　　　　　C. 范特霍夫　　　　　D. 凯库勒

3. 下列说法正确的是（　　）。

　A. 含碳的化合物一定是有机化合物

　B. 有机化合物中一定含有碳元素

　C. 构成有机化合物的基本元素不是碳、氢、氧和氮四种

　D. CO_2 属于有机化合物

4. 下列不属于有机物的特点的是（　　）。

　A. 难溶于水，易溶于有机溶剂　　　　　B. 熔点、沸点较低

　C. 稳定性较差，易燃烧　　　　　　　　D. 反应速率较快，副反应少

5. 下列关于有机化合物特性的叙述不正确的是（　　）。

　A. 多数易燃烧　　　　B. 多数易溶于水

　C. 多数稳定性较差　　D. 多数反应速率缓慢而且副反应多

6. 在有机化合物中，碳原子总是（　　）。

　A. 三价　　　　　　　B. 二价　　　　　　C. 四价　　　　　　　D. 一价

7. 共价键的断裂方式分为均裂和异裂两种，其中均裂方式产生（　　）。

　A. 自由基　　　　　　B. 离子　　　　　　C. 原子　　　　　　　D. 电子

8. 有机化合物中的碳碳共价键没有（　　）。

　A. 单键　　　　　　　B. 双键　　　　　　C. 三键　　　　　　　D. 四键

9. 芳香族化合物属于（　　）。

　A. 开链化合物　　　　B. 杂环化合物　　　C. 碳环化合物　　　　D. 脂环族化合物

10. 下列说法，不正确的是（　　）。

　A. 烯烃的官能团是碳碳双键

　B. 含有官能团−OH 的化合物是醇

　C. 可以用分子式、结构式、结构简式和键线式来表示有机化合物

　D. 含有相同官能团的有机化合物性质相似

二、多项选择题

1. 有机化学的研究对象是（　　）。

　A. 有机化合物的组成　B. 有机化合物的结构　C. 有机化合物的性质　　　D. 有机化合物的合成

　E. 有机化合物的变化规律

2. 根据碳原子连接方式的不同，下列化合物属于脂肪族化合物的是（　　）。

　A. $CH_3CH_2−OH$ 　　　　　　　　　　B. $CH_3CH_2−Cl$

　C. $CH_3CH_2CH=CH_2$ 　　　　　　　　D. ⬠

　E. ⬡−OH

3. 下列原子或原子团中，属于官能团的是（　　）。

A. —CH$_3$ B. —COOH   C. —OH   D. —C≡C—

E. —H

4. 生活中常见的下列化合物中属于有机化合物的是（　　）。

A. 白糖   B. 油脂   C. 淀粉   D. 蛋白质

E. 小苏打

5. 有机化合物种类繁多的重要原因是（　　）。

A. 有机化合物含有多种元素

B. 碳原子有多种成键方式和多样的连接方式

C. 有机化合物有多种官能团

D. 有机化合物普遍存在同分异构现象

E. 有机化合物性质稳定

6. 下列关于有机化合物的叙述，正确的是（　　）。

A. 碳氢化合物及其衍生物统称为有机化合物

B. 用于治疗疾病的药物绝大多数是有机化合物

C. 有机化合物都是难溶于水的

D. 有机化合物同分异构现象普遍

E. 中药中的有效成分一般为有机化合物

三、试写出下列化合物的结构简式

（1）H—C(H)(H)—H

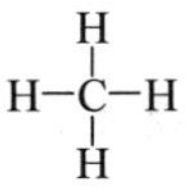

（2）H—C(H)(H)—C(H)(H)—H

（3）H—C(H)(H)—C(H)(H)—OH

（4）H—C(H)=C(H)—H

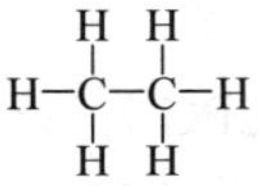

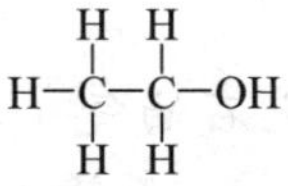

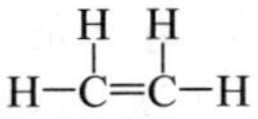

（5）H—C≡C—H

（6）环状结构

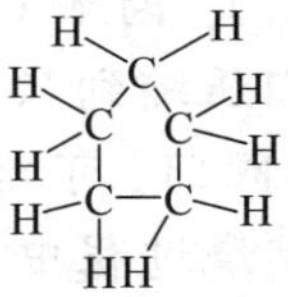

四、指出下列化合物的官能团，并指出它们各属于哪一类有机物

（1）$CH_2=CH_2$

（2）$CH_3C≡CH$

（3）$CH_3—O—CH_3$

（4）$CH_3\overset{O}{\underset{||}{C}}—OH$

（5）$CH_3CH_2—OH$

（6）$CH_3\overset{O}{\underset{||}{C}}—CH_3$

第二章 链 烃

 学习目标

知识目标

1. 掌握各类链烃的结构特点、命名方法和主要的化学性质，以及各类链烃的同分异构现象。
2. 熟悉链烃碳原子间连接方式及立体结构。
3. 了解链烃碳原子杂化的特点。

能力目标

1. 能熟练应用系统命名法命名链烃；根据命名能够正确书写相应链烃的结构式。
2. 学会鉴别各类链烃；学会根据烯烃、炔烃氧化的产物推断原烯烃、炔烃的结构式。

情景导入

　　家用和汽车用瓶装液化石油气（英文缩写 LPG），是指经高压或低温液化的石油气，主要组分为丙烷（C_3H_8）、丙烯（C_3H_6）、丁烷（C_4H_{10}）、丁烯（C_4H_8）。这些碳氢化合物都容易液化，将它们压缩到只占原体积的 1/250～1/300，贮存于耐高压的钢罐中。使用时拧开液化气罐的阀门，可燃性的碳氢化合物气体就会通过管道进入燃烧器，点燃后形成淡蓝色火焰，燃烧过程中产生大量的热。丙烷、丙烯、丁烷、丁烯均属于链烃。

　　问题：1. 什么是链烃？有什么结构特点？
　　　　　2. 链烃有哪些种类？各种链烃分别具有怎样的结构特点和化学性质？

　　链烃的结构特征是分子中的碳原子互相连接成不闭合的链状。链烃分子中的碳原子均以 C—C 单键相连者称为饱和链烃，饱和链烃又称烷烃。链烃分子中含有碳碳不饱和键（C＝C 和 C≡C）者称为不饱和链烃，不饱和链烃包括烯烃、炔烃和二烯烃等。具体分类如下：

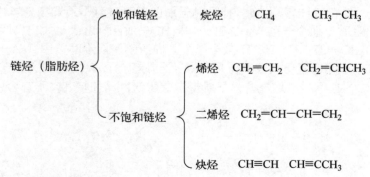

　　下面将分别介绍各类链烃。

第一节 烷 烃

一、烷烃的结构

1. 甲烷的分子结构

甲烷是最简单的烷烃，甲烷的分子式为 CH_4，结构式如图 2-1(a)所示。用现代物理方法研究表明，甲烷分子的空间形状是正四面体。碳原子处于正四面体的中心，4 个氢原子占据正四面体的 4 个顶点，4 个碳氢键的键长及键能完全相等，所有的键角均为 109.5°，如图 2-1(b)所示。图 2-1(c)、(d)所示为甲烷分子的模型。

扫一扫

烷烃 PPT

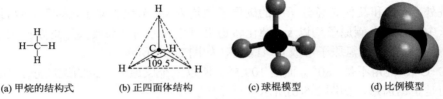

(a) 甲烷的结构式　　(b) 正四面体结构　　(c) 球棍模型　　(d) 比例模型

图 2-1　甲烷分子的结构式及模型

2. 烷烃中碳原子的成键方式

碳原子的核外电子排布式为 $1s^2 2s^2 2p^2$，在最外层的四个价电子中，两个是已经配对的 s 电子，另外两个是未配对的 p 电子，这样碳在形成共价键时应该是二价，但是有机化合物中的碳都是四价。这是因为烷烃中的碳原子不是以 2p 轨道成键的，而是以 sp^3 杂化轨道成键的。

杂化轨道理论认为，甲烷分子中的碳原子并不是以原来纯粹的 s 轨道和 p 轨道参与成键的，而是采用杂化轨道进行成键的。碳原子在成键时，2s 轨道上 2 个电子中的 1 个电子吸收能量受到激发，跃迁到 2p 的空轨道中，形成 $2s^1 2p^3$ 的电子排布。然后 1 个 2s 轨道和 3 个 2p 轨道混合杂化，重新组合成 4 个具有相同能量的新轨道，将新生成的轨道称为 sp^3 杂化轨道。杂化过程如下所示：

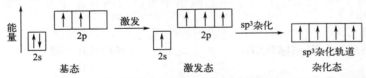

sp^3 杂化轨道的电子云形状由原来的 s 球形对称和 p 纺锤形对称变为一头大、一头小的类似葫芦的形状，如图 2-2 所示。这样可增加与其他原子轨道重叠成键的能力，使轨道成键时重叠程度增大，形成的共价键更加稳固。

s轨道　　　　p轨道　　　　sp^3轨道

图 2-2　电子云的分布

sp^3 杂化碳原子称为饱和碳原子，其结构为正四面体形，碳原子位于正四面体的中心，4 个 sp^3 杂化轨道在碳原子核周围对称分布，指向正四面体的 4 个顶点，2 个相邻轨道的对称轴间夹角为 109.5°，如图 2-3 所示。sp³ 杂化轨道的空间形状，可以使 4 个轨道之间相距最远，电子间的相互斥力最小，因而体系最稳定。

甲烷分子中，碳原子的 4 个 sp³ 杂化轨道，分别与氢原子的 1s 轨道沿对称轴方向"头碰头"以最大程度重叠，形成 4 个相同的 C-H σ键。它们之间的夹角为 109.5°，所以甲烷分子具有正四面体结构，如图 2-4 所示。

图 2-3   碳原子的 4 个 sp³ 杂化轨道

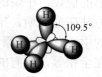

图 2-4   甲烷的正四面体结构

除甲烷外，乙烷和其他烷烃分子中的碳原子也均为 sp³ 杂化碳原子，具有正四面体结构。这些烷烃分子中相邻两个碳原子均以 sp³ 杂化轨道沿对称轴方向"头碰头"重叠形成 C-C σ键，而其他 sp³ 杂化轨道则与氢原子形成 C-H σ键，如图 2-5(a)所示。

由于 C-C-C 键角不是 180°，而是 109.5°，所以三个碳原子以上的烷烃分子中碳链不是直线形的，而是呈锯齿形，如图 2-5(b)所示。

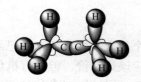

(a) 由sp³杂化碳形成的乙烷

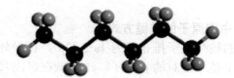

(b) 正己烷的球棍模型

图 2-5   乙烷和己烷的结构

3. 烷烃的同分异构现象

烷烃里，甲烷（CH_4）、乙烷（C_2H_6）、丙烷（C_3H_8）分子中的碳原子只有一种连接方式，所以无异构体。而丁烷（C_4H_{10}）分子中的碳原子可以有两种连接方式，即存在两种同分异构体：

$$CH_3CH_2CH_2CH_3 \qquad\qquad H_3C-CH-CH_3$$
$$\qquad\qquad\qquad\qquad\qquad\qquad CH_3$$

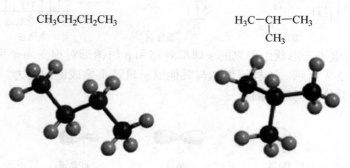

正丁烷（沸点-0.5℃）   异丁烷（沸点 11.7℃）

随着碳原子数的增加，烷烃同分异构体的数目也迅速增加。例如，戊烷（C_5H_{12}）有 3 种，己烷（C_6H_{14}）有 5 种，庚烷（C_7H_{16}）有 9 种，而癸烷（$C_{10}H_{22}$）有 75 种之多。

我们将分子中原子间相互连接的次序和结合的方式称为构造。构造异构是指分子式相同，分子中因原子间相互连接的次序和结合的方式不同而产生的同分异构现象。仅由碳原子的连接方式不同而产生的异构现象称为碳链异构，碳链异构是构造异构中的一种。

戊烷（C_5H_{12}）的 3 种构造异构体为：

CH$_3$—CH$_2$—CH$_2$—CH$_2$—CH$_3$　　CH$_3$—CH—CH$_2$—CH$_3$　　$\begin{matrix} & CH_3 & \\ CH_3- & \overset{|}{\underset{|}{C}} & -CH_3 \\ & CH_3 & \end{matrix}$

$\qquad\qquad\qquad\qquad\qquad\qquad\qquad\quad \overset{|}{CH_3}$

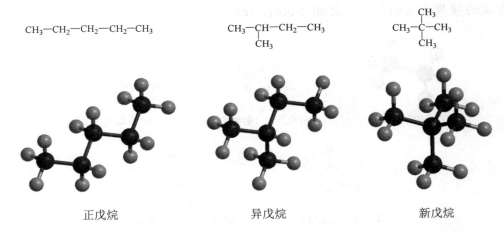

　　正戊烷　　　　　　　　　异戊烷　　　　　　　　　新戊烷

4. 碳原子和氢原子的类型

当烷烃分子中的某一碳原子与 1 个、2 个、3 个或 4 个碳原子直接相连时，该碳原子分别称为伯、仲、叔、季碳原子，也称为一级、二级、三级、四级碳原子，常分别用 1°、2°、3°、4° 表示。与碳原子类型相对应，连接在伯、仲、叔碳原子上的氢原子分别称为伯氢原子、仲氢原子和叔氢原子。例如：

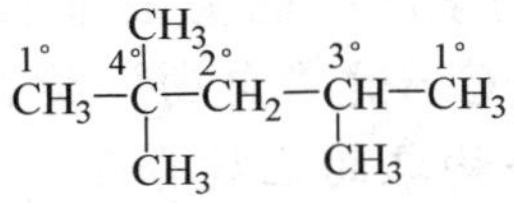

$$\overset{1°}{CH_3}-\overset{4°}{\underset{\underset{\textstyle CH_3}{|}}{\overset{\overset{\textstyle CH_3}{|}}{C}}}-\overset{2°}{CH_2}-\overset{3°}{\underset{\underset{\textstyle CH_3}{|}}{CH}}-\overset{1°}{CH_3}$$

由于 4 种碳原子和 3 种氢原子所处的位置不同，受其他原子的影响也不相同，因而它们在反应活性上会表现出一定的差异性。

 知识拓展

烷烃的构象

由于 C—C σ 单键可自由旋转，使分子中原子或原子团在空间形成的不同排列方式称为构象，由此产生的异构体称为构象异构体。

1. 乙烷的构象

形成烷烃分子中σ键的成键原子之间可沿键轴任意旋转。若将乙烷球棍模型〔见图 2-6(a)〕中的 1 个甲基固定不动，而使另 1 个甲基绕 C—C 键轴旋转，可以看到 2 个碳原子上的 6 个氢原子相对位置在不断改变，从而产生多种不同的空间形状。因 C—C 单键的旋转而产生的异构体称为构象异构体。构象异构体属于立体异构体的一种。构象对有机化合物的性质有较重要影响。

可以推知，由于 C—C σ键的旋转，乙烷分子可以产生无数个构象异构体。但从能量上来说，只有一种构象的内能最低，稳定性也最大，这种构象称为优势构象。乙烷分子的优势构象称为交叉式。而内能最高的一种构象异构体，称为重叠式。常用锯架式和纽曼投影式来表示烷烃的构象。锯架式是从分子模型的侧面观察分子立体结构的表达方式，能直接反映碳原子和氢原子在空间的排列情况，见图2-6(b)、(c)。纽曼投影式是沿着C—C键轴观察分子模型所得的平面表达方式，用圆圈表示碳原子，圆圈中心伸出的三条直线，表示离观察者近的碳原子上的价键，而从圆周向外伸出的三条短线表示离观察者远的碳原子上的价键，见图2-6(d)、(e)。

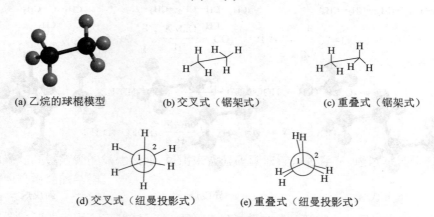

(a) 乙烷的球棍模型   (b) 交叉式（锯架式）   (c) 重叠式（锯架式）

(d) 交叉式（纽曼投影式）   (e) 重叠式（纽曼投影式）

图 2-6 乙烷分子的球棍模型及构象式

乙烷分子的交叉式构象中，位于2个碳原子上的氢原子之间距离最远，相互间的斥力最小，内能最低，分子也最稳定。而重叠式构象中，位于2个碳原子上的氢原子距离最近，相互间斥力最大，内能最高，分子最不稳定。

乙烷分子的重叠式和交叉式构象间的能量差为12.6kJ/mol，室温条件下分子所具有的动能已超过此能量，足以使 C—C σ键"自由"旋转。研究表明，各种构象在不断地迅速地相互转化，很难分离出单一构象的乙烷分子。因此，室温下的乙烷分子是各种构象的动态平衡混合体系。达到平衡时，是优势构象的交叉式构象所占比例较大。

2. 丁烷的构象

丁烷分子中，有3个C—Cσ键，每1个C—C单键的旋转，都可以产生无数个构象异构体。为了简单明了进行说明，这里主要讨论围绕C-2、C-3σ单键旋转时，所得到的4种典型的构象异构体。即对位交叉式、邻位交叉式、部分重叠式及全重叠式，如图2-7所示。

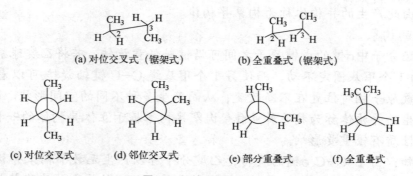

(a) 对位交叉式（锯架式）   (b) 全重叠式（锯架式）

(c) 对位交叉式   (d) 邻位交叉式   (e) 部分重叠式   (f) 全重叠式

图 2-7 丁烷分子的构象式

在这4种典型构象中，对位交叉式因2个体积较大的甲基相距最远，排斥力最小，能量最低，也最稳定；其次是邻位交叉式，能量较低，较稳定；再次是部分重叠式，能量较高，较不稳定；而全重叠式因 2 个体积较大的甲基相距最近，排斥力最大，能量最高，最不稳定。与乙烷相似，丁烷分子也是许多构象异构体的动态平衡体系，由于对位交叉式构象是优势构象，所以在室温下，以对位交叉式构象为主。

二、烷烃的通式、同系列和同系物

观察下面几种常见直链烷烃的结构简式：

甲烷（CH_4）	CH_4	改写为 HCH_2H
乙烷（C_2H_6）	CH_3CH_3	改写为 HCH_2CH_2H
丙烷（C_3H_8）	$CH_3CH_2CH_3$	改写为 $HCH_2CH_2CH_2H$
丁烷（C_4H_{10}）	$CH_3CH_2CH_2CH_3$	改写为 $HCH_2CH_2CH_2CH_2H$
戊烷（C_5H_{12}）	$CH_3CH_2CH_2CH_2CH_3$	改写为 $HCH_2CH_2CH_2CH_2CH_2H$

从上面几种烷烃的结构简式可看出：

（1）如果烷烃分子中的碳原子数为 n，氢原子数就为 $2n+2$。所以在一系列的烷烃分子中，可用式子 C_nH_{2n+2}（$n \geqslant 1$）表示所有烷烃的组成，这个表达式称为烷烃的通式。利用这个通式，只要知道烷烃分子中所含的碳原子数，就可以写出此烷烃的分子式。如含 10 个碳原子的烷烃的分子式为 $C_{10}H_{22}$。

（2）每相邻两个烷烃，在组成上都相差一个 CH_2。这种结构相似，具有同一通式，组成上相差一个或几个 CH_2 的一系列化合物称为同系列，CH_2 称为同系差，同系列中的各个化合物互称为同系物。同系物具有类似的化学性质，掌握其中某些典型化合物的性质，就可以推测同系物中其他化合物的性质，从而为学习和研究提供了方便。

 随堂练习 2-1

1. 烷烃分子中，碳原子是以_____杂化轨道成键的。
2. 甲烷的分子式为____，甲烷分子的空间形状是_____，键角是_____。
3. 具有相同的分子组成，因碳链结构不同而产生的同分异构现象称为_____。
4. 以下物质属于烷烃的是（　　）。
   A. C_2H_4　　B. C_2H_2　　C. CH_4　　D. C_6H_6　　E. $C_{100}H_{202}$
5. 请标出下列结构中的伯、仲、叔、季碳原子。

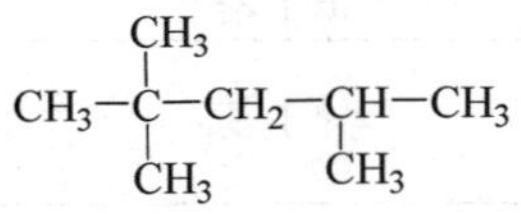

$$CH_3-\overset{\overset{\displaystyle CH_3}{|}}{\underset{\underset{\displaystyle CH_3}{|}}{C}}-CH_2-\overset{\overset{\displaystyle}{|}}{\underset{\underset{\displaystyle CH_3}{|}}{CH}}-CH_3$$

三、烷烃的命名

有机化合物的命名，不仅要考虑化合物分子中的原子组成及其数目，而且要反映化合物的结构。目前，常用的命名方法是普通命名法和系统命名法。

（一）普通命名法

普通命名法亦称习惯命名法。根据我国汉字的特点，规定其基本原则如下：

根据分子中碳原子数目称"某烷"。碳原子数在十以下的（包括十）分别用甲、乙、丙、丁、戊、己、庚、辛、壬、癸表示；碳原子数在十以上的用中文数字十一、十二……表示。例如：

$$CH_4 \qquad C_6H_{14} \qquad C_9H_{20} \qquad C_{13}H_{28}$$

甲烷　　　己烷　　　壬烷　　　十三烷

为了区别异构体，常把直链烷烃称为"正"某烷，带支链的称为"异"某烷或"新"某烷，"异"表示仅在碳链一末端第二位碳原子上具有 1 个甲基，"新"表示仅在碳链一末端第二位碳原子上具有 2 个甲基，此外再无其他取代基的烷烃，例如：

$$CH_3-CH_2-CH_2-CH_2-CH_3 \qquad\qquad CH_3-\underset{\underset{CH_3}{|}}{CH}-CH_2-CH_3 \qquad\qquad CH_3-\underset{\underset{CH_3}{|}}{\overset{\overset{CH_3}{|}}{C}}-CH_3$$

正戊烷　　　　　　　　　　　　　异戊烷　　　　　　　　　　新戊烷

异辛烷中的"异"不符合命名的规定，是一个特例：

$$CH_3-\underset{\underset{CH_3}{|}}{\overset{\overset{CH_3}{|}}{C}}-CH_2-\underset{\underset{CH_3}{|}}{CH}-CH_3$$

异辛烷

扫一扫

烷烃的系统命名法
视频

普通命名法简单方便，但只能适用于构造比较简单的烷烃。对于构造比较复杂的烷烃必须使用系统命名法命名。

（二）系统命名法

系统命名法是采用国际通用的 IUPAC（International Union of Pure and Applied Chemistry）命名原则，对有机化合物进行命名。以此为基础，中国化学会结合汉语言文字特点，于 1983 年出版了《有机化学命名原则（1980）》。本书关于有机化合物的命名方法遵从此命名原则。中国化学会之后修订并发布了《有机化合物命名原则-2017》。

为了学习系统命名法，应先认识烷基。烷基是烷烃分子从形式上去掉一个氢原子后，所形成的带游离价键的结构单元，烷基的通式为 $C_nH_{2n-1}-$，常用 R— 表示。常见的烷基如表 2-1 所示。

表 2-1　常见的烷基

烷基	中文名称	英文名称
CH_3-	甲基	methyl
CH_3CH_2-	乙基	ethyl
$CH_3CH_2CH_2-$	正丙基	propyl
CH_3CH- $\quad\ \ \mid$ $\quad\ \ CH_3$	异丙基	isopropyl
$CH_3CH_2CH_2CH_2-$	正丁基	butyl
CH_3CHCH_2- $\qquad\ \ \mid$ $\qquad\ \ CH_3$	异丁基	isobutyl
CH_3CH_2CH- $\qquad\quad \mid$ $\qquad\quad CH_3$	仲丁基	*sec*-butyl
$\qquad\ CH_3$ $\qquad\ \ \mid$ CH_3-C- $\qquad\ \ \mid$ $\qquad\ CH_3$	叔丁基	*tert*-butyl

烃分子中去掉一个氢原子后余下的原子团叫作烃基，也常用 R— 表示。

系统命名法命名规则如下：

对于直链烷烃的命名和普通命名法基本相同，仅不写上"正"字。例如：

$$CH_3CH_2CH_2CH_2CH_2CH_3$$

普通命名法：正己烷

系统命名法：己烷

对于支链烷烃的命名，系统命名法的要点如下：

1. 选主链（母体）

（1）选择含碳原子数目最多的碳链作为主链（母体），并根据碳原子数命名为"某烷"。主链以外的其他部分看作是支链（或叫取代基）。例如：

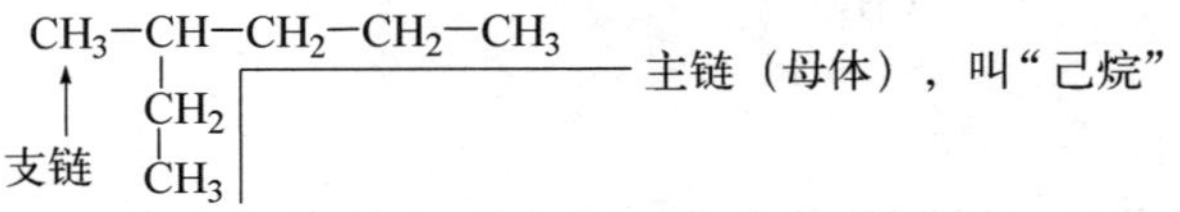

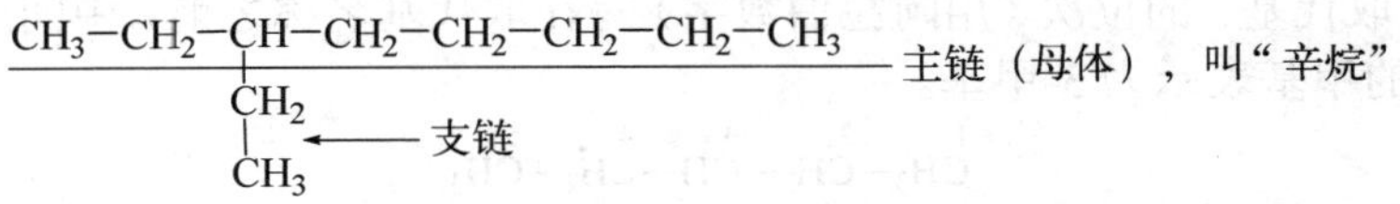

（2）分子中有两条以上等长碳链时，则选择支链多的一条为主链。例如：

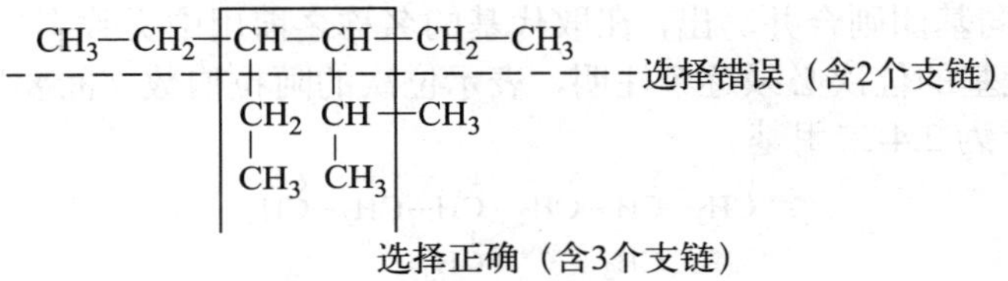

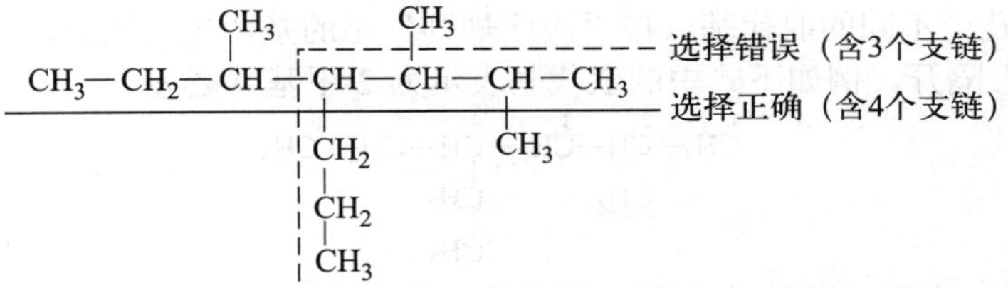

2. 主碳链编号

（1）从最靠近取代基的一端开始，将主链碳原子用 1、2、3……编号，称位次或位号，这样，取代基所在的位置就以它所连接的主链上的碳原子的号数表示。例如：

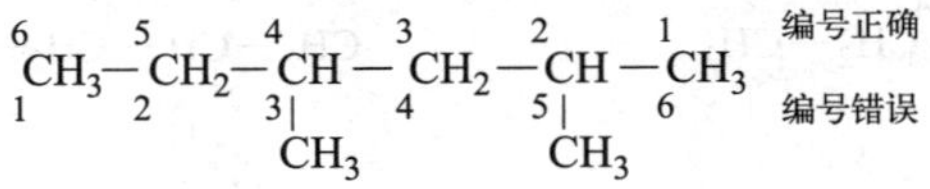

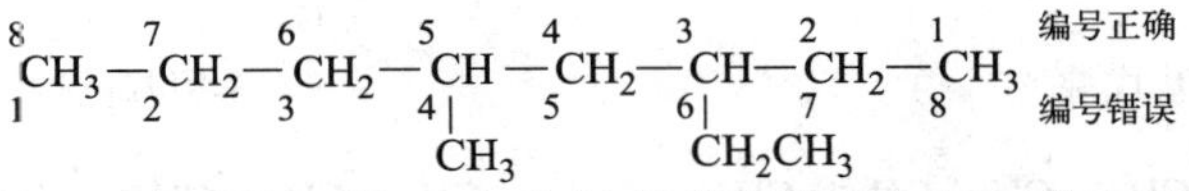

（2）如果从碳链任何一端开始，第一个支链的位置相同时，则从较简单的（或较小的）取代基一端开始编号。例如：

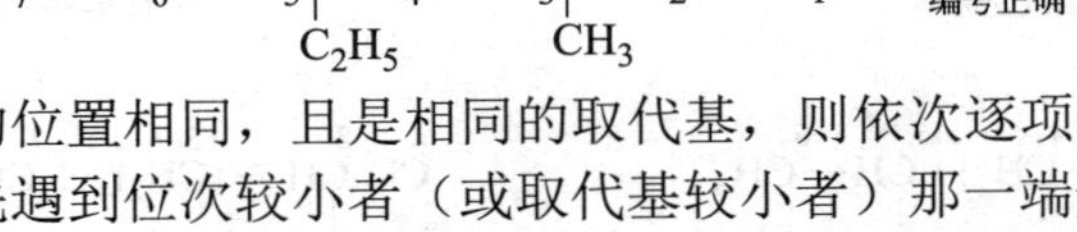

（3）若第一个支链的位置相同，且是相同的取代基，则依次逐项比较第二、第三及以后各个取代基的位次，自最先遇到位次较小者（或取代基较小者）那一端开始编号（通称为"最低系列原则"）。例如，下列化合物主链编号有两种可能，自左至右编号时取代基位次组成的系列为 2,4,6,7，自右至左编号时取代基位次组成的系列为 2,3,5,7。后一系列先遇到位次较小的取代基，因此，自右至左编号才是正确的。

$$\overset{1}{CH_3}-\overset{2}{CH}-\overset{3}{CH_2}-\overset{4}{CH}-\overset{5}{CH_2}-\overset{6}{CH}-\overset{7}{CH}-\overset{8}{CH_3} \quad \text{编号错误}$$
$$\overset{8}{}\quad\overset{7}{|}\quad\overset{6}{}\quad\overset{5}{|}\quad\overset{4}{}\quad\overset{3}{|}\quad\overset{2}{|}\quad\overset{1}{} \quad \text{编号正确}$$
$$CH_3 CH_3 CH_3\ CH_3$$

又如，下列化合物主链编号有两种可能，自左至右编号时取代基位次组成的系列为 2,3,5,6，自右至左编号时取代基位次组成的系列也为 2,3,5,6。很显然，后一系列先遇到较小的取代基，因此，自右至左编号才是正确的。

$$\overset{1}{CH_3}-\overset{2}{CH}-\overset{3}{CH}-\overset{4}{CH_2}-\overset{5}{CH}-\overset{6}{CH}-\overset{7}{CH_3} \quad \text{编号错误}$$
$$\overset{7}{}\ \overset{6}{|}\ \overset{5}{|}\ \overset{4}{}\ \overset{3}{|}\ \overset{2}{|}\ \overset{1}{} \quad \text{编号正确}$$
$$CH_3\ CH_2 CH_3\ CH_3$$
$$CH_3$$

3. 写出名称

（1）取代基的表示

① 将支链（取代基）的位次（用阿拉伯数字）写在取代基名称之前，中间用半字线"-"隔开，例如下式中的甲基表示为 3-甲基。

$$\overset{1}{CH_3}-\overset{2}{CH_2}-\overset{3}{CH}-\overset{4}{CH_2}-\overset{5}{CH_3}$$
$$CH_3$$

② 如果含有相同基团则合并写出，在取代基的名称之前用中文数字二、三、四等标出相同基团的数目，但取代基的位次必须逐个注明，表示位次的阿拉伯数字间要用","隔开。例如下式中的两个甲基表示为 2,4-二甲基。

$$\overset{1}{CH_3}-\overset{2}{CH}-\overset{3}{CH_2}-\overset{4}{CH}-\overset{5}{CH_2}-\overset{6}{CH_3}$$
$$CH_3CH_3$$

③ 如果含有几个不同的取代基，按"次序规则"小的基团优先列出，较大的基团后列出，中间用半字线"-"隔开。例如下式中的取代基表示为 2-甲基-4-乙基。

$$\overset{1}{CH_3}-\overset{2}{CH}-\overset{3}{CH_2}-\overset{4}{CH}-\overset{5}{CH_2}-\overset{6}{CH_3}$$
$$CH_3CH_2$$
$$CH_3$$

常见烷基的大小次序：甲基＜乙基＜正丙基＜异丙基。

（2）烷烃的名称表示　将支链（取代基）的位次、相同取代基的数目、取代基名称，依次写在主链（或母体）名称的前面。阿拉伯数字和中文之间要用半字线"-"隔开。例如：

$$\overset{1}{CH_3}-\overset{2}{CH_2}-\overset{3}{CH}-\overset{4}{CH_2}-\overset{5}{CH_3}$$
$$CH_3$$
3-甲基戊烷

$$\overset{3}{CH}-\overset{4}{CH}-\overset{5}{CH_2}-\overset{6}{CH_3}$$
$$\overset{2}{|}CH_2$$
$$\overset{1}{|}CH_3$$
3-甲基己烷

$$\overset{1}{CH_3}-\overset{2}{CH}-\overset{3}{CH_2}-\overset{4}{CH}-\overset{5}{CH_2}-\overset{6}{CH_3}$$
$$CH_3CH_3$$
2,4-二甲基己烷

$$\overset{1}{CH_3}-\overset{2}{CH}-\overset{3}{CH_2}-\overset{4}{CH}-\overset{5}{CH_2}-\overset{6}{CH_3}$$
$$CH_3CH_2$$
$$CH_3$$
2-甲基-4-乙基己烷

$$CH_3$$
$$\overset{1}{CH_3}-\overset{2}{C}-\overset{3}{CH}-\overset{4}{CH_2}-\overset{5}{CH}-\overset{6}{CH_3}$$
$$CH_2CH_2CH_3$$
$$CH_3$$
2,2,5-三甲基-3-乙基己烷

$$CH_3CH_3$$
$$\overset{1}{CH_3}\overset{2}{CH}-\overset{3-6}{(CH_2)_4}-\overset{7}{CH}-\overset{8}{CH}\overset{9}{CH_2}\overset{10}{CH_3}$$
$$CH_3CH_3$$
2,7,8-三甲基癸烷

随堂练习 2-2

命名下列化合物：

1. 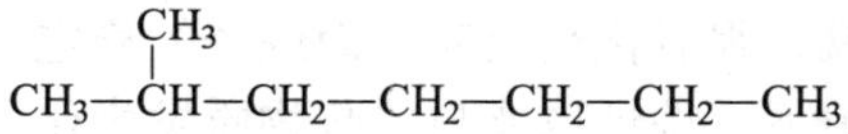
$$CH_3-\overset{\displaystyle CH_3}{\underset{}{CH}}-CH_2-CH_2-CH_2-CH_2-CH_3$$

2.
$$CH_3-\overset{\displaystyle CH_3}{\underset{\displaystyle CH_3}{C}}-CH_2-\overset{\displaystyle \overset{CH_3}{CH_2}}{CH}-CH_2-CH_3$$

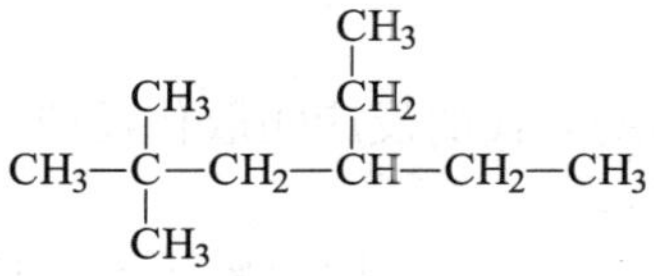

四、烷烃的物理性质

物理性质对物质的鉴定、分离和提纯具有非常重要的意义，特别是在药物生产和药物分析领域有广泛的应用。一些正烷烃的物理常数见表 2-2。

表 2-2　部分正烷烃的物理常数

名称	分子式	熔点/℃	沸点/℃	相对密度/(g/cm³)
甲烷	CH_4	−182.6	−161.7	0.424(−160℃)
乙烷	C_2H_6	−172.0	−88.6	0.546(−88℃)
丙烷	C_3H_8	−187.1	−42.2	0.582(−42℃)
丁烷	C_4H_{10}	−138.3	−0.5	0.597(0℃)
戊烷	C_5H_{12}	−129.7	36.1	0.626(20℃)
己烷	C_6H_{14}	−94.0	68.7	0.659(20℃)
庚烷	C_7H_{16}	−90.5	98.4	0.684(20℃)
辛烷	C_8H_{18}	−56.8	125.7	0.703(20℃)
壬烷	C_9H_{20}	−53.7	150.7	0.718(20℃)
癸烷	$C_{10}H_{22}$	−29.7	174.0	0.731(20℃)
十一烷	$C_{11}H_{24}$	−25.6	195.8	0.740(20℃)
十二烷	$C_{12}H_{26}$	−9.6	216.3	0.749(20℃)

室温下，$C_1 \sim C_4$ 的直链烷烃是气体，$C_5 \sim C_{16}$ 的直链烷烃是液体，C_{17} 以上的直链烷烃是无色固体。直链烷烃的沸点和熔点随碳原子数的增加而升高，偶数碳原子烷烃的熔点通常比奇数碳原子烷烃的熔点升高较多，构成两条熔点曲线，偶数碳原子烷烃居上，奇数碳原子烷烃在下，如图 2-8 所示。

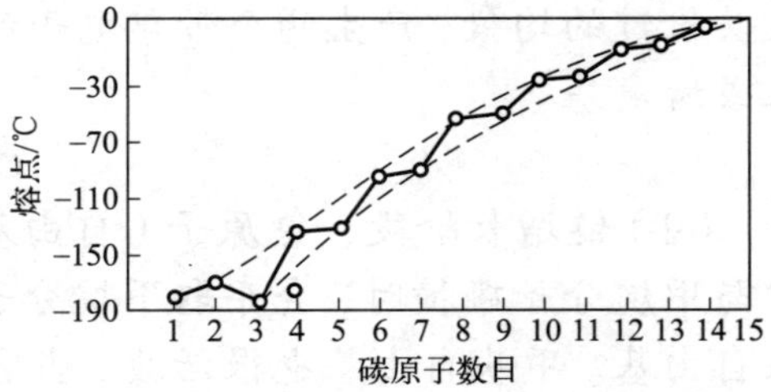

图 2-8　正烷烃的熔点与分子中碳原子数的关系

烷烃异构体中，支链越多，沸点越低。这是因为随着支链的增多，分子的形状趋于球形，减小了分子间有效接触的程度，使分子间的作用力变弱而降低沸点。固体支链烷烃的熔点也比直链烷烃的熔点低。正烷烃的密度随着碳原子数的增加而增大，但在 0.8g/cm³ 左右趋于恒定。所有烷烃的密度都小于 1g/cm³，是所有有机化合物中相对密度最小的一类化合物。烷烃是非极性或弱极性分子，不溶于水和其他极性溶剂，而溶解于非极性或弱极性的有机溶剂，如丙酮、四氯化碳、苯等。

五、烷烃的化学性质

烷烃分子中，原子之间是以比较牢固的 C—C σ键和 C—H σ键结合的，相对于其他有机物，在常温下具有比较稳定的化学性质，不与强酸、强碱、强氧化剂反应。而烷烃的稳定性是相对的，在一定条件下，如在光照、加热、催化剂的作用下，烷烃也能与一些物质发生化学反应。

1. 卤代反应

有机化合物分子中的原子或原子团被其他原子或原子团所取代的反应叫取代反应。烷烃分子中的氢原子被卤素原子取代的反应称为卤代反应。

甲烷与氯气在加热到 250℃ 以上或在紫外线作用下可发生反应，甲烷中的 4 个氢原子可被氯原子逐步取代。

$$CH_4 + Cl_2 \xrightarrow{\text{光照}} CH_3Cl + HCl$$
$$CH_3Cl + Cl_2 \xrightarrow{\text{光照}} CH_2Cl_2 + HCl$$
$$CH_2Cl_2 + Cl_2 \xrightarrow{\text{光照}} CHCl_3 + HCl$$
$$CHCl_3 + Cl_2 \xrightarrow{\text{光照}} CCl_4 + HCl$$

反应得到的是含有上述 4 种卤代烃的混合物。由于分离这些产物较困难，通常不经分离就将其直接作溶剂使用。

除氯与烷烃的反应外，其他卤素也能与烷烃进行类似反应，但各种卤素的反应活性不同（$F_2 > Cl_2 > Br_2 > I_2$）。由于氟代反应非常剧烈，难以控制，而碘代反应非常缓慢以致难以进行，因此卤代反应通常是指氯代反应和溴代反应。在同一烷烃分子中，存在着伯、仲、叔三种不同类型的氢原子时，它们被卤原子取代的难易程度也不相同，由易到难的次序是：$3°H > 2°H > 1°H$。

 知识拓展

自由基反应

实验证明：甲烷的氯代反应为自由基反应，此类反应一般分为链引发、链增长、链终止三个阶段。下面是甲烷氯代形成一氯甲烷的反应机理：

（1）链引发阶段　氯分子在紫外线或加热到 250～400℃ 时，氯分子吸收能量，发生共价键的均裂，产生两个带单电子的氯原子，这种带有单电子的原子或原子团叫自由基或游离基。

$$Cl : Cl \longrightarrow 2Cl \cdot$$

（2）链增长阶段　氯原子（自由基）中的单电子有强烈的配对倾向，非常活泼。当它与甲烷分子碰撞时，会夺取甲烷分子中的氢原子，形成氯化氢，同时甲烷变为一个甲基自由基。甲基自由基也很活泼，当它与氯分子碰撞时，可夺取氯分子中的一个氯原子形成一氯甲烷，同时产生一个新的氯自由基。

$$Cl \cdot + CH_4 \longrightarrow HCl + \cdot CH_3$$
$$\cdot CH_3 + Cl_2 \longrightarrow CH_3Cl + Cl \cdot$$

新的氯原子不断重复上述两个反应，像一个连锁，一环扣一环进行下去，故该反应又称自由基连锁反应。由于上述两个反应是一个链的传播过程，因此称为链的增长。

（3）链终止阶段　随着反应的进行，体系中的自由基越来越多，自由基之间相互碰撞结合成分子的概率增加，随着反应体系中自由基的减少直至消失，反应逐渐终止。

$$Cl \cdot + \cdot CH_3 \longrightarrow CH_3Cl$$

$$Cl \cdot + Cl \cdot \longrightarrow Cl_2$$

$$\cdot CH_3 + \cdot CH_3 \longrightarrow CH_3CH_3$$

甲烷的氯代反应为自由基反应，其机理既适用于甲烷的溴代反应，也适用于其他烷烃的卤代反应。

2. 氧化反应

烷烃在室温下不与氧化剂反应，但点燃后，可以在空气中燃烧。如果氧气充足，可完全生成二氧化碳和水，同时放出大量的热能。

$$CH_4 + 2O_2 \xrightarrow{\text{点燃}} CO_2 + 2H_2O + Q$$

天然气、汽油、柴油都是重要的燃料，它们的主要成分是不同烷烃的混合物，燃烧时放出大量的热量。烷烃的不完全燃烧会放出一氧化碳，使空气受到严重污染。

 随堂练习 2-3

请写出乙烷和氯气在光照条件下反应的化学方程式。

六、重要的烷烃

烷烃主要来源于天然气、石油和煤的加工产物。天然气是地层内的可燃性气体，它的主要成分是甲烷，有些天然气还含有乙烷、丙烷、二氧化碳及氮气等。石油是古代动、植物的尸体在隔绝空气的情况下逐渐分解而产生的碳氢化合物，它是各种烃的混合物，是国民经济和国防建设的重要资源，有"工业的血液"之称。

常见的烷烃有以下几种：

（1）甲烷 甲烷是最简单的有机化合物，分子式是 CH_4，分子量为 16.043。在自然界中甲烷分布很广，是天然气、沼气、坑气等的主要成分，俗称瓦斯。它可用作燃料及制造乙炔、氢氰酸及甲醛等物质的原料。

（2）石油醚 石油醚为低级烷烃的混合物。沸点范围在 30～60℃的是戊烷和己烷的混合物；沸点范围在 90～120℃的是庚烷和辛烷的混合物。石油醚为无色、透明液体，不溶于水而溶于有机溶剂和油脂中，是一种常用的有机溶剂。由于极易燃烧并有毒性，使用和贮存时要特别注意安全。

（3）固体石蜡 固体石蜡为 C_{20}～C_{24} 的固体烃的混合物，熔点为 47～65℃。医药上用于蜡疗、药丸包衣、封瓶、理疗等。工业上用作制造蜡烛的原料。

（4）液状石蜡 液状石蜡主要成分是 C_{18}～C_{24} 的液体烷烃的混合物，为透明状液体，不溶于水和醇，能溶于醚和氯仿，医药上常用作溶剂。因为在体内不被吸收，也常用作肠道润滑的缓泻剂。

（5）凡士林 凡士林为 C_{18}～C_{24} 的烷烃混合物，为软膏状半固体，熔点在 38～60℃之间。不溶于水，溶于醚和石油醚。凡士林一般为黄色，经漂白或脱色可得白凡士林。因为它不被皮肤吸收，而且化学性质稳定，不易与软膏中的药物起反应，所以在医药上常用作软膏基质。

知识链接

可燃冰：有望成为 21 世纪的新能源

2010 年中国地质调查局所属广州海洋地质调查局在中国南海发现 194 亿立方米可燃冰资源，让人们再次看到了我国接替能源未来的希望。

"可燃冰"，学名叫"天然气水合物"，因为主要成分是甲烷，因此也常被称为"甲烷水合物"。在常温常压下它会分解成水与甲烷。"可燃冰"可以看成是高度压缩的固态天然气。"可燃冰"外表上像冰霜，从微观上看其分子结构就像一个一个的"笼子"，即由若干水分子组成一个笼子，每个笼子里"关"一个甲烷气体分子。

可燃冰存在于 300～500m 海洋深处的沉积物中和寒冷的高纬度地区，其储量是煤炭、石油和天然气总和的两倍，1m³ 的可燃冰可释放出相当于天然气 164 倍的能量。在能源紧缺的现在，可燃冰有望取代煤、石油和天然气，成为 21 世纪的新能源。科学家估计，海底可燃冰分布的范围约占海洋总面积的 10%，相当于 4000 万平方公里，是迄今为止海底最具价值的矿产资源，足够人类使用 1000 年。可燃冰储量丰富，但是如果一直只躺在南海海底，则发挥不了其价值。但因为开采难度巨大，迄今鲜有国家尝试。

2017 年 5 月我国宣告首次可燃冰试采成功，我国是世界上首个成功试采海域天然气水合物的国家。这一成果对促进我国能源安全保障、优化能源结构，甚至对改变世界能源供应格局，都具有里程碑意义。

第二节 烯 烃

烯烃是分子中含有碳碳双键（C=C）的烃，碳碳双键是烯烃的官能团。根据分子中碳碳双键的数目，可分为单烯烃（含 1 个双键）、二烯烃（含 2 个双键）和多烯烃（含多个双键）。通常所说烯烃是指单烯烃，通式是 C_nH_{2n}（$n \geq 2$）。

扫一扫

烯烃 PPT

一、烯烃的结构及同分异构现象

乙烯是最简单的烯烃，其分子式为 C_2H_4，比同碳原子数的乙烷少了两个氢原子。乙烯的电子式和结构式如下所示：

乙烯的电子式   乙烯的结构式

现代物理方法证明：乙烯分子中 6 个原子在同一平面上，是平面型分子，如图 2-9 所示。它为什么具有这样的结构呢？

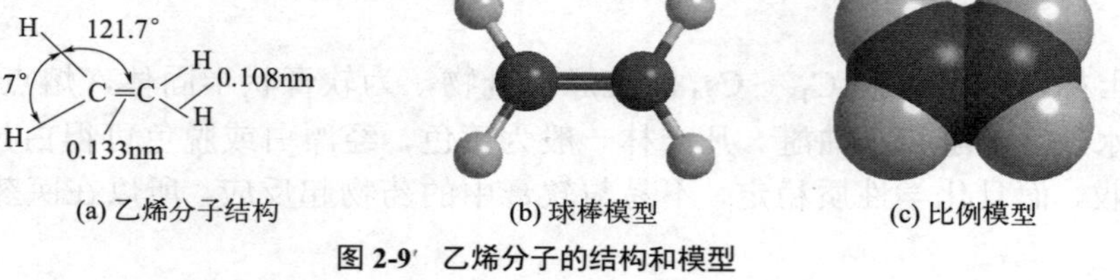

（a）乙烯分子结构   （b）球棒模型   （c）比例模型

图 2-9 乙烯分子的结构和模型

1. 烯烃的结构

碳原子在形成双键时，以 sp^2 杂化方式进行轨道杂化，即碳原子以 1 个 2s 轨道和 2 个 2p 轨道进行杂化，形成 3 个能量完全相同的 sp^2 杂化轨道。这一杂化过程称为 sp^2 杂化，如下所示：

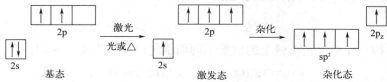

含 1/3 的 s 轨道成分和 2/3 的 p 轨道成分所形成的 sp^2 杂化轨道，形状是一头大一头小，如图 2-10(a)所示；3 个 sp^2 杂化轨道的对称轴在同一平面上，彼此间夹角是 120°，如图 2-10(b)所示；未参与杂化的 2p 轨道对称轴与此平面垂直，如图 2-10(c)所示。

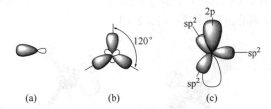

图 2-10　碳原子 sp^2 杂化轨道及未杂化的 2p 轨道

乙烯分子形成的过程中，2 个碳原子各用 1 个 sp^2 杂化轨道沿着键轴方向"头碰头"重叠，形成 1 个 C–C σ键。每个碳剩下的 2 个 sp^2 杂化轨道分别与两个氢原子的 1s 轨道形成 2 个 C–H σ键，5 个σ键都处于同一平面上，如图 2-11(a)所示。两个碳原子的未杂化 2p 轨道的对称轴都垂直于该平面，彼此互相平行，"肩并肩"从侧面互相重叠形成π键，这样就在两个碳原子之间形成碳碳双键，即一个σ键和一个π键。形成π键的一对电子叫作π电子。π键垂直于σ键所在的平面，所以乙烯为平面型分子。乙烯分子中π键的形成如图 2-11(b)、(c)所示。

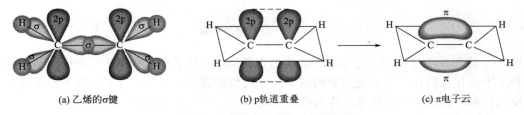

图 2-11　乙烯分子中σ键、π键的形成

与σ键相比，π键具有自己的特点，由此决定了烯烃的化学性质：

（1）不如σ键牢固（因 p 轨道是侧面重叠的）。

（2）不能自由旋转（π键没有轨道轴的重叠），键的旋转会破坏键。

（3）电子云沿键轴上下分布，不集中，易极化，易发生反应。

（4）不能独立存在。

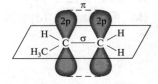

图 2-12　丙烯双键的组成

其他烯烃的双键，也都是由一个σ键和一个π键组成的。例如，丙烯（$CH_3–CH=CH_2$）双键的组成（图 2-12）。

2. 同分异构现象

烯烃的异构现象比烷烃复杂，异构体的数目也比相同碳原子数目的烷烃多，主要有三种同分异构现象：

（1）**碳链异构**　即碳链的骨架不同而引起的异构现象。例如：

$$CH_2=CHCH_2CH_3 \qquad \underset{\underset{CH_3}{|}}{CH_2=C-CH_3}$$

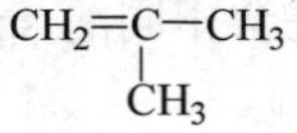

1-丁烯　　　　　　　　　2-甲基丙烯

（2）**位置异构**　即双键在碳链上的位置不同而引起的异构现象。例如：

$$CH_2=CHCH_2CH_3 \qquad CH_3CH=CHCH_3$$

1-丁烯　　　　　　　　　2-丁烯

（3）**顺反异构**　在烯烃分子中，由于π键的存在限制了碳碳双键的自由旋转，所以与双键碳原子直接相连的原子或原子团在空间的排列方式是固定的。当双键两端的碳原子各连有 2 个不同的原子或原子团时，则双键碳上的 4 个原子或原子团在空间上有两种不同的排列方式，即产生两种异构体。例如，2-丁烯的两种构型（图 2-13）。

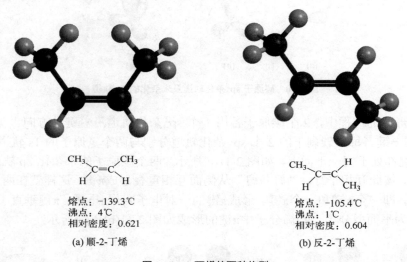

熔点：-139.3℃　　　　　　　　　熔点：-105.4℃
沸点：4℃　　　　　　　　　　　　沸点：1℃
相对密度：0.621　　　　　　　　　相对密度：0.604
(a) 顺-2-丁烯　　　　　　　　　　(b) 反-2-丁烯

图 2-13　2-丁烯的两种构型

顺-2-丁烯和反-2-丁烯的分子式相同，构造也相同，但分子中的原子在空间排列不同且在通常条件下不能相互转化，两者是由于构型不同（构型指的是一个有机分子中各个原子特有的固定的空间排列）而产生的异构体，称为构型异构体，属于立体异构的一种。

像这种由于碳碳双键不能旋转而导致分子中原子或原子团在空间的排列方式不同所产生的构型异构，称为顺反异构。只有每个双键碳上所连的 2 个原子或原子团不同时，烯烃才有顺反异构体。如图 2-14 所示，由于(a)中一个碳上连了 2 个相同的原子或原子团，所以无顺反异构体；而(b)、(c)、(d)中两个碳上均连了 2 个不同的原子或原子团，所以能产生顺反异构体。

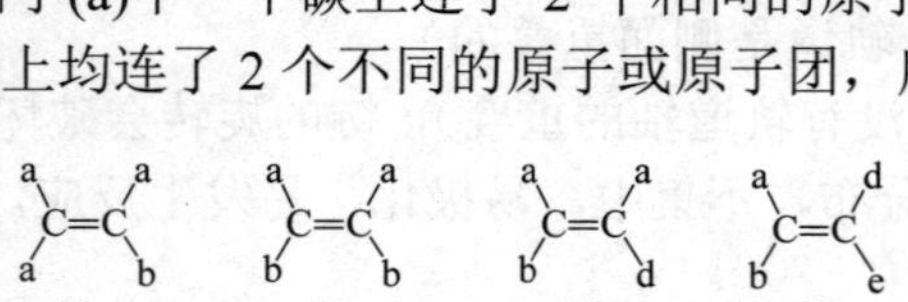

(a)　　　　　(b)　　　　　(c)　　　　　(d)

图 2-14　能或不能产生顺反异构体示例

顺反异构体属于不同的化合物，不仅理化性质不同，往往还有不同的生理活性。例如，己烯雌酚是人工合成的非甾体雌激素，临床用于雌激素低下症及激素平衡失调症的治疗。其反式异构体的生理活性是顺式异构体的 7～14 倍。

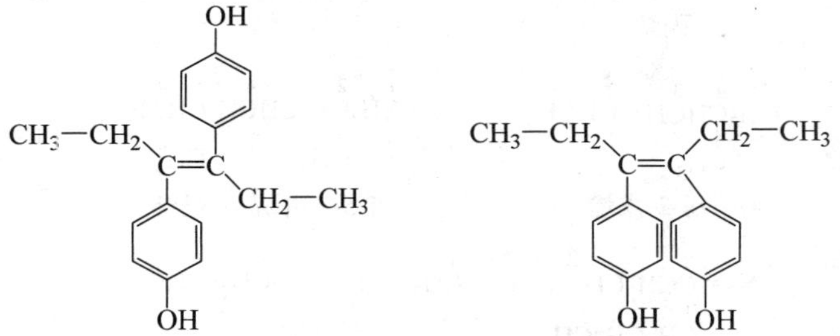

反式-己烯雌酚（有效）　　顺式-己烯雌酚（无效）

　　一些有生理活性的物质也常常存在特定的构型。例如，油脂中不饱和的高级脂肪酸分子中的双键全部为顺式构型。

随堂练习 2-4

　　1. 烯烃的通式为_____，乙烯的分子式为_____，结构简式为_____，构型是_____。

　　2. 以下化合物与乙烯互为同系物的是_____。

（1）$H_3C-CH=CH-CH_2-CH_2-\overset{\displaystyle CH_3}{CH}-CH_3$

（2）$H_3C-C\equiv C-CH_2-CH=CH-CH_3$

（3）$H_3C-CH_2-CH_2-CH_2-\underset{\displaystyle CH_3}{CH}-\underset{\displaystyle CH_3}{CH}-CH_3$

（4）$CH_2-CH-\underset{\displaystyle\underset{\displaystyle CH_3}{CH_2}}{CH}-\overset{\displaystyle CH_3}{\underset{\displaystyle CH_3}{C}}-CH_2-CH_2-CH_2-CH_3$

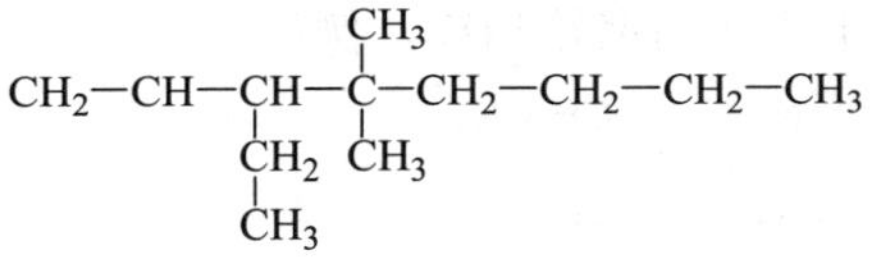

（5） 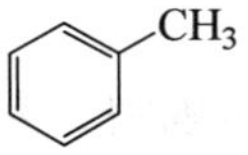　　

　　3. 试写出 2-戊烯（$CH_3-CH=CH-CH_2-CH_3$）的同分异构体。

二、烯烃的命名

1. 烯烃的系统命名法

（1）选主链　选择含有双键的最长碳链，根据主链所含碳原子数称为"某烯"。例如：

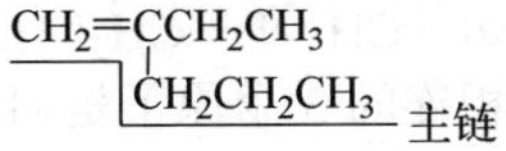

$$CH_2=CCH_2CH_3$$
$$\underline{CH_2CH_2CH_3}_{\text{主链}}$$

（2）对主链进行编号　从主链上靠近双键的一端开始编号，使双键的碳原子位次最小。

$$\overset{1}{C}H_3-\overset{2}{C}H=\overset{3}{\underset{\displaystyle CH_3}{C}}-\overset{4}{C}H_2-\overset{5}{C}H_2-\overset{6}{C}H_2-\overset{7}{C}H_3$$

（3）命名　取代基的位次、数目、名称写在母体名称之前，其原则和书写格式与烷烃的命名原则相同。双键的位次用双键碳原子中编号小的位次表示，写在"某烯"之前，前后用半字线相连。

　　例如：

$$CH_2=CHCH_3$$
丙烯

$$\overset{4}{C}H_3\overset{3}{C}H_2\overset{2}{C}H=\overset{1}{C}H_2$$
1-丁烯

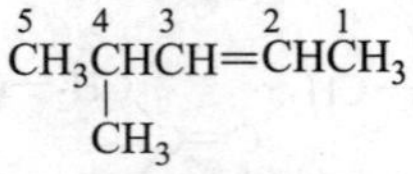

$$\overset{5}{C}H_3\overset{4}{C}H\overset{3}{C}H=\overset{2}{C}H\overset{1}{C}H_3$$
$$|$$
$$CH_3$$
4-甲基-2-戊烯

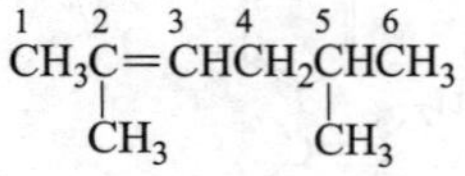

$$\overset{1}{C}H_3\overset{2}{C}=\overset{3}{C}H\overset{4}{C}H_2\overset{5}{C}H\overset{6}{C}H_3$$
$$|\qquad\qquad|$$
$$CH_3\qquad CH_3$$
2,5-二甲基-2-己烯

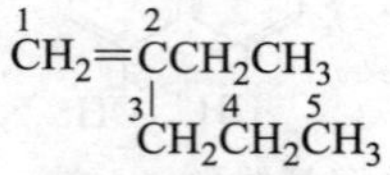

$$\overset{1}{C}H_2=\overset{2}{C}CH_2CH_3$$
$$|$$
$$\overset{3}{C}H_2\overset{4}{C}H_2\overset{5}{C}H_3$$
2-乙基-1-戊烯

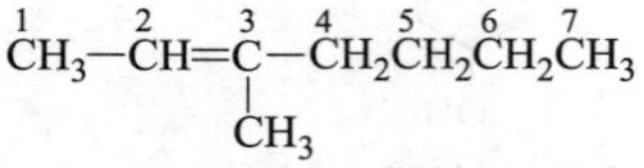

$$\overset{1}{C}H_3\overset{2}{C}H=\overset{3}{C}-\overset{4}{C}H_2\overset{5}{C}H_2\overset{6}{C}H_2\overset{7}{C}H_3$$
$$|$$
$$CH_3$$
3-甲基-2-庚烯

烯烃主链的碳原子数多于十个时，命名时中文数字与烯之间应加一个"碳"字（烷烃不加碳字），称为"某碳烯"。例如：

$$CH_3(CH_2)_3CH=CH(CH_2)_4CH_3$$
5-十一碳烯

烯烃分子从形式上去掉一个氢原子后剩下的基团，称为烯基，必要时加以定位，定位数放在基之前。最常见的烯基有：

$$CH_2=CH-$$ $$CH_3CH=CH-$$ $$CH_2=CHCH_2-$$
乙烯基   丙烯基   烯丙基

2. 烯烃顺反异构体的命名

顺反异构体的命名方法有两种，即顺、反命名法和 Z、E 命名法。

（1）顺、反命名法　两个双键碳原子上连接有相同的原子或原子团时，可用词头"顺"或"反"表示其构型。当两个相同原子或原子团位于双键同侧时，称为顺式；相反，位于双键异侧时，称为反式。书写时分别冠以顺、反，并用半字线与名称相连。例如：

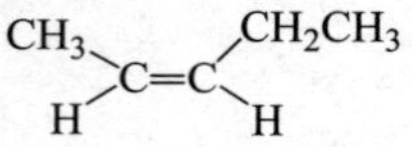

顺-2-戊烯 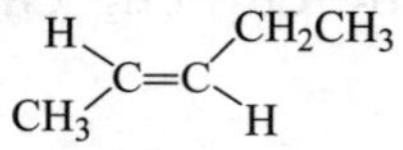   反-2-戊烯

如果两个双键碳原子上没有相同的原子或原子团时，则需采用以"次序规则"为基础的 Z、E 构型命名法。

（2）次序规则　次序规则是确定取代基团优先次序的规则，利用次序规则可以将所有的基团按次序进行排列。次序规则如下：

① 将与双键碳直接相连的两个原子按原子序数由大到小排出次序，原子序数较大者为优先基团。按此规则，一些常见基团的优先次序应为：I＞Br＞Cl＞S＞O＞N＞C＞H。

② 若基团中与双键碳原子直接相连的原子相同时，则比较与该相同原子相连的其他原子的原子序数，直到比出大小为止。例如—CH_3 和—CH_2CH_3，第一个原子都是碳，比较碳原子上所连的原子。在—CH_3 中，和碳原子相连的 3 个原子是 H、H、H；在—CH_2CH_3 中，和第一个碳原子相连的是 C、H、H，其中有一个碳原子，碳的原子序数大于氢，所以—CH_2CH_3＞—CH_3。

③ 若基团中含有不饱和键时，将双键或三键原子看作是以单键和 2 个或 3 个相同的原子相连接。例如：

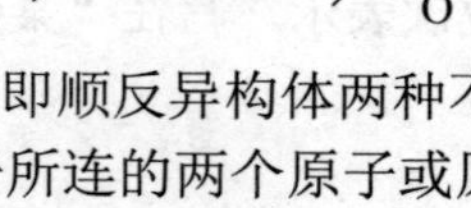

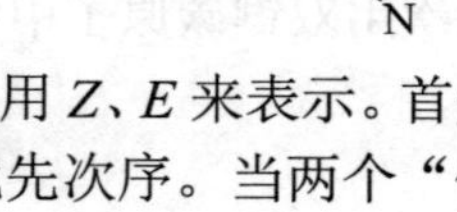

$$C=O \text{ 看作 }$$ $$-C\equiv N \text{ 看作 } -C$$

（3）Z、E 命名法　即顺反异构体两种不同的构型用 Z、E 来表示。首先应按"次序规则"，确定每一个双键碳原子所连的两个原子或原子团的优先次序。当两个"优先"基团位于双键同

侧时，用 Z（德文 Zusammen 的首字母，意为"共同"，指同侧）标记其构型；位于异侧时，用 E（德文 Entgegen 的首字母，意为"相反"，指不同侧）标记其构型。书写时，将 Z 或 E 写在化合物名称前面，并用半字线与名称相隔。例如，当 a 优先于 b，d 优先于 e 时：

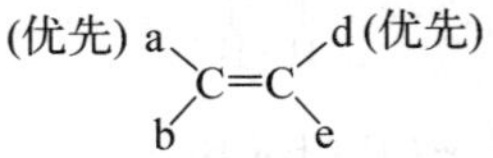

$$
\begin{matrix} \text{(优先)}\ a \\ b \end{matrix} C=C \begin{matrix} d\text{(优先)} \\ e \end{matrix} \qquad \begin{matrix} \text{(优先)}\ a \\ b \end{matrix} C=C \begin{matrix} e \\ d\text{(优先)} \end{matrix}
$$

Z-构型 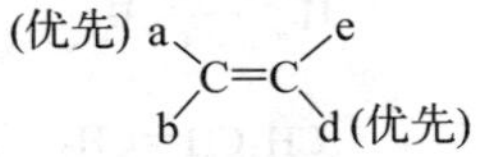　　　　　　　　E-构型

利用 Z、E 构型命名法可以命名所有的顺反异构体。

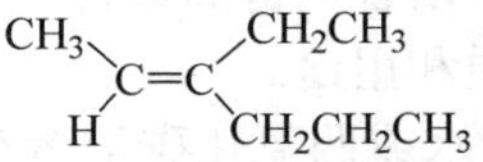

$$
\begin{matrix} CH_3 \\ H \end{matrix} C=C \begin{matrix} CH_2CH_3 \\ CH_2CH_2CH_3 \end{matrix} \qquad \begin{matrix} Br \\ H \end{matrix} C=C \begin{matrix} Cl \\ CH_3 \end{matrix}
$$

(E)-3-乙基-2-己烯 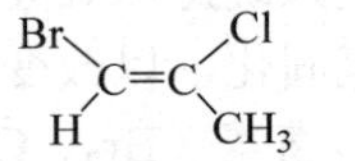　　　　　　(Z)-2-氯-1-溴丙烯

随堂练习 2-5

请给下列有机物命名：

（1）$H_3C-\underset{\underset{CH_3}{|}}{\overset{\overset{CH_3}{|}}{C}}=CH-\underset{\underset{CH_3}{|}}{C}-CH_2-CH_2-CH_3$

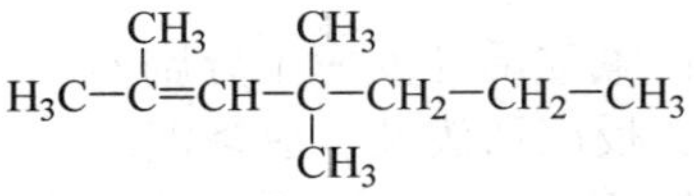

（2）$H_2C=CH-CH_2-CH_2-CH_3$

（3）$\begin{matrix} H \\ H_3C \end{matrix} C=C \begin{matrix} CH_2CH_3 \\ CH_3 \end{matrix}$

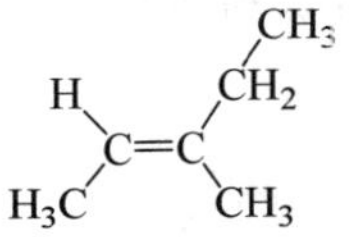

（4）$\begin{matrix} Br \\ Cl \end{matrix} C=C \begin{matrix} CH(CH_3)_2 \\ H \end{matrix}$

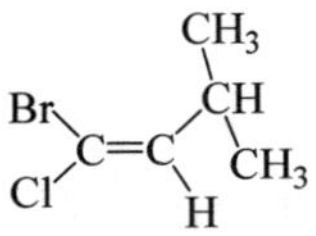

三、烯烃的物理性质

烯烃的物理性质与相应的烷烃相似。在常温常压下，$C_2 \sim C_4$ 的烯烃为气体，$C_5 \sim C_{18}$ 为液体，C_{19} 以上为固体。烯烃的熔点、沸点和相对密度均随相对分子质量的增加而升高，烯烃难溶于水而易溶于有机溶剂。单烯烃一般无色，相对密度都小于 1，不溶于水，能溶于某些有机溶剂。液态烯烃有汽油味。顺反异构体中顺式的沸点高，但顺式比反式的对称性差，所以顺式的熔点比反式低。

四、烯烃的化学性质

烯烃的化学性质主要体现在碳碳双键上。由于 π 键的键能比 σ 键的键能小，π 电子受原子核的束缚力较弱，所以 π 键比 σ 键容易断裂。因此，烯烃的化学性质比烷烃活泼得多，易发生加成、氧化、聚合等反应。

1. 加成反应

烯烃的加成反应是烯烃分子中的 π 键断裂，双键碳原子上各加一个原子或原子团，形成两个新的 σ 键，使烯烃变成饱和烃的过程。加成反应是烯烃的典型性质。

（1）催化加氢　在催化剂（Pt、Pd、Ni）作用下，烯烃可与氢气发生加成反应，生成相应的烷烃。

$$RCH{=}CHR' + H_2 \xrightarrow{Pt} RCH_2CH_2R'$$

$$\underset{H}{\overset{H}{{>}}}C{=}C\underset{H}{\overset{H}{{<}}} + H_2 \xrightarrow{Pt} H{-}\underset{H}{\overset{H}{{|}}}C{-}\underset{H}{\overset{H}{{|}}}C{-}H$$

$$CH_3CH{=}CH_2 + H_2 \xrightarrow{Pt} CH_3CH_2CH_3$$

此反应只有在催化剂存在下才能进行，因此也称为催化氢化反应。由于反应是定量完成的，可以根据反应吸收氢气的量来确定原烯烃分子中所含双键的数目。油脂工业中利用此反应将含有碳碳双键的液态油脂加氢固化，以改变其性质和用途。

（2）加卤素　烯烃可与卤素（Br_2、Cl_2）在水或四氯化碳等溶剂中进行反应，生成邻二卤代烃。

$$RHC{=}CHR' + X_2 \longrightarrow \underset{X}{\overset{|}{R}}HC{-}\underset{X}{\overset{|}{C}}HR'$$

$$CH_3CH{=}CH_2 + Br_2 \longrightarrow \underset{Br}{\overset{|}{C}}H_3CH{-}\underset{Br}{\overset{|}{C}}H_2$$

碘活泼性太低，通常不能与烯烃直接进行加成反应；氟与烯烃反应十分剧烈，同时发生其他副反应。因此，烯烃与卤素加成反应主要是加溴或氯。反应活泼性：氯＞溴。

烯烃与溴的加成产物二溴代烷为无色化合物，其反应现象为溴水或溴的四氯化碳溶液的棕红色褪去。通过烯烃与溴的加成使其褪色的性质，可用于检验烯烃，常用来判断碳碳双键的存在。

（3）加卤化氢　烯烃与卤化氢发生反应，生成一卤代烷烃。

$$RCH{=}CHR + HX \longrightarrow \underset{X}{\overset{|}{R}}CH_2CHR$$

$$CH_2{=}CH_2 + HCl \longrightarrow CH_3{-}CH_2Cl$$
$$1\text{-氯乙烷}$$

同一烯烃与不同卤化氢加成反应的活性不同，顺序为 $HI{>}HBr{>}HCl$。HF 与烯烃发生加成反应的同时可使烯烃发生聚合。

结构不对称的烯烃（如丙烯），与卤化氢发生加成反应，可以生成两种不同的加成产物。

$$CH_2{=}CHCH_3 + HX \longrightarrow \begin{cases} \underset{X}{\overset{|}{C}}H_2CH_2CH_3 & (1) \\ \underset{X}{\overset{|}{C}}H_3CHCH_3 & (2) \end{cases}$$

实验结果表明，当反应的取向有可能产生几个异构体时，只生成或主要生成一种产物，此反应中（2）是主要产物。例如：

$$CH_3CH{=}CH_2 + HBr \longrightarrow \underset{Br}{\overset{|}{C}}H_3CH{-}CH_3 + CH_3CH_2{-}\underset{Br}{\overset{|}{C}}H_2$$
$$\text{2-溴丙烷(80\%)} \qquad \text{1-溴丙烷(20\%)}$$

俄国化学家马尔科夫尼科夫（V. V. Markovnikov）总结出一个规则：当不对称烯烃（如丙烯）和不对称试剂（如 HX、H_2SO_4 等）发生加成反应时，不对称试剂中带正电荷的部分，总是加到含氢较多的双键碳原子上，而带负电荷部分则加到含氢较少或不含氢的双键碳原子上，这一规则简称为马氏规则。例如：

$$(CH_3)_2C{=}CH_2 + HCl \longrightarrow (CH_3)_2\underset{Cl}{\overset{|}{C}}{-}CH_3$$

应用马氏规则，可以预测反应的主要产物。在使用马氏规则时要特别注意，当反应条件改变时，可能出现异常现象。例如，在有少量的过氧化物存在时，HBr 与丙烯的主要加成产物是 1-溴丙烷而不是 2-溴丙烷。这是由于过氧化物的存在，改变了加成反应的历程，这种现象称为过氧化物效应。

$$CH_2=CHCH_3 \xrightarrow[CH_3COOOH]{HBr} BrCH_2CH_2CH_3$$

 人物

马氏规则创立者——马尔科夫尼科夫

马尔科夫尼科夫（V. V. Markovnikov, 1837—1904），俄国化学家。出身于军人家庭，1860 年毕业于喀山大学，曾受益于布特列洛夫，后来便成为他的助手。1865 年起，他又在德国师从埃伦迈尔和科尔贝进修两年。回国以后，他接替了布特列洛夫在喀山大学的教授职务，后来又在敖德萨大学和莫斯科大学教学。他对于凯库勒的有机分子机构学说很有兴趣，并使之有了一个重大发展。当时，人们普遍认为，碳原子只能形成六碳环。诚然，六碳环最稳定，也最容易生成，但马尔科夫尼科夫证明这并不是唯一的可能。1879 年，他制成了四碳环化合物；1889 年，他又合成了七碳环化合物。他发展了布特列洛夫的结构理论，其中最重要的为以他的名字命名的马尔科夫尼科夫规则，该规则是指不对称的烯烃与 HX 或 HCN 加成时，氢总是加到含氢较多的双键碳原子上。

（4）加硫酸 烯烃与浓硫酸反应，生成烷基硫酸氢酯，此加成反应的取向亦遵守马氏规则。烷烃不与硫酸反应，利用此反应可以除去混在烷烃中的少量烯烃。

$$RCH=CH_2 \ + \ HOSO_2OH \longrightarrow \underset{\underset{OSO_2OH}{|}}{RCH-CH_3}$$

生成的烷基硫酸氢酯可以水解生成醇。工业上利用这种方法合成醇，称为烯烃的间接水合法。

$$\underset{\underset{OSO_2OH}{|}}{RCHCH_3} \ + \ H_2O \longrightarrow \underset{\underset{OH}{|}}{RCHCH_3} \ + \ H_2SO_4$$

$$CH_3CH=CH_2 \xrightarrow{80\%H_2SO_4} \underset{\underset{OSO_3H}{|}}{CH_3CH-CH_3} \xrightarrow[\triangle]{H_2O} \underset{\underset{OH}{|}}{CH_3CH-CH_3}$$

一般情况下，烯烃不能直接与水发生加成反应，如果在酸（硫酸、磷酸等）的催化下，烯烃与水可以直接加成制得醇，称为烯烃的直接水合法。

$$CH_2=CH_2 \ + \ H_2O \xrightarrow[300℃,\ 7MPa]{H_3PO_4} CH_3CH_2OH$$

2. 氧化反应

烯烃容易被氧化，π 键首先断开，当反应条件剧烈时 σ 键也可断裂，所以随着氧化剂和反应条件的不同，氧化产物不同。

烯烃与碱性（或中性）高锰酸钾溶液在较低温度下反应，π 键断开，双键碳上分别引入一个羟基，生成邻二醇。

高锰酸钾与烯烃的
氧化反应视频

$$RCH=CHR' \xrightarrow[OH^-]{KMnO_4} \underset{\underset{OHOH}{|\ \ |}}{RCHCHR'}$$

该反应具有明显的现象：高锰酸钾的紫红色褪去，故可用于鉴别烯烃及含碳碳双键的化合物。在酸性高锰酸钾溶液或加热条件下，烯烃的碳碳双键发生断裂，最终反应产物为二氧化碳、酮、羧酸或它们的混合物，氧化产物取决于反应物烯烃的结构。与此同时，酸性高锰酸钾溶液的紫红色很快褪去。

$$\underset{H}{\overset{R}{\diagup}}C=C\underset{R''}{\overset{R'}{\diagdown}} \xrightarrow[H^+]{KMnO_4} \underset{HO}{\overset{R}{\diagdown}}C=O \ + \ \underset{R''}{\overset{R'}{\diagup}}C=O$$

羧酸　　　　　酮

$$\underset{H}{\overset{H}{\diagup}}C=C\underset{R'}{\overset{R}{\diagdown}} \xrightarrow[H^+]{KMnO_4} CO_2 \ + \ H_2O \ + \ \underset{R'}{\overset{R}{\diagup}}C=O$$

酮

$$CH_3CH=CH_2 \xrightarrow[H^+]{KMnO_4} CH_3COOH + H_2O + CO_2$$

$$\underset{CH_3C=CHCH_3}{\overset{CH_3}{}} \xrightarrow[H^+]{KMnO_4} \underset{CH_3C=O}{\overset{CH_3}{}} + CH_3COOH$$

利用烯烃与高锰酸钾的氧化反应，可用来检验碳碳双键是否存在。通过对氧化产物的分析，可以推断反应物烯烃的结构。

3. 聚合反应

烯烃在催化剂的作用下π键断开，分子间自身进行加成，形成大分子，称为聚合物。这种由低分子结合成大分子的反应过程称为聚合反应，发生聚合反应的烯烃分子称为单体。

$$n\,CH_2=CH_2 \xrightarrow{催化剂} \text{—}CH_2-CH_2\text{—}_n$$

聚乙烯

反应方程式中，n 称为聚合度。

聚乙烯是一种无毒、电绝缘性很好的塑料，广泛用于食品袋、塑料杯等日用品的生产，在医药上也常用作输液容器、医用导管、整形材料和包装材料等。

又如，丙烯通过聚合反应生成聚丙烯，也可用于生产各种塑料制品。

$$n\,\underset{CH_3}{\overset{}{HC=CH_2}} \xrightarrow[50℃, 2MPa]{TiCl_4\text{-}Al(C_2H_5)_3} \text{—}\underset{CH_3}{\overset{}{CH-CH_2}}\text{—}_n$$

Ⓒ 知识拓展

不对称烯烃与卤代烃加成的反应机理

由于原子（或原子团）电负性不同，引起分子中的电子云沿着碳链向某一方向移动的现象称为诱导效应，用符号 I 表示。诱导效应是一种静电作用，且是一种永久性的效应。以氯为例进行说明，氯原子取代烷烃分子中的氢原子后，由于氯的电负性较强，使共价键的电子云密度分布发生如下变化：

$$\underset{3}{\overset{\delta\delta\delta^+}{C}} \longrightarrow \underset{2}{\overset{\delta\delta^+}{C}} \longrightarrow \underset{1}{\overset{\delta^+}{C}} \longrightarrow \overset{\delta^-}{Cl}$$

氯原子取代氢原子后，C—Cl 键的电子云偏向氯原子，产生偶极，直箭头所指的方向是电子云偏移的方向，C-1 带有部分正电荷；C-1 上的正电荷吸引 C-1、C-2 键之间的电子云偏向 C-1，但偏移程度要小些，则 C-2 也带有少许的正电荷，同理 C-3 带有更少的正电荷。诱导效应随着传递距离的增加迅速减弱，一般传递 3 个σ键后可忽略不计。

诱导效应中电子移动的方向以 C—H 键中的氢作为比较标准，电负性大于氢的原子或原子团称为吸电子基，吸电子基引起的诱导效应称为吸电子诱导效应，用–I 表示；电负性小于氢的原子或原子团，称为给电子基，由给电子基引起的诱导效应称为给电子诱导效应，以+I 表示。

$$-\overset{|}{\underset{|}{C}}\rightarrow X \qquad\qquad -\overset{|}{\underset{|}{C}}-H \qquad\qquad -\overset{|}{\underset{|}{C}}\rightarrow Y$$

$$\begin{array}{ccc} X是吸电子基 & 比较标准 & Y是给电子基 \\ -I效应 & & +I效应 \end{array}$$

常见的给电子取代基和吸电子取代基及强弱的次序如下：

给电子基（+I）：$-O^->-COO^->-C(CH_3)_3>-CH(CH_3)_2>-CH_2CH_3>-CH_3>$
$-H$。

吸电子基（-I）：$-NO_2>-CN>-COOH>-F>-Cl>-Br>-I>-OH>$
$-C_6H_5>-CH=CH_2>-H$。

对于不对称烯烃与不对称试剂加成时的马氏规则，诱导效应可以对其很好地解释。例如，丙烯和卤化氢的加成，由于丙烯中甲基具有给电子诱导效应，使双键的π键电子云偏移，C-1 带有部分负电荷，C-2 带有部分正电荷，当与卤化氢进行反应时，亲电试剂 H^+首先加到带部分负电荷的双键碳原子上，形成碳正离子中间体，然后卤素负离子加到带正电荷的碳原子上。

$$CH_3\rightarrow \overset{\delta+}{\underset{2}{C}}H=\overset{\delta-}{\underset{1}{C}}H_2 + \overset{\delta+}{H}-\overset{\delta-}{X} \xrightarrow{慢} [CH_3\overset{+}{C}HCH_3] + X^- \xrightarrow{快} CH_3\underset{\underset{X}{|}}{C}HCH_3$$

烯烃与溴化氢在过氧化物存在下的加成反应历程是游离基加成，反应过程中没有碳正离子中间体生成，所以最终的产物为反马氏规则的产物。

随堂练习 2-6

请根据反应物及反应条件写出反应产物：

$$H_2C=CH-CH_2-CH_3+H_2 \xrightarrow{Pt}$$

$$H_2C=CH-CH_2-CH_3+Cl_2 \xrightarrow{CCl_4}$$

$$H_2C=CH-CH_2-CH_3+HCl \longrightarrow$$

$$H_2C=CH-CH_2-CH_3+HBr \xrightarrow{H_2O_2}$$

$$H_2C=CH-CH_2-CH_3 \xrightarrow[OH^-]{KMnO_4}$$

$$H_2C=CH-CH_2-CH_3 \xrightarrow[H^+]{KMnO_4}$$

$$H_3C-CH=CH-CH_2-CH_3 \xrightarrow[H^+]{KMnO_4}$$

$$H_3C-\underset{\underset{CH_3}{|}}{C}=CH-CH_3 \xrightarrow[H^+]{KMnO_4}$$

$$nH_2C=CH_2 \xrightarrow{催化剂}$$

五、重要的烯烃

1. 乙烯

乙烯是最简单的烯烃，分子式为 C_2H_4。乙烯是合成纤维、合成橡胶、合成塑料（聚乙烯及聚氯乙烯）、合成乙醇（酒精）的基本化工原料，也用于制造氯乙烯、苯乙烯、环氧乙烷、醋酸、乙醛和炸药等，也可用作水果和蔬菜的催熟剂，是一种已证实的植物激素。

在工业上，乙烯是由石油裂解而成的。乙烯的实验室制法是加热条件下用浓硫酸使乙醇脱水。

$$CH_3-CH_2OH \xrightarrow[170℃]{浓H_2SO_4} CH_2=CH_2\uparrow+H_2O$$

2. 丙烯

丙烯为无色气体，燃烧时有明亮火焰，广泛应用于有机合成中。丙烯用量最大的是生产聚丙烯，另外丙烯可用于生产丙烯腈、异丙醇、苯酚和丙酮、丁醇和辛醇、丙烯酸及其酯类，以及环氧丙烷和丙二醇、环氧氯丙烷和合成甘油等。工业化的丙烯生产途径主要包括石脑油催化裂解、炼油副产的炼厂气、重烯烃（$C_4\sim C_8$）转化、甲醇制丙烯以及丙烷脱氢等。

 知识链接

植物激素——乙烯

在生活中，我们会发现把青的香蕉和熟的苹果放在一起，结果青的香蕉很快就熟了，这是为什么呢？这是因为熟的苹果可散发一种催熟剂——乙烯，它能加速水果成熟。乙烯广泛存在于植物的各种组织、器官中，是由蛋氨酸在供氧充足的条件下转化而成的。其生理功能主要是促进籽粒成熟，促进叶、花、果脱落，也有诱导花芽分化、打破休眠、促进发芽、抑制开花、诱导器官脱落、矮化植株及促进不定根生成等作用。在农事管理上，因为乙烯是一种气体无法像其他溶液一样施用，所以目前普遍使用乙烯利作为植物生长调节剂。乙烯利不仅自身能释放出乙烯，而且还能诱导植株产生乙烯。

第三节　炔　烃

分子中含有碳碳三键（C≡C）的烃称为炔烃，碳碳三键是炔烃的官能团，炔烃通式是 C_nH_{2n-2}（$n\geq2$）。

扫一扫

炔烃PPT

一、炔烃的结构

炔烃中最简单的是乙炔，其分子式为 C_2H_2。现代物理方法证明，乙炔分子中，四个原子都在一条直线上，乙炔是直线形分子，如图2-15所示。

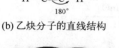

H:C⋮⋮C:H

(a) 电子式

0.120nm
0.106nm
H—C≡C—H
180°

(b) 乙炔分子的直线结构

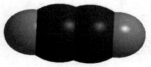

(c) 乙炔的球棍模型　　　　(d) 乙炔的比例模型

图2-15　乙炔分子的结构

杂化轨道理论认为在乙炔分子中每个碳原子是以 1 个 2s 轨道和 1 个 2p 轨道进行杂化的，形成了 2 个 sp 杂化轨道，如图 2-16 所示。这 2 个 sp 杂化轨道在同一条直线上，每个碳原子都剩下 2 个 p 轨道没有参加杂化。在形成乙炔分子时，2 个碳原子各以 1 个 sp 杂化轨道与氢原子形成 1 个碳氢σ共价键，同时又各以其另 1 个 sp 杂化轨道形成 1 个碳碳σ共价键。除此之外，每个碳原子通过 2 个未参加杂化的 p 轨道互相平行重叠形成了 2 个互相垂直且都垂直于 sp 杂化轨道轴所在直线的π键，如图 2-17 所示。

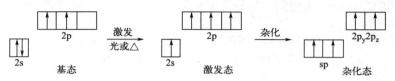

图 2-16 碳原子的 sp 杂化

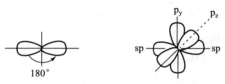

(a) 两个 sp 杂化轨道的空间分布　　(b) 三键碳原子的轨道分布

图 2-17 两个 sp 杂化轨道的空间分布及三键碳原子的轨道分布

因此，乙炔分子中的碳碳三键是由 1 个σ键和 2 个相互垂直的π键构成的，2 个碳原子和 2 个氢原子处在一条直线上，如图 2-18 所示。乙炔的π键也较易发生断裂，易发生加成反应和氧化反应。

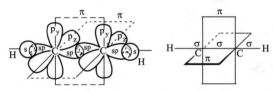

图 2-18 乙炔分子的成键情况

二、炔烃的命名和同分异构现象

1. 炔烃的系统命名法

炔烃的系统命名法和烯烃相似，只是将"烯"字改为"炔"字，例如：

$$\overset{1}{C}H\equiv\overset{2}{C}-\overset{3}{C}H_2-\overset{4}{C}H_3 \qquad \overset{1}{C}H_3-\overset{2}{C}\equiv\overset{3}{C}-\overset{4}{C}H_3 \qquad \overset{1}{C}H_3-\overset{2}{\underset{CH_3}{\overset{CH_3}{C}}}-\overset{3}{C}\equiv\overset{4}{C}-\overset{5}{C}H-\overset{6}{C}H_3$$

1-丁炔　　　　　　　　2-丁炔　　　　　　　2,2,5-三甲基-3-己炔

若分子中同时含有双键和三键，可用烯炔作词尾，给双键和三键以尽可能小的编号，如果位号有选择时，使双键位号比三键小。例如：

$$\overset{5}{C}H_3-\overset{4}{C}H=\overset{3}{C}H-\overset{2}{C}\equiv\overset{1}{C}H \qquad \overset{5}{C}H\equiv\overset{4}{C}-\overset{3}{C}H_2-\overset{2}{C}H=\overset{1}{C}H_2$$

3-戊烯-1-炔　　　　　　　　　1-戊烯-4-炔

2. 炔烃的同分异构体

（1）碳链异构　即在分子中由于支链的位置不同而产生的异构。例如：

$$CH\equiv C-\underset{\underset{CH_3}{|}}{CH}-CH_2-CH_3 \qquad CH\equiv C-CH_2-\underset{\underset{CH_3}{|}}{CH}-CH_3$$

3-甲基-1-戊炔   4-甲基-1-戊炔

（2）位置异构　即在分子中由于不饱和键（—C≡C—）位置不同而产生的异构。例如：

$$CH\equiv C-CH_2-CH_3 \qquad CH_3-C\equiv C-CH_3$$

1-丁炔   2-丁炔

（3）官能团异构　即分子式相同但属于不同类有机物而产生的异构现象。

碳原子相同的二烯烃与炔烃间互为同分异构体，因为其分子组成通式均为C_nH_{2n-2}（$n\geqslant3$）。例如：

$$CH\equiv C-CH_2-CH_3 \qquad CH_2=CH-CH=CH_2$$

1-丁炔   1,3-丁二烯

随堂练习 2-7

请命名下列化合物：

（1）$H_3C-CH_2-C\equiv C-\underset{\underset{CH_3}{|}}{\overset{\overset{C_2H_5}{|}}{CH}}$

（2）$HC\equiv C-\underset{\underset{CH_3}{|}}{C}=\underset{\underset{}{|}}{\overset{\overset{CH_3}{|}}{CH}}-CH-CH_3$

（3）$HC\equiv C-CH_2-\underset{\underset{CH_2}{|}}{\overset{\overset{CH_3}{|}}{\underset{\underset{CH_2}{|}}{}}}-\underset{\underset{CH_3}{|}}{CH}-CH_3$

（4）$H_3C-CH=CH-\underset{\underset{CH_3}{|}}{\overset{\overset{CH_3}{|}}{C}}-CH-CH_3$

三、炔烃的物理性质

炔烃的物理性质与烷烃、烯烃基本相似。乙炔、丙炔和 1-丁炔在常温常压下为气体，2-丁炔及 5 个碳原子以上的低级炔烃为液体，高级炔烃为固体。炔烃的熔点、沸点、相对密度随分子量增加而升高。炔烃难溶于水而易溶于有机溶剂。

四、炔烃的化学性质

炔烃分子中含有π键，与烯烃的化学性质相似，可发生氧化、加成、聚合等反应。碳碳三键的 p 轨道重叠程度比碳碳双键的 p 轨道重叠程度大，碳碳三键的π电子与碳原子结合得更加紧密，因此炔烃中的π键比烯烃中的π键稳定，不易断裂。所以，碳碳三键的活泼性不如碳碳双键。另外，端基炔（—C≡C—H）还可发生一些特性反应。

1. 加成反应

（1）催化加氢　炔烃的催化加氢反应分为两步，首先加氢生成烯烃，烯烃继续加氢生成烷烃。实际反应中通常不能停留在生成烯烃阶段，而是直接生成烷烃。

$$RC\equiv CR' \xrightarrow{\ \ H_2\ \ }{Pt} \underset{\underset{H}{|}}{\overset{\overset{R}{|}}{C}}=\underset{\underset{H}{|}}{\overset{\overset{R'}{|}}{C}} \xrightarrow{\ \ H_2\ \ }{Pt} RCH_2-CH_2R'$$

$$CH\equiv C-CH_3 + 2H_2 \xrightarrow[\triangle]{Pt} CH_3CH_2CH_3$$

如果改变催化剂，选用活性较低的林德拉（Lindlar）催化剂（Pd-BaSO₄/喹啉），则可使加氢反应停留在生成烯烃阶段。

$$CH_3C{\equiv}CH + H_2 \xrightarrow{\text{Lindlar}} CH_3CH{=}CH_2$$

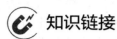 **知识链接**

林德拉催化剂（Lindlar catalyst）

林德拉催化剂，由罗氏公司的化学家林德拉（Herbert Lindlar）发明，是一种选择性催化氢化催化剂。由钯吸附在载体（碳酸钙或硫酸钡）上并加入少量抑制剂（醋酸铅或喹啉等）而成。常用的有 Pd-CaCO₃-PbAc₂ 与 Pd-BaSO₄ 喹啉两种，其中钯的含量为 5%～10%。在使用该催化剂的催化氢化反应中，氢对炔键进行顺式加成，生成顺式烯烃。例如，丁炔酸与天然含三键的硬脂炔酸分别被还原成顺-2-丁烯酸(异巴豆酸)与顺式油酸，其构型与天然油酸完全相同。工业上利用其提高乙烯的纯度。

实质上，林德拉催化剂算是催化剂中毒的一种应用。PbAc₂ 是含铅的物质，铅属于重金属。重金属可以让催化剂中毒。当催化剂中毒时，相当于抑制了催化剂的活性，使炔烃不能完全转变为烷烃，而变成烯烃。这也是炔烃还原或形成烯烃的一种方法。故林德拉催化剂的催化活性较低，可使炔烃催化加氢反应停留在烯烃阶段。

（2）加卤素　炔烃与氯或溴的加成反应分两步进行。

$$RC{\equiv}CR' + Br_2 \longrightarrow \underset{\substack{| \quad |\\ Br \ Br}}{RC{=}CR'} \xrightarrow{Br_2} RCBr_2CBr_2R'$$

$$CH_3C{\equiv}CH \xrightarrow{Br_2} \underset{\substack{|\\ Br}}{\overset{\substack{Br\\ |}}{CH_3C{=}CH}} \xrightarrow{Br_2} \underset{\substack{|\ \ |\\ Br \ Br}}{\overset{\substack{Br \ Br\\ |\ \ |}}{CH_3C{-}CH}}$$

1,2-二溴丙烯　　　1,1,2,2-四溴丙烷

炔烃与溴水或溴的四氯化碳溶液反应，可看到溴的红棕色消失，此法可鉴定炔烃及碳碳三键的存在。

（3）加卤化氢　若用溴化氢加成，反应也分两步进行，且遵循马氏规则：

$$CH_3C{\equiv}CH \xrightarrow{HBr} \underset{\substack{|\\ Br}}{CH_3C{=}CH_2} \xrightarrow{HBr} CH_3CBr_2CH_3$$

同烯烃与溴化氢的加成一样，在过氧化物存在下，炔烃与溴化氢的加成也可生成反马氏规则的产物。在通常条件下炔烃与氯化氢的加成反应较为困难，因为氯化氢在卤化氢中活性较小，必须在催化剂存在下反应才能进行。

（4）加水　在催化剂（硫酸汞的硫酸溶液）存在下炔烃与水加成，生成不稳定的烯醇式中间体，然后中间体立即发生分子内重排。如果炔烃是乙炔，则最终产物是乙醛，其他炔烃的最终产物都是酮。

$$R{-}C{\equiv}CH + H_2O \xrightarrow[H_2SO_4]{HgSO_4} \left[\underset{:OH}{R{-}C{=}CH_2} \right] \longrightarrow \underset{O}{R{-}C{-}CH_3}$$

$$H{-}C{\equiv}CH + H_2O \xrightarrow[H_2SO_4]{HgSO_4} \underset{O}{H{-}C{-}CH_3}$$

$$CH_3-C\equiv CH + H_2O \xrightarrow[H_2SO_4]{HgSO_4} CH_3-\underset{\underset{O}{\parallel}}{C}-CH_3$$

2. 氧化反应

炔烃的含碳量比烷烃和烯烃高，在燃烧时会产生浓烟。被高锰酸钾氧化时，炔烃三键断裂，生成羧酸、二氧化碳，同时高锰酸钾溶液紫红色褪去，但高锰酸钾溶液褪色的速度比与烯烃反应时慢。根据氧化产物的种类和结构，可用来推断炔烃的结构，也可鉴定炔烃及碳碳三键的存在。

$$RC\equiv CR' \xrightarrow[H^+]{KMnO_4} RCOOH + R'COOH$$

$$RC\equiv CH \xrightarrow[H^+]{KMnO_4} RCOOH + CO_2$$

3. 聚合反应

乙炔也可以进行聚合，与烯烃不同的是，炔烃一般不聚合成高分子化合物，而是发生二聚或三聚反应。在不同催化剂作用下，乙炔可以分别聚合成链状或环状化合物。

$$2CH\equiv CH \xrightarrow[NH_4Cl]{Cu_2Cl_2} CH\equiv C-CH\equiv CH_2$$

$$3CH\equiv CH \xrightarrow[\text{高温}]{\text{催化剂}} \bigcirc$$

4. 端基炔的特性反应

乙炔和具有 RC≡CH 结构特征的端基炔，含有直接与三键碳原子相连的氢原子，此氢原子相当活泼，容易解离，显示弱酸性，能被金属取代生成金属炔化物。

（1）被碱金属取代　端基炔与强碱氨基钠（在液态氨中）或金属钠反应可生成炔化钠。

$$RC\equiv CH \xrightarrow[NH_3]{NaNH_2} RC\equiv CNa$$

在有机合成中，炔化钠是非常有用的中间体，它可与卤代烷反应来合成高级炔烃。

$$RC\equiv CNa + R'X \longrightarrow RC\equiv CR' + NaX$$

（2）被重金属取代　端基炔与硝酸银的氨溶液或氯化亚铜的氨溶液反应，可分别生成白色的炔化银或棕红色的炔化亚铜沉淀。

$$R-C\equiv CH + [Ag(NH_3)_2]^+ \longrightarrow R-C\equiv CAg\downarrow$$
炔化银（白色）

$$R-C\equiv CH + [Cu(NH_3)_2]^+ \longrightarrow R-C\equiv CCu\downarrow$$
炔化亚铜（棕红色）

$$HC\equiv CH + 2[Ag(NH_3)_2]NO_3 \longrightarrow AgC\equiv CAg\downarrow + 2NH_3 + 2NH_4NO_3$$
乙炔银（白色）

$$CH_3CH_2C\equiv CH + [Ag(NH_3)_2]NO_3 \longrightarrow CH_3CH_2C\equiv CAg\downarrow + NH_3 + NH_4NO_3$$
丁炔银

$$HC\equiv CH + [Cu_2(NH_3)_4]Cl_2 \longrightarrow CuC\equiv CCu\downarrow + 2NH_3 + 2NH_4Cl$$
乙炔亚铜（棕色）

上述反应极为灵敏，现象明显，常用来鉴定乙炔和端基炔。金属炔化物在潮湿及低温时比较稳定，而在干燥时能因撞击或受热发生爆炸。所以实验完毕后，应立即加稀硝酸或其他稀酸将其分解，以免发生危险。

随堂练习 2-8

请根据反应物和反应条件写出下列反应的主要产物：

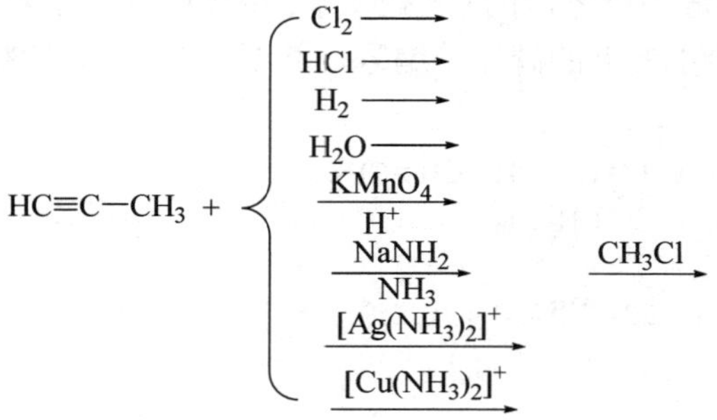

$$HC\equiv C-CH_3 + \begin{cases} \xrightarrow{Cl_2} \\ \xrightarrow{HCl} \\ \xrightarrow{H_2} \\ \xrightarrow{H_2O} \\ \xrightarrow{KMnO_4 / H^+} \\ \xrightarrow{NaNH_2 / NH_3} \xrightarrow{CH_3Cl} \\ \xrightarrow{[Ag(NH_3)_2]^+} \\ \xrightarrow{[Cu(NH_3)_2]^+} \end{cases}$$

五、重要的炔烃——乙炔

乙炔是最简单的炔烃，化学式为 C_2H_2，俗称风煤或电石气。常温常压下为无色气体，微溶于水，溶于乙醇、丙酮、氯仿、苯，混溶于乙醚，是有机合成的重要原料之一，也是合成橡胶、纤维和塑料的单体，也可用于氧炔焊割。

实验室制备乙炔常用电石和水反应，反应方程式如下：

$$CaC_2+2H_2O \longrightarrow CH\equiv CH\uparrow +Ca(OH)_2$$

乙炔的工业制法主要以碳化钙水合、甲烷部分氧化裂解和烃裂解法制备。

第四节 二烯烃

分子中含有 2 个或 2 个以上碳碳双键的不饱和烃为多烯烃，多烯烃中最重要的是二烯烃。二烯烃分子中含有 2 个碳碳双键，通式是 C_nH_{2n-2}（$n\geq 3$）。

一、二烯烃的分类和命名

扫一扫

二烯烃 PPT

根据 2 个碳碳双键的相对位置不同，将二烯烃分为 3 类。

1. 隔离二烯烃

2 个双键被 2 个或 2 个以上单键隔开的称为隔离二烯烃。隔离二烯烃分子中 2 个双键距离较远，相互影响小，其性质与单烯烃相似。

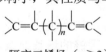

隔离二烯烃（$n\geq 2$）

2. 聚集二烯烃

2 个双键与同 1 个碳原子相连的称为聚集二烯烃。此类二烯烃稳定性较差，一般很少见。

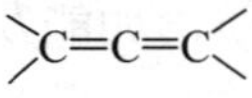

$$>C=C=C<$$

聚集二烯烃

3. 共轭二烯烃

2 个双键中间隔 1 个单键的称为共轭二烯烃。共轭二烯烃具有特殊的结构和性质。

$$\diagup C = C - C = C \diagdown$$

共轭二烯烃

二烯烃的命名与单烯烃相似，选择最长的碳链为母体，不同之处在于：母体中含 2 个双键，称为"某二烯"。从距离双键最近的一端开始给主链上的碳原子编号，并要标明两个双键的位次。例如：

$$CH_2=C-CH=CH_2$$
$$\quad\ |$$
$$\quad CH_3$$

2-甲基-1,3-丁二烯

$$CH_2=C-CH-CH=CH_2$$
$$\quad\ |\quad |$$
$$\quad CH_3 \; CH_3$$

2,3-二甲基-1,4-戊二烯

二、共轭二烯烃的结构和共轭效应

1,3-丁二烯是最简单的共轭二烯烃，为平面型分子，单键与双键键长有平均化的趋势。

0.147nm
0.137nm
124°

1,3-丁二烯分子中，4 个碳原子都是 sp^2 杂化，各以 1 个或 2 个 sp^2 杂化轨道相互重叠形成 3 个碳碳σ键，每个碳原子剩余的 sp^2 杂化轨道分别与氢原子的 1s 轨道重叠，形成 6 个碳氢σ键，分子中所有原子都在同一平面上。每个碳原子的未杂化 p 轨道垂直于分子所在平面且互相平行，从侧面相互重叠。C-1 与 C-2，C-3 与 C-4 之间重叠形成两个π键，由于两个π键靠得很近，C-2 与 C-3 之间也可以发生一定程度的重叠，也具有了π键的性质。在 1,3-丁二烯分子中，π电子的运动范围不再是局限在成键原子之间，而是在整个分子内的 4 个碳原子上运动，比普通π键中的电子具有更大的运动空间，此空间称为π电子的离域，这样形成的π键称为共轭π键，如图 2-19 所示。

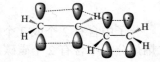

图 2-19 1,3-丁二烯的共轭π键

像 1,3-丁二烯分子这样，具有共轭π键的特殊结构体系，称为共轭体系。在共轭体系中，π电子的离域使电子云密度平均化，键长趋于平均化，体系能量降低而稳定性增加，这种效应称为共轭效应。

像 1,3-丁二烯分子这种单双键交替的共轭体系称为π-π共轭。此外还有 p-π共轭、σ-π超共轭。

当共轭体系的一端受到电场的影响时，由于π电子的离域，这种影响会沿着共轭链传递到整个共轭体系，因此，共轭效应的影响不会因链的增长而减弱，它的影响是远程的。

三、共轭二烯烃的性质

共轭二烯烃具有一般单烯烃的化学性质，如能发生加成、氧化、聚合等反应。共轭体系的存在则使共轭二烯烃具有某些特殊的性质。

1. 1,2-加成与 1,4-加成

共轭二烯烃加成时有两种可能。试剂不仅可以加到一个双键上，而且也可以加到共轭体系

两端的碳原子上，前者称为 1,2-加成，产物在原来的位置上保留一个双键；后者称为 1,4-加成，原来的两个双键消失了，而在 2,3 两个碳原子间生成一个新的双键。例如：

$$CH_2=CH-CH=CH_2 + HCl \longrightarrow CH_2=CH-\underset{\underset{Cl}{|}}{CH}-\underset{\underset{H}{|}}{CH_2} + \underset{\underset{Cl}{|}}{CH_2}-CH=CH-\underset{\underset{H}{|}}{CH_2}$$

1,2-加成产物　　　　　　1,4-加成产物

$$CH_2=CH-CH=CH_2 + Br_2 \longrightarrow CH_2=CH-\underset{\underset{Br}{|}}{CH}-\underset{\underset{Br}{|}}{CH_2} + \underset{\underset{Br}{|}}{CH_2}-CH=CH-\underset{\underset{Br}{|}}{CH_2}$$

1,2-加成产物　　　　1,4-加成产物

15℃　　　　55%　　　　　　45%

60℃　　　　10%　　　　　　90%

1,2-加成和 1,4-加成是同时发生的，哪一反应占优势，取决于反应的温度、反应物的结构、产物的稳定性和溶剂的极性。一般说来，极性溶剂、较高温度有利于 1,4-加成；非极性溶剂、较低温度，则有利于 1,2-加成。室温下以 1,4-加成为主。1,4-加成又称共轭加成，是共轭二烯烃的特殊反应。

2. 双烯合成反应

共轭二烯烃与含双键或三键的不饱和化合物发生 1,4-加成，生成具有六元环状化合物的反应称为第尔斯-阿尔德反应，又称为双烯合成反应。

在这个反应中，含有共轭双键的二烯烃称为双烯体，含有碳碳双键或三键的化合物称为亲双烯体。当亲双烯体双键或三键碳原子上连有吸电子基（如—CHO、—CN、—NO$_2$ 等）时，成环容易进行。

双烯合成反应的应用非常广泛，是合成六碳环化合物的一种重要手段。

知识链接

第尔斯-阿尔德反应的发现之旅

1906 年，德国的阿尔布莱希特（Albrecht）进行环戊二烯与酮类化合物在碱催化下的缩合反应，试图合成一种染料。他用苯醌代替酮时，发现苯醌在碱性条件下不稳定，实验没有成功。阿尔布莱希特发现不加碱反应也能进行，但是得到了一个没有颜色的化合物。不幸的是，阿尔布莱希特对产物的结构提出了一个错误的解释。

1920 年，德国人冯·欧拉（von Euler）和约瑟夫（Joseph）研究异戊二烯与苯醌反应产物的结构。他们正确地提出了第尔斯-阿尔德反应的产物结构，也提出了该反应可

能经历的机理。但遗憾的是冯·欧拉并没有深入地研究下去，结果与第尔斯和阿尔德的重大发现擦肩而过。

1921 年，第尔斯进行偶氮二羧酸乙酯与胺之间反应的研究，当用 2-萘胺进行反应时，得到的产物是一个加成物，而不是期待的取代物。第尔斯敏锐地意识到这个反应与十几年前阿尔布莱希特做过的古怪反应有共同之处。因此，他误认为产物是类似于阿尔布莱希特的双键加成产物。第尔斯很自然地模仿阿尔布莱希特用环戊二烯替代萘胺与偶氮二羧酸乙酯作用，结果又得到第三种加成物。通过计量加氢实验，他发现加成物中只含有一个双键，这使他产生了极大的困惑。如果产物的结构是如阿尔布莱希特提出的那样，那么势必要有两个双键才对。这个现象深深地吸引了第尔斯，最终他与阿尔德一起提出了正确的双烯加成物的结构，并于 1928 年将结果发表出来。这标志着第尔斯-阿尔德反应的正式发现。第尔斯-阿尔德反应是制备不饱和六元环的非常重要的环化手段之一，对推动有机化学反应理论的发展起到了重要作用。1950 年的诺贝尔化学奖颁给了德国化学家第尔斯和他的学生阿尔德，以表彰他们在 1928 年发现了著名的"Diels-Alder 双烯合成反应"。

随堂练习 2-9

请根据反应物和反应条件写出下列反应的主要产物

（1）$H_3C-CH=CH-\underset{\underset{CH_3}{|}}{C}=CH-CH_3 + Cl_2 \longrightarrow$

（2） $\underset{H_3C}{\overset{H_3C}{>}}\underset{CH}{\overset{CH}{\underset{\|}{}}}$ $+$ $\underset{CH_3}{\overset{CH_3}{>}}C=\underset{}{}$ $\longrightarrow$

本章重要知识点小结

1. 烷烃的结构、通式、同系物；烷烃的系统命名法；烷烃的卤代反应。
2. 烯烃的结构、通式、同系物；烯烃的系统命名法；烯烃的加成、氧化反应。
3. 炔烃的结构、通式、同系物；炔烃的系统命名法；炔烃的加成、氧化反应。
4. 二烯烃的结构和化学性质。
5. 马氏规则、第尔斯-阿尔德反应。
6. 不同类型链烃中碳原子的杂化方式。
7. 烯烃、炔烃、烷烃的鉴别及结构推断。

目标检测

一、命名下列化合物

（1）CH_4　　　　　（2）CH_3CH_3　　　　　（3）$CH_3CH_2CH_3$

（4）$H_2C=CH_2$　　　　　（5）$HC\equiv C-CH_3$　　　　　（6）$H_3C-CH_2-CH_2-CH_3$

（7）$H_3C-CH_2-CH_2-CH_2-CH_2-CH_2-\underset{\underset{CH_3}{|}}{CH}-CH_2-CH_3$

(8)
$$H_3C-\underset{\underset{CH_3}{|}}{CH}-CH_2-CH_2-\underset{\underset{\underset{CH_3}{|}}{CH_2}}{CH}-CH_3$$

(9)
$$H_3C-\underset{\underset{\underset{CH_3}{|}}{CH_2}}{\overset{\overset{CH_3}{|}}{C}}-CH_2-CH_2-CH_2-\underset{\underset{CH_3}{|}}{CH}-CH_2-CH_2-CH_3$$

(10)
$$H_3C-CH=\overset{\overset{CH_3}{|}}{C}-CH_2-\overset{\overset{CH_3}{|}}{CH}-\overset{\overset{CH_3}{|}}{CH}-CH_2-CH_3$$

(11)
$$\underset{\underset{\underset{CH_3}{|}}{CH_2}}{\overset{\overset{CH_2-CH_3}{|}}{C}}=\overset{\overset{CH}{|}\,CH_3}{\underset{\underset{CH_3}{|}}{C}}$$

(12)
$$HC\equiv C-\underset{\underset{\underset{CH_3}{|}}{CH_2}}{\overset{\overset{CH_3}{|}}{CH}}-CH-CH_2-CH_3$$

(13)
$$H_3C-C\equiv C-CH=CH-CH_2-\underset{\underset{CH_3}{|}}{CH}-CH_3$$

(14)
$$H_3C-\underset{\underset{CH_3}{|}}{C}=CH-CH_2-CH=CH-\underset{\underset{CH_3}{|}}{CH}-CH_3$$

二、写出下列化合物的结构式

1. 2,3-二甲基己烷   2. 3-乙基庚烷   3. 2,3,4-三甲基-3-乙基-4 异丙基壬烷

4. 2-己烯   5. 3-庚炔   6. 顺-2-己烯

7. E-3-甲基-3-庚烯   8. 5-甲基-5-辛烯-2 炔   9. 2,4-己二烯

三、完成下列反应方程式

(1) $H_3C-CH_2-CH_3 + Cl_2 \longrightarrow$

(2) $H_2C=\underset{\underset{CH_3}{|}}{C}-CH_3 + Br_2 \longrightarrow$

(3) $H_2C=\underset{\underset{CH_3}{|}}{C}-CH_3 + HBr \longrightarrow$

(4) $H_2C=\underset{\underset{CH_3}{|}}{C}-CH_3 + HBr \xrightarrow{H_2O_2}$

(5) $H_2C=\underset{\underset{CH_3}{|}}{C}-CH_3 + H_2SO_4 \longrightarrow \xrightarrow{H_2O}$

(6) $H_3C-CH_2-\underset{\underset{CH_3}{|}}{C}=CH-CH_3 \xrightarrow{KMnO_4/OH^-}$

(7) $H_3C-CH_2-\underset{\underset{CH_3}{|}}{C}=CH-CH_3 \xrightarrow{KMnO_4/OH^-}$

(8) $H_3C-CH_2-\underset{\underset{CH_3}{|}}{C}=\underset{\underset{CH_3}{|}}{C}-CH_2-CH_3 \xrightarrow{KMnO_4/H^+}$

（9）$H_2C=CH-CH-CH_3 \xrightarrow{KMnO_4/H^+}$
　　　　　　　$\overset{|}{CH_3}$

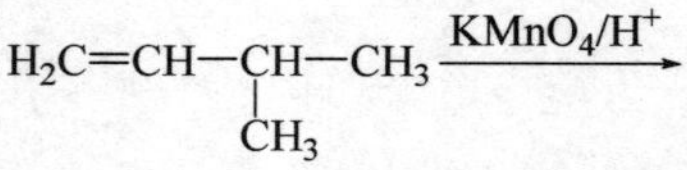

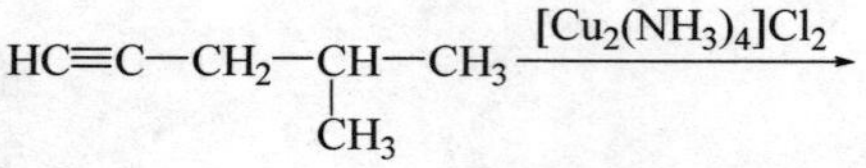

（10）$HC\equiv C-CH_2-CH-CH_3 \xrightarrow{[Cu_2(NH_3)_4]Cl_2}$
　　　　　　　　　　$\overset{|}{CH_3}$

（11）$HC\equiv C-CH_2-CH-CH_3 \xrightarrow{[Ag(NH_3)_2]NO_3}$
　　　　　　　　　　$\overset{|}{CH_3}$

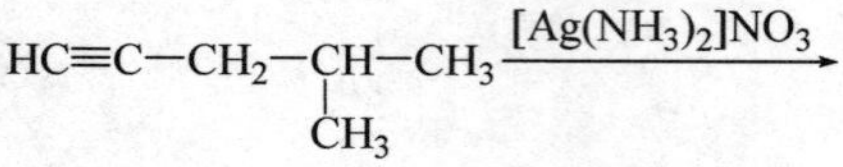

（12）$H_2C=CH-CH=CH_2 + HBr \xrightarrow{室温}$

（13）

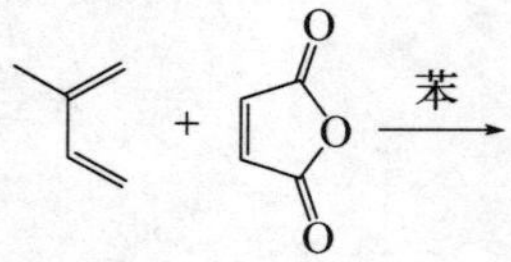

四、简答题

1. 用化学方法区分下列各组化合物。

（1）正戊烷、2-戊烯、1-戊炔

（2）正丁烷、乙炔、2-己炔

2. 试写出戊烷的所有同分异构体。

3. 试写出 2-丁烯的所有同分异构体。

4. 指出下列化合物中每个碳原子的种类。

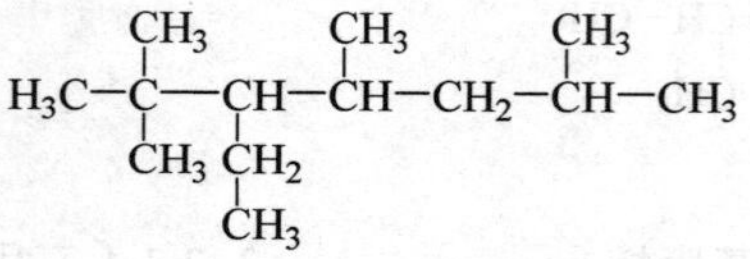

$$H_3C-\underset{\underset{CH_3}{\overset{\overset{CH_3}{|}}{|}}}{C}-\underset{\underset{\underset{CH_3}{|}}{\overset{\overset{CH_2}{|}}{|}}}{CH}-CH-\underset{\overset{CH_3}{|}}{CH}-CH_2-CH-CH_3$$

五、推断题

1. 某炔的相对分子质量为 82，与硝酸银的氨溶液反应生成白色沉淀，1mol 此化合物可以吸收 2mol H_2，请写出此炔可能的化学结构式。

2. 四种化合物 A、B、C、D 的分子式均为 C_6H_{10}。当用热的酸性高锰酸钾氧化时，A 得到乙酸和 2-甲基丙酸，B 得到二氧化碳和戊酸，C 得到 2-甲基丙二酸和二氧化碳，D 得到丙酸。且 B 可以与氯化亚铜的氨溶液反应生成棕红色沉淀，其他物质不行。试写出 A、B、C、D 的结构式。

扫一扫

环烃PPT

第三章　环　烃

 学习目标

知识目标

1.掌握脂环烃和芳香烃的命名、结构和化学性质。

2.理解苯环上亲电取代反应的定位规律及定位规律的应用。

3.了解脂环烃和芳香烃的物理性质以及重要的环烃。

能力目标

1.能够运用命名原则对各类脂环烃和芳香烃进行命名。

2.能够利用脂环烃和芳香烃的物理化学性质对其分离提纯、鉴别和合成。

3.能通过分析定位规律制订所需目标产物的合成路线。

📖 情景导入

俗话说："无醛不成胶，无苯不成漆"。室内装修污染除了众所周知的甲醛外，还有第二元凶——苯。苯主要来自合成纤维、塑料、燃料、橡胶等，隐藏在室内装修用的油漆、各种涂料的添加剂以及各种胶黏剂、防水材料中。国际卫生组织已经把苯定为强烈致癌物质，短期内吸入较高浓度的苯蒸气会引起急性中毒，甚至危及生命，长期吸入苯会出现白细胞减少和血小板减少，严重时可使骨髓造血机能发生障碍，导致再生障碍性贫血，若造血功能完全被破坏，可发生致命的颗粒性白细胞消失症，并可引发白血病。苯是一种无色、具有特殊芳香气味的液体，易挥发，易燃，属于环烃中的芳香烃。

问题：1. 什么是环烃？有什么结构特点？有哪些重要性质？

2. 你知道芳香烃名称的由来及代表的意义吗？生产实践中是如何设计合成芳香烃的？

环烃又称闭链烃，是具有环状结构的碳氢化合物。环烃包括脂环烃和芳香烃两大类。环烃及其衍生物广泛存在于自然界，例如石油中含有多种脂环烃和芳香烃，一些植物的挥发油、萜类和甾体等天然化合物都是环烃的衍生物，很多药物也都含有环烃的结构，例如：

(-)-薄荷醇　　　　　　　龙脑　　　　　　　　布洛芬

第一节　脂环烃

脂环烃是指结构上具有环状碳骨架，而性质上与脂肪烃相似的环烃。饱和的脂环烃称为环烷烃，含碳碳双键和三键的则分别称为环烯烃和环炔烃。脂环烃按分子中碳环的数目，又可分为单环脂环烃和多环脂环烃。

一、脂环烃的命名

脂环烃的命名与相应的开链烃相似。

单环环烷烃的名称是在同碳原子数目的烷烃名称前加一个"环"字，称为"环某烷"。例如：

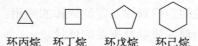

环丙烷　环丁烷　环戊烷　环己烷

带有简单取代基的环烷烃则以碳环作为母体，环上侧链作为取代基命名；环上连有多个取代基时，从含碳原子最少的取代基开始编号，以使环上取代基的位次尽可能小的原则进行编号。例如：

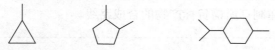

甲基环丙烷　　1,2-二甲基环戊烷　　1-甲基-4-异丙基环己烷

带有复杂取代基的环烷烃很难以碳环作为母体进行命名时，可将环烷烃作为取代基，命名原则与开链烃相同。例如：

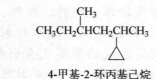

$$CH_3CH_2\underset{\underset{CH_3}{|}}{CH}CH_2CHCH_3$$

4-甲基-2-环丙基己烷

环烯烃或环炔烃的命名原则与相应的开链烯烃或炔烃相似，以不饱和碳环作为母体，侧链作为取代基，环上碳原子编号顺序除优先使不饱和键编号最小外，还要同时以侧链编号较小为原则。例如：

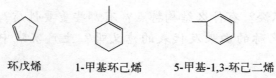

环戊烯　　1-甲基环己烯　　5-甲基-1,3-环己二烯

Ⓒ 知识拓展

多环环烷烃的命名

环烷烃根据分子中碳环的数目，分为单环和多环环烷烃。在多环环烷烃中，根据环间的连接方式不同，主要分为螺环烃和桥环烃两类。

螺环烃由两个碳环共用一个碳原子的方式连接而成，共用的碳原子叫作螺原子。

命名螺环烃时，根据组成环的碳原子总数，命名为"螺某烷"，再用阿拉伯数字标明除螺原子外每个环上的碳原子数目，按由小到大的次序写在"螺"和"某烷"之间的方括号里,数字间用圆点隔开。螺环烃环上碳原子的编号,从连接螺原子的邻位碳开始,先编较小的环,然后经过螺原子再编较大的环,在此基础上应尽可能使环上的取代基或不饱和键位次更小。例如:

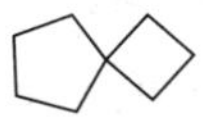

螺[3.4]辛烷 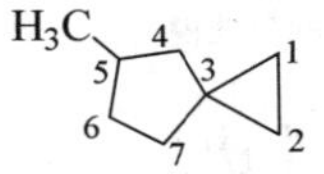　　　5-甲基螺[2.4]庚烷

桥环烃由两个或多个碳环共用两个及两个以上碳原子而成,共用的碳原子叫作"桥头"碳原子,连接在"桥头"碳原子之间的碳链叫作"桥路"。

在桥环烃中,最常用的是双环桥环烃。命名双环桥环烃时,根据组成环的碳原子总数,命名为"双环某烷",再用阿拉伯数字标明除桥头碳原子外每个"桥路"上的碳原子数目,按由大到小的次序写在"双环"和"某烷"之间的方括号里,数字间用圆点隔开。环上碳原子的编号,从一个桥头碳原子开始,先编最长的桥至第二个桥头碳原子,再编余下较长的桥,回到第一个桥头,最后编最短的桥。在此基础上应尽可能使环上的取代基或不饱和键位次更小。例如:

双环[2.2.1]庚烷　　　8,8-二甲基双环[3.2.1]辛烷

二、环烷烃的结构

环烷烃因碳骨架成环,故比相应的开链烷烃少 2 个氢原子,通式为 C_nH_{2n}($n \geqslant 3$)。

环烷烃中的碳原子之间也是通过 sp^3 杂化轨道成键的,环的大小不同,其键角不同。

在环丙烷分子中,sp^3 杂化轨道的夹角是 109.5°,而正三角形的内角是 60°,因此 C—C 间的 sp^3 杂化轨道不可能沿轨道对称轴实现最大的重叠,只能部分重叠,形成弯曲的碳碳键,如图 3-1(a)所示。这种键与开链烷烃的 C—Cσ键相比,轨道重叠程度小,因此比一般的σ键弱,具有较高的能量。这种由于键角偏离正常键角而引起的张力称为角张力。角张力使得环丙烷分子内存在开环恢复正常键角的倾向,所以环丙烷分子不稳定,容易发生开环反应。

除环丙烷三个碳原子在同一个平面上之外,C_4 及以上的环烷烃环上碳原子都不在同一个平面内。环烷烃通过碳碳单键的旋转,改变环的几何形状,可以减小角张力,增加稳定性。

环丁烷情况与环丙烷类似,分子中也存在角张力,也容易发生开环反应,只是环丁烷的环内键角比环丙烷略大,角张力小,比环丙烷要稳定。在环丁烷的四个碳原子中,有三个分布在同一个平面上,另一个处于平面之外。环丁烷是以一个折叠碳环的形式存在的,常称这种构象为"蝴蝶形"构象,如图 3-1(b)所示。

同样的道理,环戊烷也是以折叠碳环的形式存在的,其中四个碳原子基本在一个平面上,另一个碳原子则在这个平面之外,常称这种构象为"信封形"构象,如图 3-1(c)所示。

环己烷同样不是平面结构,它较为稳定的构象是折叠的椅式构象和船式构象。六个碳原子中 C-2、C-3、C-5 和 C-6 四个碳原子在一个平面上,其他两个碳原子一个在此平面上方,一个在此平面下方,呈椅式构象,如图 3-1(d)所示;或两个碳原子都在此平面上方,呈船式构象,如图 3-1(e)所示。

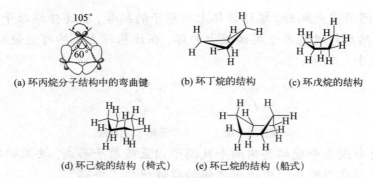

(a) 环丙烷分子结构中的弯曲键　　(b) 环丁烷的结构　　(c) 环戊烷的结构

(d) 环己烷的结构（椅式）　　(e) 环己烷的结构（船式）

图 3-1　环烷烃的结构

在环烷烃分子中，由于 C—C 单键受环的限制不能自由旋转，因此只要环上有 2 个碳原子各连有不同的原子或基团，就可以形成不同的空间排列形式，从而产生异构体。例如，1,2-二甲基环丙烷分子中，2 个甲基分布在环平面的同侧时称为顺式异构体，2 个甲基分布在环平面的异侧时称为反式异构体。在书写环状化合物结构式时，为体现环上碳原子的构型，通常把碳环表示为垂直于纸面，将朝向前面的键用粗线或楔形线表示，把碳上的基团排布在环的上面或下面。

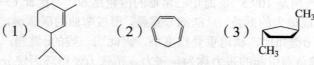

顺-1,2-二甲基环丙烷　　　　反-1,2-二甲基环丙烷

这种由于 C—C 键不能自由旋转，导致分子中的原子或原子团在空间的排列形式不同而引起的异构现象称为顺反异构，顺反异构体属于立体异构体。分子中的原子或原子团在空间的排列形式称为构型，顺反异构体具有不同的构型。

🖊 随堂练习 3-1

1. 用系统命名法命名下列化合物。

（1）　　　　　（2）　　　　　（3）

2. 下列化合物是否有顺反异构体？若有，请写出它们的立体结构式。

（1）　　　（2）　　　（3）H₃C　　　（4）Cl————CH=CH₂

三、环烷烃的性质

环烷烃的熔点和沸点都比相应的烷烃高一些，相对密度也比相应烷烃高，但仍比水轻。

环烷烃的化学性质与开链烷烃相似，但由于环烷烃具有环状结构，故还有一些环状结构特有的化学性质。

（一）取代反应

环烷烃与开链烷烃同属饱和烃，性质较稳定，与强酸、强碱、强氧化剂等试剂都不发生反应，在光照或高温的引发下能发生自由基取代反应。例如：

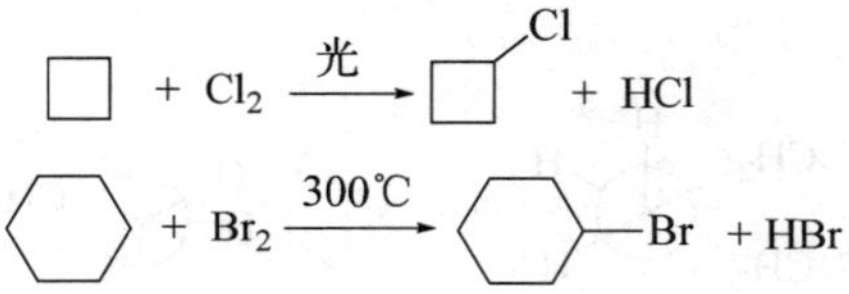

$$\square + Cl_2 \xrightarrow{\text{光}} \square\text{—Cl} + HCl$$

$$\bighexagon + Br_2 \xrightarrow{300℃} \bighexagon\text{—Br} + HBr$$

（二）开环加成

由 3 或 4 个碳原子组成的小环环烷烃不稳定，在一定条件下易开环，两端的碳原子上各加上一个原子或者原子团，从而发生开环加成反应，生成开链烃或其衍生物。

1. 催化加氢

在催化剂的作用下，环烷烃可进行催化加氢反应，即环烷烃开环，碳链两端的碳原子与氢原子结合生成烷烃。环烷烃分子中环碳数目不同，其催化加氢的难易程度也不同。从下述反应条件可以看出，其活性大小顺序为环丙烷＞环丁烷＞环戊烷，含碳数目更多的环烷烃很难发生催化加氢反应。

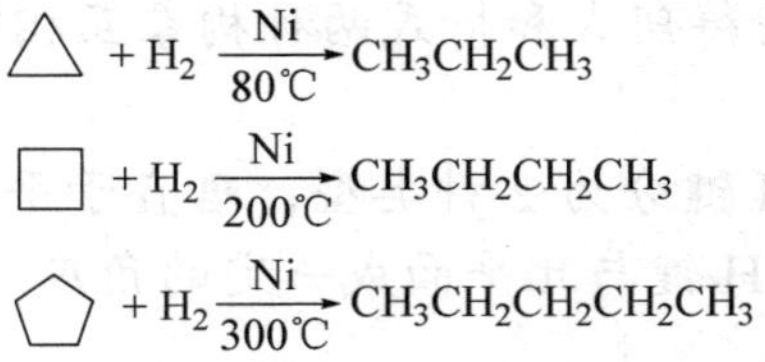

$$\triangle + H_2 \xrightarrow[80℃]{Ni} CH_3CH_2CH_3$$

$$\square + H_2 \xrightarrow[200℃]{Ni} CH_3CH_2CH_2CH_3$$

$$\pentagon + H_2 \xrightarrow[300℃]{Ni} CH_3CH_2CH_2CH_2CH_3$$

2. 加卤素或卤化氢

环丙烷在室温下可以与卤素、卤化氢等发生加成反应，生成相应的卤代烃。例如：

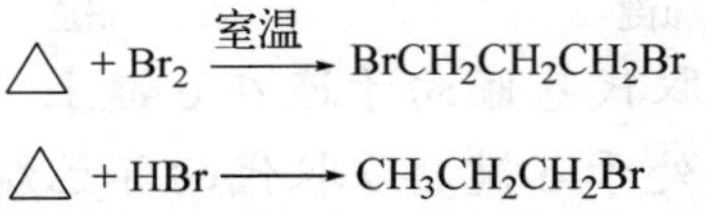

$$\triangle + Br_2 \xrightarrow{\text{室温}} BrCH_2CH_2CH_2Br$$

$$\triangle + HBr \longrightarrow CH_3CH_2CH_2Br$$

取代环丙烷与卤化氢加成时，环碳原子键的断裂发生在含氢最多和含氢最少的 C—C 键之间，且卤化氢加成符合马氏规则。例如：

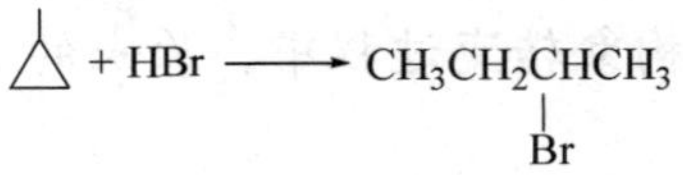

$$\triangle + HBr \longrightarrow CH_3CH_2\underset{\underset{Br}{|}}{C}HCH_3$$

环丁烷需要在加热条件下才能与卤素发生加成反应。例如：

$$\square + Br_2 \xrightarrow{\text{加热}} BrCH_2CH_2CH_2CH_2Br$$

环戊烷及更大的环烷烃很难与卤素、卤化氢发生开环加成反应。

知识拓展

环己烷的构象

环己烷分子是许多构象异构体的动态平衡体系，典型构象为椅式构象和船式构象。在这两种构象异构体中，环内所有的 C—C 键角均接近正常的四面体键角，几乎没有角张力。椅式构象的能量更低，是最稳定的一种构象，即为优势构象。

透视式：

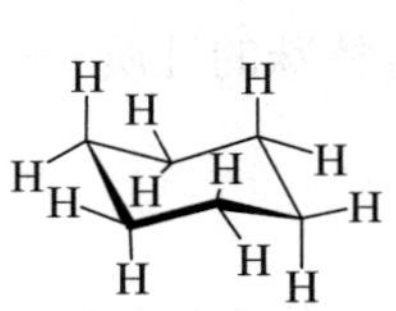

椅式构象 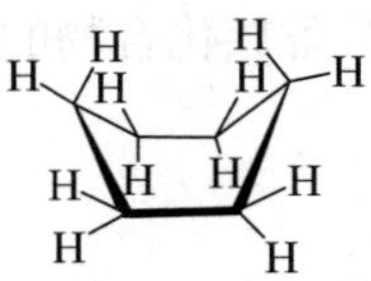　　　　　船式构象

纽曼投影式：

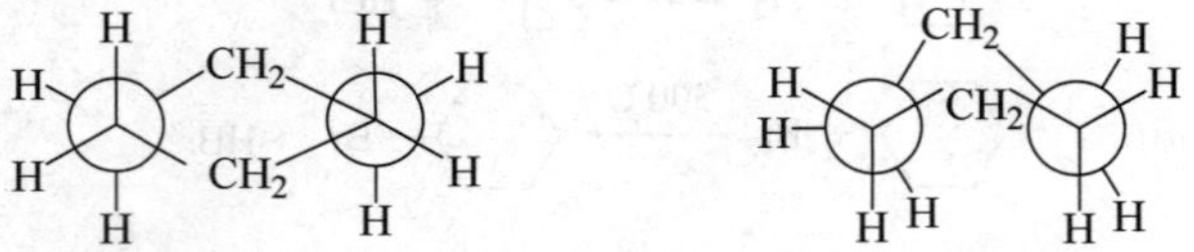

椅式构象　　　　　　　　　　　船式构象

　　在椅式构象中，相邻碳原子的碳氢键全部处于交叉式的位置，碳原子上的氢原子相距较远，不产生斥力。在船式构象中，船底 4 个碳原子在同一平面上，相邻碳原子的碳氢键处于重叠式位置，2 个船头碳上有伸向环内侧的 2 个氢原子，它们相距 0.183nm，远小于 2 个氢原子的范德瓦耳斯半径之和（0.24nm），因此产生非键张力，导致船式构象比椅式构象能量约高 29.7kJ/mol。

　　室温下，每 1000 个环己烷分子中只有 1 个是以船式构象的形式存在的，其余均为椅式构象。由于分子热运动使得船式和椅式两种构象互相转变，因此不能拆分环己烷分子中的任何一种构象异构体。

　　椅式构象中，12 个 C—H 键分为 2 种类型，垂直于平面的 6 个 C—H 键，称为 a 键（竖键或直立键），另 6 个 C—H 键与此平面成一定的角度，称为 e 键（横键或平伏键）。

a键　　　　　　　　　　　e键

　　环己烷一元取代物，一般取代基倾向于连在 e 键上。如果环上连有两个不同的取代基时，一般是大的取代基优先处于 e 键。多取代的环己烷，则是取代基处于 e 键最多的一般是最稳定的构象。

　　椅式构象还可通过环内 C—C 键的转动，从一种椅式构象转变为另一种椅式构象，该过程称为转环作用。在这种构象转变过程中，原来的 a 键可以转为 e 键，e 键也可以转为 a 键。

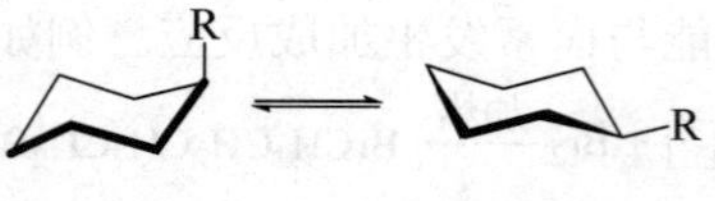

第二节　芳香烃

　　芳香烃简称芳烃，一般是指分子中含苯环结构的碳氢化合物。"芳香"二字的由来最早是指那些从天然树脂、香精油中提取而来并具有芳香气味的物质。但随着研究的深入，人们发现这些物质中大多数含有苯环结构。目前已知的很多芳香类化合物并不具有芳香气味，而且仅凭气味作为分类依据并不合适，所以这个名称早已失去原来的意义。但由于习惯，"芳香烃"的名称仍被沿用下来。芳香烃是芳香族化合物的母体且具有特殊的性质——"芳香性"。

一、苯的结构

　　苯（C_6H_6）是最简单的芳香烃，苯环结构是芳香类化合物最基本的结构单元。1865 年凯库

勒从苯的分子式 C_6H_6 出发,根据苯的一元取代物只有一种，说明苯分子中的六个氢原子是等同的，并提出苯是由 6 个碳原子组成的六元环，碳原子间以单双键交替相连，每一个碳原子上都连接一个氢原子，此结构式称为苯的凯库勒结构式，如图 3-2 所示。图 3-3 所示为苯分子的凯库勒结构模型。

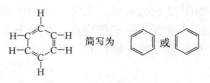

图 3-2 苯的凯库勒结构式

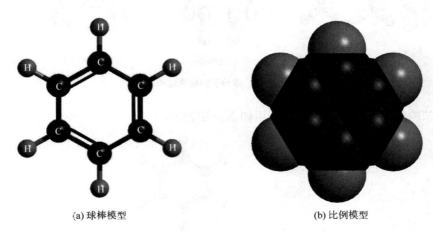

(a) 球棒模型　　　　　　　　(b) 比例模型

图 3-3 苯分子的凯库勒结构模型

按照凯库勒结构式，苯分子应显示高度的不饱和性，然而苯却是一个比较稳定的化合物，不易发生烯烃一类的加成反应，也不能使高锰酸钾酸性溶液褪色。虽然苯不易加成，不易氧化，但却容易发生取代反应，实验发现苯的邻二取代物也只有一种结构，这说明苯一定具有某种特殊的分子结构。

现代物理方法证明，苯分子中的 6 个碳原子和 6 个氢原子都在同一平面内，为平面正六边形结构。6 个碳碳键键长完全相等，而且介于碳碳单键和碳碳双键之间，键角都是 120°，如图 3-4 所示。

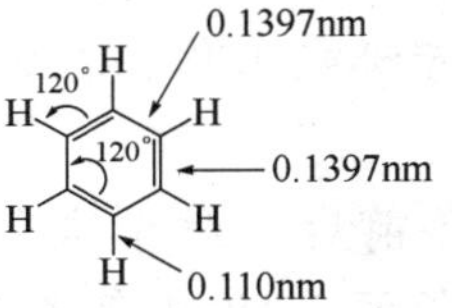

0.1397nm　　　正六边形结构
120° H　　　　　　所有原子共平面
H　　H
120°　　　　　0.1397nm　　C—C 键键长均为0.1397nm
H　　H
　　　　　　　　　　　C—H 键键长均为0.110nm
H　　H
0.110nm　　　所有键解均为120°

图 3-4 苯的平面正六边形结构

杂化轨道理论认为，苯分子中的 6 个碳原子都是 sp^2 杂化。每个碳原子以 sp^2 杂化轨道与相邻碳原子的 sp^2 杂化轨道"头碰头"正面重叠，形成六个等同的 C—C σ键；每个碳原子以 sp^2 杂化轨道，分别与氢原子的 s 轨道"头碰头"正面重叠，形成六个 C—H σ键。这样 6 个碳原子形成一个对称的正六边形结构，分子中六个碳原子和六个氢原子都在同一平面上，所有键角都是 120°，如图 3-5(a)所示。此外，每个碳原子未参加杂化的 1 个 p 轨道的对称轴均垂直于正六边形平面，6 个 p 轨道彼此相互平行，"肩并肩"侧面重叠形成 1 个闭合的环状大π键，如图 3-5(b)所示。大π键的电子云对称而均匀地分布，构成两个环状电子云，分别处于苯环的上方和下方，如图 3-5(c)所示。在这个共轭体系中，电子云密度达到完全的平均化，从而使分子能量大大降低，因而苯分子很稳定。在苯分子中没有独立的单键和双键，苯环上所有的碳碳键完全等同，因此邻二取代物只有一种结构。

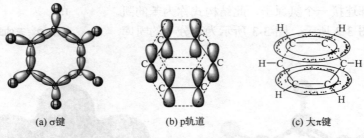

(a) σ键   (b) p轨道   (c) 大π键

图 3-5   苯分子的轨道结构

因此，苯的结构及球棒模型也可采用如下方法表示：

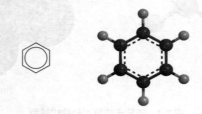

在书写时，通常还是采用两种凯库勒结构式⬡或⬡代表苯和苯环结构。

 人物

苯环结构创始人

——弗里德里·凯库勒

弗里德里·凯库勒，德国化学家，他于 1829 年 9 月 7 日生于达姆施塔特，1848～1851 年进入吉森大学，原先学建筑，后来他多次聆听化学大师李比希的讲演，深受吸引和启发，遂改攻化学，并在李比希的实验室里积极、严谨地进行研究工作，在吉森大学获得博士学位。

凯库勒对苯的结构的研究开始于 1861 年前后。对于这个奇妙的苯环结构，还有凯库勒科学灵感的一个趣闻。1864 年冬天，凯库勒在写自己的教科书时，工作似乎有些停滞不前。他坐在炉火旁的椅子上打起了瞌睡。据凯库勒记载，在他的梦里，原子跳跃起来，最终形成了一条咬着自己尾巴的蛇的形状。凯库勒形容这个梦"像是电光一闪"，醒来后，他花了一夜的时间，做出了苯环的假想。1865 年，凯库勒发表了《论芳香族化合物的结构》一文，在这篇论文中，他第一次提出了苯的环状结构理论，成为有机化学发展史上的一块里程碑。

二、芳香烃的分类

根据分子中所含苯环的数目和连接方式不同，芳香烃又可分为单环芳烃、多环芳烃和稠环芳烃。

单环芳烃是指分子中只含有 1 个苯环的芳烃。例如：

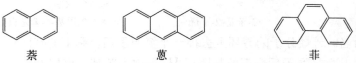

苯 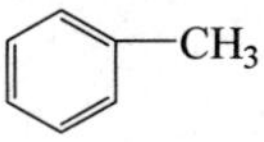　　　　　　甲苯 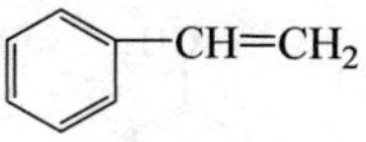　　　　　　苯乙烯

多环芳烃是指分子中含有 2 个或 2 个以上独立苯环的芳烃。例如：

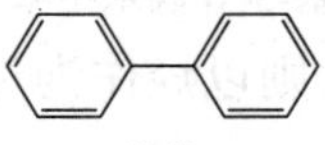

联苯 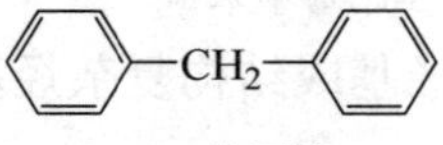　　　　　　　　　二苯甲烷

稠环芳烃是指分子中含有 2 个或 2 个以上苯环，且苯环之间共用相邻的 2 个碳原子的芳烃。例如：

萘　　　　　　　　蒽　　　　　　　　菲

三、苯的同系物的命名

苯是最简单的芳烃，苯环上的氢原子被烷基取代的衍生物称为苯的同系物，也称为烷基苯，烷基苯的通式为 C_nH_{2n-6}（$n \geqslant 6$）。按苯环上连接烷基的数目，其可分为一元烷基苯、二元烷基苯和多元烷基苯。

（1）一元烷基苯。以苯为母体，烷基为取代基，命名为"某烷基苯"，"基"字常可省略。例如：

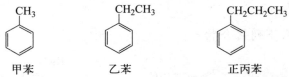

甲苯　　　　　　乙苯　　　　　　正丙苯

（2）二元烷基苯。根据取代基的相对位置不同，苯的二元取代物有三种异构体，命名时在名称前标邻或 o-（ortho-）、间或 m-（meta-）、对或 p-（para-）等，也可用 1,2-、1,3-、1,4-表示。例如：

1,2-二甲苯（邻二甲苯）　　1,3-二甲苯（间二甲苯）　　1,4-二甲苯（对二甲苯）
　　　o-二甲苯　　　　　　　　　m-二甲苯　　　　　　　　　p-二甲苯

（3）三元烷基苯。取代基相同的三元取代苯有三种异构体，命名时可分别用阿拉伯数字表示取代基的位置，也可用连、偏、均等字来表示它们位置的不同。例如：

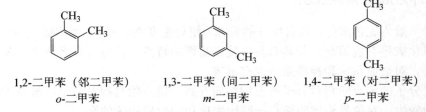

　1,2,3-三甲苯　　　　　　1,2,4-三甲苯　　　　　　1,3,5-三甲苯
　（连三甲苯）　　　　　　（偏三甲苯）　　　　　　（均三甲苯）

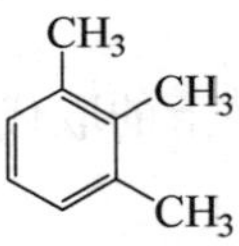

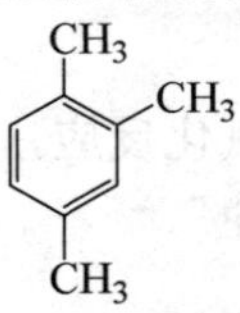

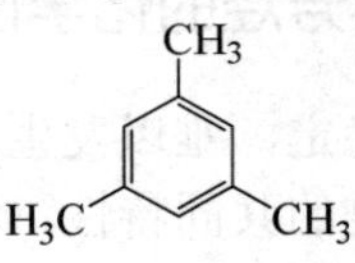

（4）当苯环上连有不同的烷基时，若其中一个为甲基，一般以甲苯作为母体，其他的烷基作为取代基，按照基团优先次序进行命名。例如：

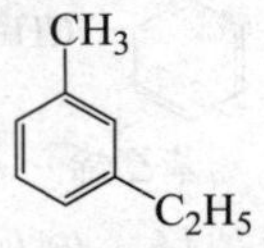

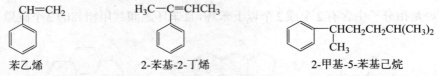

3-乙基甲苯 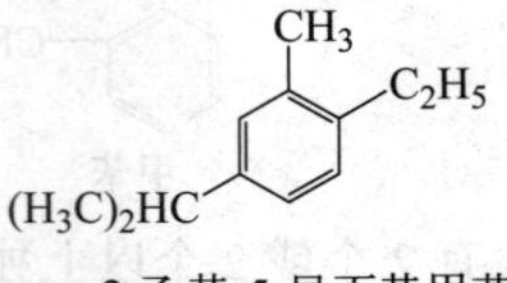　　　　　　　　　2-乙基-5-异丙基甲苯

（5）当苯环与不饱和烃基或结构复杂烃基相连时，则以烃作为母体，把苯环当作取代基来命名。例如：

苯乙烯　　　　　　　2-苯基-2-丁烯　　　　　　　2-甲基-5-苯基己烷

（6）芳基的命名。芳烃分子的芳环上去掉一个氢原子后，剩下的基团称为芳基，可用 Ar—表示。苯环上去掉一个氢原子后剩下的基团 C_6H_5—称为苯基，可用 Ph—表示。甲苯分子中苯环上去掉一个氢原子后剩下的基团称为甲苯基，甲苯分子中甲基上去掉一个氢原子后剩下的基团称为苯甲基，又称苄基。例如：

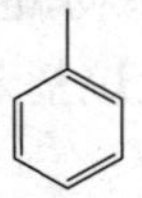

苯基 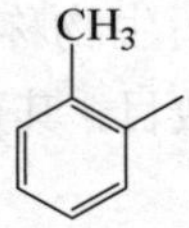　　　　　　邻甲苯基 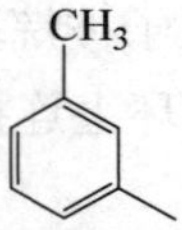　　　　　间甲苯基 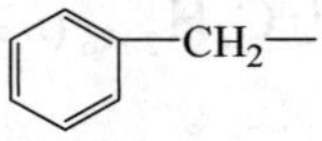　　　　　　苯甲基（苄基）

随堂练习 3-2

用系统命名法命名下列化合物：

（1） 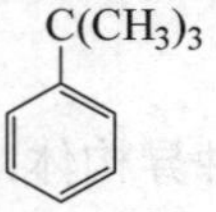　　　　　　　　（2） 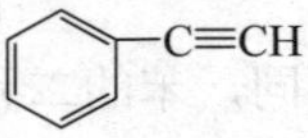　　　　　　　　（3）

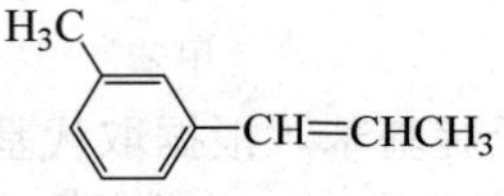

四、单环芳烃的物理性质

单环芳烃一般为无色液体，具有特殊的香味，相对密度 0.8～0.9，微溶或不溶于水，而溶于醇、醚和四氯化碳等有机溶剂。苯具有易挥发、易燃的特点，其蒸气有爆炸性。苯毒性较大，能引起肝损伤，对造血系统和神经系统也有毒害。

单环芳烃分子的沸点随相对分子质量增加而升高。熔点除与相对分子质量有关外，受分子结构的影响也较大，对位异构体的熔点一般比邻位和间位异构体的高。

五、单环芳烃的化学性质

苯环性质稳定，难以发生加成反应和氧化反应，而容易发生苯环上的取代反应，这些性质是芳香族化合物的共同特性，称为"芳香性"。

（一）取代反应

单环芳烃最重要的化学性质是苯环上的取代反应，包括卤代反应、硝化反应、磺化反应、烷基化反应等。

1. 卤代反应

在三卤化铁或铁粉等催化剂作用下，苯环上的氢原子可被卤素取代，生成卤代苯。氟的活性太高，反应难以控制，碘的活性又太低，因此反应中的卤素一般是指氯和溴。例如：

$$\text{苯} + X_2 \xrightarrow{FeX_3\text{或}Fe\text{粉}} \text{卤代苯} + HX(X=Br、Cl)$$

烷基苯的卤代反应比苯容易，主要生成邻位和对位产物。

$$\text{甲苯} + Cl_2 \xrightarrow{FeCl_3\text{或}Fe\text{粉}} \text{邻氯甲苯} + \text{对氯甲苯}$$

2. 硝化反应

在浓硝酸和浓硫酸混合物（称为混酸）共热作用下，苯环上的氢原子被硝基取代，生成浅黄色的硝基苯，此反应称为硝化反应。例如：

$$\text{苯} + HNO_3(\text{浓}) \xrightarrow[50\sim60℃]{\text{浓}H_2SO_4} \text{硝基苯}(NO_2) + H_2O$$

硝基苯继续硝化比苯困难，可生成间二硝基苯和极少量的三硝基苯。例如：

$$\text{硝基苯}(NO_2) \xrightarrow[\text{浓}H_2SO_4, 95℃]{\text{发烟}HNO_3,} \text{间二硝基苯88\%}(O_2N\cdots NO_2) \xrightarrow[\text{发烟}H_2SO_4]{\text{发烟}HNO_3, 110℃} \text{极少量}$$

烷基苯比苯易硝化，反应过程及主要产物如下：

$$\text{甲苯} \xrightarrow[30℃]{\text{混酸}} \begin{cases} \text{邻硝基甲苯} \\ \text{对硝基甲苯} \end{cases} \xrightarrow[60℃]{\text{混酸}} \text{2,4-二硝基甲苯} \xrightarrow[110℃]{\text{混酸}} \text{2,4,6-三硝基甲苯（TNT）}$$

2,4,6-三硝基甲苯简称三硝基甲苯，又叫 TNT，是一种淡黄色的针状晶体，不溶于水。它是一种烈性炸药，广泛用于国防、开矿、筑路、兴修水利等。

3. 磺化反应

苯与浓硫酸的反应速率很慢，但与发烟硫酸在室温下作用，苯环上的氢原子可被磺酸基取代，生成苯磺酸，此反应称为磺化反应。发烟硫酸是 SO_3 和硫酸的混合物。例如：

$$\text{苯} + SO_3 \xrightarrow{H_2SO_4} \text{苯磺酸}(SO_3H) + H_2O$$

磺化反应与硝化反应、卤代反应不同，该反应是可逆反应。苯磺酸和稀硫酸或盐酸通过加热，或通入过热水蒸气可发生水解，生成苯和硫酸。例如：

$$\text{苯磺酸}(SO_3H) + H_2O \underset{}{\overset{H^+}{\rightleftharpoons}} \text{苯} + H_2SO_4$$

在有机合成中，常利用磺化反应的可逆性，将磺酸基作为临时占位基团，以得到所需的产物。

4. 傅-克（Friedel-Crafts）烷基化反应

苯与卤代烷在无水 $AlCl_3$、$SnCl_4$ 等催化剂作用下，苯环上的氢原子被烷基取代，生成烷基苯的反应，称为傅-克烷基化反应。例如：

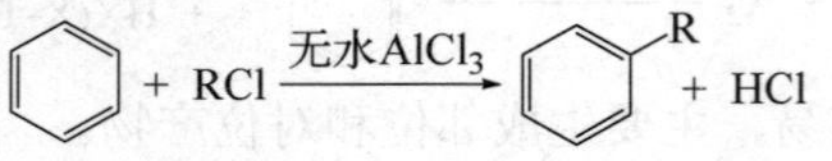

例如苯与氯乙烷的反应：

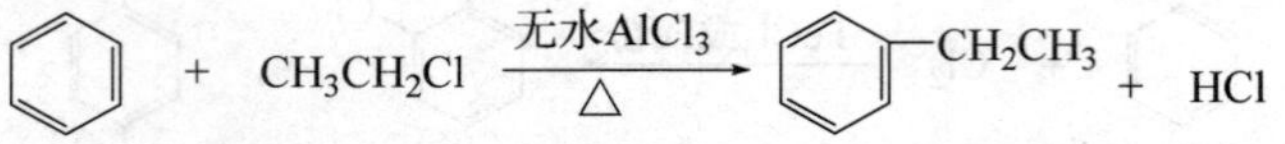

在烷基化反应中，若用 3 个或 3 个以上碳原子的直链卤代烷作烷基化试剂时，常发生碳链异构现象。例如苯与 1-氯丙烷发生傅-克反应时，得到的主要产物是异丙苯。

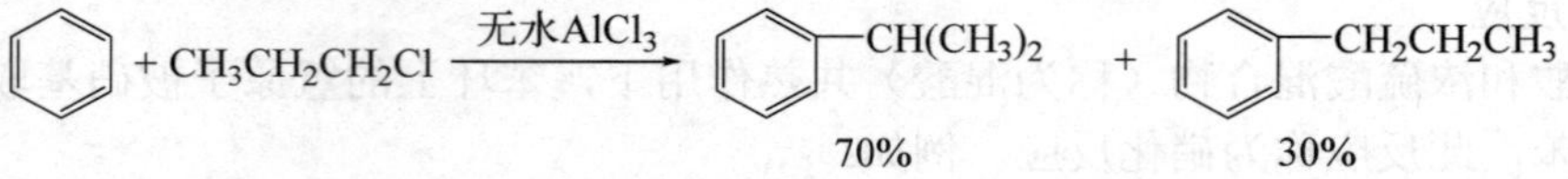

当苯环上有强的间位定位基时，烷基化反应不容易进行，例如硝基苯不能发生烷基化反应。

除卤代烷之外，烯烃或醇也可以作为烷基化试剂。例如，工业上常利用乙烯和丙烯作为烷基化试剂，制取乙苯和异丙苯。

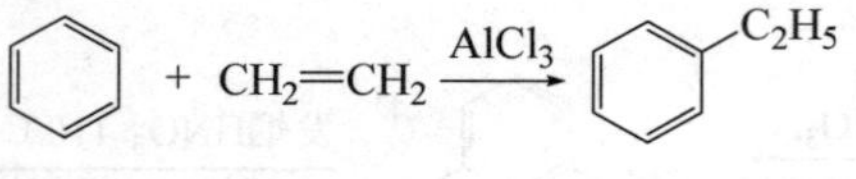

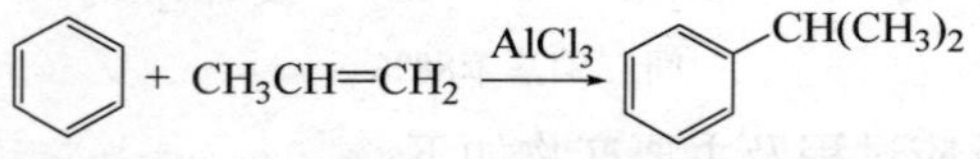

乙苯可以催化脱氢而得苯乙烯，苯乙烯是非常重要的高分子单体，在合成橡胶和合成塑料以及离子交换树脂等高分子工业中应用很广泛。

（二）加成反应

苯不易发生加成反应，但在高温、高压等特殊条件下也能与氢气、氯气等物质发生加成反应。

1. 加氢

苯在催化剂条件下，于较高温度或加压下加氢生成环己烷。

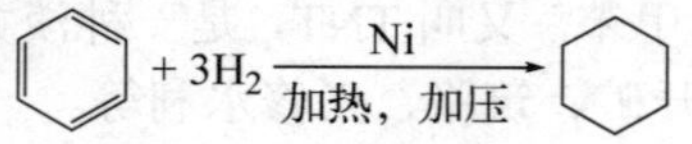

2. 加氯

苯在光照条件下，与氯气作用生成六氯环己烷。

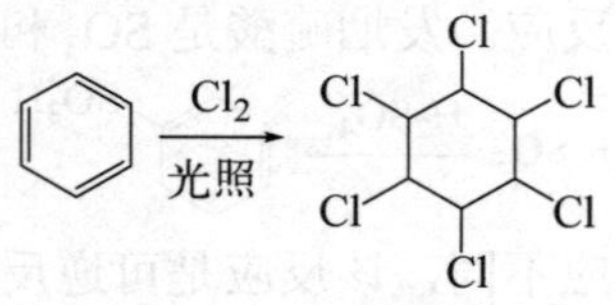

六氯环己烷

六氯环己烷俗称"六六六"，是一种曾用的有效杀虫剂，但由于其不易分解，残存毒性大，污染环境，目前已禁用。

（三）烷基苯侧链的反应

1. 氧化反应

苯环很稳定，不易被高锰酸钾、重铬酸钾或稀硝酸等强氧化剂氧化。但含有 α-H（与苯环直接相连碳原子上的氢）的侧链可被高锰酸钾等强氧化剂氧化，而且不论侧链长短，烷基苯均被氧化成苯甲酸。例如：

$$\text{C}_6\text{H}_5\text{—CH}_3 \xrightarrow[\text{H}^+]{\text{KMnO}_4} \text{C}_6\text{H}_5\text{—COOH}$$

$$\text{C}_6\text{H}_5\text{—CH}_2\text{CH}_3 \xrightarrow[\text{H}^+]{\text{KMnO}_4} \text{C}_6\text{H}_5\text{—COOH}$$

如果苯环上有 2 个含 α-H 的烷基，则被氧化成二元羧酸。例如：

$$\text{H}_3\text{C—C}_6\text{H}_4\text{—CH(CH}_3)_2 \xrightarrow[\text{H}^+]{\text{KMnO}_4} \text{HOOC—C}_6\text{H}_4\text{—COOH}$$

若与苯环直接相连的碳原子上没有氢原子，则一般不能被氧化。例如：

$$\text{H}_3\text{C—C}_6\text{H}_4\text{—C(CH}_3)_3 \xrightarrow[\text{H}^+]{\text{KMnO}_4} \text{HOOC—C}_6\text{H}_4\text{—C(CH}_3)_3$$

2. 侧链卤代反应

烷基苯在光照、加热或有过氧化物存在下，与氯或溴发生自由基取代反应，苯环侧链上的氢原子被取代，取代主要发生在 α-C 上。

$$\text{C}_6\text{H}_5\text{—CH}_3 + \text{Cl}_2 \xrightarrow{60\sim70\,℃} \text{C}_6\text{H}_5\text{—CH}_2\text{Cl} + \text{HCl}$$

氯化苄

$$\text{C}_6\text{H}_5\text{—CH}_2\text{CH}_3 + \text{Br}_2 \xrightarrow{\text{光照}} \text{C}_6\text{H}_5\text{—CHCH}_3 (\text{Br}) + \text{HBr}$$

1-苯-1-溴乙烷

六、苯环上取代反应的定位规律

当苯环上已有取代基，再进一步发生取代反应时，苯环上原有的取代基会影响取代反应的活性和第二个基团进入苯环的位置，因而称原有的取代基为定位基，定位基的这种影响称为定位效应。例如甲苯在发生硝化反应时，只需 20～30℃ 即可反应，比苯进行硝化反应容易，且反应产物主要以邻硝基甲苯和对硝基甲苯为主，间位产物占比极少。而硝基苯在发生硝化反应时，需增大硝酸的浓度（要采用发烟硝酸）及提高反应温度（95～100℃）才会进一步硝化，主要反应产物为间二硝基苯。

$$\text{C}_6\text{H}_5\text{CH}_3 + \text{HNO}_3(\text{浓}) \xrightarrow[20\sim30\,℃]{\text{浓H}_2\text{SO}_4} \text{邻硝基甲苯} + \text{对硝基甲苯}$$

$$\text{C}_6\text{H}_5\text{NO}_2 + \text{HNO}_3(\text{发烟}) \xrightarrow[95\sim100\,℃]{\text{浓H}_2\text{SO}_4} \text{间二硝基苯}$$

苯环上有 1 个取代基之后，再引入第 2 个取代基时，则第 2 个取代基在环上的位置可以有

3 种，即邻位、间位和对位，其中邻位和间位各有两个位置，而对位只有一个位置，取代反应的事实表明，这三个不同位置被取代的机会并不是均等的。

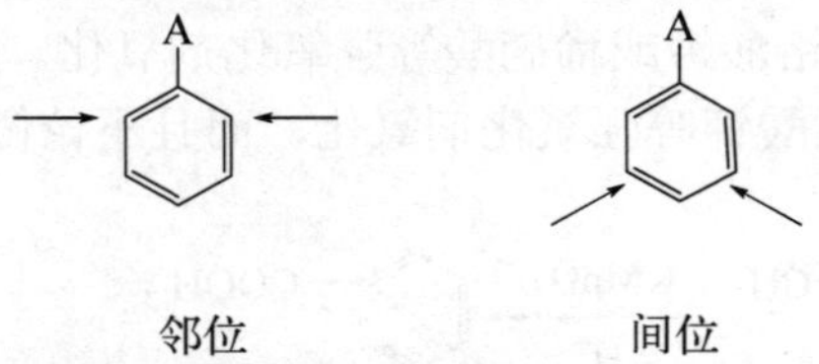

根据定位效应的不同，定位基分为邻、对位定位基和间位定位基两类。

1. 邻、对位定位基

又称第一类定位基。该类定位基能使第 2 个取代基进入其邻位和对位。除卤素原子外，邻、对位定位基都能使苯环活化，进而使其取代反应比苯容易进行。常见的邻、对位定位基（按强弱次序排列）有：—NH₂、—NHR、—NR₂、—OH、—OR、—NHCOR、—OCOR、—R、—Ar、—X。

2. 间位定位基

又称第二类定位基。该类定位基能使第 2 个取代基进入其间位。间位定位基使苯环钝化，其取代反应比苯困难。常见的间位定位基（按强弱次序排列）有：—N⁺R₃、—NO₂、—CN、—SO₃H、—COR、—COOH、—CHO。

应用定位规律，可以预测芳香化合物取代反应的主要产物，还可以指导有机合成，以制订合适的反应路线制备目标产物。例如：

（1）由 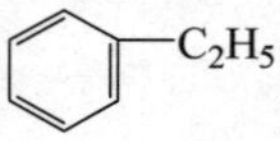 制备

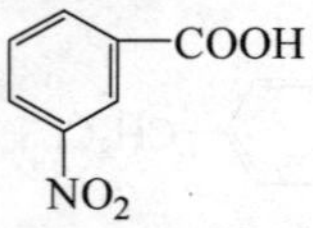

合成路线是：乙苯先氧化再硝化。即：

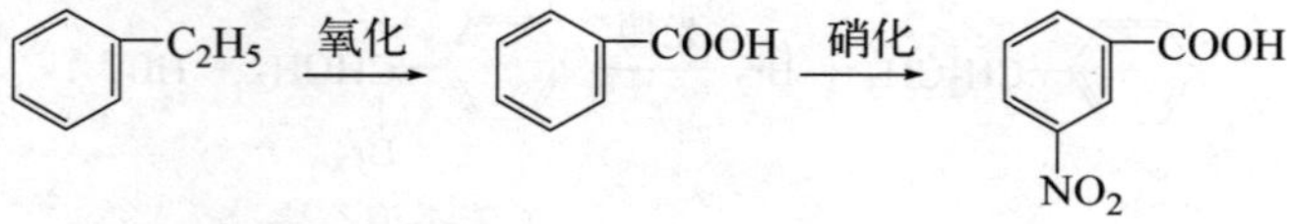

（2）由  制备 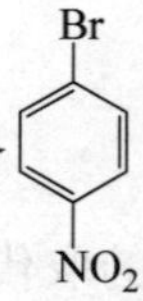 和

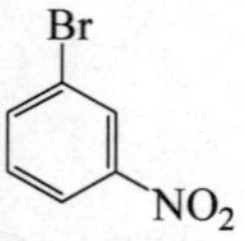

合成路线是：先溴代后硝化，然后把邻硝基溴苯和对硝基溴苯分离，得到目标产物。即：

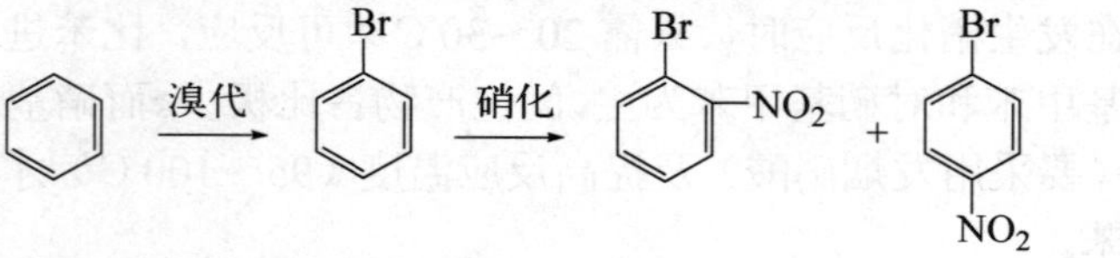

而间硝基溴苯合成路线应是：先硝化再溴代。即：

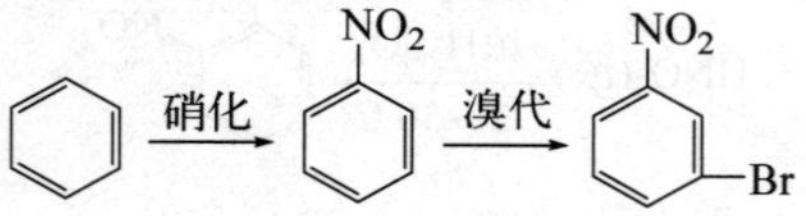

Ⓒ **知识拓展**

定位规律的解释

苯环是一个闭合的共轭体系，未取代的苯环上 6 个碳原子的 π 电子云分布本身是均

等的，当苯环上引入第 1 个取代基后，该定位基通过电子效应（诱导效应和共轭效应）影响着苯环上π电子云的分布，不同的定位基影响不同。

1. 邻、对位定位基的影响

（1）甲基　甲基与苯环相连时，甲基具有给电子性。甲基可以通过它的诱导效应和超共轭效应把电子云推向苯环，使整个苯环的电子云密度增加，从而活化苯环，使其发生取代反应的活性增大。诱导效应沿共轭体系较多地传递给甲基的邻位和对位，使其电子云密度比间位大，因此主要生成邻、对位产物。

（2）羟基　羟基与苯环相连时，从诱导效应分析，羟基为吸电子基；从共轭效应分析，因与苯环直接相连的氧原子的 p 轨道上有未共用电子对，其可通过 p-π共轭效应向苯环离域，羟基表现为给电子性；两者相互矛盾，但因共轭效应起主导作用，最终结果是使苯环的电子云密度增加，从而活化苯环，使其发生取代反应的活性增大，且邻位和对位碳原子上的电子云密度增加较多，因此主要生成邻、对位产物。—OR、—NH$_2$ 的情况与—OH 类似。

（3）卤素　卤素与苯环相连时，从诱导效应分析，卤素为吸电子基；从共轭效应分析，卤原子上的未共用电子对与苯环形成 p-π共轭，卤素表现为给电子性；两者相互矛盾，与上述—OH、—NH$_2$、—OR 等基团不同的是，这里由诱导效应起主导作用，最终结果是使苯环的电子云密度降低，从而钝化苯环，使其发生取代反应的活性降低，而邻位和对位碳原子上的电子云密度降低比间位小，因此主要生成邻、对位产物。

2. 间位定位基的影响

以硝基（—NO$_2$）为例，硝基与苯环相连时，从诱导效应和共轭效应分析，硝基均表现为强吸电子性，从而使苯环的电子云密度降低，钝化苯环，使其发生取代反应的活性降低，而邻位和对位碳原子上的电子云密度降低比间位大，因此主要生成间位产物。—CN、—SO$_3$H、—COOH 的情况与—NO$_2$ 类似。

 随堂练习 3-3

请写出下列合成步骤（无机试剂可任选）。

1. 甲苯→4-硝基-2-溴苯甲酸
2. 间二甲苯→5-硝基-1,3-苯二甲酸

七、稠环芳烃

稠环芳烃中比较重要的是萘、蒽和菲，它们是合成药物的重要原料。

（一）萘

萘是最简单的稠环芳烃，分子式为 C$_{10}$H$_8$，主要从煤焦油中提取获得，是煤焦油中含量最多的一种稠环芳烃。

1. 萘的结构和命名

由于萘是由 2 个苯环稠合而成的，因此萘的结构和苯相似，也是一个平面型分子。萘分子中的每个碳原子均以 sp^2 杂化轨道与相邻的碳原子和氢原子的原子轨道相互重叠而形成σ键，每个碳原子还有一个未参与杂化的 p 轨道以"肩并肩"形式重叠而形成一个闭合的共轭大π键，如

图 3-6(a)所示。经 X 射线衍射法显示，萘分子中的碳碳键长并不完全相同，如图 3-6(b)所示，因此萘的碳碳键长和电子云密度平均化不如苯。

萘环碳原子的编号如图 3-7 所示，其中 1、4、5、8 四个位置是等同的，又称为 α 位；2、3、6、7 四个位置是等同的，又称为 β 位。共用的 2 个碳原子上没有氢原子，不会发生取代反应，无须标明位置，因此萘的一元取代物有两种：α-取代物和 β-取代物。

(a) 萘的大π键   (b) 碳碳键长

图 3-6 萘分子的结构   图 3-7 萘环碳原子的编号

萘的一元取代物命名时可以用阿拉伯数字或者希腊字母来标明取代基的位置。例如：

1-甲基萘（α-甲基萘）   2-氯萘（β-氯萘）

多取代萘编号时，1 号位可起始于任何一个 α 位，在此基础上，应使取代基的位次依次最小。如有官能团，则使官能团的编号尽可能小。命名时一般用阿拉伯数字来标明取代基的位置。例如：

1-甲基-6-氯萘   5-甲基-2-萘酚

2. 萘的性质

萘为白色片状结晶，有特殊气味，熔点为 80℃，沸点为 218℃，易升华，不溶于水，而易溶于热的乙醇、乙醚和苯等有机溶剂。萘在染料合成中应用广泛，多用于生产邻苯二甲酸酐。

萘具有芳香烃的一般特性，其性质比苯活泼，取代反应、加成反应和氧化反应都比苯容易进行。

（1）取代反应 萘可以发生卤代、硝化和磺化等亲电取代反应，萘的 α 位活性比 β 位大，所以取代反应主要得到 α 位产物。

① 卤代。萘与溴在四氯化碳溶液中加热回流，反应在不加催化剂的条件下即可生成 α-溴萘。

$$\text{萘} + Br_2 \xrightarrow[\text{加热回流}]{CCl_4} \text{1-溴萘} + HBr$$

α-溴萘（72%~75%）

② 硝化。萘与混酸作用发生硝化反应，主要生成 α-硝基萘。

$$\text{萘} + HNO_3 \xrightarrow[30\sim60℃]{H_2SO_4} \text{1-硝基萘} + H_2O$$

α-硝基萘（95%）

③ 磺化。萘与浓硫酸发生磺化反应，反应温度影响着磺酸基取代的位置。由于磺酸基的体

积较大，α 位的取代反应具有较大的空间位阻。在低温（80℃）条件下，虽存在磺酸基与异环 α 位上氢原子空间上的相互干扰，但 α-萘磺酸生成速度快且逆反应并不显著，因此主要产物仍为 α-萘磺酸；在较高温度（165℃）条件下，先生成的 α-萘磺酸可发生显著的逆反应而转变为萘，同时 β-萘磺酸易生成，β-萘磺酸不存在磺酸基与异环 α 位上氢原子空间上的相互干扰且此逆反应很小，因此主要产物为 β-萘磺酸。α-萘磺酸如果加热到 165℃ 左右也能逐渐转变为 β-萘磺酸。

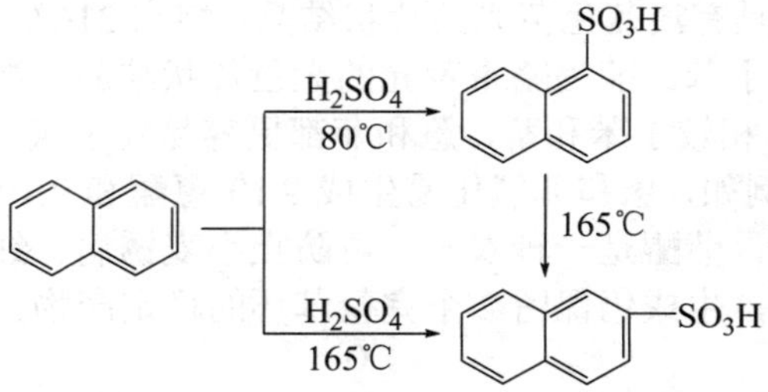

（2）加成反应　萘比苯容易发生加成反应。萘催化加氢可以生成四氢化萘，如果催化剂或反应条件不同，也可以生成十氢化萘。

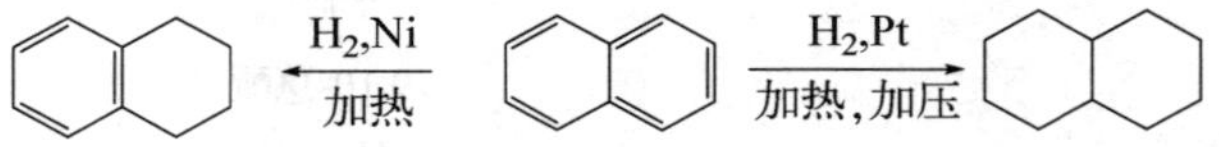

四氢化萘　　　　　　　　　　　　十氢化萘

（3）氧化反应　萘比苯容易氧化，不同反应条件可得到不同的氧化反应产物。例如，萘在醋酸溶液中用 CrO_3 进行氧化，其中一个环被氧化成醌，生成 1,4-萘醌（又名 α-萘醌）。

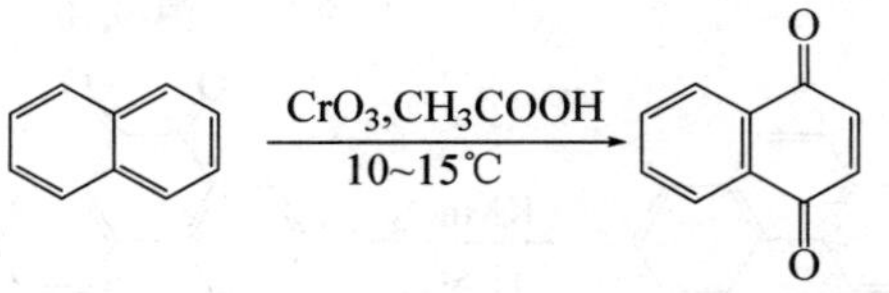

1,4-萘醌

在强烈氧化条件下，萘可被氧化生成邻苯二甲酸酐。这是萘的主要用途，是工业生产邻苯二甲酸酐的方法之一。

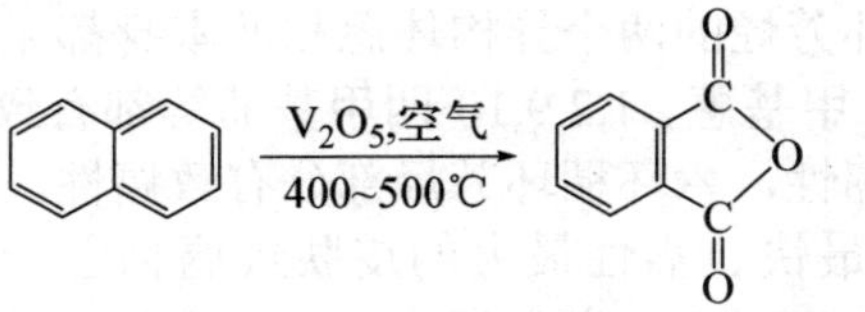

邻苯二甲酸酐

（二）蒽和菲

蒽和菲的分子式均为 $C_{14}H_{10}$，都是由 3 个苯环稠合而成，两者互为同分异构体。它们的结构和萘相似，X 衍射法证明，蒽和菲分子中所有原子都在同一平面上，存在着共轭大 π 键，且 C—C 键的键长和电子云密度也并不完全平均化。它们的结构式与碳原子编号如图 3-8 所示。

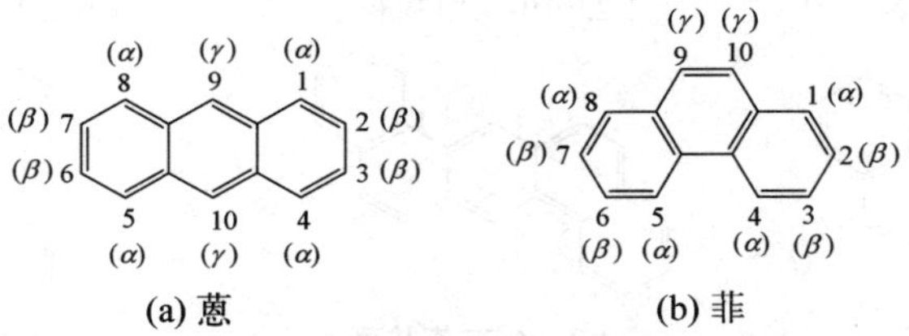

(a) 蒽　　　　　　　　　　　　(b) 菲

图 3-8　蒽和菲的结构式与碳原子编号

　　蒽各碳原子的位置并不完全等同，其中 1、4、5、8 位是等同的，称为 α 位；2、3、6、7 位是等同的，称为 β 位；9、10 位是等同的，称为 γ 位，或称中位。因此蒽的一元取代物有 α-取代物、β-取代物和 γ-取代物三种异构体。

　　菲各碳原子的位置也并不完全等同，分子中有 5 对相对应的位置，即 1 与 8，2 与 7，3 与 6，4 与 5，9 与 10，因此菲的一元取代物有五种异构体。

　　蒽和菲均存在于煤焦油中。蒽为具有淡蓝色荧光的片状结晶，熔点 216℃，沸点 342℃，不溶于水，难溶于乙醇和乙醚，而能溶于苯。菲为略带荧光的无色片状结晶，熔点 100℃，沸点 340℃，不溶于水，易溶于苯和乙醚。相较于苯和萘，蒽和菲都更容易发生氧化、加成和取代反应，且反应一般都发生在 9、10 位。例如，蒽和菲氧化易生成 9,10-蒽醌和 9,10-菲醌，其中蒽醌的衍生物是某些天然药物的重要成分，菲醌是一种农药，可防止小麦锈病、红薯黑斑病等。蒽也可与氯或溴在低温下发生加成反应，生成仍保留 2 个完整苯环的稳定产物。

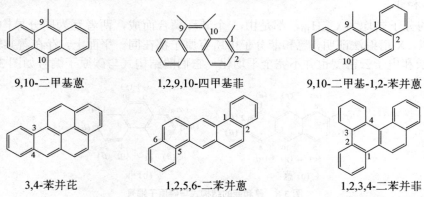

（三）致癌芳烃

　　致癌芳烃是指能够导致恶性肿瘤的一类稠环芳烃及其衍生物，它们主要存在于煤焦油、沥青以及烟熏食品中。三环稠环芳烃的两个异构体蒽和菲本身都无致癌性，但它们的某些甲基衍生物有致癌性。例如，9,10-二甲基蒽、1,2,9,10-四甲基菲等都有致癌性。四环和五环稠环芳烃和它们的某些甲基衍生物有致癌性，六环稠环芳烃部分有致癌性，例如：9,10-二甲基-1,2-苯并蒽是目前已知致癌芳烃中作用最快、活性最大的皮肤致癌物之一，3,4-苯并芘为特强致癌物，1,2,5,6-二苯并蒽为强致癌物，1,2,3,4-二苯并菲为中强致癌物。目前已知，其致癌作用是由于代谢产物能够与 DNA 结合，从而导致 DNA 突变，增加致癌的可能性。

知识拓展

休克尔规则和非苯系芳烃

前面讨论的芳香烃都含有苯环结构，形成了环状闭合共轭体系，π电子离域，体系能量低，较稳定，在化学性质上表现为具有不同程度的"芳香性"，即易取代，难以加成和氧化。那是否具有芳香性的化合物一定要含有苯环呢？

1931 年，德国化学家休克尔（E.Hückel）用简单的分子轨道计算了单环多烯烃的π电子能级，从而提出了一个判断芳香性体系的规则：①分子是平面环状的闭合共轭体系；②环上π电子数为 $4n+2$（n=0、1、2、3······）。满足以上条件的单环多烯烃也具有芳香性，这就是休克尔规则，又称为休克尔 $4n+2$ 规则。凡符合休克尔规则，具有芳香性，但又不含苯环的烃类化合物称为非苯系芳烃。

（一）带电芳烃

1. 环丙烯正离子

环丙烯失去一个氢原子和一个电子后，就得到只有两个π电子的环丙烯正离子，它的π电子数符合休克尔规则（n=0，$4n+2$=2），因此具有芳香性。

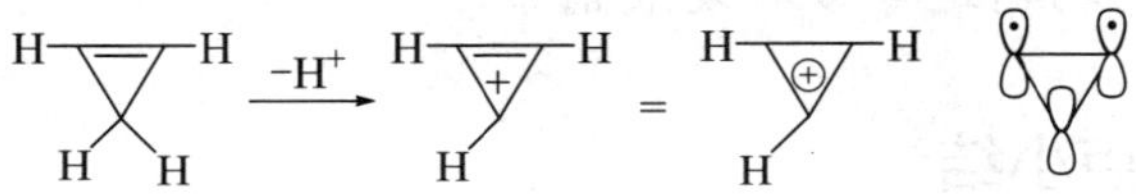

2. 环戊二烯负离子

环戊二烯中由于 C—H 键断裂失去一个氢原子，得到一个电子变为环戊二烯负离子，其中 sp^3 杂化的碳原子变为 sp^2，形成环状闭合共轭体系，其具有 6 个π电子，符合休克尔规则，具有芳香性。

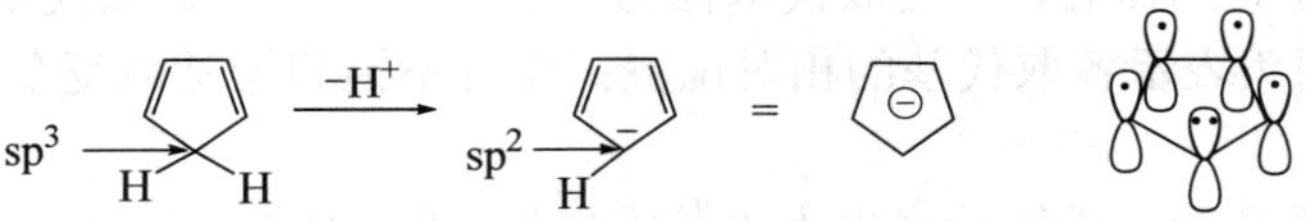

3. 环庚三烯正离子

环庚三烯正离子同样形成了环状闭合共轭体系，具有 6 个π电子，符合休克尔规则，具有芳香性。

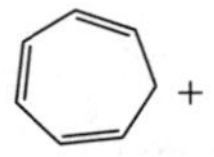

（二）轮烯

通常将 $n \geqslant 10$ 的环多烯烃 C_nH_n 叫作轮烯。

[10] 轮烯（又名环癸五烯）有 10 个π电子，虽符合休克尔 $4n+2$ 规则，但它不稳定，因其中间两个环内氢具有排斥作用，使分子中的原子不在同一平面，因此并无芳香性。

[18] 轮烯（又名环十八碳九烯）是个平面型分子，有 18 个π电子，符合休克尔 $4n+2$ 规则，具有芳香性。

[10]轮烯 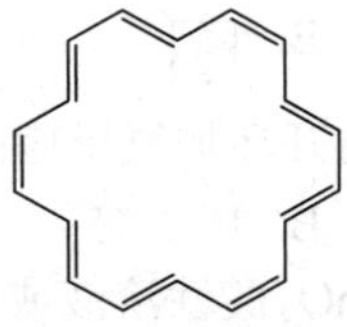　　　　　　　　　　[18]轮烯

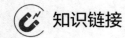

知识链接

富勒烯

　　富勒烯，是一种完全由碳元素组成的中空分子，形状呈球形、椭球形或管形，结构和石墨相似，但石墨结构中只有六元环，但富勒烯结构中可能存在五元、六元或七元环。因其结构和建筑师 Fuller 的代表作相似，所以被称为富勒烯。根据分子中碳原子数目不同，富勒烯分为 C_{20}、C_{60}、C_{70}、C_{80} 等。

　　其中，C_{60} 在 1985 年被 Kroto 等人发现，因其高度对称的笼状结构使其具有较高的稳定性，因此在富勒烯家族中关于 C_{60} 的研究最为广泛。C_{60} 分子是一种由 60 个碳原子构成的分子，它形似足球，因此又名足球烯。C_{60} 是除石墨、金刚石以外碳的另一种同素异形体，由 12 个五边形和 20 个六边形组成。C_{60} 分子中π电子数为 60，不符合休克尔 $4n+2$ 规则，但每个碳原子均以 sp^2 杂化轨道与相邻的碳原子形成三个σ键，它们不在一个平面内，每个碳原子剩下的 p 轨道相互重叠构成离域大π键，使得 C_{60} 分子具有芳香性。C_{60} 具有许多优异性能，被广泛应用于超导体光学材料中，近年来发现其在医药领域还具有抗衰老、药物输送等多种发展前景。

本章重要知识点小结

　　1. 脂环烃中单环烷烃的命名原则与烷烃相似，母体称为环某烷。

　　2. 脂环烃中单环烷烃的化学性质表现为一定条件下可发生取代反应，其中三元环烷烃、四元环烷烃易发生开环加成反应。

　　3. 脂环烃中芳香烃的命名，一元取代苯称为"某苯"，二、三元取代苯常用"邻、间、对"或"连、偏、均"词头表示各取代基的相对位置；含有不饱和烃基或复杂烃基的，则一般把苯环作为取代基命名。

　　4. 脂环烃中芳香烃的化学性质表现为"芳香性"，即易取代，难以加成和氧化。

　　5. 除卤原子外，邻、对位定位基都能活化苯环；间位定位基都能钝化苯环。

　　6. 稠环芳烃化学性质比苯活泼，如萘易发生取代、加成和氧化反应。

目标检测

一、单项选择题

1. 环己烷中碳原子采取的杂化方式为（　　）。

　　A. sp　　　　　　　　　　B. sp^2　　　　　　　　　C. sp^3　　　　　　　　D. 无法确定

2. 1,3-二甲基环己烷的一氯代产物有（　　）种。

　　A. 2　　　　　　　　　　B. 3　　　　　　　　　　C. 4　　　　　　　　　D. 5

3. 下列环烷烃分子中有顺反异构体的是（　　）。

　　A. △　　　　　　　B. ⬡　　　　　　　C. ⬠　　　　　　　D. ⬡

4. 下列物质中最容易发生开环加氢反应的是（　　）。

　　A. 环丙烷　　　　　　　B. 环丁烷　　　　　　　C. 环戊烷　　　　　　D. 环己烷

5. 甲基环丙烷与 5% $KMnO_4$ 酸性溶液或 Br_2/CCl_4 溶液反应，现象是（　　）。

　　A. $KMnO_4$ 和 Br_2 都褪色　　　　　　　　　　B. $KMnO_4$ 和 Br_2 都不褪色

C. KMnO$_4$ 褪色，Br$_2$ 不褪色　　　　　　　　D. KMnO$_4$ 不褪色，Br$_2$ 褪色

6. 下列化合物属于芳香烃的是（　　　　）。

    A. 　　　　　　B. ⬡　　　　C. ⬡—CH$_3$　　　　D. ⬡—NO$_2$

7. 与苯不是同系物的芳香烃是（　　　　）。

    A. 甲苯　　　　　　　B. 乙苯　　　　　　C. 萘　　　　　　D. 溴苯

8. 属于间位定位基的基团是（　　　　）。

    A. —OH　　　　　　B —CH$_3$　　　　　C. —COOH　　　　D. —Br

9. 属于邻、对位定位基但使苯环上的取代反应比苯困难的是（　　　　）。

    A. —OH　　　　　　　B. —NH$_2$　　　　　C. —OCH$_3$　　　　D. —Br

10. 最易发生硝化反应的是（　　　　）。

    A. 甲苯　　　　　　　B. 苯　　　　　　　C. 硝基苯　　　　D. 溴苯

11. 在光照条件下，异丙苯与氯气反应的主要产物是（　　　　）。

    A. 邻氯异丙苯　　　B. 对氯异丙苯　　　C. 2-苯基-2-氯丙烷　D. 2-苯基-1-氯丙烷

12. 下列化合物不能使酸性高锰酸钾溶液褪色的是（　　　　）。

    A. 乙烯　　　　　　　B. 乙炔　　　　　　C. 苯　　　　　　D. 甲苯

13. 甲苯与氯气在铁粉催化下反应，属于（　　　）反应。

    A. 自由基取代　　　B. 亲电取代　　　　C. 亲电加成　　　D. 自由基加成

14. 下列物质不能发生傅-克（Friedel-Crafts）反应的是（　　　　）。

    A. 甲苯　　　　　　　B. 苯胺　　　　　　C. 苯酚　　　　　D. 硝基苯

15. 下列关于萘的叙述正确的是（　　　　）。

    A. 萘的一氯代物产物有 3 种　　　　　　B. 萘比苯更容易发生取代反应

    C. 萘是苯的同系物　　　　　　　　　　D. 萘的分子式为 C$_8$H$_8$

二、命名或写出下列化合物的结构式

1.

2. （环戊二烯基结构）

3. （异丁基环己烷结构）

4. H$_2$C＝C(CH$_3$)—苯基结构

5. （苯基仲戊基结构）

6. （萘，2-CH$_3$，1-C$_2$H$_5$结构）

7. 3-甲基-1,4-环己二烯　　8. 对溴苄基氯　　9. 1-苯基-2-丁烯　　10. β-萘磺酸

三、完成下列反应方程式

1. ▷◁ + HBr ⟶

2. 环戊基—CH$_3$ + Br$_2$ $\xrightarrow{\triangle}$

3. 甲苯(CH$_3$) + Cl$_2$ $\xrightarrow{\text{FeCl}_3\text{或Fe粉}}$

4. 异丙苯 CH(CH$_3$)$_2$ + Cl$_2$ $\xrightarrow{\text{光照}}$

5. 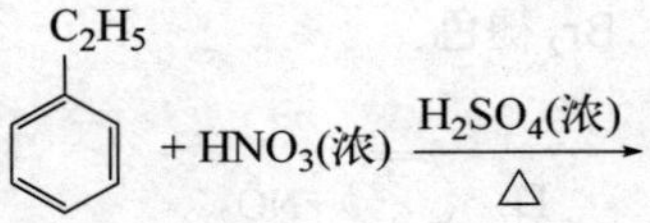
C2H5
+ HNO3(浓)
H2SO4(浓)
△

6. 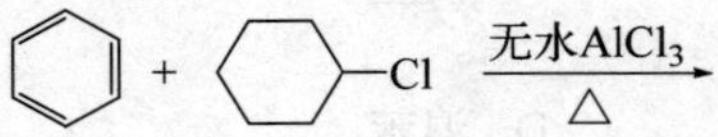
+
Cl
无水AlCl3
△

7. 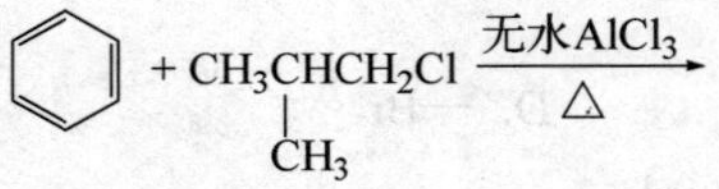
+ CH3CHCH2Cl
CH3
无水AlCl3
△

8. 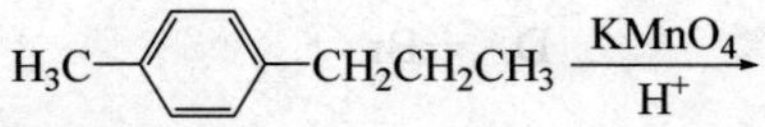
H3C
CH2CH2CH3
KMnO4
H+

四、简答题

1. 用化学方法区分下列各组化合物

（1）1,2,3-三甲基环丙烷和环戊烷

（2）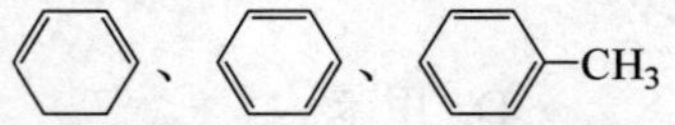
、
、
CH3

2. 下列各步反应中有无错误？简要说明理由。

（1）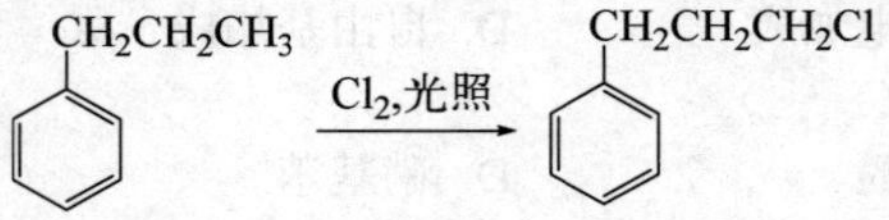
CH2CH2CH3
Cl2,光照
CH2CH2CH2Cl

（2）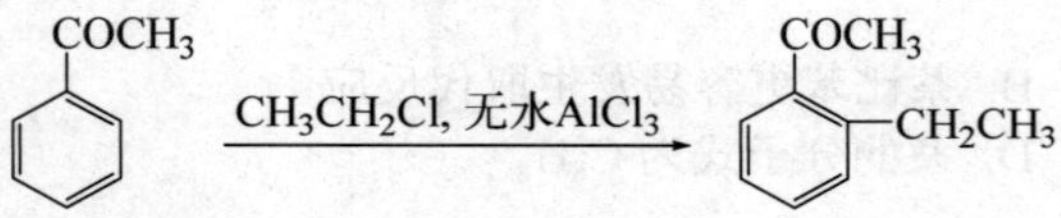
COCH3
CH3CH2Cl, 无水AlCl3
COCH3
CH2CH3

五、推断题

1. 化合物 A 的分子式为 C_4H_8，室温下能使溴水褪色，生成化合物 B，B 的分子式为 $C_4H_8Br_2$，但不能使高锰酸钾溶液褪色。A 经催化氢化后生成丁烷。请写出 A 和 B 的结构式。

2. 芳香烃 A 的分子式为 C_9H_{12}，被高锰酸钾氧化得到化合物 B（$C_8H_6O_4$）。A 进行硝化反应，只能得到两种硝化产物。试推导 A、B 的结构式。

六、合成题（无机试剂任选）

以苯或甲苯为原料合成下列化合物：

1. 间硝基苯甲酸
2. 间硝基溴苯

第四章　卤代烃

（QR码）扫一扫

卤代烃 PPT

学习目标

知识目标

1. 掌握卤代烃的命名、卤代烃的化学性质与扎依采夫规则，以及卤代烃中卤原子的反应活性。
2. 熟悉卤代烃的定义、分类，亲核取代反应和消除反应机理。
3. 了解卤代烃的物理性质、重要的卤代烃和制备方法。

能力目标

1. 能够正确写出常见卤代烃的结构式，并能命名。
2. 能根据卤代烃的性质写出相应的方程式。
3. 能利用所学性质鉴别出各类卤代烃。

情景导入

大家都很喜欢观看世界杯足球赛，也经常看到足球队员在带球过人时，发生队员撞击摔倒现象，被摔倒的队员疼得在球场上打滚，此时就看到保健医生跑上去，拿着一瓶喷雾剂对准受伤部位喷几下，一会儿队员又能在球场上踢球了。保健医生用的是什么灵丹妙药呢？它是运动场上的"化学大夫"，它的化学名称叫氯乙烷（CH_3CH_2Cl），属于卤代烃，下面是它的球棒模型：

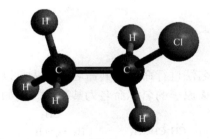

问题：1. 什么是卤代烃？有什么结构特点？
2. 卤代烃有哪些重要性质？为何能作为有机合成的中间体？

卤代烃是指烃分子中一个或几个氢原子被卤原子取代形成的化合物，又简称卤烃，通常用 R-X 或 Ar-X（X 为卤原子）表示。卤素原子是卤代烃的官能团。

大多数卤代烃的性质比烃活泼得多，能通过化学反应转化成各种其他类型的化合物，是有机合成的重要中间体，在有机合成中起着桥梁的作用，可广泛应用于农业、化工、药物生产及日常生活中。但其在自然界中存在极少，绝大多数是人工合成的。

一、卤代烃的分类

（1）根据烃基结构的不同，卤代烃可分为饱和卤代烃、不饱和卤代烃和卤代芳烃。例如：

$$CH_3CH_2CH_2-Cl \qquad\qquad CH_2=CHCH_2-Cl \qquad\qquad \text{（苯）}-Br$$

$$\text{饱和卤代烃} \qquad\qquad\qquad \text{不饱和卤代烃} \qquad\qquad\qquad \text{卤代芳烃}$$

饱和卤代烃又根据卤素原子连接的碳原子的类型不同分为伯（1°）卤代烃、仲卤代烃（2°）和叔（3°）卤代烃。例如：

$$CH_3CH_2CH_2 \qquad\qquad CH_3CH_2CHCH_3 \qquad\qquad CH_3CH_2CCH_2CH_3$$
$$\quad | \qquad\qquad\qquad\qquad | \qquad\qquad\qquad\qquad\quad |$$
$$\quad Cl \qquad\qquad\qquad\qquad Cl \qquad\qquad\qquad\qquad\quad Br$$

　1-氯丙烷(1°)　　　　2-氯丁烷(2°)　　　　3-甲基-3-溴戊烷(3°)

卤代烯烃和卤代芳烃根据卤素原子和双键碳原子的位置关系可分为乙烯型卤代烃（苯基型卤代烃）、烯丙型卤代烃（苄基型卤代烃）和隔离型卤代烃。

$$CH_2=CH-Cl \qquad CH_2=CH-CH_2-Cl \qquad CH_2=CH\text{--}(CH_2)_n Cl$$

　　乙烯型　　　　　　　烯丙型　　　　　　隔离型($n\geqslant 2$)

　　苯基型　　　　　　　苄基型　　　　　　隔离型($n\geqslant 2$)

（2）根据卤素原子不同，可将卤代烃分为氟代烃、氯代烃、溴代烃和碘代烃。例如：

$$CH_3CH_2F \qquad CH_3CH_2Cl \qquad CH_3CH_2Br \qquad CH_3CH_2I$$

　　氟代烃　　　　　氯代烃　　　　　溴代烃　　　　　碘代烃

（3）根据卤素原子的个数，可将卤代烃分为一元卤代烃、二元卤代烃以及多元卤代烃。例如：

$$CH_3Cl \qquad CH_2Cl_2 \qquad CHCl_3 \qquad CCl_4$$

　　一氯代烃　　　　二氯代烃　　　　多氯代烃　　　　多氯代烃

二、卤代烃的命名

1. 普通命名法

简单的卤代烃可用普通命名法进行命名，其命名原则为，以卤原子相连的烃基来命名，称为卤（代）某烃，或以烃基加卤原子的名称命名为某基卤。例如：

$$CH_3CH_2Cl \qquad CH_3CHCH_3 \qquad\quad CH_3-\overset{\displaystyle CH_3}{\underset{\displaystyle CH_3}{\overset{|}{\underset{|}{C}}}}-Br \qquad \text{（苯）}-CH_2Cl$$
$$\qquad\qquad\qquad\quad |$$
$$\qquad\qquad\qquad\quad Cl$$

　　氯（代）乙烷　　　氯（代）异丙烷　　　溴（代）叔丁烷　　　氯化苄
　　（乙基氯）　　　　（异丙基氯）　　　　（叔丁基溴）　　　　（苄基氯）

2. 系统命名法

复杂的卤代烃则采用系统命名法命名。以相应的烃为母体，卤原子为取代基。

（1）饱和卤代烃的命名　选择连有卤原子的最长碳链为主链，从离取代基近的一端开始编号，当卤素与烷基具有相同编号时，优先考虑卤素原子（官能团），使卤素原子位号最小。名称书写按次序规则，小基团优先列出，写出取代基位次、个数、取代基名称以及母体名称。例如：

$$\overset{3}{CH_3}-\overset{2}{CH}-\overset{1}{CH_2}-Cl \atop \underset{CH_3}{|}$$

$$\overset{1}{CH_3}\overset{2}{CH_2}-\overset{3}{CH}-\overset{4}{CH_2}-\overset{5}{CH}-\overset{6}{CH_2}\overset{7}{CH_3} \atop {\underset{Br}{|}\ \ \ \ \ \underset{CH_3}{|}}$$

2-甲基-1-氯丙烷　　　　　　　　　　5-甲基-3-溴庚烷

$$\overset{1}{CH_3}-\overset{2}{CH}-\overset{3}{CH_2}-\overset{4}{CH}-\overset{5}{CH_2}\overset{6}{CH_3} \atop {\underset{Cl}{|}\ \ \ \ \ \underset{CH_3}{|}}$$

$$\overset{1}{CH_3}\overset{2}{CH_2}-\overset{3}{CH}-\overset{4}{CH}-\overset{5}{CH_2}\overset{6}{CH_3} \atop {\underset{Cl}{|}\ \ \underset{Br}{|}}$$

4-甲基-2-氯己烷　　　　　　　　　　3-氯-4-溴己烷

（2）不饱和卤代烃的命名　选择含不饱和键及连有卤素原子的最长碳链为主链，使不饱和键的位次最小。例如：

$$\overset{1}{CH_2}=\overset{2}{CH}-\overset{3}{CH}-\overset{4}{CH}-\overset{5}{CH_3} \atop {\underset{CH_3}{|}\ \underset{Cl}{|}}$$

$$\overset{1}{CH_2}\equiv\overset{2}{C}-\overset{3}{CH}-\overset{4}{CH_2}Cl \atop {\underset{CH_3}{|}}$$

3-甲基-4-氯-1-戊烯　　　　　　　3-甲基-4-氯-1-丁炔

（3）环状卤代烃的命名　环状卤代烃的命名以环为母体。如卤原子连接在芳环的侧链时，芳基和卤原子为取代基，以侧链链烃为母体来命名。例如：

溴环己烷　　　　　4-氯环己烯　　　　　邻氯甲苯

氯苯　　　　　　碘苯　　　　　2-苯基-1-氯丙烷

（4）多元卤代烃的命名　多元卤代烃的命名同一元卤代烃的命名相似。例如：

$$\overset{3}{CH_3}-\overset{2}{CH}-\overset{1}{CH_2}Cl \atop {\underset{Cl}{|}}$$

$$\overset{1}{CH_3}-\overset{2}{CH}-\overset{3}{CH}-\overset{4}{CH}-\overset{5}{CH_3} \atop {\underset{Cl}{|}\ \underset{CH_3}{|}\ \underset{Br}{|}}$$

1,2-二氯丙烷　　　　　　　3-甲基-2-氯-4-溴戊烷

有些多卤代烷常用俗名，如三氯甲烷（$CHCl_3$）称为氯仿，三溴甲烷（$CHBr_3$）和三碘甲烷（CHI_3）分别称为溴仿和碘仿。

随堂练习 4-1

1. 用系统命名法命名下列化合物。

（1）$\underset{\ \ \ \ \underset{CH_3}{|}}{CH_3CHCHCH_3}$ 中 $\overset{Cl}{|}$ 　　（2）　　（3）$\underset{\ \ \ \ \ \ \ \underset{Cl}{|}}{CH_2=CHCHCH_3}$　　（4）$\underset{\ \ \ \ \ \ \ \ \ \ \ \underset{Cl}{|}}{BrCH_2CH_2CHCH_3}$

2. 写出分子式为 $C_5H_{11}Cl$ 的同分异构体的结构式，用系统命名法命名，并指出一级、二级和三级卤代烃。

三、卤代烃的物理性质

1. 物质的状态

在常温常压下，除一氯甲烷、一氯乙烷和一溴甲烷为气体外，其他常见的一卤代烷为液体，十五个碳原子以上的卤代烷为固体。低级多卤代烃为液体，高级多卤代烃为固体。

2. 熔点与沸点

一卤代烃的熔点、沸点的变化规律与烷烃相似，即随着分子中碳原子数的增多，熔点、沸点升高。含有相同碳原子数的氯代烷、溴代烷、碘代烷的沸点依次升高。在卤代烷异构体中，支链越多，沸点越低。

3. 溶解度

卤代烃一般难溶于水，易溶于烷烃、醇、醚等有机溶剂，有的卤代烃本身就是良好的有机溶剂，例如氯仿、四氯化碳等都是常见的有机溶剂。

4. 相对密度

当烃基相同时，卤代烃的密度随着氟、氯、溴、碘逐渐升高，而当卤原子相同时，随着碳原子的增加，密度降低。除少数一氟代烃和一氯代烃外，溴代烃、碘代烃及多卤代烃的相对密度都大于 1。

一些常见卤代烃的物理常数见表 4-1。

表 4-1　常见卤代烃的物理常数

名称	分子式或结构式	熔点/℃	沸点/℃	相对密度[d_4^{20}]
氯甲烷	CH_3Cl	−97.7	−23.73	0.92
溴甲烷	CH_3Br	−93.66	3.56	1.732
碘甲烷	CH_3I	−66.45	42.4	2.279
二氯甲烷	CH_2Cl_2	−95.1	40	1.3266
三氯甲烷	$CHCl_3$	−63.2	61.3	1.4832
四氯甲烷	CCl_4	−22.92	76.72	1.5940
1-氯乙烷	CH_3CH_2Cl	−138.7	12.3	0.9214
1,2-二氯乙烷	$ClCH_2CH_2Cl$	−35.3	83.7	1.2529
氯乙烯	$CH_2{=}CHCl$	−153.8	−13.8	0.9106
氯苯	⬡—Cl	−45.6	132.2	1.1004
溴苯	⬡—Br	−31	156	1.49
氯化苄	⬡—CH₂Cl	−39.2	179.4	1.1

不同卤代烷的稳定性不同。单氟代烷不是很稳定，蒸馏时会生成烯烃并放出氟化氢。氯代烷比较稳定，一般可用蒸馏方法来纯化。较高分子量的叔烷基氯化物，加热时也会放出氯化氢，处理时需小心。叔丁基碘常压蒸馏会完全分解。溴代烷和碘代烷见光会慢慢分解放出溴和碘而变成棕色或紫色，因而常存放于不透明或棕色瓶中保存，在使用前应重新蒸馏。大多数卤代烷的蒸气有毒，一般分子中卤原子越多毒性越大，特别是碘烷，应尽量避免吸入体内。

 知识链接

毒气弹的历史

历史上大规模使用毒气，是在 1914 年的第一次世界大战。德国首先使用榴弹炮发射毒气炮弹，当时使用的是催泪瓦斯乙基溴（CH_3CH_2Br），后来因为材料稀少改为了氯丙酮。1915 年光气与氯气的混合化学武器在实战中被英军使用。1917 年，德军在比利时的伊普尔地区首次对英军防线使用芥子气（二氯二乙硫醚），造成 2000 多人的伤亡。第二次世界大战中，日本违反海牙国际公约，大规模使用生化武器，据不完全统计，日军先后在中国 14 个省市，77 个县区，使用化学武器 1731 次。另外，据中国国民政府军政部防毒处记载，日军使用毒气伤害了 36968 人（其中 2086 人死亡），日军毒气战在中国军队（国民政府军）中造成的死亡率平均每年为 8.5%，最高年份达到 28.6%（1937年）。毒气战给人类留下了极其痛苦的回忆，应该引起人类的反思。

四、卤代烷的化学性质

在卤代烷分子中，由于卤原子的电负性比碳原子大，C—X 键是极性共价键，比较容易异裂，使卤代烷能够发生多种反应而转变为其他类型的有机化合物。故卤代烷是重要的有机合成中间体。卤代烷的主要反应及反应位点如图 4-1 所示。

$$R-\underset{\substack{|\\H}}{\overset{\beta}{C}H}-\underset{\substack{|\\X}}{\overset{\alpha}{C}H_2}$$

取代反应：水解、醇解、氰解、氨解等

生成金属有机化合物（生成有机镁、有机锂等）

脱去 HX 消除反应

图 4-1　卤代烷的主要反应及反应位点

扫一扫

氯代烃取代反应知识点总结视频

（一）取代反应

卤代烃的取代反应为亲核取代反应。反应通式如下：

$$:Nu^- + R-CH_2-X \longrightarrow R-CH_2-Nu + :X^-$$

其中，$:Nu^-$ 是指负电荷或含有未共用电子对的试剂（如 H_2O、ROH、NH_3、RNH_2、OH^-、CN^- 等），也称为亲核试剂（nucleophilic reagent）；$:X^-$ 为反应中被取代的基团，又称为离去基团。这种由亲核试剂进攻而引起的取代反应称为亲核取代反应（nucleophilic substitution reaction），简写为 S_N。碳卤键断裂的容易程度依次为 C—I＞C—Br＞C—Cl，一般氟代烷难发生取代反应。依据亲核试剂的不同，可将亲核取代反应分为水解、醇解、氰解和氨解等反应。

1. 水解反应

卤代烷与氢氧化钠（钾）的水溶液共热，卤原子被—OH 取代生成相应的醇，即为水解反应。碱能加快卤代烃的水解反应。反应通式为：

$$R-X + OH^- \xrightarrow[\triangle]{H_2O} R-OH + X^-$$
醇

例如，氯乙烷和溴代环己烷在 NaOH 水溶液中的水解反应：

$$CH_3CH_2Cl + NaOH \xrightarrow[\triangle]{H_2O} CH_3CH_2-OH + NaCl$$
乙醇

环己醇

此反应是制备醇的方法，但自然界少有卤代物，卤代烷大多用醇制备，因而少有应用。

2. 醇解反应

卤代烷与醇钠作用，卤原子被—OR 取代生成醚，即为醇解反应。该反应是制备混醚的重要方法，又称为威廉姆逊（Williamson）醚合成法。反应通式为：

$$R-X+NaOR' \xrightarrow{C_2H_5OH} R-OR'+NaX$$
$$\text{醚}$$

例如，氯乙烷和异丙醇钠的乙醇溶液反应：

$$CH_3CH_2-Cl+NaOCH(CH_3)_2 \xrightarrow{C_2H_5OH} CH_3CH_2-OCH(CH_3)_2+NaCl$$
$$\text{异丙醇钠} \qquad\qquad \text{乙异丙醚}$$

利用威廉姆逊合成法制备混醚时，通常采用简单的卤代烃和复杂的醇钠作原料。

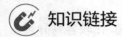 **知识链接**

一种优良的汽油添加剂
——甲基叔丁基醚

甲基叔丁基醚是一种高辛烷值汽油添加剂和抗爆剂，化学含氧量比甲醇低很多，有利于暖车和节约燃料；蒸发潜热低，对冷启动有利。常用于无铅汽油和低铅汽油的调和，可以替代有毒的四乙基铅，有利于减少环境污染，提高汽油品质和使用的安全性。

3. 氨解反应

卤代烷与氨作用，卤原子被氨基（—NH$_2$）取代生成相应的胺，即为氨解反应。反应通式为：

$$R-X+H-NH_2 \longrightarrow R-NH_2+HX$$
$$\text{胺}$$

例如，溴乙烷的氨解反应：

$$CH_3CH_2-Br+H-NH_2 \longrightarrow CH_3CH_2-NH_2+HBr$$
$$\text{乙胺}$$

反应要用过量的氨，否则卤代烷会与生成的胺继续反应下去，直至生成季铵盐。

4. 氰解反应

卤代烷与氰化钠或氰化钾的醇溶液共热，卤原子被—CN（氰基）取代生成腈，即为氰解反应。产物腈比原料卤代烃增加一个碳原子，这是增长碳链的一个重要方法。反应通式为：

$$R-X+NaCN \xrightarrow{\triangle} R-CN+NaX$$
$$\text{腈}$$

例如，氯乙烷和氰化钠的乙醇溶液共热：

$$CH_3CH_2-Cl+NaCN \xrightarrow[\triangle]{C_2H_5OH} CH_3CH_2-CN+NaCl$$
$$\text{丙腈}$$

5. 与硝酸银反应

卤代烷与硝酸银的醇溶液反应，可生成卤化银沉淀和硝酸酯。反应通式为：

$$R-X+AgONO_2 \xrightarrow[\triangle]{C_2H_5OH} R-ONO_2+AgX\downarrow$$
$$\text{硝酸酯}$$

例如，碘甲烷和硝酸银的乙醇溶液反应：

$$CH_3-I+AgONO_2 \xrightarrow[\triangle]{C_2H_5OH} CH_3-ONO_2+AgI\downarrow$$
$$\text{硝酸甲酯} \quad \text{（黄色沉淀）}$$

该反应中不同的卤代烃反应活性不同。根据卤代烃的类型不同其反应活性为：

（1）碘代烃＞溴代烃＞氯代烃＞氟代烃；

（2）烯丙型卤代烃＞叔卤代烃＞仲卤代烃＞伯卤代烃＞乙烯型卤代烃。

它们与硝酸银的醇溶液反应条件有很大差别，所以可用该反应鉴别不同类型的卤代烃。如表 4-2 所示。

表 4-2 不同类型卤代烃与硝酸银反应的活性及反应现象

卤代烃类型	典型化合物	反应现象	活性
乙烯型卤代烃	$CH_2=CH-X$	加热后也不反应	最不活泼
苯基型卤代烃	⬡—X		
伯卤代烃	CH_3CH_2X	加热产生 AgX 沉淀	较活泼
仲卤代烃	$\underset{\underset{X}{\mid}}{CH_3CHCH_3}$	片刻后出现 AgX 沉淀	活泼
叔卤代烃	$(CH_3)_3C-X$	立刻生成 AgX 沉淀	最活泼
烯丙型卤代烃	$RCH_2=CHCH_2-X$		
苄基型卤代烃	⬡—CH_2-X		

随堂练习 4-2

一、完成下列方程式

1. $CH_3CH_2-Cl+NaOCH(CH_3)_2 \xrightarrow{C_2H_5OH}$

2. CH_3-Cl ＋ $H-NH-$⬡ ⟶

3. ⬡—Br ＋ $H-OH \xrightarrow{NaOH}$

4. ⬠—Br ＋ NaCN ⟶

二、指出下列卤代烃的类型，并给其与硝酸银醇溶液反应的活性排序。

（1）$CH_2=CH-Cl$　　（2）$CH_3CH_2CH_2Cl$　　（3）⬡—Br

（4）⬡—Br　　（5）⬡—CH_2CH_2I

知识拓展

亲核取代反应机理

在研究卤代烷亲核取代反应速率与反应物浓度的关系时，发现有些卤代烷的取代反应速率只与卤代烷的浓度有关，而有些卤代烷的取代反应速率不仅与卤代烷的浓度有关，还与亲核试剂的浓度有关，这表明卤代烷的亲核取代反应有两种反应历程。我们将反应速率仅取决于卤代烷浓度的反应称为单分子亲核取代反应，用 S_N1（1 代表单分子）表示；而取代反应速率与卤代烷的浓度和亲核试剂的浓度都有关系的反应称为双分子亲核取代反应，用 S_N2（2 代表双分子）表示。下面以卤代烷的水解反应来说明 S_N1

和 S_N2 历程。

1. S_N1 历程

叔丁基溴在碱性溶液中的水解反应速率，只与叔丁基溴的浓度有关，而与进攻试剂 OH^- 的浓度无关，此反应属于单分子亲核取代反应，动力学上为一级反应。

$$\text{CH}_3-\overset{\overset{\text{CH}_3}{|}}{\underset{\underset{\text{CH}_3}{|}}{\text{C}}}-\text{Br} + \text{OH}^- \longrightarrow \text{CH}_3-\overset{\overset{\text{CH}_3}{|}}{\underset{\underset{\text{CH}_3}{|}}{\text{C}}}-\text{OH} + \text{Br}^-$$

$$\nu = [(\text{CH}_3)_3\text{C}-\text{Br}]$$

S_N1 分两步进行：第一步，叔丁基溴（A）在解离过程中 C—Br 键逐渐削弱，电子云向溴偏移，形成过渡态（B），进一步发生 C—Br 键断裂，生成叔丁基碳正离子（C）和 Br^-。此步反应很慢，决定整个反应速率。

$$\text{CH}_3-\overset{\overset{\text{CH}_3}{|}}{\underset{\underset{\text{CH}_3}{|}}{\text{C}}}-\text{Br} \xrightarrow{\text{慢}} \left[(\text{CH}_3)_3\text{C}\overset{\delta^+}{\cdots\cdots}\overset{\delta^-}{\text{Br}}\right] \longrightarrow \text{CH}_3-\overset{\overset{\text{CH}_3}{|}}{\underset{\underset{\text{CH}_3}{|}}{\text{C}}}{}^+ + \text{Br}^-$$

$$\qquad\quad\text{(A)}\qquad\qquad\qquad\text{(B)}\qquad\qquad\quad\text{(C)}$$

第二步，叔丁基碳正离子（C）很快与进攻试剂 OH^- 结合形成过渡态 D，再瞬时转变成叔丁醇。

$$\text{CH}_3-\overset{\overset{\text{CH}_3}{|}}{\underset{\underset{\text{CH}_3}{|}}{\text{C}}}{}^+ + \text{OH}^- \xrightarrow{\text{快}} \left[(\text{CH}_3)_3\text{C}\overset{\delta^+}{\cdots\cdots}\overset{\delta^-}{\text{OH}}\right] \longrightarrow \text{CH}_3-\overset{\overset{\text{CH}_3}{|}}{\underset{\underset{\text{CH}_3}{|}}{\text{C}}}-\text{OH}$$

$$\qquad\quad\text{(C)}\qquad\qquad\qquad\qquad\text{(D)}$$

在 S_N1 中，如果与卤素相连的碳原子是手性碳，第一步反应时手性碳构型不再保持，活性中间体——碳正离子转为平面结构（中心碳原子为 sp^2 杂化），在第二步反应中，亲核试剂从平面的两侧进攻中心碳正离子的概率是相等的，最终得到一半构型翻转和一半构型保持的外消旋化产物。

$$\text{R}^2\overset{\overset{\text{R}^1}{|}}{\underset{\underset{\text{R}^3}{|}}{\text{C}}}\text{X} \xrightarrow{-\text{X}^-} \begin{matrix} & \text{R}^1 & \\ a\quad & \overset{|}{\text{C}^+} & \quad b \\ \text{R}^2 & & \text{R}^3 \\ & \text{Nu}^- & \end{matrix} \longrightarrow \text{Nu}\overset{\overset{\text{R}^1}{|}}{\underset{\underset{\text{R}^3}{|}}{\text{C}}}\text{R}^2 + \text{R}^2\overset{\overset{\text{R}_1}{|}}{\underset{\underset{\text{R}^3}{|}}{\text{C}}}\text{Nu}$$

$$\qquad\qquad\qquad\qquad\qquad\quad \text{(a)构型翻转}\qquad\text{(b)构型保持}$$

$$\qquad\qquad\qquad\qquad\qquad\qquad\qquad\quad \text{外消旋体}$$

S_N1 机理的特点是：①单分子反应，反应速率仅与卤代烷的浓度有关；②反应分两步进行；③有活泼中间体碳正离子生成；④如果与卤素相连的碳是手性碳，则反应生成外消旋的产物。

2. S_N2 历程

溴甲烷在碱性溶液中的水解速率与溴甲烷的浓度和 OH^- 的浓度都成正比，动力学上称为二级反应。

$$\text{CH}_3-\text{Br} + \text{OH}^- \longrightarrow \text{CH}_3-\text{OH} + \text{Br}^-$$

$$\nu = k[\text{CH}_3\text{Br}][\text{OH}^-]$$

溴甲烷的水解反应一步完成。

$$\text{OH}^- + \overset{\text{H}}{\underset{\text{H}}{\text{C}}}\text{—Br} \xrightarrow{\text{慢}} \left[\overset{\delta^-}{\text{HO}}\cdots\overset{\text{H}}{\underset{\text{H}}{\text{C}}}\cdots\overset{\delta^-}{\text{Br}}\right] \xrightarrow{\text{快}} \text{HO—}\overset{\text{H}}{\underset{\text{H}}{\text{C}}}\text{H} + \text{Br}^-$$

$$\qquad\qquad\qquad\qquad\qquad\qquad\text{过渡态}$$

反应过程中，亲核试剂 OH⁻从溴的背面进攻带部分正电荷的中心碳原子，并与之逐渐结合成键，同时 C—Br 键逐渐伸长和变形，三个氢逐渐向溴一方靠近，并与碳处于同一平面，此时氧、碳、溴 3 个原子在同一直线上，并垂直于三个氢原子和一个碳原子所在的平面，形成一个过渡态。随着 OH⁻继续接近碳原子，溴原子继续远离碳原子，最后 OH⁻和碳原子形成 C—O 键而生成甲醇，溴则带着一对电子以负离子形式离去。

从以上 S_N2 历程可知，亲核试剂从离去基团背面进攻中心碳原子，中心碳原子上三个基团完全偏到离去基团的一边，好像雨伞被大风吹得翻转一样，产物的构型与反应物的构型完全相反。这种构型发生的转化称为瓦尔登翻转，是双分子亲核取代反应的特征。

S_N2 机理的特点：①双分子反应，速率与卤代烷和亲核试剂浓度有关；②反应一步完成，旧键的断裂和新键的形成同时进行；③反应过程伴有"构型转化"。

（二）消除反应

卤代烷与氢氧化钾（或氢氧化钠）的醇溶液共热，脱去 1 分子卤化氢而生成烯烃，这样的反应称为消除反应。例如：

$$\underset{\underset{H}{|}}{\overset{\beta}{C}H_2}-\underset{\underset{Cl}{|}}{\overset{\alpha}{C}H_2} \xrightarrow[\triangle]{KOH/乙醇} CH_2{=}CH_2 + HCl$$

上述反应中消除的是 α 碳上的卤原子和 β 碳上的氢原子，因此此类反应又称为 β-消除反应。

当卤代烷结构中存在两种以上的 β 碳原子时，消除生成烯烃时就会产生双键位置不同的产物的混合物。例如：

$$CH_3-\underset{\underset{H}{|}}{\overset{\beta}{C}H}-\underset{\underset{Cl}{|}}{\overset{\alpha}{C}H}-\underset{\underset{H}{|}}{\overset{\beta}{C}H_2} \xrightarrow[\triangle]{KOH/乙醇} \underset{81\%}{CH_3CH{=}CHCH_3} + \underset{19\%}{CH_3CH_2CH{=}CH_2} + HCl$$

大量的实验证明，卤代烷脱卤化氢时，被消除的 β-H 主要来自含氢较少的碳原子，生成双键碳原子上连有烃基最多的烯烃。这个经验规则称为扎依采夫（Saytzeff）规则。不同类型卤代烷消除反应活性的顺序为：叔卤代烃＞仲卤代烃＞伯卤代烃。例如：

$$CH_3-\underset{\underset{H}{|}}{\overset{\overset{\overset{CH_3}{|}}{}}{C}}-\underset{\underset{Br}{|}}{C}H_2 \xrightarrow[\triangle]{NaOH, C_2H_5OH} \underset{80\%}{CH_3CH{=}\overset{\overset{CH_3}{|}}{C}-CH_3} + \underset{20\%}{CH_3CH_2-\overset{\overset{CH_3}{|}}{C}{=}CH_2}$$

但是，不饱和卤代烃发生消除反应时，若能生成共轭体系则共轭产物是主要产物。例如：

次要产物（扎依采夫规则）　　主要产物（共轭产物）

人物

扎依采夫规则创始人
——扎依采夫

扎依采夫（A. M Saytzeff，1841—1910），俄国化学家，是有机结构理论奠基人布特列洛夫的学生。自 1869 年起任喀山大学的讲师，1870 年任教授。培养了无数卓越的有机化学家。他曾致力于布特列洛夫的第二、第三醇合成法的研究，不饱和酸和羟基酸的研究，曾发现过环状内酯。在 1875 年第一次提出脱卤化氢反应的取向"法则"。这种优先形成稳定异构体取向称为"扎依采夫取向或扎依采夫规则"。

 随堂练习 4-3   写出下列反应的主要产物

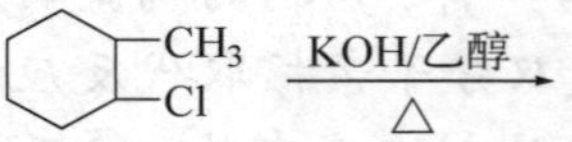

（三）有机金属卤化物

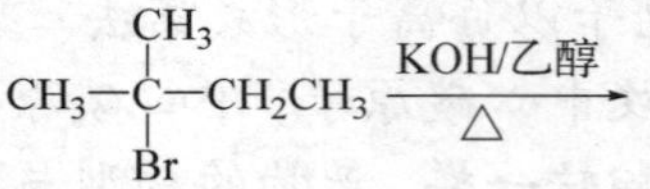

卤代烃可以与钠、钾、镁等活泼金属作用，生成有机金属卤化物，它们在有机合成中有着广泛的用途。

卤代烃在无水乙醚溶液中和金属镁作用，生成有机金属镁化物，这一反应是法国化学家 Grignard 发现的，所以常把这种有机金属镁化物称为格利雅试剂（Grignard reagent），简称为格氏试剂。格氏试剂是有机合成上非常重要的试剂之一。

$$R—X+Mg \xrightarrow{\text{无水乙醚}} R—MgX$$

人物

格氏试剂发明人
——维克托·格利雅

维克多·格利雅，全称弗朗索瓦·奥古斯特·维克托·格利雅（法语：Francois Auguste Victor Grignard），法国化学家，他于 1871 年 5 月 6 日出生于法国瑟堡，1935 年 12 月 13 日逝世于法国里昂，一生之中著有科学论文 6000 多篇，对人类科学事业做出了巨大的贡献。

格氏试剂是 1901 年由法国化学家格利雅发现的一类有机金属镁化合物，是非常重要的、非常有用的有机合成中间体之一。由于在有机金属化合物方面的重大贡献，格利雅获得了 1912 年的诺贝尔化学奖，为人类的科学事业做出了重大贡献。

格利雅取得成功的过程也非常励志：自小格利雅家境优渥，是一个十足的纨绔子弟，整日游手好闲，直到 20 岁才悔悟。为了追回已失去的宝贵时间，便决定去里昂求学，但由于基础太差，根本不够入学资格，无法进入里昂大学读书。但格利雅没有放弃，他强烈的求知欲深深地感动了里昂大学的一位教授，并把他留在家中进行辅导，经过两年的刻苦学习，他终于能够进入里昂大学插班就读。在里昂大学学习期间，格利雅非常刻苦，成绩也非常优异，并有幸得到有机化学家巴比埃的指导，使其对有机化学产生了浓厚的兴趣。

格氏试剂中，由于 C—Mg 键的极性非常大，镁带部分正电荷，而其碳原子带部分负电荷，具有碱性，是一个强的亲核试剂，也易与含活泼氢的化合物（如水、醇、氨等）作用生成相应的烃。

$$RMgX \longrightarrow \begin{cases} \xrightarrow{R'OH} & RH + Mg(OR')X \\ \xrightarrow{H_2O} & RH + Mg(OH)X \\ \xrightarrow{HX} & RH + MgX_2 \\ \xrightarrow{NH_3} & RH + Mg(NH_2)X \\ \xrightarrow{CO_2} \xrightarrow{H_3O^+} & RCOOH \end{cases}$$

制备格氏试剂以伯溴代烷最佳，仲卤代烷也可以，但叔卤代烷在碱性条件下主要发生消除反应，难以制成格氏试剂。卤代烯烃和卤代芳烃也可以制成格氏试剂，但需提高反应温度，用四氢呋喃（THF）代替无水乙醚作为反应溶剂。制备时，除需要干燥仪器和试剂外，还应尽量避免与空气接触，宜选用无质子性溶剂。例如：

$$CH_3CH_2Br + Mg \xrightarrow[\triangle]{\text{无水乙醚}} CH_3CH_2MgBr \text{ 乙基溴化镁}$$

$$\text{⟨⟩}—Br + Mg \xrightarrow[\triangle]{THF} \text{⟨⟩}—MgBr \text{ 苯基溴化镁}$$

格氏试剂是一种很重要的试剂，可用来制备烷烃、醇、醛、酮、羧酸等许多有机化合物，在有机合成中有着广泛的应用。

随堂练习 4-4

$CH_2(OH)CH_2Br$ 能制成 $CH_2(OH)CH_2MgBr$ 吗？为什么？

五、重要的卤代烃

1. 三氯甲烷

又称氯仿，是一种无色有甜味的透明液体，沸点 61.7℃，相对密度 1.433，不溶于水，是一种不燃性的有机溶剂。它可溶解许多高分子化合物，如有机玻璃、橡胶和油脂等。纯净的氯仿曾在医学上作为麻醉剂使用，但因其对心脏、肝脏毒性较大，目前临床已很少使用。氯仿在光照下，会逐渐被氧化为剧毒的光气($COCl_2$)，所以应用棕色瓶避光保存。

2. 氯乙烷

常温下氯乙烷为无色气体，有类似醚样的气味。在低温或加压下为无色、澄清、透明、易流动的液体。熔点为-140.8℃，沸点为 12.3℃。氯乙烷主要用作四乙基铅、乙基纤维素及乙基咔唑染料等的原料，也用作烟雾剂、冷冻剂、局部麻醉剂、杀虫剂、乙基化剂、烯烃聚合溶剂、汽油抗震剂等。氯乙烷作为局部麻醉剂，可以减轻烧伤、昆虫叮咬、擦伤、割伤、肿胀、轻微扭伤和轻微运动损伤引起的疼痛。氯乙烷还可用作聚丙烯的催化剂，可作为磷、硫、油脂、树脂、蜡等的溶剂。

3. 氯乙烯和聚氯乙烯

氯乙烯是无色气体，沸点-13.8℃，不溶于水，易溶于多种有机溶剂，易燃，长期高浓度接触可引起许多疾病，并可致癌。主要用途是制备聚氯乙烯。

聚氯乙烯是目前中国产量最多的一种塑料，简称PVC，广泛用于农业、工业及日常生活中。但聚氯乙烯制品不耐热，不耐有机溶剂，而且在使用过程中由于其缓慢释放有毒物质而不可盛放食品。

4. 聚四氟乙烯

四氟乙烯是无色气体，沸点-76℃，聚合可得到聚四氟乙烯。聚四氟乙烯（Teflon 或 PTFE）具有优良的化学稳定性、耐腐蚀性、密封性、高润滑不黏性、电绝缘性和良好的抗老化耐力，有"塑料王"之称。膨体的 PTFE 材料具有多微孔结构和非常强的生物适应性，不会引起机体的排斥，对人体无生理副作用，可用任何方法消毒，因此在医疗器材上有广泛的应用。

5. 二氟二氯甲烷

二氟二氯甲烷（CF_2Cl_2）俗名氟利昂，为无色气体，加压可液化，沸点$-29.8℃$，不能燃烧，无腐蚀和刺激作用，高浓度时有乙醚气味，但遇火焰或高温金属表面，会放出有毒物质。氟利昂可用作冷冻剂。

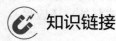 知识链接

最强韧的氟塑料：乙烯-四氟乙烯共聚物(ETFE)

"水立方"是 2008 年北京奥运会的标志性建筑之一。"水立方"膜结构是当时世界上最大的膜结构工程，也属于中国人民的一个创举。

构建"水立方"膜结构的物质，所采用的材料乙烯-四氟乙烯共聚物（ETFE），俗称聚氟乙烯，属于一种卤代烃。它是最强韧的氟塑料，它的透光率可高达95%，具有化学性能稳定、耐热、可循环再利用等优点，其特有的抗黏着表面使其具有高抗污、易清洗的特点，通常雨水即可清除主要污垢。因此，ETFE 膜用在水立方上堪称完美。

扫一扫
氟代烃知识点总结视频

本章重要知识点小结

1. 卤代烃由于 X 原子的引入，为极性分子，一般用通式 RX 表示，卤原子是这类化合物的官能团。

2. 卤代烃根据所含卤原子种类的不同、烃基的不同、与卤原子直接相连的碳原子类型的不同、分子中卤原子和双键的相对位置不同等分为很多类型。

3. 卤代烃命名有普通命名法和系统命名法。系统命名法是以相应的烃为母体，卤原子为取代基。如有立体构型，在名称前表明，即得全名。

4. 卤代烃能够发生亲核取代反应、消除反应和生成有机金属化合物。亲核取代反应主要有水解、醇解、氨解和氰解反应；卤代烃的消除反应遵循扎依采夫规则。

5. 卤代烃能与金属镁生成格氏试剂，格氏试剂在药物合成上应用较广。

6. 不同类型卤代烃亲核取代反应活性不同。卤代烃的反应活性顺序为：烯丙型卤代烃＞卤代烷（或孤立型）＞乙烯型卤代烃，因此可用硝酸银的醇溶液区分不同卤代烃。

目标检测

一、单项选择题

1. 下列化合物密度最大的为（　　　）。

　　A. CH_3CH_2Cl　　　　　　B. CH_3CH_2Br　　　　　　C. $CH_3CH_2CH_2Cl$　　　　　D. CH_3CH_2I

2. 下列关于卤代烃的叙述正确的是（　　　）。

　　A. 所有的卤代烃在适当条件下都能发生消除反应

　　B. 所有的卤代烃都是难溶于水、密度比水小的液体

　　C. 所有的卤代烃都含有卤素原子

　　D. 卤代烃与强碱水溶液的反应属于亲电取代反应

3. 为了检验某氯代烃中的氯元素，现进行如下操作。其中合理的是（　　　）。

    A. 取氯代烃少许，加入 $AgNO_3$ 溶液

    B. 取氯代烃少许与 NaOH 乙醇溶液共热，然后加入 $AgNO_3$ 溶液

    C. 取氯代烃少许与 NaOH 水溶液共热后，加入稀 HNO_3 酸化，再加入 $AgNO_3$ 溶液

    D. 取氯代烃少许与 NaOH 乙醇溶液共热，加入稀 HCl 酸化，再加入 $AgNO_3$ 溶液

4. 卤代烷与氢氧化钠的乙醇溶液共热，反应生成（　　　）。

    A. 烯烃　　　　　　　B. 醇　　　　　　　C. 醚　　　　　　　D. 醛

5. 仲卤烷和叔卤烷在消除脱 HX 生成烯烃时，遵循（　　　）。

    A. 马氏规则　　　　　B. 休克尔规则　　　　C. 次序规则　　　　D. 扎依采夫规则

6. 下列化合物属于卤代烃的是（　　　）。

    A. CH_3CH_2OH　　　　B. CH_3CH_2Cl　　　C. CH_3COOH　　　D. $CH_3CH_2NH_2$

7. 下列卤代烃与强碱共热时最容易发生消除反应的是（　　　）。

    A. 伯卤代烃　　　　　B. 仲卤代烃　　　　　C. 叔卤代烃　　　　D. 氯苯

8. 下列物质在反应中，不能作为亲核试剂的是（　　　）。

    A. Cl_2　　　　　　　B. CH_3CH_2ONa　　　C. $AgNO_3$　　　　D. H_2O

9. 卤代烃与醇钠作用生成醚的反应属于（　　　）。

    A. 消除反应　　　　　B. 酯化反应　　　　　C. 水解反应　　　　D. 取代反应

10. 冰箱、空调等使用的制冷剂中，能破坏臭氧层的化合物是（　　　）。

    A. 氯乙烯　　　　　　B. 氯仿　　　　　　　C. 氟利昂　　　　　D. 四氯化碳

11. 下列卤代烷最易发生 S_N1 的是（　　　）。

    A. CH_3Cl　　　　　　B. $(CH_3)_2CHCl$　　　C. $(CH_3)_3CCl$　　　D. $CH_2=CHCl$

12. 2-氯丁烷生成 2-丁醇的反应条件是（　　　）。

    A. 浓 H_2SO_4　　　　　B. $AgNO_3$　　　　　C. $NaOH/H_2O$　　　D. NaOH/醇溶液

13. 2-氯丁烷生成 2-丁烯的反应条件是（　　　）。

    A. NaOH/醇溶液　　　B. $AgNO_3$　　　　　C. $NaOH/H_2O$　　　D. 浓 H_2SO_4

14. 下列化合物与 $AgNO_3$ 的醇溶液生成白色沉淀最困难的是（　　　）。

    A. $CH_2=CHCH_2Cl$　　B. $CH_2=\underset{\underset{Cl}{|}}{C}-CH_3$　　C. $CH_3CH_2CH_2Cl$　　D. $CH_3\underset{\underset{Cl}{|}}{C}HCH_3$

15. 卤代烷中的 C—X 键最易断裂的是（　　　）。

    A. R—F　　　　　　　B. R—Cl　　　　　　C. R—Br　　　　　D. R—I

二、判断题

1. 按照 S_N1 反应历程，卤代烃取代反应活性顺序为：叔卤代烷＞仲卤代烷＞伯卤代烷。（　　　）

2. 卤代烃在碱性醇溶液中发生消除反应时遵循扎依采夫规则。（　　　）

3. 溴乙烷与 NaOH 的水溶液共热可生成乙烯。（　　　）

4. 2-甲基-2-氯丙烷属于仲卤代烃。（　　　）

5. 卤代烷与硝酸银的乙醇溶液的反应是亲电取代反应。（　　　）

6. 碘乙烷比氯乙烷活性弱。（　　　）

7. 氯乙烷在工业上可用作制冷剂。（　　　）

8. 氯苯难溶于水，能溶于多种有机溶剂。（　　　）

9. 卤代烯烃中卤原子和双键的相对位置不同，其卤原子的反应活性也有不同。（　　　）

10. 为了保证制取的氯乙烷纯度较高，最好的反应为乙烯与氯气的反应。（　　　）

三、命名或写出下列化合物的结构式

1. $CH_3CHCH_2CH_3$
   (带 Cl 取代)

2. $CH_2=CHCH_2Cl$

3. 带 CH_3 和 Cl 的苯环

4. Br—环己烷—CH_3

5. $CH_3-CH-C-CH_2CH_3$ （带 Cl、Br、CH_3 取代）

6. 苯环—$CHCH_2CH_3$ （带 Cl 取代）

7. 氯仿

8. 4-氯-1-丁烯

9. 2-甲基-3-氯戊烷

10. 间硝基氯苯

四、完成下列反应方程式

1. $CH_3CH_2CHCH_3 \xrightarrow{NaOH/H_2O}$ （带 Br 取代）

2. $CH_3CH_2CHCH_3 \xrightarrow[\triangle]{NaOH/C_2H_5OH}$ （带 Br 取代）

3. 环戊基—$CH_2Br + NaCN \longrightarrow$

4. $CH_3CHCH_3 \xrightarrow{AgNO_3/C_2H_5OH}$ （带 Br 取代）

5. Cl—苯环—$CH_2Cl \xrightarrow{NaOH/H_2O}$

6. 苯环—$CH_2Br + Mg \xrightarrow{无水乙醚} \xrightarrow{H_2O}$

五、简答题

1. 用化学方法区分下列各组化合物

（1）$CH_3CH_2CH_2Cl$、$CH_2=CH-CH_2Cl$ 和 $CH_3-CH=CHCl$

（2）1-氯丁烷、1-溴丁烷和 1-碘丁烷

2.下列各步反应中有无错误？简要说明理由。

（1）Cl—苯环—$CH_2Cl \xrightarrow[H_2O]{Na_2CO_3} HO$—苯环—$CH_2OH$

（2）Cl—环己烯—$Cl \xrightarrow{H_2/Pt} Cl$—环己烷—$Cl$

（3）环己基（带 Cl、OH）$\xrightarrow[无水乙醚]{Mg}$ 环己基（带 $MgCl$、OH）$\xrightarrow{D_2O}$ 环己基（带 D、OH）

六、推断题

1. 某溴代烃 A 与 KOH 的醇溶液作用，脱去一分子 HBr 生成 B，B 经臭氧氧化、锌粉还原水解得到丙酮和甲醛，B 与 HBr 作用得到 C，C 是 A 的异构体，试推测 A、B、C 的结构，并说明理由。

2. 某化合物 A 的分子式为 C_4H_9Cl，经 KOH 的醇溶液加热后生成分子式为 C_4H_8 的化合物 B，B 再与 HCl 加成生成 A 的异构体 C，试推测 A、B 和 C 的结构式，并写出相应的方程式。

七、合成题（无机试剂任选）

由 $CH_2=CHCH_3$ 合成 CH_2CHCH_2 （带 Cl、Cl、Br 取代）

第五章 醇、酚、醚

 学习目标

知识目标

1. 掌握醇、酚、醚的结构式、命名和主要的理化性质。
2. 理解醇、酚、醚的分类。
3. 了解重要的醇、酚、醚。

能力目标

1. 能够正确写出常见醇、酚、醚的结构式，并能命名。
2. 能够通过分析醇、酚、醚的结构，理解其理化性质。
3. 能够根据醇、酚、醚的理化性质对其进行制备、鉴别并写出化学反应方程式。

情景导入

　　酒驾和醉驾是造成道路交通事故的一大"杀手"。"吹气法"是交警用于初步检测司机是否酒后驾车的简便方法，其原理是让司机对填充了吸附有重铬酸钾的硅胶颗粒的装置吹气，若装置里的硅胶变色达到一定程度，即可证明司机是酒后驾车。酒的主要成分是乙醇。醇、酚、醚在结构上可以看成是水分子中氢原子被烃基取代的衍生物。

　　问题：1.醇、酚、醚在结构上有哪些不同？
　　2. 醇、酚、醚有哪些重要的理化性质？

　　醇、酚、醚都是烃的含氧衍生物。醇和酚都含有相同的官能团——羟基（—OH）。羟基与饱和碳原子相连的一类化合物称为醇；羟基直接连在芳环上的一类化合物称为酚。醚可以看作是醇或酚分子中羟基上的氢原子被烃基取代的一类化合物。

　　醇、酚、醚的通式及官能团如表 5-1 所示。

表 5-1 醇、酚、醚的通式及官能团

项目	醇	酚	醚
通式	R—OH	Ar—OH	(Ar)R—O—R'(Ar')
官能团	—OH	—OH	>C—O—C<
官能团名称	醇羟基	酚羟基	醚键
举例	CH₃CH₂OH 乙醇	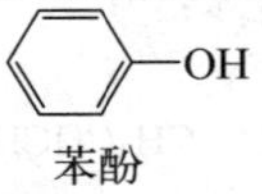 ⬡—OH 苯酚	CH₃CH₂OCH₂CH₃ 乙醚

　　醇、酚、醚与医药密切相关，有些本身就是药物，如 2,3-二巯基丙醇是临床上常用的一种

解毒剂；有些则是合成药物的重要原料，如乙醇；还有些是重要的溶剂，如乙醇、乙醚等，常用于提取草药的有效成分。许多药物中也具有醇或酚的结构。例如：

扫一扫

醇 PPT

对乙酰氨基酚　　　　　　　　肾上腺素

第一节　醇

醇可看成脂肪烃、脂环烃或芳香烃侧链上的氢原子被羟基取代而生成的化合物。饱和脂肪一元醇的通式为：$C_nH_{2n+1}OH$，或简写为 R—OH。结构最简单的醇是甲醇，它是羟基与甲基直接相连(CH_3—OH)，其次是乙醇，它是羟基与乙基直接相连(CH_3CH_2—OH)。图 5-1 是乙醇的结构模型。

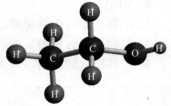

图 5-1　乙醇的结构模型

一、醇的分类、同分异构和命名

（一）醇的分类

（1）按与羟基相连的碳原子的类型分为伯醇、仲醇、叔醇。例如：

CH_3—CH_2—OH　　　　CH_3—CH—OH　　　　CH_3—C—OH

乙醇（伯醇）　　　　异丙醇（仲醇）　　　　叔丁醇（叔醇）

（2）按与羟基相连的烃基的结构不同分为脂肪醇（按烃基的饱和与否又分为饱和醇、不饱和醇）、脂环醇、芳香醇。例如：

CH_3CH_2OH　　　　　　⬠—OH　　　　　　⬡—CH_2OH

乙醇（脂肪醇）　　　　环戊醇（脂环醇）　　　　苄醇（芳香醇）

$CH_3CH_2CH_2OH$　　　　　　　　　CH_2=$CHCH_2OH$

正丙醇（饱和脂肪醇）　　　　　烯丙醇（不饱和脂肪醇）

（3）按羟基数目分为一元醇、二元醇和多元醇。例如：

CH_3CH_2OH　　　CH_2—CH_2　　　CH_2—CH—CH_2
　　　　　　　　　　│　　　│　　　　│　　│　　│
　　　　　　　　　OH　OH　　　OH　OH　OH

乙醇(一元醇)　　甘醇(二元醇)　　　甘油(三元醇)

（二）醇的同分异构

由于醇分子的官能团是—OH，因此，醇的构造异构与烯烃、炔烃相似，既有碳链异构，又有因羟基在碳链上的位置不同而引起的位置异构。

例如，丁醇有四种同分异构体：

$CH_3CH_2CH_2CH_2OH$　　　CH_3CHCH_2OH　　　$CH_3CHCH_2CH_3$　　　CH_3—C—OH
　　　　　　　　　　　　　　　│　　　　　　　　　│
　　　　　　　　　　　　　　CH_3　　　　　　　　OH

（1）　　　　　　　　（2）　　　　　　　（3）　　　　　　　　（4）

其中（1）、（2）与（4）为碳链异构，（1）与（3）为官能团位置异构。

（三）醇的命名

1. 普通命名法

对于结构简单的醇可采用普通命名法命名。一般在烃基名称后加上"醇"字即可，"基"字可省去。

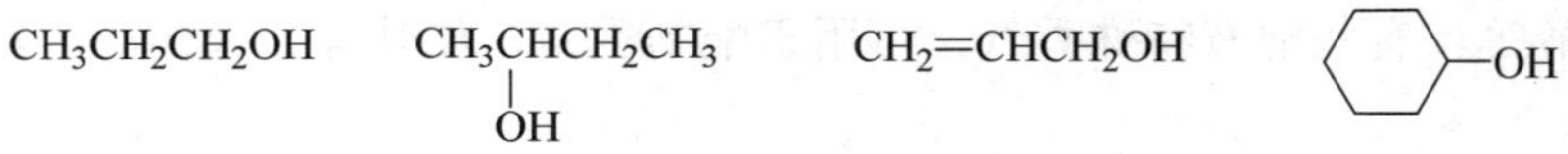

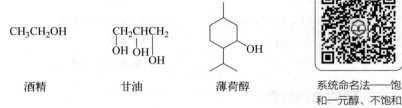

CH₃CH₂CH₂OH	CH₃CHCH₂CH₃	CH₂=CHCH₂OH	⬡—OH
正丙醇	仲丁醇	烯丙醇	环己醇

一些来源于自然产物、结构较复杂的醇常常用其"俗名"，这些俗名来自其自然的植物名称，与其分子结构之间没有任何规律可循，只能是"一名一物"。例如：

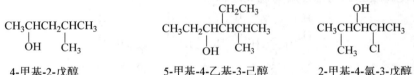

酒精　　　　甘油　　　　薄荷醇

扫一扫

系统命名法——饱和一元醇、不饱和醇视频

2. 系统命名法

系统命名法适用于所有结构的醇的命名，其命名原则如下：

（1）**饱和一元醇的命名**　选择与羟基所连接的碳原子在内的最长碳链为主链，根据主链碳原子的数目称为"某醇"；将主链从靠近羟基的一端碳原子开始依次编号；将取代基的位次、数目、名称及羟基的位次依次写在"某醇"前面，在阿拉伯数字和汉字之间用半字线隔开。例如：

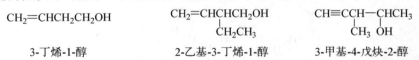

4-甲基-2-戊醇　　　　5-甲基-4-乙基-3-己醇　　　　2-甲基-4-氯-3-戊醇

（2）**不饱和醇命名**　选择连有羟基的碳原子和不饱和键在内的最长碳链为主链，根据主链所含碳原子的数目称为"某烯醇"或"某炔醇"。编号时应首先使羟基的位次尽可能小，其次使碳碳不饱和键的位次尽可能小，注意标明不饱和键和羟基的位次。例如：

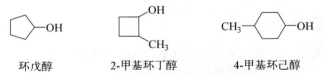

3-丁烯-1-醇　　　　2-乙基-3-丁烯-1-醇　　　　3-甲基-4-戊炔-2-醇

（3）**脂环醇命名**　以醇为母体，称为"环某醇"，从连接羟基的环碳原子开始编号，尽量使环上取代基的编号最小。例如：

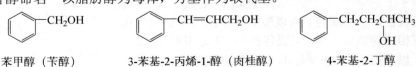

环戊醇　　　　2-甲基环丁醇　　　　4-甲基环己醇

（4）**芳香醇命名**　以脂肪醇为母体，芳基作为取代基。

苯甲醇（苄醇）　　　　3-苯基-2-丙烯-1-醇（肉桂醇）　　　　4-苯基-2-丁醇

（5）**多元醇命名**　选择包含多个羟基所连接的碳原子在内的最长碳链为主链，按羟基的数目称为"某二醇"或"某三醇"，并将羟基的位次标注在"某二醇"或"某三醇"前面。

$$\begin{array}{c}CH_2CH_2\\ \mid\quad\mid\\ OH\ OH\end{array}\qquad\begin{array}{c}CH_2CHCH_2\\ \mid\ \mid\ \mid\\ OH\ OH\ OH\end{array}\qquad\begin{array}{c}CH_2CH_2CHCH_3\\ \mid\qquad\quad\mid\\ OH\qquad\ OH\end{array}$$

乙二醇（甘醇）　　　　丙三醇（甘油）　　　　1,3-丁二醇

醇是人们最早发现、制备并使用的有机物之一，所以许多醇都有俗名，如酒精、木醇、甘油、甘醇、苄醇等。有些醇有特殊香气，可用于配制香精，如叶醇、肉桂醇等。

🖊 随堂练习 5-1

用系统命名法命名或者写出结构式：

$$CH_3CH_2\underset{\underset{CH_3}{|}}{\overset{\overset{}{|}}{C}H}CH_2CH_3$$
$$OH$$

$$CH_2=\underset{\underset{CH_2CH_3}{|}}{\overset{\overset{OH}{|}}{C}}-CH-CH_2CH_3$$

$$CH_2OH$$

环己醇　　　　　　2-甲基-4-戊烯-2-醇　　　　　2-丙炔-1-醇

二、醇的物理性质

低级的一元饱和醇为无色液体，具有特殊气味和辛辣味道。水与醇分子间可以形成氢键，甲醇、乙醇和丙醇可与水以任意比例混溶，$C_4\sim C_{11}$ 的醇为油状液体，仅部分可溶于水；高级醇为无臭、无味的蜡状固体，难溶于水。随着相对分子质量的增大，烷基对整个分子的影响会越来越大，从而使高级醇的物理性质与烷烃近似。

醇的沸点随相对分子质量的增大而升高，有支链醇的沸点比相同碳原子数的直链醇低。低级醇的沸点比碳原子数相同的烷烃的沸点高得多，这是由于醇分子间有氢键缔合作用。多元醇分子中可以形成多个氢键，因此沸点更高。

脂肪醇、脂环醇的密度比相应的烃大，但仍比水轻。芳香醇的密度比水大。

三、醇的化学性质

醇的结构特点是羟基上的氧原子与氢原子以及 sp^3 杂化的碳原子直接相连。由于氧原子的电负性比碳原子和氢原子大，所以羟基氧原子上的电子云密度较高，使得 C—O 键、O—H 键都具有较强的极性，容易断裂。所以醇的化学反应主要发生在羟基及与羟基相连的碳原子上，主要包括 O—H 键和 C—O 键的断裂。此外，也发生由于 α-H 和 β-H 的活性引发的氧化反应、消除反应等。如图 5-2 所示。

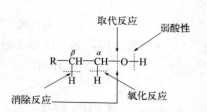

图 5-2　醇的主要反应及反应位点

（一）与活泼金属反应（弱酸性）

醇与活泼金属反应，发生 O—H 键的断裂。醇羟基上的氢原子可以被钠、钾、镁、铝等活泼金属取代，生成醇金属化合物，并放出氢气。各类醇与活泼金属反应的速率依次为：甲醇＞伯醇＞仲醇＞叔醇。例如：

$$2ROH + 2Na \longrightarrow 2RONa + H_2 \uparrow$$
醇钠

$$2CH_3CH_2OH + 2Na \longrightarrow 2CH_3CH_2ONa + H_2 \uparrow$$
乙醇钠

低级醇的反应很顺利，高级醇的反应进行得很慢，甚至难以发生。醇与活泼金属反应没有水与活泼金属反应那么剧烈，要缓和得多，放出的热量不足以使氢气燃烧，所以醇的酸性比水弱。实验室有过量金属钠时，可利用此性质安全销毁金属钠。

醇钠（RONa）是一种白色固体，碱性比 NaOH 强，不稳定，遇水甚至潮湿空气就可以分解生成醇和 NaOH，在有机合成中常用作强碱。

扫一扫

醇和无机酸的
反应视频

（二）与无机酸的反应

1. 与氢卤酸的反应

醇与氢卤酸（HX）作用，C—O 键断裂，醇羟基（—OH）被卤素（—X）取代，生成卤代烃（RX）和水。这是制备卤代烃的方法之一。

$$ROH + HX \Longleftrightarrow RX + H_2O \quad (X=Cl、Br、I)$$

醇的结构和氢卤酸的种类都影响该反应的速率。不同种类氢卤酸的反应活性顺序为：HI＞HBr＞HCl。不同结构醇的反应活性顺序为：苄醇和烯丙醇＞叔醇＞仲醇＞伯醇。

因此，可利用不同结构的醇与氢卤酸反应速率的差异来区别伯醇、仲醇、叔醇。所用的试剂为浓盐酸和无水氯化锌配制成的混合溶液，称为卢卡斯（Lucas）试剂。将卢卡斯试剂分别与伯醇、仲醇、叔醇在常温下作用，叔醇反应最快，仲醇其次，伯醇最慢。例如：

$$CH_3-\underset{\underset{CH_3}{|}}{\overset{\overset{CH_3}{|}}{C}}-OH + HCl \xrightarrow[20℃,\,1min]{ZnCl_2} CH_3-\underset{\underset{CH_3}{|}}{\overset{\overset{CH_3}{|}}{C}}-Cl + H_2O$$

$$CH_3CH_2\underset{\overset{|}{CH_3}}{\overset{\overset{CH_3}{|}}{C}}H-OH + HCl \xrightarrow[20℃,\,10min]{ZnCl_2} CH_3CH_2\underset{}{\overset{\overset{CH_3}{|}}{C}}H-Cl + H_2O$$

$$CH_3CH_2CH_2CH_2OH + HCl \xrightarrow[\substack{20℃,\,1h不反应,\\加热才反应}]{ZnCl_2} CH_3CH_2CH_2CH_2Cl + H_2O$$

由于反应生成的氯代烷不溶于卢卡斯试剂，而 6 个碳以下的低级醇可溶于卢卡斯试剂，因而出现浑浊或者分层现象，观察反应中出现浑浊或者分层现象的快慢，就可以区分反应物是伯醇、仲醇或叔醇。此法可用于六个碳原子以下的伯醇、仲醇、叔醇的鉴别。

2. 与无机含氧酸的反应

醇能与无机含氧酸（如硝酸、亚硝酸、硫酸和磷酸等）反应，经分子间脱水生成无机酸酯，这种醇和酸作用脱水生成酯的反应，称为酯化反应。如：

$$\begin{array}{ccc}
\text{CH}_2\text{—OH} & & \text{CH}_2\text{—ONO}_2 \\
| & \xrightarrow{\text{H}_2\text{SO}_4} & | \\
\text{CH—OH} + 3\text{HONO}_2 & \longrightarrow & \text{CH—ONO}_2 + 3\text{H}_2\text{O} \\
| & & | \\
\text{CH}_2\text{—OH} & & \text{CH}_2\text{—ONO}_2
\end{array}$$
甘油　　　　　　　　　　　　　三硝酸甘油酯

　　三硝酸甘油酯亦称硝酸甘油或硝化甘油，是一种黄色的油状透明液体，这种液体可因震动而爆炸，属危险化学品。1886 年瑞典化学家诺贝尔发明的安全炸药即为三硝酸甘油酯和细粉状硅藻土或锯屑的混合物。三硝酸甘油酯在医药上用作血管扩张药，制成 0.3% 的三硝酸甘油酯片剂，舌下给药，可治疗冠状动脉狭窄引起的心绞痛。

 知识链接

无机酸酯

　　三硝酸甘油酯、亚硝酸异戊酯、硝酸异山梨酯等无机酸酯具有扩张冠状血管的作用，可缓解心绞痛。其作用原理是这些无机酸酯进入人体后，能产生信号分子一氧化氮（NO），后者可以使血管周围的平滑肌细胞舒张，使血管扩张，从而使缺血心肌恢复血液供应，缓解临床症状。磷酸酯在临床上可用于改善各种器官的功能状态、提高细胞活动能力，并可用于心血管病、肝病的辅助治疗，如二磷酸腺苷（ADP）及三磷酸腺苷（ATP）等。

（三）脱水反应

　　醇可以发生分子内脱水而生成烯烃，也可以发生分子间脱水而生成醚类。醇的脱水方式，取决于醇的结构和反应条件。

1. 分子内脱水

　　将乙醇与浓硫酸加热到 170℃，乙醇发生分子内脱水生成乙烯。

$$\begin{array}{c}
\text{CH}_2\text{—CH}_2 \\
| \quad\quad | \\
\text{H} \quad\ \text{OH}
\end{array} \xrightarrow[170℃]{\text{浓H}_2\text{SO}_4} \text{CH}_2\text{=CH}_2 + \text{H}_2\text{O}$$

　　醇分子内脱水生成烯烃的反应属于消除反应。仲醇和叔醇分子内脱水时，遵循扎依采夫规则，反应时主要脱去含氢较少的 β-碳原子上的氢，主要产物是双键碳原子上连有较多烃基的烯烃。如：

$$\underset{\overset{|}{\text{OH}}}{\text{CH}_3\overset{\alpha}{\text{CH}}\overset{\beta}{\text{CH}}_2\text{CH}_3} \xrightarrow[\triangle]{\text{H}_2\text{SO}_4} \text{CH}_3\text{CH=CHCH}_3 + \text{H}_2\text{O}$$
2-丁醇　　　　　　　　　　2-丁烯（主要产物）

$$\text{CH}_3\overset{\overset{\text{CH}_3}{|}}{\underset{\overset{|}{\text{OH}}}{\overset{\alpha}{\text{C}}}}\overset{\beta}{\text{CH}_2}\text{CH}_3 \xrightarrow[\triangle]{\text{H}_2\text{SO}_4} \text{CH}_3\overset{\overset{\text{CH}_3}{|}}{\text{C}}\text{=CHCH}_3 + \text{H}_2\text{O}$$
2-甲基-2-丁醇　　　　　　　　2-甲基-2-丁烯（主要产物）

　　不同结构的醇，发生分子内脱水反应的难易不同。醇分子内脱水活性顺序是：叔醇＞仲醇＞伯醇。

2. 分子间脱水

　　醇能发生分子间脱水生成醚。乙醇在浓硫酸存在下加热到 140℃，发生分子间脱水，生成乙醚。

$$CH_3CH_2-OH + H-OCH_2CH_3 \xrightarrow[140℃]{浓H_2SO_4} CH_3CH_2OCH_2CH_3 + H_2O$$

由此可见，温度对脱水反应的方式是有影响的，一般情况下，在较低温度的情况下，有利于分子间脱水生成醚；在较高温度的情况下，有利于分子内脱水生成烯烃。

此外，脱水方式和醇的结构有关，如叔醇发生分子内脱水的倾向大，主要产物是烯烃；伯醇易发生分子间脱水，主要产物是醚。

 随堂练习 5-2

完成下列反应式：

1. ![苯-CH₂CHCH₃-OH 分子内脱水]

2. ![环己醇-OH 浓H₂SO₄ 170℃]

（四）氧化反应

在有机化合物分子中引入氧原子或脱去氢原子的反应，称为氧化反应。伯醇和仲醇分子中，与羟基直接相连的碳原子上都连接有氢原子（α-H），这些氢原子受到羟基的影响，比较活泼，容易发生氧化反应。

伯醇先被氧化生成相应的醛，醛很容易继续氧化生成羧酸：

$$RCH_2OH \xrightarrow{[O]} RCHO \xrightarrow{[O]} RCOOH$$
$$\text{伯醇} \qquad \text{醛} \qquad \text{羧酸}$$

仲醇被氧化生成相应的酮，酮不易进一步被氧化：

$$\underset{\overset{|}{OH}}{R-CH-R} \xrightarrow{[O]} \underset{\overset{||}{O}}{R-C-R}$$
$$\text{仲醇} \qquad\qquad \text{酮}$$

$$[O] = KMnO_4、K_2Cr_2O_7 + H_2SO_4$$

例如：

$$CH_3CH_2CH_2CH_2OH \xrightarrow{K_2Cr_2O_7}{H^+} CH_3CH_2CH_2CHO \xrightarrow{K_2Cr_2O_7}{H^+} CH_3CH_2CH_2COOH$$

$$\underset{\overset{|}{OH}}{CH_3CH_2CHCH_3} \xrightarrow{K_2Cr_2O_7}{H^+} CH_3CH_2\overset{\overset{O}{||}}{C}-CH_3$$

叔醇无α-H，同样条件下，难以被氧化。

在醇的氧化反应中，常用的氧化剂是重铬酸钾（$K_2Cr_2O_7$）的酸性溶液或高锰酸钾（$KMnO_4$）的酸性溶液。伯醇和仲醇被 $K_2Cr_2O_7$ 的酸性溶液氧化时，会发生明显的颜色变化，即由橙红色（$Cr_2O_7^{2-}$）转变为绿色（Cr^{3+}），而叔醇在同样条件下不发生反应，所以无颜色变化，因此，可以利用该反应将叔醇与伯醇和仲醇区别开来。

$$CH_3CH_2OH + Cr_2O_7^{2-} \xrightarrow{H^+} CH_3CHO + Cr^{3+}$$
$$\underset{\text{橙红色}}{} \qquad\qquad \downarrow{K_2Cr_2O_7}{H^+} \overset{\text{绿色}}{CH_3COOH}$$

$$CH_3-\underset{\underset{OH}{|}}{CH}-CH_3 \xrightarrow{K_2Cr_2O_7, H^+} CH_3-\underset{\underset{O}{||}}{C}-CH_3$$
丙酮

此外，伯醇或仲醇的蒸气在高温下通过活性铜或银等催化剂，可直接发生脱氢反应，α-H 和羟基（—OH）氢原子脱去，分别被氧化生成醛或酮。叔醇分子中没有 α-H，同样不发生脱氢反应。

$$CH_3CH_2OH \xrightarrow[250\sim350℃]{Cu} CH_3CHO + H_2$$
乙醛

$$CH_3\underset{\underset{OH}{|}}{CH}CH_3 \xrightarrow[500℃, 0.3MPa]{Cu} CH_3-\underset{\underset{O}{||}}{C}-CH_3 + H_2$$
丙酮

 随堂练习 5-3

完成下列反应式：

1. $CH_3CH_2CH_2OH \xrightarrow[H^+]{K_2Cr_2O_7} \quad\quad \xrightarrow[H^+]{K_2Cr_2O_7}$

2. $CH_3\underset{\underset{OH}{|}}{CH}CH_2CH_3 \xrightarrow[H^+]{K_2Cr_2O_7}$

扫一扫

甘油与氢氧化铜的
反应视频

（五）多元醇的特性

多元醇分子中含有多个羟基（—OH），醇分子之间，醇分子与水分子之间形成氢键的机会增多，所以低级多元醇的沸点比同碳原子数的一元醇高得多。羟基的数目增多会使醇具有甜味，如丙三醇就具有甜味，俗称甘油；含有 5 个羟基（—OH）的木糖醇，可以用作糖尿病患者的食糖替代品。

多元醇具有一元醇相似的化学性质，但由于分子中羟基数目的增多，其相互影响而产生一些特殊性质，相邻的两个碳原子上都连有羟基的多元醇（邻二醇），如乙二醇、丙三醇等，能与新制氢氧化铜溶液反应生成一种深蓝色的甘油铜配合物。此反应可以检验具有邻二羟基结构的多元醇。

$$\begin{matrix} CH_2-OH \\ | \\ CH-OH \\ | \\ CH_2-OH \end{matrix} + Cu(OH)_2 \longrightarrow \begin{matrix} CH_2-O \\ | \quad\quad \searrow \\ CH-O \quad Cu \\ | \\ CH_2-OH \end{matrix} + 3H_2O$$
甘油铜（深蓝色）

四、重要的醇

1. 甲醇（CH_3OH）

甲醇又称"木醇"或"木精"。是无色、有酒精气味、易挥发的液体，有剧毒，误饮 5～10mL 能使人双目失明，饮用量稍大（约 30mL）会导致死亡。工业上用于制造甲醛和农药等，并用作有机物的萃取剂和酒精的变性剂等，工业酒精中常含有少量的甲醇。甲醇还可以用作无公害燃料。

2. 乙醇（CH_3CH_2OH）

乙醇俗称酒精，是一种易燃、易挥发的无色透明液体，沸点是 78.5℃，能与水混溶。乙醇的用途很广，可用来制造醋酸、饮料、香精、染料、燃料等。乙醇能使蛋白质变性，临床上常用体积分数为 70%～75%的乙醇作消毒剂。95%的酒精可用于制备酊剂、醑剂及提取草药的有效成分。

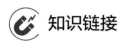 **知识链接**

乙醇的功能与毒性

乙醇是酒的主要成分，俗称酒精。乙醇是重要的有机溶剂和化工原料。由于 70%或 75%乙醇水溶液能使细菌的蛋白质变性，临床上使用它作外用消毒剂。乙醇作溶剂溶解药品制成的制剂称酊剂，如碘酊（俗称碘酒）就是将碘和碘化钾（作助溶剂）溶于乙醇制成的。如将易挥发药物溶于乙醇制成的制剂则称醑剂，例如薄荷醑等。乙醇也用于制取草药浸膏，以提取其中的有效成分。

在人体内，乙醇可被肝脏中的乙醇脱氢酶氧化成乙醛，后者可被乙醛脱氢酶氧化成机体细胞能同化的乙酸，因此人体可以承受适量的乙醇。酒量大的人，体内乙醛脱氢酶相对多，而喝酒红脸的人，则因体内乙醛脱氢酶偏少，乙醛代谢慢，存留体内的乙醛可刺激血管扩张，引起脸潮红、心悸及血压下降等不适症状。乙醛低浓度时可引起眼、鼻及上呼吸道刺激症状及支气管炎；而高浓度时还有麻醉作用。临床表现有嗜睡、头痛、神志不清及支气管炎、肺水肿、腹泻、蛋白尿和心肌脂肪变性，严重时可致人死亡。

无论是乙醇脱氢酶，还是乙醛脱氢酶，其催化底物的氧化能力都是有限的，因此，过量饮酒会造成乙醇在血液中潴留，导致酒精中毒。临床实践证明，适量饮酒对人体有利，但长期、过度饮酒者会引起机体某些代谢障碍，导致脂肪、游离脂肪酸等增高，可造成脂肪肝，最后导致纤维化和肝硬化。在脂肪肝的早期经戒酒和治疗，脂肪肝可逐渐消除。

3. 丙三醇（$HOCH_2-CHOH-CH_2OH$）

丙三醇俗称甘油，为无色澄清黏稠液体，有甜味，沸点是 290℃，比水重，能与水混溶。无水甘油有很强的吸湿性，稀释后的甘油刺激性缓和，能润滑皮肤。药物制剂中甘油常用作溶剂、赋形剂和润滑剂。临床上对便秘者，常用甘油栓剂或 50%的甘油溶液灌肠。甘油还常作为化工、合成药物的原料。

4. 苯甲醇（$C_6H_5-CH_2OH$）

苯甲醇又称苄醇，是无色液体，有芳香味，难溶于水，易溶于有机溶剂。苯甲醇具有微弱的麻醉作用和防腐功能，可用于局部止痛及制剂的防腐。临床上常用 2%的苯甲醇灭菌溶液稀释青霉素，以减轻注射时的疼痛，但有溶血作用，对肌肉有刺激性，肌肉反复注射本品可引起臀肌挛缩症，因此禁止用于学龄前儿童肌内注射。10%的苯甲醇软膏或洗剂可用作局部止痒剂。

5. 木糖醇（$HOCH_2CHOHCHOHCHOHCH_2OH$）

木糖醇又名戊五醇，为结晶性白色粉末，味甜，易溶于水。在体内新陈代谢不需要胰岛素参与，又不使血糖升高，并可消除糖尿病患者"三多"（多饮、多尿、多食），因此是糖尿病患者安全的甜味剂、营养补充剂和辅助治疗剂。食用木糖醇不会引起龋齿，因此，木糖醇可用作口香糖、巧克力、硬糖等食品的甜味剂。木糖醇还可作为化妆品类的湿润调整剂使用，对人体皮肤无刺激作用。

6. 甘露醇（$HOCH_2CHOHCHOHCHOHCHOHCH_2OH$）

甘露醇又名己六醇，为结晶性白色粉末，味甜，易溶于水。甘露醇广泛地分布于植物中，许多水果蔬菜都含有甘露醇。临床用 20%的甘露醇水溶液作为组织脱水剂及渗透性利尿剂，以减轻组织水肿，降低眼内压、颅内压等。

🄲 知识拓展

硫醇

醇分子中的氧原子被硫原子代替后所形成的化合物称为硫醇。硫醇的通式为 R—SH，—SH 称为巯基，是硫醇的官能团。硫醇的命名和醇相似，只是在母体的名称前加一个"硫"字即可。例如：

$$CH_3SH \qquad CH_3CH_2SH \qquad CH_3CH_2CH_2SH \qquad CH_3CHSHCH_2SH$$

甲硫醇　　　　乙硫醇　　　　1-丙硫醇　　　　1,2-二巯基丙醇

低级的硫醇易挥发并具有特殊臭味，含量很少时，气味也很明显。因此，在燃气中常加入少量低级硫醇以起报警的作用。硫醇的沸点比醇低，且难溶于水。

硫醇的化学性质与醇类似，但也有差别。如硫醇具有酸性，其酸性比醇强，能和 NaOH 反应生成硫醇钠。还可与一些重金属离子（汞、铜、银、铅等）形成不溶于水的硫醇盐，临床上常用二巯基丙醇、二巯基丁二酸钠、二巯基磺酸钠等作为重金属中毒的解毒剂。硫醇极易被氧化，空气中的氧能将硫醇氧化成二硫化合物（R—S—S—R），因此储存含巯基的药物时，应避免与空气接触。

第二节　酚

酚是羟基与芳环直接相连而形成的一类化合物。其官能团—OH 称为酚羟基，通式为 Ar—OH。苯酚是最简单的酚，图 5-3 所示为苯酚的球棒模型。

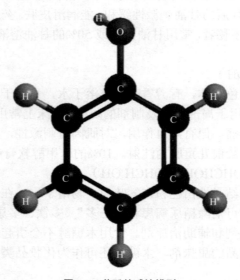

扫一扫

酚 PPT

图 5-3　苯酚的球棒模型

一、酚的分类和命名

（一）酚的分类

（1）根据酚羟基（—OH）所连接芳烃基的不同，可分为苯酚、萘酚等。例如：

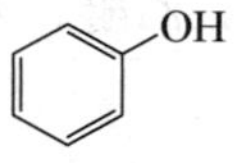

苯酚 　　　 α-萘酚 　　　 β-萘酚

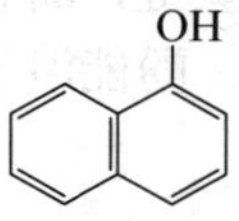

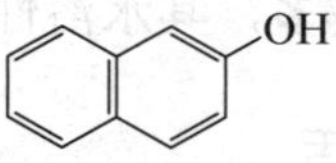

（2）根据酚羟基的数目，可分为一元酚和多元酚。例如：

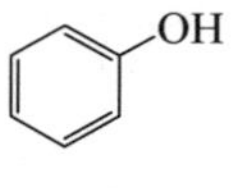

一元酚 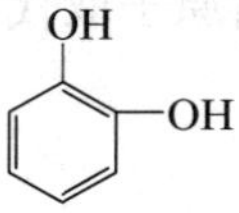 　　　 二元酚 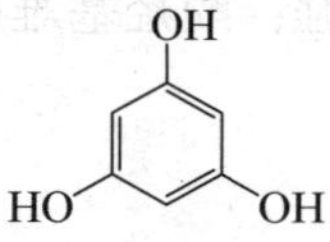 　　　 三元酚

（二）酚的命名

1. 简单一元酚的命名

在芳环的名字后面加上"酚"字，当芳环上有—R、—X、—NO_2 等取代基时，在芳环名字前加上取代基的位次、数目和名称。例如：

邻甲基苯酚 　　　 对氯苯酚 　　　 2-甲基-4-硝基-1-萘酚

2. 多元酚的命名

要在"酚"字前标明酚羟基的数目，并在芳环名称前面注明酚羟基的位次。例如：

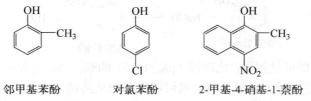

邻苯二酚 　　　 均苯三酚 　　　 1,4-萘二酚
（1,2-苯二酚）　（1,3,5-苯三酚）

3. 复杂酚的命名

可把酚羟基作为取代基来命名。例如：

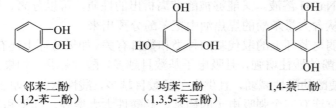

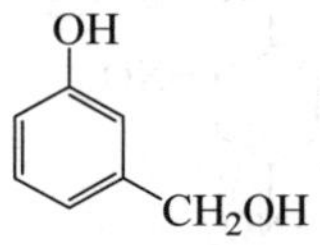

间羟基苯甲醇 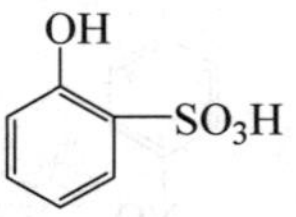 　　　 邻羟基苯磺酸 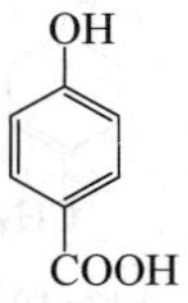 　　　 对羟基苯甲酸

随堂练习 5-4

试写出下列物质的结构简式：对硝基苯酚、间苯二酚、连苯三酚、2-硝基-1-萘酚。

二、酚的物理性质

大多数的酚为无色结晶固体，有特殊气味。因酚在空气中易氧化，故一般呈不同程度的黄色或红色。其相对密度比水大。由于酚分子间能形成氢键，因此熔点、沸点比相对分子质量相近的芳烃要高。酚羟基与水分子间也能形成氢键，酚有一定的水溶性，其水溶性随温度的升高而增大，酚羟基的数目越多，其水溶性越大。酚能溶于乙醇、乙醚、苯等有机溶剂。

三、酚的化学性质

酚类分子中含有羟基和芳环，所以酚类化合物具有羟基和芳环所特有的性质，但又不同于醇。例如酚的酸性比醇强；酚羟基难以被卤原子取代；酚容易被氧化；酚羟基使芳环活化易进行亲电取代反应等。

（一）弱酸性

酚具有弱酸性，其酸性比醇强，但比碳酸弱。酚不仅能和活泼金属反应，还能与强碱发生反应生成盐。

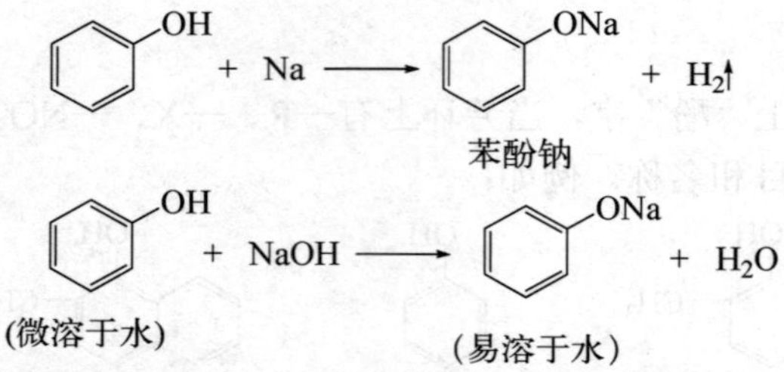

苯酚钠

（微溶于水）　　　　（易溶于水）

苯酚（$pK_a=9.89$）的酸性很弱，比碳酸（$pK_a=6.35$）的酸性弱，所以在无色透明的苯酚钠水溶液中加入无机强酸，甚至通入二氧化碳，就可以将苯酚从其钠盐中置换出来，使溶液出现浑浊。

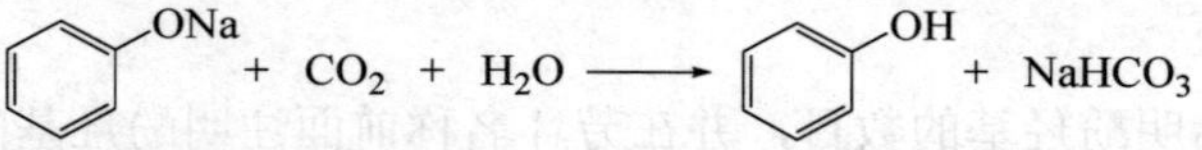

利用酚能溶于 NaOH 溶液，又能够被酸游离析出的性质，可以分离、提纯或鉴别酚。例如利用这一性质可以从含大量苯酚的煤焦油中把苯酚分离出来。

酚类的酸性强弱与芳环上的取代基的种类和数目有关。如果芳环上连有吸电子基（如—X、—NO₂ 等），则可使酚的酸性增强，且吸电子基数目越多，酸性越强；如果芳环上连有供电子基（如—R 等），则可使酚的酸性减弱，且供电子基数目越多，酸性越弱。如 2,4,6-三硝基苯酚，由于在苯酚的邻、对位连有三个强吸电子的硝基，其酸性大大增强，几乎和无机强酸相当，俗称"苦味酸"。例如：

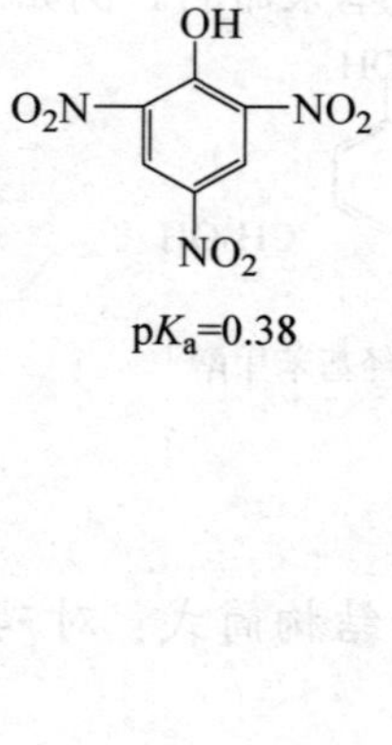

$pK_a=10.17$　　　　$pK_a=8.15$　　　　$pK_a=0.38$

随堂练习 5-5

将下列化合物按酸性强弱的顺序排列。

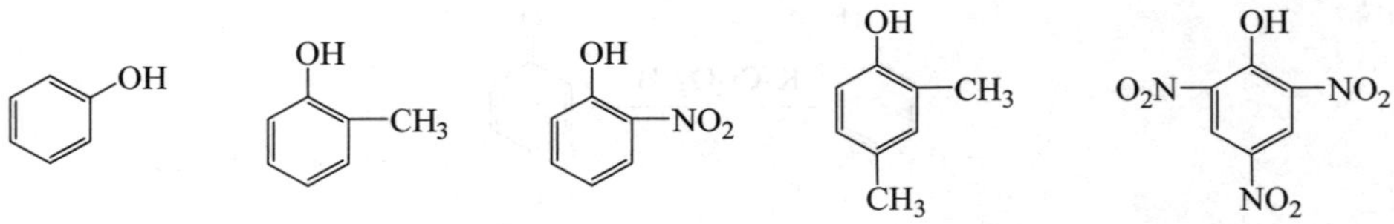

（二）与三氯化铁的显色反应

含有酚羟基的化合物大多可以和三氯化铁溶液作用发生显色反应，其原因主要是酚和三氯化铁溶液作用生成有颜色的配离子。例如：

$$6C_6H_5OH+Fe^{3+} \longrightarrow [Fe(OC_6H_5)_6]^{3-}+6H^+$$

不同的酚与三氯化铁反应可显示出不同的颜色，详见表 5-2。

苯酚与三氯化铁的
反应视频

表 5-2　常见酚与 $FeCl_3$ 溶液反应的颜色

化合物	生成物的颜色	化合物	生成物的颜色
苯酚	蓝紫色	间苯二酚	蓝紫色
邻甲苯酚	蓝色	对苯二酚	暗绿色结晶
间甲苯酚	蓝紫色	1,2,3-苯三酚	淡棕红色
对甲苯酚	蓝色	α-萘酚	紫红色沉淀
邻苯二酚	绿色	β-萘酚	绿色沉淀

能与三氯化铁溶液发生显色反应的不只是酚类，凡是具有烯醇结构（$-\overset{\displaystyle OH}{\underset{\displaystyle |}{C}}=C-$）或通过互变异构后产生烯醇结构的化合物都可以和三氯化铁溶液发生显色反应。所以常用三氯化铁溶液鉴别酚类或具有烯醇结构的化合物。

 随堂练习 5-6

用化学方法鉴别苯酚、环己醇、对甲苯酚。

（三）苯环上的取代反应

羟基是强的邻对位定位基，可使苯环上的电子云密度尤其是邻、对位增加较多，因此，酚比苯更容易发生亲电取代反应，且主要发生在酚羟基的邻、对位上。苯酚与溴水作用，溴立刻取代邻、对位的三个氢原子，生成 2,4,6-三溴苯酚白色沉淀。这个反应灵敏、迅速、简便，常用于苯酚的定性检验和定量分析。

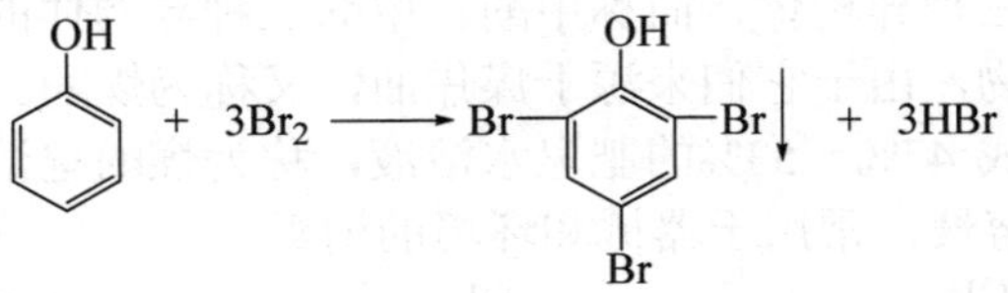

2,4,6-三溴苯酚
（白色）

（四）氧化反应

酚很容易被氧化，如酚能被空气中的氧气氧化。随着氧化反应的进行，无色的苯酚会变成粉红色、红色或暗红色。苯酚与 $K_2Cr_2O_7$ 的酸性溶液作用，则生成对苯醌。

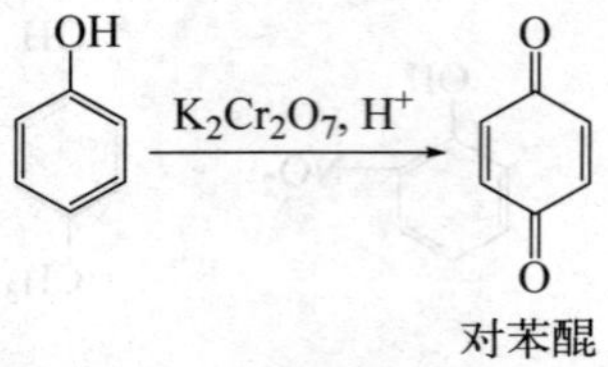

对苯醌

多元酚更容易被氧化，能被弱氧化剂如氧化银氧化，产物也是醌类，对苯二酚可将照相机底片上曝光活化的溴化银还原成银，因此冲洗照相底片时多用多元酚作显影剂。

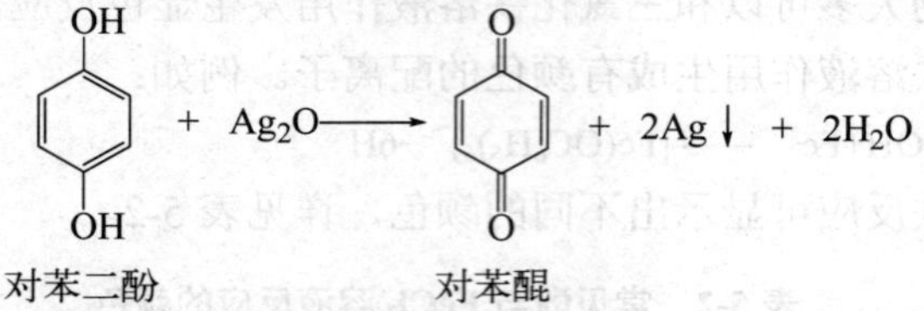

对苯二酚　　　　　　　　　对苯醌

酚类易被氧化，可作为抗氧剂被添加到化学试剂中，使空气中的氧首先氧化酚，即可防止化学试剂被氧化而变质，如常用的抗氧剂——"抗氧 246"，其结构简式为：

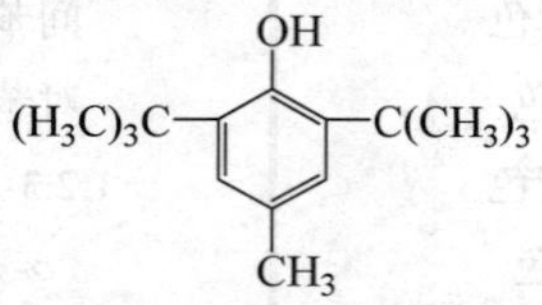

4-甲基-2,6-二叔丁基苯酚

因酚易被氧化，所以保存含有酚羟基的药物时要注意避免与空气接触，必要时须添加抗氧剂。

四、重要的酚

1. 苯酚

苯酚俗称石炭酸，常温下为无色针状结晶，熔点为 40.8℃，沸点为 182℃，有特殊气味，具有弱酸性，是最简单的酚类化合物。苯酚有毒，有腐蚀性，常温下微溶于水，易溶于有机溶剂；当温度高于 65℃时，能跟水以任意比例互溶，其溶液沾到皮肤上可用酒精洗涤。

苯酚能凝固蛋白质，对皮肤有腐蚀性，并有杀菌作用。医药上可用作消毒剂，3%～5%的苯酚水溶液可用于外科器械的消毒，5%的苯酚水溶液可以用作生物制剂的防腐剂，1%的苯酚水溶液可用于皮肤止痒。但因为苯酚有毒，对皮肤又有腐蚀性，使用时要小心。

苯酚暴露在空气中，容易被空气氧化而呈粉红色。由于易被氧化，应装于棕色瓶中避光保存。苯酚是重要的化工原料，也是很多医药（如水杨酸、阿司匹林及磺胺类药等）、香料、染料的合成原料。

2. 甲苯酚

甲苯酚有邻、间、对三种异构体，简称甲酚。甲酚三种异构体的沸点相近，不易分离，在实际中常使用它们的混合物，由于它们来源于煤焦油，又称为煤酚。煤酚杀菌能力比苯酚强，因难溶于水，医药上常配成 47%～53%的肥皂水溶液，称为煤酚皂溶液，俗称"来苏尔"，使用前要稀释为 2%～5%的溶液，常用于器械和环境的消毒。

邻甲酚　　　　　　　　　间甲酚　　　　　　　　　对甲酚
（沸点191℃）　　　　　（沸点202℃）　　　　　（沸点202℃）

3. 苯二酚

苯二酚有邻、间、对三种异构体：

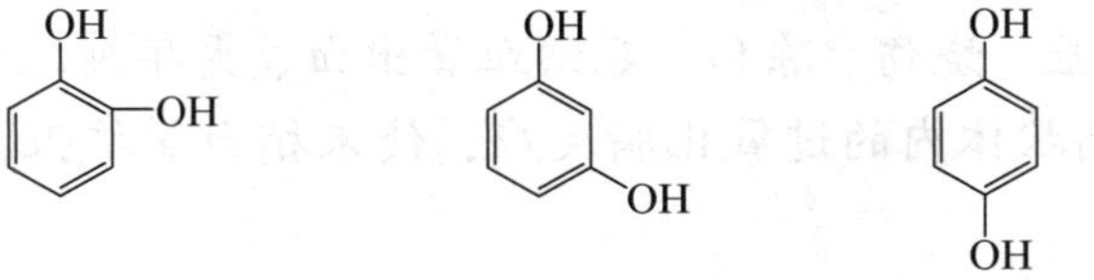

邻苯二酚　　　　　　间苯二酚　　　　　　对苯二酚

邻苯二酚俗名儿茶酚，为无色结晶体，熔点105℃，沸点246℃。是医药工业重要的中间体，可用于制备黄连素、异丙肾上腺素等药品。也是重要的基本有机化工原料，广泛用于生产染料、光稳定剂、感光材料、香料、防腐剂、促进剂、特种墨水、电镀材料、生漆阻燃剂等。另外，还是一种使用很广泛的收敛剂和抗氧剂。

间苯二酚俗名雷琐辛，为白色针状结晶，熔点110.7℃，沸点276.8℃。间苯二酚具有抗细菌和真菌的作用，强度仅为苯酚的三分之一，刺激性小，其2%～10%的油膏及洗剂可用于治疗皮肤病，如湿疹和癣症等。

对苯二酚俗名氢醌，为白色结晶，熔点170.5℃，沸点285℃，是一种强还原剂，很容易被氧化成黄色的对苯醌。在药剂中常作抗氧剂，还可用作摄影胶片的黑白显影剂，也用作生产蒽醌染料、偶氮染料的原料。

4. 萘酚

萘酚有α-萘酚、β-萘酚两种异构体：

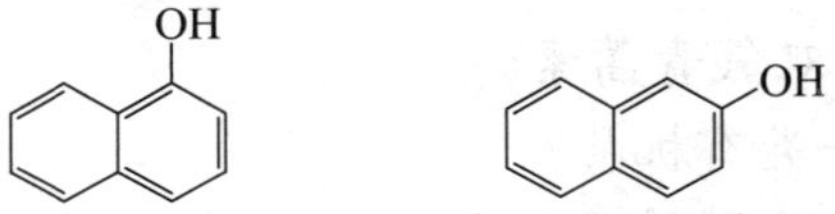

α-萘酚　　　　　　β-萘酚

α-萘酚为无色菱形结晶，熔点96℃，沸点288℃。β-萘酚为白色结晶，熔点121～123℃。萘酚是制取医药、染料、香料、合成橡胶、抗氧剂等的原料。它也可用作驱虫剂和杀菌剂。萘酚与局部皮肤接触可引起脱皮，甚至导致永久性的色素沉着。

5. 麝香草酚

麝香草酚为无色结晶，熔点51℃，沸点323℃。医药上用作消毒剂、防腐剂和驱虫剂。

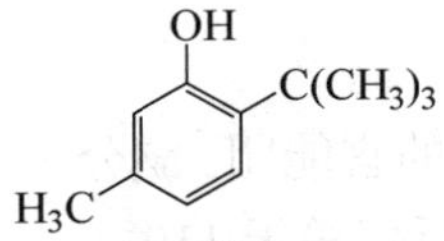

麝香草酚

知识链接

维生素 E

维生素 E 又名生育酚，是一种天然存在的酚，是最主要的抗氧剂之一。维生素 E 是脂溶性的物质。自然界有多种异构体（α、β、γ、δ等），其中α-生育酚的生理活性最高，其结构为：

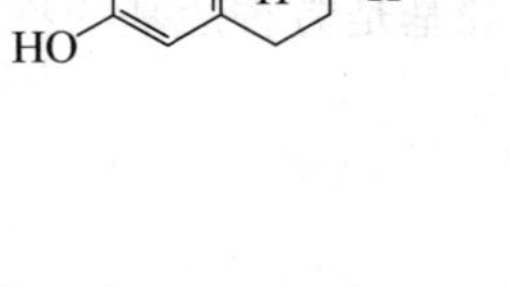

维生素 E 是一种自由基的清除剂或抗氧化剂，可减少自由基对机体的损害；能促进性激素分泌，提高生育能力，预防流产，临床上用以治疗先兆流产和习惯性流产。还可用于防治男性不育症、烧伤、冻伤、毛细血管出血、更年期综合征等。近来还发现维生素 E 可抑制眼睛晶状体内的过氧化脂反应，使末梢血管扩张，改善血液循环，预防近视发生和发展。

扫一扫

醚 PPT

第三节　醚

📖 **情景导入**

中国科学家屠呦呦荣获 2015 年诺贝尔生理学或医学奖，成为第一个获得诺贝尔自然科学奖的中国本土科学家。多年从事中药和中西药结合研究的屠呦呦，创造性地研制出抗疟新药——青蒿素和双氢青蒿素，其对疟原虫有 100% 的抑制率。屠呦呦为中医药走向世界做出了重大贡献。东晋葛洪《肘后备急方》中将青蒿"绞汁"用药，因为青蒿素不耐热，如果用水煎煮或者用乙醇回流提取都需加热，会破坏青蒿素，所以要"绞汁"用药，才有效。屠呦呦由此得到启示，改用乙醚提取，最终得到了青蒿素，并在青蒿素的基础上研制了药效更强的双氢青蒿素。

问题：1. 乙醚属于哪一类有机物？

2. 为什么乙醚的沸点比乙醇低呢？

醚是醇或酚分子中的羟基上的氢原子被烃基取代而形成的化合物。其官能团（C—O—C）称为醚键，通式为 R—O—R′、Ar—O—R、Ar—O—Ar′。

一、醚的结构、分类和命名

（一）醚的结构

醚中的 C—O—C 键俗称醚键，是醚的官能团。醚分子中的氧原子为 SP³ 杂化，醚键的键角近似等于 110°。以甲醚为例，其醚键的键角约为 112°，碳氧键的键长约为 0.142nm（图 5-4）。

图 5-4　甲醚的键角及球棒模型

（二）醚的分类

（1）按照分子中与氧原子相连的两个烃基是否相同，可分为简单醚和混合醚。两个烃基相同的称为简单醚，简称单醚；两个烃基不同的称为混合醚，简称混醚。

$$CH_3OCH_3 \quad CH_3CH_2OCH_2CH_3 \qquad CH_3OCH_2CH_3 \quad CH_3CH_2OCH(CH_3)_2$$

单醚　　　　　　　　　　　　混醚

（2）根据分子中与氧原子相连的两个烃基类型，可分为脂肪醚和芳香醚。两个烃基都为脂肪烃基的称为脂肪醚；一个或者两个烃基是芳香烃基的称为芳香醚。

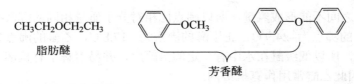

脂肪醚

芳香醚

（3）如果醚分子呈环状则称为环醚。

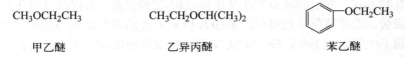

（三）醚的命名

1. 单醚

简单醚命名时，先写出与氧相连的烃基名称(基字常省略)，再加上醚字即可，表示 2 个相同烃基的"二"也可省略，命名为"某醚"。例如：

CH_3OCH_3 $CH_3CH_2OCH_2CH_3$

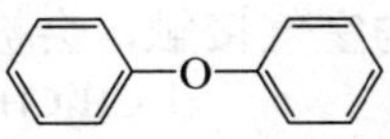

(二)甲醚   (二)乙醚   (二)苯醚

2. 简单混醚

混合醚命名时，按照烃基的大小顺序，把小的烃基名称写在前面，大的烃基名称写在后面，最后加上"醚"字即可，烃基的"基"字都可省略。如果一个烃基为脂肪烃基，另一个为芳香烃基，则芳香烃基的名称写在脂肪烃基名称前。例如：

$CH_3OCH_2CH_3$ $CH_3CH_2OCH(CH_3)_2$

甲乙醚   乙异丙醚   苯乙醚

3. 环醚

环醚命名时，可以称为环氧"某"烷，也可以按杂环来命名。例如：

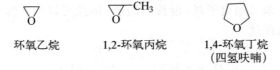

环氧乙烷   1,2-环氧丙烷   1,4-环氧丁烷
（四氢呋喃）

4. 复杂混醚

复杂的醚命名时，取碳链最长的烃基为母体，以较简单的烷氧基作为取代基，按照系统命名法命名。例如：

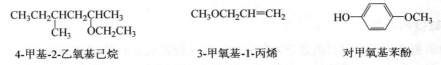

4-甲基-2-乙氧基己烷   3-甲氧基-1-丙烯   对甲氧基苯酚

随堂练习 5-7

碳原子数目相同的饱和脂肪醚和饱和脂肪醇互为同分异构体，它们属于哪种类型的异构？

二、醚的物理性质

甲醚和甲乙醚在常温下是气体，大多数的醚在常温下为无色有特殊气味的液体，比水轻。

与醇不同，醚分子之间不能形成氢键，所以沸点比相对分子质量相同的醇低得多。如乙醇的沸点为 78.5℃，甲醚的沸点为–24.9℃；正丁醇的沸点为 117.8℃，乙醚的沸点为 34.6℃。醚可以和水分子形成氢键，所以低级醚在水中有一定的溶解度，并易溶解于有机溶剂，醚能溶解很多种有机化合物 ，因此乙醚常用作有机溶剂。

三、醚的化学性质

由于醚的氧原子与两个烃基相连，分子的极性很小，因此醚键相当稳定（环氧乙烷除外）。醚的化学性质较不活泼，通常情况下，对氧化剂、还原剂和碱都十分稳定。但醚的稳定性也是相对的，在一定的条件下还是可以发生一些特有反应的。

（一）乙醚的氧化

乙醚长期与空气接触，会被空气中的氧气氧化，生成过氧化物，反应发生在 α-碳原子上。

$$CH_3CH_2OCH_2CH_3 + O_2 \longrightarrow CH_3CH\!-\!O\!-\!CH_2CH_3$$
$$\underset{\text{过氧化物}}{|}$$
$$O\!-\!OH$$

过氧化物不稳定，受热时易分解发生爆炸。因此，乙醚应避光存放在深色的玻璃瓶内，并加入抗氧剂（如对苯二酚等），以防止过氧化物的生成。久置的乙醚在蒸馏时，低沸点的乙醚被蒸出后，还有高沸点的过氧化物留在瓶中，继续加热，便会爆炸。因此，在蒸馏乙醚前必须检验是否有过氧化物存在。常用的检查方法是用碘化钾-淀粉试纸，若存在过氧化物，KI 中的 I⁻被氧化为 I_2，遇淀粉试纸显蓝色。也可以用 $FeSO_4$ 和 KSCN 的混合溶液与乙醚一起振摇，如果有过氧化物，会将 Fe^{2+}氧化成 Fe^{3+}，Fe^{3+}与 SCN⁻可生成血红色的配离子。除去乙醚中过氧化物的方法是向其中加入适量的还原剂（$FeSO_4$ 或 Na_2SO_3）振摇，过氧化物即可被分解破坏。

（二）锌盐的生成

醚由于氧原子上带有未共用电子对，能接受质子，因此可以与强酸（H_2SO_4、HCl 等）作用，以配位键的形式结合生成锌盐。

$$R\!-\!\overset{..}{O}\!-\!R + HCl \longrightarrow \left[\, R\!-\!\overset{H}{\underset{}{O}}\!-\!R \,\right]^{+} Cl^{-}$$

醚的锌盐不稳定，遇水分解为原来的醚。由于醚能溶于强酸中，而烷烃或卤代烃在强酸中不溶解，出现明显的分层现象，利用这一性质，可将醚从烷烃或卤代烃等混合物中分离、区别开来。

（三）醚键的断裂

醚键的断裂必须在浓酸和高温下才能发生。使醚键断裂的有效试剂是氢卤酸，其中以氢碘酸的作用最强，生成醇（或酚）和卤代烃。脂肪混醚断醚键时，一般是小的烃基形成卤代烃；芳基烷基醚断裂时，则生成酚和卤代烃。例如：

$$CH_3CH_2OCH_3 + HI \longrightarrow CH_3CH_2OH + CH_3I$$

$$\text{（苯环）}\!-\!OCH_3 + HI \longrightarrow \text{（苯环）}\!-\!OH + CH_3I$$

如果醚分子中含有甲氧基，可用此反应测定醚分子中甲氧基的含量。方法是：先利用此反应将含有甲氧基的醚定量地生成碘甲烷，再将反应混合物中所生成的碘甲烷蒸馏出来，通入硝酸银的醇溶液中，由生成的碘化银的含量来换算醚分子中甲氧基的含量。该方法称为蔡塞尔甲氧基含量测定法。

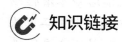 **知识链接**

医疗上的麻醉剂——乙醚

　　醚是有机化合物中结构较为简单的一类，它的分子看起来就是在普通的碳碳单键中间插入了一个氧原子，但人们很长时间无法直接通过这种方式制备醚类。1540 年，德国药剂师和植物学家瓦勒里乌斯·科达斯找到了合成乙醚的方法，即用乙醇和硫酸共同加热使乙醇分子之间脱水得到乙醚。当时确切的反应机理还没有搞明白。乙醚是一种质量轻的低沸点液体，有特殊的刺激性气味。由于沸点低，即使在室温下也容易挥发，这使它在遇有明火、火星甚至高温环境下会变得非常危险。由于乙醚蒸气比空气重，所以乙醚着火与其他化合物差别很大，其火焰几乎是贴着地面肆意"流淌"。

　　1540 年之后，乙醚被发现对人类有麻醉效果。1842 年，美国外科医生克劳福德使用乙醚实现了首例颈部肿瘤的无痛切除，尽管后来乙醚被其他毒性较小（且不易燃）的物质所替代，但克劳福德的创举仍然成为了人类历史上的第一例外科麻醉手术而被载入史册。

四、重要的醚

1. 乙醚（$CH_3CH_2OCH_2CH_3$）

　　无色易挥发有特殊气味的液体，沸点 34.6℃，比水轻，易燃，在制备和使用时应远离火源，注意安全。乙醚微溶于水，能溶解多种有机化合物，是一种良好的有机溶剂，常用作提取草药有效成分的溶剂。

　　乙醚有麻醉作用，早在 1850 年就在临床上用作全身吸入性麻醉剂，连续使用了 110 年，但后来人们发现其有较大的毒性作用，即对呼吸和循环有抑制作用。目前，乙醚已被新型麻醉剂卤代醚类（异氟醚、七氟醚等）代替。

2. 环氧乙烷（　）

　　无色有毒的气体，沸点 11℃，能溶于水、乙醇和乙醚，易燃易爆。环氧乙烷可与微生物菌体蛋白质分子中的氨基、羟基、巯基等活性氢部分结合，使蛋白质失活，从而使微生物失去活力或死亡，是常用的杀虫剂和气体灭菌剂。

　　环氧乙烷分子的环状结构不稳定，其性质很活泼，容易发生开环加成反应，利用其开环加成反应能够合成多种化合物，因此，环氧乙烷是有机合成中非常重要的试剂。

 知识拓展

硫醚

　　硫醚可以看成醚分子中的氧原子被硫原子代替而成的化合物，其通式为 R—S—R'。其命名与醚相似，只需在"醚"前加"硫"即可，如：

CH₃—S—CH₃　　　　CH₃—S—CH₂CH₃　　　　C₆H₅—S—CH₂CH₃
甲硫醚　　　　　　　　甲乙硫醚　　　　　　　　苯乙硫醚

　　硫醚不溶于水，具有刺激性气味，沸点比相应的醚高，硫醚和硫醇一样，也易被氧化，首先氧化成亚砜（R—SO—R′），亚砜可进一步被氧化成砜（R—SO$_2$—R′）。

二甲基亚砜（CH$_3$—SO—CH$_3$）简称 DMSO，是一种无色液体，既能溶解水溶性物质，又能溶解脂溶性物质，是一种良好的溶剂，也是有机合成的重要试剂。由于二甲基亚砜具有较强的穿透力，可在一些药物的透皮吸收剂中作为促渗剂，如 DMSO 可促进水杨酸、胰岛素、醋酸地塞米松等药物的透皮吸收。

本章重要知识点小结

1. 醇、酚、醚都是烃的含氧衍生物。羟基（—OH）和脂肪烃、脂环烃或芳香烃侧链的碳原子相连的化合物称为醇，羟基（—OH）直接连接在芳香烃的芳环上的化合物称为酚，醇或酚分子中羟基上的氢原子被烃基取代得到的化合物称为醚。

2. 水、各类醇与活泼金属反应的速率次序为：甲醇＞水＞伯醇＞仲醇＞叔醇。

3. 醇与氢卤酸反应，生成卤代烃（RX）和水，这是制备卤代烃的方法之一。不同结构的醇与相同的氢卤酸反应的活性顺序为：苄醇和烯丙醇＞叔醇＞仲醇＞伯醇。

4. 醇可以发生分子内脱水而生成烯烃，也可以发生分子间脱水而生成醚类。醇的脱水方式，取决于醇的结构和反应条件。

5. 有 α-氢原子的醇易发生氧化反应，伯醇先被氧化生成相应的醛，醛继续氧化生成羧酸；仲醇被氧化生成相应的酮；叔醇无 α-氢原子，同样条件下，难以被氧化。

6. 酚羟基氧原子上的 p 电子和苯环的大π键产生 p-π共轭效应，所以酚的酸性比醇强；酚羟基难以被卤原子取代；酚容易被氧化；酚羟基使芳环活化易进行亲电取代反应。

7. 乙醚长期与空气接触，会被空气中的氧气氧化，生成过氧化物，此过氧化物不稳定，受热时易分解发生爆炸，使用时需注意。

目标检测

一、单项选择题

1. 乙醇的俗名是（　　　）。
   A. 木醇　　　　　　　B. 酒精　　　　　　　C. 木精　　　　　　　D. 甘油

2. 下列物质中，和乙醚是同分异构体的是（　　　）。
   A. 乙烷　　　　　　　B. 乙醇　　　　　　　C. 甲醚　　　　　　　D. 2-丁醇

3. 下列物质中，沸点最高的是（　　　）。
   A. 乙烷　　　　　　　B. 乙醇　　　　　　　C. 乙醚　　　　　　　D. 乙烯

4. 能区别六个碳以下的伯醇、仲醇、叔醇的试剂是（　　　）。
   A. KMnO$_4$ 的酸性溶液　B. 卢卡斯试剂　　　　C. 斐林试剂　　　　　D. 溴水

5. 误食工业酒精会严重危害人的健康甚至生命，是因为其中含有（　　　）。
   A. 甲醇　　　　　　　B. 乙醇　　　　　　　C. 苯　　　　　　　　D. 苯酚

6. 下列物质中，难溶于水和 NaHCO$_3$ 溶液，但能溶于 NaOH 溶液的是（　　　）。
   A. 苄醇　　　　　　　B. 苯甲醚　　　　　　C. 苯酚　　　　　　　D. 苯

7. 下列可以用来鉴别苯酚和苄醇的试剂是（　　　）。
   A. 浓 H$_2$SO$_4$ 溶液　　B. Br$_2$ 水溶液　　　　C. NaHCO$_3$ 溶液　　　D. 新制的 Cu(OH)$_2$ 溶液

8. 酒精在下列哪种浓度下具有最强的消毒作用（　　　）。
   A. 30%　　　　　　　B. 50%　　　　　　　C. 75%　　　　　　　D. 95%

9. 下列化合物酸性最强的是（　　　）。
　　A. 苯酚　　　　　　　　B. 2,4-二硝基苯酚　　　C. 对硝基苯酚　　　D. 2,4,6-三硝基苯酚

10. 常温下，下列化合物在水中溶解度最大的是（　　　）。
　　A. 丙醇　　　　　　　　B. 丙烯　　　　　　　C. 苯酚　　　　　　D. 丙烷

11. 甘油是下列哪种物质的俗名（　　　）。
　　A. 乙醇　　　　　　　　B. 甲醇　　　　　　　C. 乙二醇　　　　　D. 丙三醇

12. 下列能鉴别乙醇和丙三醇的试剂是（　　　）。
　　A. KMnO4 酸性溶液　　　　　　　　　　B. $K_2Cr_2O_7$ 酸性溶液
　　C. 新制的 $Cu(OH)_2$ 溶液　　　　　　　D. Na

13. 下列能检验驾驶员是否酒驾的试剂是（　　　）。
　　A. $K_2Cr_2O_7$ 酸性溶液　　　　　　　　B. 新制的 $Cu(OH)_2$ 溶液
　　C. Na　　　　　　　　　　　　　　　　D. 卢卡斯试剂

14. 保存含有酚羟基的药物时要注意避免与空气接触，主要是为了防止其发生（　　　）。
　　A. 氧化反应　　　　B. 取代反应　　　　C. 吸水反应　　　D. 加成反应

15. 煤酚皂溶液，俗称"来苏尔"，常用于器械和环境的消毒。其有效成分是（　　　）。
　　A. 苯酚　　　　　　　　B. 甲苯酚　　　　　　C. 苯二酚　　　　　D. 萘酚

16. 邻苯二酚俗称为（　　　）。
　　A. 石炭酸　　　　　　　B. 雷琐辛　　　　　　C. 儿茶酚　　　　　D. 氢醌

17. 可将醚从烷烃混合物中分离出来的试剂是（　　　）。
　　A. NaOH 溶液　　　　B. Na_2CO_3 溶液　　　C. $KMnO_4$ 溶液　　D. H_2SO_4 溶液

二、多项选择题

1. 下列化合物能与 $FeCl_3$ 溶液发生显色反应的有（　　　）。
　　A. 环己醇　　　　　　　B. 苯酚　　　　　　　C. 甲苯　　　　　　D. 对甲苯酚
　　E. 邻甲苯酚

2. 下列试剂中能将 6 个碳以下的伯醇、叔醇区分开的有（　　　）。
　　A. 卢卡斯试剂　　　B. 酸性重铬酸钾溶液　C. 氢碘酸　　　　　D. 托伦试剂
　　E. 酸性高锰酸钾溶液

3. 下列化合物能与水分子形成氢键的有（　　　）。
　　A. 乙烯　　　　　　　　B. 乙醚　　　　　　　C. 乙醇　　　　　　D. 溴乙烷
　　E. 苯酚

4. 下列物质中属于仲醇的有（　　　）。

A. ![苯环-CH₂OH]　　B. $CH_3CH_2\overset{\underset{\displaystyle CH_3}{|}}{C}HOH$　　C. ![苯环-CHOH-CH₃]　　D. $CH_3CH_2\overset{\underset{\displaystyle CH_3}{|}}{C}HCH_2OH$

E. $CH_3-\overset{\underset{\displaystyle CH_3}{|}}{\overset{\displaystyle CH_3}{C}}-OH$

5. 下列各组物质中，互为同分异构体的有（　　　）。
　　A. 甲醚和甲醇　　　　B. 丙酮和丙醚　　　　C. 甲醚和乙醇　　　D. 乙醚和正丁醇
　　E. 乙醚和乙醇

6. 下列哪种试剂可以用来检验乙醚中是否有过氧化物（　　　）。
　　A. 碘化钾-淀粉试纸　　　　　　　　　　B. $FeCl_3$ 溶液

    C. Fe$_2$(SO$_4$)$_3$ 和 KSCN 的混合溶液   D. FeSO$_4$ 和 KSCN 的混合溶液

    E. 稀 H$_2$SO$_4$ 溶液

三、判断题

1. 羟基可与水形成氢键，因此凡含有羟基的化合物均易溶于水。（　　　）。

2. 乙醚易被空气氧化为过氧化物，故蒸馏乙醚时不要蒸干，以免发生危险。（　　　）。

3. 酚的苯环上供电子基越多，亲电取代活性越高，酸性越强。（　　　）。

4. 含有—OH 的化合物都是醇。（　　　）。

5. 伯醇的酸性比水的还弱，所以醇显碱性。（　　　）。

6. 实验室可用浓硫酸除去丁烷中混有的少量乙醚。（　　　）。

7. 乙醇和乙醚是同分异构体。（　　　）。

8. 醇的同分异构体中，支链越多，沸点越低。（　　　）。

四、写出下列化合物的系统名称

1. CH$_3$CH$_2$CHCH$_2$CH$_3$
        |
        OH

2. CH$_3$CH=CHCHCH$_2$CH$_3$
                |
                CH$_2$OH

3. [环己基]—OH

4. HO—[苯环]—OCH$_3$

5. [萘基结构]—OH，—CH$_3$

6. [苯环]—OH，—OH

7. (CH$_3$)$_2$CHOCH(CH$_3$)$_2$

8. CH$_2$CHCH$_3$
  | |
  OH OH

五、写出下列化合物的结构简式

1. 甘油   2. 石炭酸   3. 乙醚

4. 苄醇   5. 苯甲醚   6. 苦味酸

六、完成下列反应方程式

1. CH$_3$CHCH$_2$CH$_3$ + HCl $\xrightarrow{\text{ZnCl}_2}$
    |
    OH

2. CH$_2$—OH
 |
 CH—OH   +   3HNO$_3$ $\xrightarrow{\text{H}_2\text{SO}_4}$
 |
 CH$_2$—OH

3. CH$_3$CH$_2$CHCH$_2$OH $\xrightarrow{\text{K}_2\text{Cr}_2\text{O}_7,\ \text{H}^+}$
          |
          CH$_3$

4. [苯环]—ONa + HCl $\longrightarrow$

5. [苯环]—OH + Br$_2$ $\longrightarrow$

6. [苯环]—OC$_2$H$_5$ + HI $\xrightarrow{\triangle}$

七、用化学方法鉴别下列各组物质

1. 正丙醇、异丙醇、叔丁醇   2. 苯甲醇、苯甲醚、邻甲苯酚

3. 苯甲醇、苯乙烯、苯酚   4. 甘油、正丙醇

第六章　醛、酮、醌

扫一扫

醛、酮、醌 PPT

 学习目标

知识目标

1. 掌握醛、酮的结构、命名、主要化学性质。
2. 熟悉醛、酮的分类、物理性质。
3. 了解一些重要的醛、酮；醌的基本结构、性质。

能力目标

1. 能够正确写出常见醛、酮的结构式，并能命名。
2. 能够通过分析醛、酮的结构，理解其理化性质。
3. 能够根据醛、酮的理化性质对其进行制备、鉴别并能写出化学反应方程式。

第一节　醛和酮

情景导入

　　据传在很久之前，一个猎人为了在悬崖上采集一颗灵药，不慎掉下山涧，身负重伤。但是此人发现在他旁边有一个类似"香囊"的东西能够缓解并治愈自己身上的伤痛。后来此人还用该"香囊"治好了很多人的病症。后来人们发现该"香囊"与一种雄性麝鹿身上的一个囊腺分泌物一样，目前把这种分泌物称为"麝香"。研究表明，天然麝香的主要功能成分是麝香酮，学名为 3-甲基环十五烷酮。麝香有一种辛辣而温暖的味道，具有活血通络、消肿止痛、提神醒脑的功效。它可用于治疗各种疾病，如咽喉痛、头晕、外伤、风湿性瘫痪等。

　　问题：1. 麝香酮属于哪一类物质，具有什么结构？

　　2. 什么原因使得麝香具有以上药效呢？

　　醛、酮也是烃的含氧衍生物，它们的结构特征是分子中都含有羰基（$-\overset{\text{O}}{\underset{}{\overset{\|}{\text{C}}}}-$）官能团，因此又称为羰基化合物。许多羰基化合物都是重要的工业原料，有些醛、酮是香料或药物及制药的原料或中间体；有些醛、酮在动植物代谢过程中具有极为重要的生理活性，有的是重要溶剂。

一、醛、酮的结构、分类和命名

（一）醛、酮的结构

　　羰基（$\diagdown$C=O）是醛酮的官能团，羰基碳原子采取 sp² 杂化，碳氧双键与碳碳双键相似，碳氧双键也是由 1 个σ键和 1 个π键组成的，π电子云也是分布于σ键所在平面的两侧。但由于碳氧双键为极性双键，氧原子电负性大于碳原子的电负性，碳原子带部分正电荷，氧原子带部分负电荷。羰基的结构如图 6-1 所示。

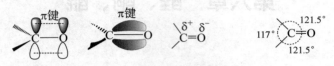

图 6-1   羰基的结构

羰基碳原子上至少连有一个氢原子的化合物叫作醛，结构最简单的醛是甲醛，它是羰基碳原子上连有两个氢原子的化合物；羰基碳原子上同时连有两个烃基的化合物叫作酮，结构最简单的酮是丙酮，它是羰基碳原子上连有两个甲基的化合物。如图 6-2 所示。

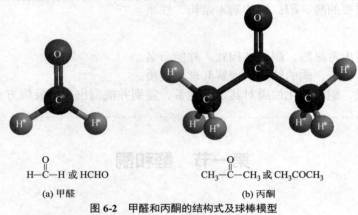

$$H-\overset{\overset{O}{\parallel}}{C}-H \text{ 或 HCHO}$$

(a) 甲醛

$$CH_3-\overset{\overset{O}{\parallel}}{C}-CH_3 \text{ 或 } CH_3COCH_3$$

(b) 丙酮

图 6-2   甲醛和丙酮的结构式及球棒模型

醛可用通式 $(H)R-\overset{\overset{O}{\parallel}}{C}-H$ 表示，醛的官能团是 $-\overset{\overset{O}{\parallel}}{C}-H$，可简写为—CHO（醛基），它位于碳链的端部。

酮可用通式 $R-\overset{\overset{O}{\parallel}}{C}-R'$ 表示，酮的官能团是 $-\overset{\overset{O}{\parallel}}{C}-$，可简写为—CO—（酮基），它位于碳链之间。

（二）醛、酮的分类

（1）根据与羰基相连的烃基不同,醛和酮可分为脂肪醛和脂肪酮(饱和醛酮和不饱和醛酮)、脂环醛和脂环酮以及芳香醛和芳香酮。例如：

CH_3CH_2-CHO $CH_2{=}CH-CHO$

丙醛（饱和脂肪醛）   丙烯醛（不饱和脂肪醛）   环戊甲醛（脂环醛）   苯甲醛（芳香醛）

$CH_3-\overset{\overset{O}{\parallel}}{C}-CH_3$ $CH_2{=}CH-\overset{\overset{O}{\parallel}}{C}-CH_3$

丙酮（饱和脂肪酮）   3-丁烯酮（不饱和脂肪酮）   环己酮（脂环酮）   苯乙酮（芳香酮）

（2）根据所含羰基数目，醛和酮又可分为一元醛和一元酮、二元醛和二元酮。例如：

$OHC-CH_2-CHO$ $CH_3-\overset{\overset{O}{\parallel}}{C}-CH_2-\overset{\overset{O}{\parallel}}{C}-CH_3$

丙二醛（二元醛）   2,4-戊二酮（二元酮）

（三）醛、酮的命名

结构简单的醛、酮采用普通命名法命名，结构复杂的醛、酮采用系统命名法命名。

1. 普通命名法

脂肪醛的命名按含碳原子数的多少称为某醛。酮的普通命名法是在羰基所连接的两个烃基名称后面加上"酮"字。脂肪混合酮命名时，简单烃基在前，复杂烃基在后，但芳基和脂基的混合酮命名时却要把芳基写在前面。例如：

$$HCHO \qquad CH_3CHO \qquad CH_3CH_2CH_2CHO \qquad CH_3CHCH_2CHO$$
甲醛 　　　　乙醛　　　　　丙醛　　　　　　　　异戊醛

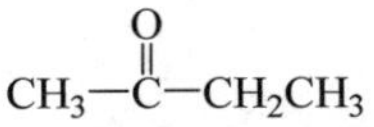

$$CH_3-\overset{O}{\overset{\|}{C}}-CH_2CH_3 \qquad\qquad CH_3CH_2-\overset{O}{\overset{\|}{C}}-CH_2CH_3$$
甲（基）乙（基）酮 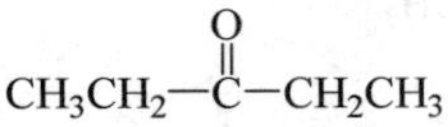 　　　　　　　二乙（基）酮

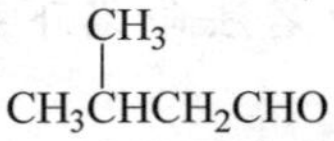

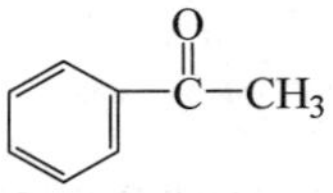

苯（基）甲（基）酮 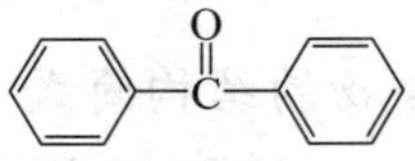 　　　　　　　　二苯（基）酮

2. 系统命名法

（1）命名脂肪醛、脂肪酮时，选择含有羰基的最长碳链为主链，按主链上碳原子数称为"某醛"或"某酮"。

（2）从靠近羰基的一端开始编号，醛基总是在碳链的一端，醛基的位次总是 1，因此，命名时不需要写出醛基的位次；酮基则需要注明位次，写在"某酮"之前。

（3）标明侧链或取代基的位次、数目及名称,写在母体名称之前。碳链的位次也可用希腊字母 α、β、γ 等标明，和羰基直接相连的碳原子称 α-碳原子，α-碳原子上的氢称为 α-氢原子（或 α-H）。其余依次为 β、γ、δ……ω。例如：

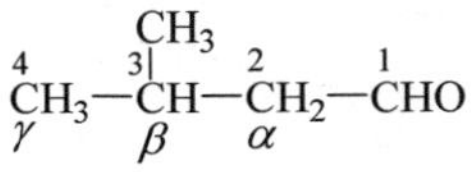

3-甲基丁醛 　　　　　　　2-戊酮 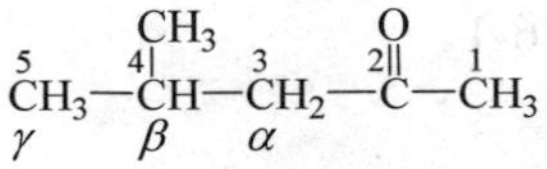　　　　　　　　4-甲基-2-戊酮
（β-甲基丁醛）　　　　　　　　　　　　　　（β-甲基-2-戊酮）

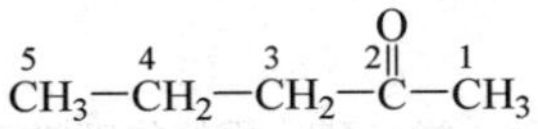

（4）对于不饱和醛、酮，主碳链还必须包含不饱和键，按主链上碳原子数称为"某烯醛"或"某烯酮"，同时标明不饱和键和酮基位号。例如：

$$CH_2=CH-CH_2-CHO \qquad\qquad CH_2=CH-\overset{O}{\overset{\|}{C}}-CH_2-CH_3$$
3-丁烯醛 　　　　　　　　　　　1-戊烯-3-酮

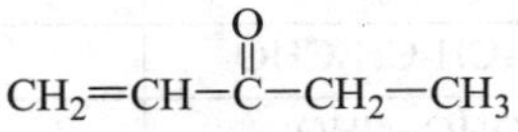

（5）脂环醛则将环作为取代基，以醛为母体命名。脂环酮称为环酮，编号从羰基开始并使环上其他取代基的位次之和最小。例如：

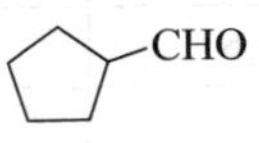

环戊甲醛 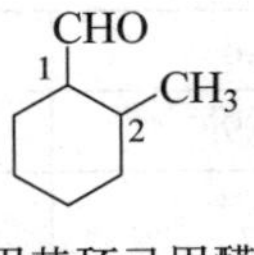 　　2-甲基环己甲醛 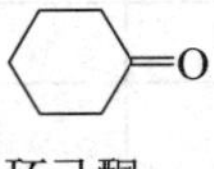 　　环己酮 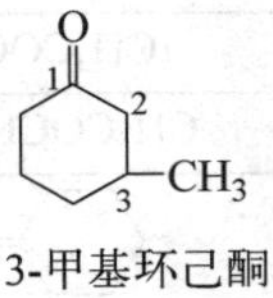 　　　3-甲基环己酮

（6）芳香醛、芳香酮命名时，则是将芳环作为取代基，以脂肪醛、脂肪酮为母体命名。例如：

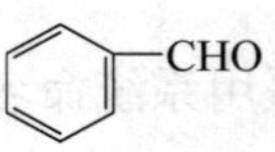

苯甲醛 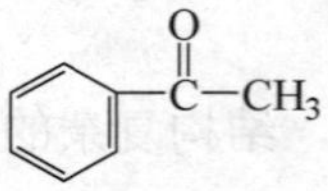　　　　　　　　苯乙酮 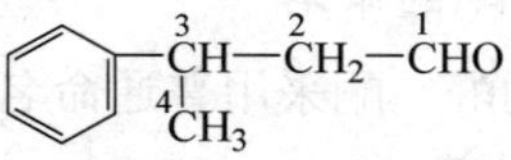　　　　　　　　3-苯基丁醛

随堂练习 6-1

1. 用系统命名法命名下列化合物

（1）(CH₃)₂CH-CH-CHO
　　　　　　　 |
　　　　　　 CH₂CH₂CH₃

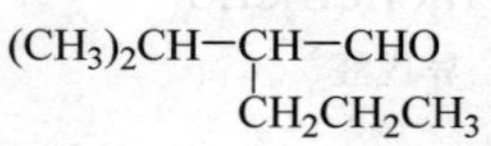

（2）CH₃-CH-C-CH₃
　　　　　　 | |
　　　　　 CH₃ O

（3）CH₂=C-CHO
　　　　　 |
　　　　 CH₃

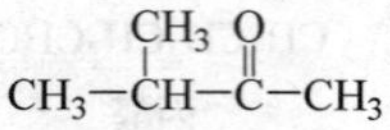

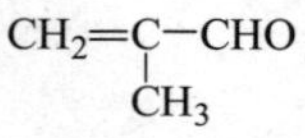

（4）

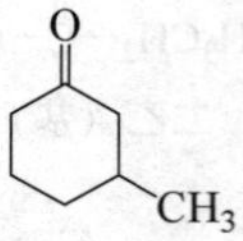

2. 写出下列化合物的结构简式
（1）3-甲基丁醛　　（2）4-甲基-2-戊酮　　（3）邻硝基苯甲醛　　（4）4-戊烯-2-酮

二、醛、酮的物理性质

常温下，只有甲醛为气体，其他低级醛、酮为液体，高级醛、酮为固体。低级醛有刺鼻气味；中级醛、酮有花果香味，部分酮可以作为化妆品中的香料，比如麝香酮、灵猫酮等。

醛、酮的熔点及沸点比相应的醇低，比分子量相近的烃或醚高。醛、酮的羰基能与水分子形成氢键，因此低级醛、酮易溶于水，如甲醛、乙醛、丙酮能与水混溶。醛、酮在水中的溶解度随碳原子数的增加而减小，比如含 6 个以上碳原子的醛、酮几乎不溶于水。醛、酮易溶于苯、醚、四氯化碳等有机溶剂，丙酮本身就是良好的溶剂。一些常见醛、酮的物理常数见表 6-1。

表 6-1　常见醛、酮的物理常数

名称	分子式或结构式	熔点/℃	沸点/℃	相对密度[d_4^{20}]
甲醛	HCHO	−118	−19.5	0.8153
乙醛	CH₃CHO	−123.5	20.16	0.7780
丙醛	CH₃CH₂CHO	−81	47.9	0.7970
丁醛	CH₃CH₂CH₂CHO	−99	75.7	0.8017
乙二醛	OHC−CHO	15	50.5	1.1400
丙烯醛	CH₂=CHCHO	−86.9	53	0.8410
苯甲醛	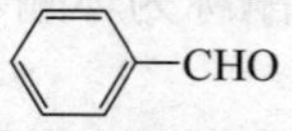 ⟨⟩-CHO	−26	179	1.0415
丙酮	CH₃COCH₃	−94.6	56.1	0.7848
丁酮	CH₃COCH₂CH₃	−85.9	79.6	0.8054
环己酮	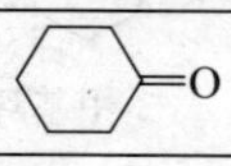 ⟨⟩=O	−47	155.6	0.947
苯乙酮	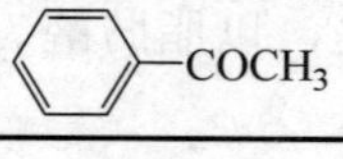 ⟨⟩-COCH₃	20.5	202.6	1.028

三、醛、酮的化学性质

醛和酮都含有羰基，所以具有相似的化学性质，如羰基的加成反应、还原反应以及α-H 的活性，但由于醛、酮的结构并不完全相同，在化学性质上二者也表现出一些差异，比如醛易发生氧化反应。醛、酮化合物的主要反应及其反应部位如图 6-3 所示。

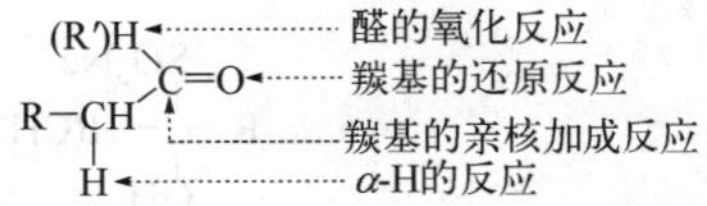

图 6-3 醛、酮化合物的主要反应及其反应部位

（一）加成反应

醛、酮羰基的碳氧双键由一个σ键和一个π键组成，在一定的条件下，容易和一些试剂发生加成反应，该反应为亲核加成反应。醛、酮加成反应的通式如下：

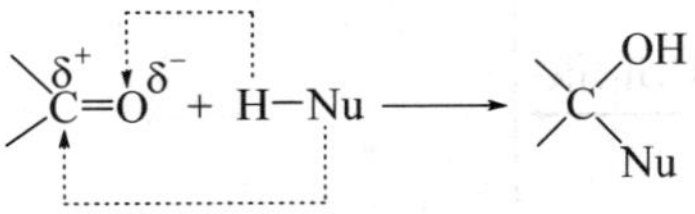

$$\overset{\delta^+}{C}=\overset{\delta^-}{O} + H-Nu \longrightarrow \overset{OH}{\underset{Nu}{C}}$$

Nu: —CN、 —SO$_3$Na、 —OR、 —NHOH、 —NHNH$_2$、 —NHNHC$_6$H$_5$

HCN、 NaHSO$_3$、 ROH、 NH$_2$OH、 NH$_2$NH$_2$、 NH$_2$NHC$_6$H$_5$

不同的醛、酮发生加成反应的活性不同，一般醛大于酮的活性，在同种类型中，脂肪族羰基化合物大于芳香族羰基化合物的活性，环状酮大于非甲基脂肪酮。比如：

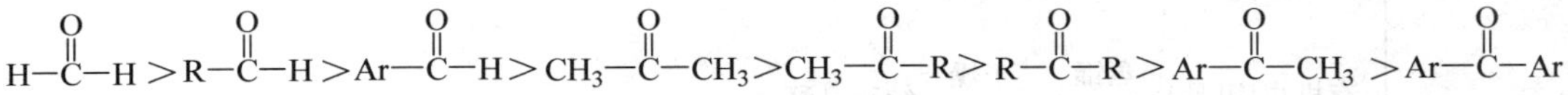

$$H-\overset{O}{C}-H > R-\overset{O}{C}-H > Ar-\overset{O}{C}-H > CH_3-\overset{O}{C}-CH_3 > CH_3-\overset{O}{C}-R > R-\overset{O}{C}-R > Ar-\overset{O}{C}-CH_3 > Ar-\overset{O}{C}-Ar$$

1. 与氢氰酸的加成

醛、脂肪族甲基酮以及少于 8 个碳的环酮能与 HCN 加成生成α-羟基腈（腈醇）。

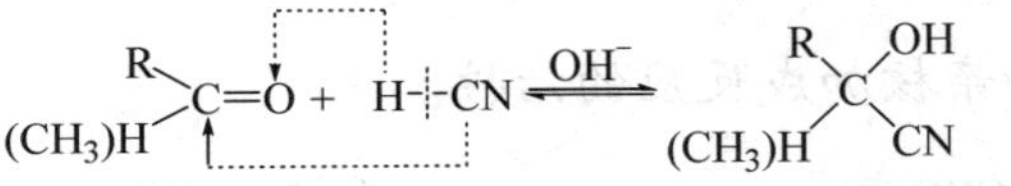

$$\overset{R}{\underset{(CH_3)H}{C}}=O + H-CN \xrightarrow{OH^-} \overset{R}{\underset{(CH_3)H}{\overset{OH}{\underset{CN}{C}}}}$$

α-羟基腈

α-羟基腈是个重要的合成中间体，在药物合成方面应用广泛。该化合物比原来的醛、酮增加一个碳原子，这是增长碳链的一种方法。比如：

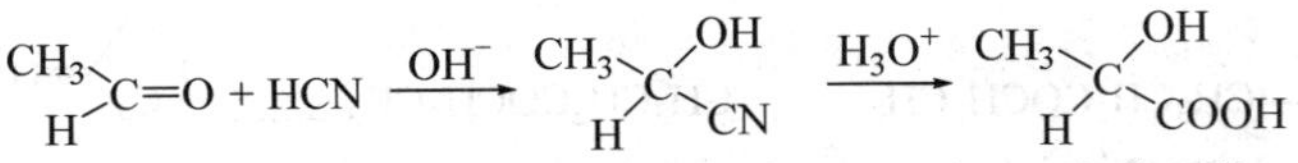

$$\overset{CH_3}{\underset{H}{C}}=O + HCN \xrightarrow{OH^-} \overset{CH_3}{\underset{H}{\overset{OH}{\underset{CN}{C}}}} \xrightarrow{H_3O^+} \overset{CH_3}{\underset{H}{\overset{OH}{\underset{COOH}{C}}}}$$

α-羟基丙腈　　　　α-羟基丙酸

丙酮与氢氰酸的加成反应为：

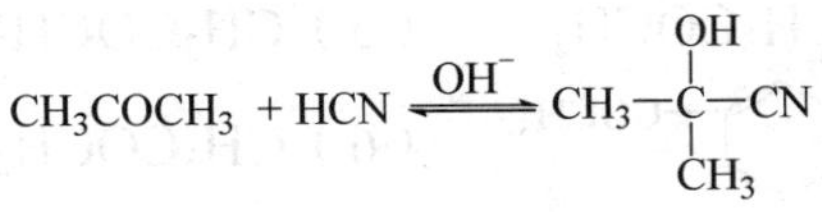

$$CH_3COCH_3 + HCN \xrightarrow{OH^-} CH_3-\overset{OH}{\underset{CH_3}{C}}-CN$$

2. 与亚硫酸氢钠加成

醛、脂肪甲基酮及少于 8 个碳的环酮能与亚硫酸氢钠水溶液发生加成反应，生成α-羟基磺酸钠。

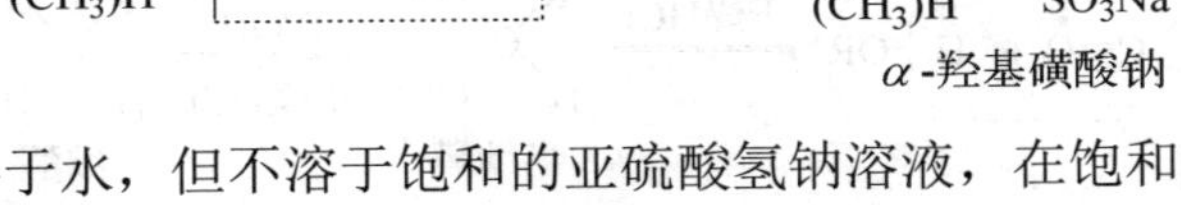

$$\overset{R}{\underset{(CH_3)H}{C}}=O + H-O-SO_2Na \xrightarrow{OH^-} \overset{R}{\underset{(CH_3)H}{\overset{OH}{\underset{SO_3Na}{C}}}}$$

α-羟基磺酸钠

α-羟基磺酸钠能溶于水，但不溶于饱和的亚硫酸氢钠溶液，在饱和的亚硫酸氢钠溶液中为

沉淀，该沉淀物与酸或碱共热，又可得到原来的醛、酮，因此利用此性质可鉴别、分离、提纯醛、脂肪甲基酮和少于 8 个碳的环酮。

例如，实验室由正己醇氧化制备正己醛时，有少量副产物正己酸生成，还有没有完全反应的正己醇存在。请问应如何提纯正己醛？

随堂练习 6-2

1. 比较下列化合物亲核加成反应的活性。

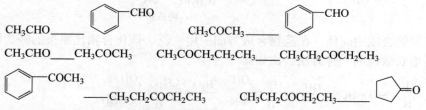

CH₃CHO＿＿＿CH₃COCH₃   CH₃COCH₂CH₂CH₃＿＿＿CH₃CH₂COCH₂CH₃

＿＿＿CH₃CH₂COCH₂CH₃   CH₃CH₂COCH₂CH₃＿＿＿

2. 如何区分 2-戊酮和 3-戊酮？

3. 下列化合物哪些能与 HCN 发生加成反应？请写出其反应产物。

（1）CH_3CHO （2）CH_3COCH_3 （3）$CH_3COCH_2CH_2CH_3$

（4）环戊酮＝O   （5）苯环-COCH₃   （6）$CH_3COCH_2CH_2CH_3$

3. 与醇的加成

在干燥氯化氢或浓硫酸的催化下，一分子醛与一分子醇发生加成反应，生成的化合物称作半缩醛。半缩醛中的羟基称为"半缩醛羟基"。半缩醛羟基很活泼，因而半缩醛一般不稳定，可继续与另一分子醇反应，失去一分子水而生成稳定的缩醛。

例如，乙醛和乙醇发生亲核加成反应：

$$\underset{\text{乙醛}}{\overset{CH_3}{\underset{H}{C}}=O} + \underset{\text{乙醇}}{CH_3CH_2OH} \xrightarrow{\text{干燥HCl}} \underset{\text{乙醛缩乙醇}}{\overset{CH_3}{\underset{H}{C}}\overset{OH}{\underset{OCH_2CH_3}{}}} \xrightarrow[\text{干燥HCl}]{CH_3CH_2OH} \underset{\text{乙醛缩二乙醇}}{\overset{CH_3}{\underset{H}{C}}\overset{OCH_2CH_3}{\underset{OCH_2CH_3}{}}}$$

酮也可以发生类似的反应，生成缩酮，但比醛困难。一般酮与一元醇不反应，但可与某些二元醇（如乙二醇）反应，生成环状缩酮。如：

$$\underset{CH_3}{\overset{CH_3}{C}}=O + HOCH_2CH_2OH \xrightarrow{\text{干燥HCl}} \overset{CH_3}{\underset{CH_3}{C}}\overset{O}{\underset{O}{}}$$

缩醛和缩酮对碱及氧化剂稳定，但在酸性溶液中可迅速水解生成原来的醛和酮，因此可利用此性质保护羰基。

例如，以丙烯醛为原料合成甘油醛：

$$\underset{\text{丙烯醛}}{H_2C=CH-\overset{O}{C}-H} \xrightarrow[2C_2H_5OH]{\text{干燥HCl}} \underset{\text{丙烯醛缩二乙醇}}{H_2C=CH-\overset{OC_2H_5}{\underset{OC_2H_5}{C}}-H} \xrightarrow[OH^-]{\text{稀冷KMnO}_4} \underset{\text{2,3-二羟基丙醛缩二乙醇}}{H_2C-\overset{OH}{CH}-\overset{OC_2H_5}{\underset{OC_2H_5}{C}}-H} \xrightarrow{H_3O^+} \underset{\text{2,3-二羟基丙醛}}{\overset{OH}{CH_2}-\overset{OH}{CH}-\overset{O}{C}-H}$$

4. 与氨的衍生物的加成

氨的衍生物是指氨中氢原子被其他原子或基团取代后的一类化合物，氨的衍生物主要有羟胺、肼、苯肼、2,4-二硝基苯肼、氨基脲等，用通式 NH_2—Y 表示。醛、酮能与氨的衍生物发生亲核加成反应，然后失去一分子水，生成含碳氮双键的化合物。反应通式如下：

$$\overset{(H)R}{\underset{R'}{C}}=O + H-\overset{H}{\underset{}{N}}-Y \underset{}{\overset{\text{加成}}{\rightleftharpoons}} \overset{(H)R}{\underset{R'}{C}}\overset{OH}{\underset{}{}}\overset{H}{N}-Y \xrightarrow{-H_2O} \overset{(H)R}{\underset{R'}{C}}=N-Y$$

Y：—OH 、—NH_2 、—NH—⟨苯基⟩ 、—NH—⟨2-O_2N,4-NO_2苯基⟩、 —NH—$\overset{O}{C}$—NH_2

氨的衍生物能与所有的醛酮发生亲核加成反应，故氨的衍生物又称羰基试剂。常见氨的衍生物以及加成消去反应产物的名称和结构式如表 6-2 所示。

表 6-2　醛、酮与氨的衍生物的反应及其产物

氨的衍生物	结构式	加成消去反应产物的结构式	产物名称
羟胺	H_2N—OH	$\overset{R}{\underset{(R')H}{C}}=N-OH$	肟
肼	H_2N—NH_2	$\overset{R}{\underset{(R')H}{C}}=N-NH_2$	腙
苯肼	H_2N—NH—⟨苯基⟩	$\overset{R}{\underset{(R')H}{C}}=N-NH$—⟨苯基⟩	苯腙
2,4-二硝基苯肼	H_2N—NH—⟨2-O_2N,4-NO_2苯基⟩	$\overset{R}{\underset{(R')H}{C}}=N-NH$—⟨2-$O_2N$,4-$NO_2$苯基⟩	2,4-二硝基苯腙
氨基脲	H_2N—NH—$\overset{O}{C}$—NH_2	$\overset{R}{\underset{(R')H}{C}}=N-NH-\overset{O}{C}-NH_2$	缩氨脲

乙醛与羟胺的加成反应为：

$$CH_3CHO + NH_2OH \xrightarrow{-H_2O} CH_3CH=NOH（乙醛肟）$$

丙酮与苯肼的加成反应为：

$$CH_3COCH_3 + NH_2NH-\!\!\!\bigcirc \xrightarrow{-H_2O} \begin{array}{c}CH_3\\CH_3\end{array}\!\!C=N-NH-\!\!\!\bigcirc \quad （丙酮苯腙）$$

肟、腙、苯腙、缩氨脲等缩合产物为结晶性固体。2,4-二硝基苯肼几乎可以与大多数的醛、酮反应，产生橙黄色或橙红色沉淀，故常用于醛、酮的鉴别。缩合产物在稀酸作用下，能水解为原来的醛、酮，所以可利用此类反应来分离和提纯醛、酮。

例如，用化学方法鉴别丙酮和丙醇：

$$\left.\begin{array}{c}丙酮\\[2em]丙醇\end{array}\right\}\xrightarrow{2,4-二硝基苯肼}\left\{\begin{array}{l}橙黄色沉淀\\[2em]无现象\end{array}\right.$$

✎ 随堂练习 6-3

1. 完成下列方程式。

（1）$CH_3COCH_3 + NH_2NH_2 \xrightarrow{-H_2O}$

（2）$\bigcirc\!\!=\!O + NH_2OH \xrightarrow{-H_2O}$

（3）$CH_3CHO + NH_2NH-\!\!\!\bigcirc \xrightarrow{-H_2O}$

2. 用化学方法区分环己烷、环己醇和环己酮。

（二）α-H 的反应

受羰基吸电子的影响，α-H 比较活泼。在一定条件下，醛、酮容易发生卤代反应和羟醛（醇醛）缩合反应。

1. 卤代和卤仿反应

在稀碱或稀酸条件下，具有 α-H 的醛、酮能与卤素作用，生成 α-卤代醛、α-卤代酮。

$$-\overset{\overset{O}{\|}}{C}-\overset{\overset{H}{|}}{C}- + X_2 \xrightarrow{碱或酸} -\overset{\overset{O}{\|}}{C}-\overset{\overset{X}{|}}{C}- + HX$$

在酸性条件下，卤代反应可以控制，主要生成一卤代物。例如：

$$H_3C-\overset{\overset{O}{\|}}{C}-CH_3 + Br_2 \xrightarrow[65℃]{CH_3COOH} H_3C-\overset{\overset{O}{\|}}{C}-CH_2Br + HBr$$

在碱性溶液中，卤代反应速率很快，乙醛和甲基酮的三个 α-H 都能被卤素取代，生成三卤代物。

$$R-\overset{\overset{O}{\|}}{C}-\overset{\overset{H}{|}}{C}-H + X_2 \xrightarrow{NaOH} R-\overset{\overset{O}{\|}}{C}-\overset{\overset{X}{|}}{\underset{\underset{X}{|}}{C}}-X$$

三卤代物在碱性溶液中不稳定，易分解成三卤甲烷（卤仿）和羧酸盐，此反应称为卤仿反应。

$$R-\overset{\overset{O}{\|}}{C}-\overset{\overset{X}{|}}{\underset{\underset{X}{|}}{C}}-X \xrightarrow{NaOH} RCOONa + CHX_3$$

以上反应可以直接写成：

$$R-\overset{\overset{O}{\|}}{C}-\overset{\overset{H}{|}}{\underset{\underset{H}{|}}{C}}-H + X_2 \xrightarrow{NaOH} RCOONa + CHX_3$$

由于卤素的氢氧化钠溶液具有氧化性，含有 $CH_3-\overset{OH}{\underset{}{CH}}-$ 结构的醇可被氧化生成 $CH_3-\overset{O}{\underset{}{C}}-$ 结构形式的醛、酮，因此具有 $CH_3-\overset{OH}{\underset{}{CH}}-$ 结构的醇也能发生卤仿反应。

$$CH_3-\overset{OH}{\underset{}{CH}}-R + X_2 \xrightarrow{NaOH} CH_3-\overset{O}{\underset{}{C}}-R \xrightarrow{X_2,\ NaOH} RCOONa + CHX_3$$

若使用的卤素是碘，则称为碘仿反应。碘仿为黄色结晶，常用碘仿反应鉴别乙醛和甲基酮；又由于卤仿反应生成的羧酸盐比原来的醛、酮减少一个碳原子，因此卤仿反应在药物合成上是制备比原料减少一个碳原子羧酸的重要反应。

例如，苯乙酮与 I_2 的氢氧化钠溶液反应：

$$\text{⟨benzene⟩}-COCH_3 + I_2 \xrightarrow{NaOH} \text{⟨benzene⟩}-COONa + CHI_3\downarrow$$

2. 羟醛（醇醛）缩合反应

在稀碱的催化作用下，两分子含 α-H 的醛，其中一分子以 α-碳负离子与另一分子羰基发生加成反应，生成 β-羟基醛。若得到的 β-羟基醛上仍有 α-H，受热后 α-H 能与羟基发生分子内脱水，生成 α,β-不饱和醛，这种反应称为羟醛缩合或醇醛缩合反应。

含 α-H 的相同的醛之间发生缩合反应时，只能得到一种产物。例如：

$$CH_3-\overset{O}{\underset{}{C}}-H + \overset{\alpha}{H}-CH_2CHO \xrightarrow{稀碱} CH_3\overset{\beta}{CH}-\overset{\alpha}{CH}CHO \xrightarrow{\triangle} CH_3CH=CHCHO + H_2O$$
$$\underset{\beta\text{-羟基丁醛}}{\underset{OH\quad H}{}}\qquad\qquad\underset{2\text{-丁烯醛}}{}$$

该反应也可写成：$2CH_3CHO \xrightarrow[\triangle]{稀碱} CH_3CH=CHCHO + H_2O$

两种不同含 α-H 的醛在稀碱性条件下发生缩合，称为交叉羟醛缩合反应。如果两种不同的醛都含有 α-H，缩合时可能得到四种产物的混合物。分离这类反应混合物很困难，所以这类反应在合成上应用意义不大。

但是如果将含有 α-H 的醛缓慢滴加到不含 α-H 的醛中，则由于混合物中含有 α-H 的醛浓度很低，发生自身缩合的概率很小，绝大部分将以碳负离子的形式与不含 α-H 的醛发生缩合，所以只有一种主要产物。例如：

$$H-\overset{O}{\underset{}{C}}-H + H-CH_2-CHO \xrightarrow{稀碱} \underset{OH}{CH_2CH_2CHO} \xrightarrow{\triangle} CH_2=CHCHO$$

无 α-H 的芳香醛和具有 α-H 的脂肪醛或酮在碱的催化作用下发生交叉缩合，生成 α,β 不饱和醛（或酮）的反应称为克莱森-施密特（Claisen-Schmidt）缩合反应。

$$\text{⟨benzene⟩}-CHO + H-CH_2CHO \xrightarrow{稀碱} \text{⟨benzene⟩}-CH=CHCHO$$

例如，以乙烯为原料合成 2-丁烯醇：

$$CH_2=CH_2+H_2O \xrightarrow{浓H_2SO_4} CH_3CH_2OH \xrightarrow[\triangle]{Cu} CH_3CHO \xrightarrow{稀NaOH} CH_3CH=CHCHO \xrightarrow{NaBH_4}$$
$$CH_3CH=CHCH_2OH$$

在碱的催化下，具有 α-H 的酮也能发生缩合反应，但是反应比醛困难，产率低。此外二元羰基化合物能发生分子内的缩合反应，生成环状化合物，该反应可用于 5～7 元环化合物的合成。

✏ 随堂练习 6-4

1. 下列化合物哪些能发生卤仿反应？

（1）乙醛　　　（2）丙酮　　　（3）环己酮　　　（4）丙醛　　　（5）苯乙酮

2. 完成下列方程式。

（1）$CH_3-\overset{O}{\overset{\|}{C}}-CH_2CH_3 + I_2 \xrightarrow{NaOH}$

（2）$2CH_3CH_2CHO \xrightarrow[\triangle]{稀NaOH}$

（3）⬡$-CHO + CH_3CH_2CHO \xrightarrow[\triangle]{稀NaOH}$

3. 用化学方法区分 2-戊醇和 3-戊醇。

（三）还原反应

醛、酮分子中的羰基容易被还原，还原剂不同，生成的产物也不同，醛、酮可以被还原成醇，也可以被还原成烃。

1. 催化氢化

在镍或铂的催化作用下，醛、酮分子可分别被氢气还原为伯醇或仲醇，若分子中还有其他不饱和官能团（双键、三键、氰基、硝基等），在此反应条件下也可被还原，该还原剂不能还原羰基。例如：

$$CH_3CH_2-\overset{O}{\overset{\|}{C}}-CH_2CH_3 + H_2 \xrightarrow{Ni} CH_3CH_2\overset{OH}{\overset{|}{C}H}CH_2CH_3$$

$$CH_3CH=CHCHO + H_2 \xrightarrow{Ni} CH_3CH_2CH_2CH_2OH$$

2. 金属氢化物还原

醛、酮可被金属氢化物［如硼氢化钠（$NaBH_4$）、氢化铝锂（$LiAlH_4$）］还原成醇。例如：

$$⬡-CH=CHCHO \xrightarrow[CH_3CH_2OH]{NaBH_4} ⬡-CH=CHCH_2OH$$

$$CH_3-⬡-COCH_3 \xrightarrow[THF,0\sim5℃]{LiAlH_4(OBu-t)_3} \xrightarrow{H_2O} CH_3-⬡-\overset{OH}{\overset{|}{C}HCH_3}$$

金属氢化物具有较高的反应选择性，氢化铝锂的还原性比硼氢化钠要强，不但能还原醛、酮，而且能还原—CN、—NO_2、—COOH 等许多不饱和基团。采用硼氢化钠时反应可在水或醇溶液中进行，采用氢化铝锂时反应必须在无水条件下进行。但是它们都不能还原碳碳双键和碳碳三键。

3. 克莱门森还原

醛、酮与锌汞齐和浓盐酸共热回流，将羰基还原为亚甲基的反应称为克莱门森还原。例如：

$$⬡-\overset{O}{\overset{\|}{C}}CH_3 \xrightarrow{Zn-Hg ,HCl} ⬡-CH_2CH_3$$

芳香族酮较容易发生克莱门森还原反应，收率较高。对酸敏感的羰基化合物不能使用该方法还原。

知识链接

伍尔夫-凯希奈尔-黄鸣龙反应

黄鸣龙是我国著名的有机化学家，伍尔夫-凯希奈尔-黄鸣龙反应是有机化学中唯一用中国人名字命名的有机反应，在有机化学发展史上占有显著地位。伍尔夫-凯希奈尔还原是将醛或酮与无水肼作用生成腙，然后将腙、醇钠和无水乙醇在封闭钢管或高压釜中加热反应，得到烃的反应。例如：

$$\underset{(R')H}{\overset{R}{\diagdown}}C=O \xrightarrow{NH_2NH_2} \underset{(R')H}{\overset{R}{\diagdown}}C=NNH_2 \xrightarrow[\triangle]{NaOC_2H_5} \underset{(R')H}{\overset{R}{\diagdown}}CH_2 + N_2\uparrow$$

该反应温度高，操作不方便，黄鸣龙对反应条件做了改进，用氢氧化钠（或氢氧化钾）、85%水合肼代替醇钠和无水肼，在高沸点溶剂如聚乙二醇中，常压下即可进行反应，改良后的方法称为伍尔夫-凯希奈尔-黄鸣龙反应。例如：

$$C_6H_5COCH_2CH_3 \xrightarrow[(HOCH_2CH_2)_2O,\triangle]{NH_2NH_2,\ NaOH} C_6H_5CH_2CH_2CH_3$$

现又进一步改进，用二甲基亚砜（DMSO）作溶剂，使反应温度降低，更适合于工业生产。伍尔夫-凯希奈尔-黄鸣龙还原，适用于对酸不稳定，而对碱稳定的醛、酮的反应。

（四）氧化反应

在醛的分子中，醛基上的氢原子比较活泼，容易被氧化，不仅可以被高锰酸钾、重铬酸钾等强氧化剂氧化，也能被托伦（Tollen）试剂和斐林（Fehling）试剂等弱氧化剂氧化。

醛酮的氧化反应知
识点总结视频

扫一扫

1. 与托伦试剂反应

托伦试剂又称银氨溶液，是在硝酸银溶液中滴加氨水，直至生成的沉淀恰好溶解时所得的溶液。反应原理如下：

$$R(Ar)\overset{O}{\overset{\|}{-}}C-H + 2[Ag(NH_3)_2]^+ + 2OH^- \longrightarrow R(Ar)\overset{O}{\overset{\|}{-}}C-O^-NH_4^+ + 2Ag\downarrow + H_2O + 3NH_3$$

如果在洁净的试管中托伦试剂与醛作用，则银离子被还原成金属银，可附着在试管壁上，形成光亮的银镜，因此该反应也称为银镜反应。

托伦试剂能与所有的醛发生反应，不能与酮作用；另外托伦试剂不能氧化碳碳双键和碳碳三键，选择性较好，实验室常用此法鉴别醛与其他化合物，工业上用它来氧化不饱和醛制取不饱和酸。

例如，以乙醛为原料制备2-丁烯酸：

$$CH_3CHO \xrightarrow[\triangle]{稀NaOH} CH_3CH=CHCHO \xrightarrow{托伦试剂} CH_3CH=CHCOOH$$

2. 与斐林试剂反应

斐林试剂由硫酸铜溶液和酒石酸钾钠的氢氧化钠溶液等体积混合而成。斐林试剂可将除甲醛之外的其他脂肪醛氧化成羧酸（盐），并有砖红色氧化亚铜沉淀析出。

$$R\overset{O}{\overset{\|}{-}}C-H + 2Cu^{2+}(配离子) + 5OH^- \xrightarrow{\triangle} R\overset{O}{\overset{\|}{-}}C-O^- + Cu_2O\downarrow + 3H_2O$$

其中由于甲醛的还原能力最强，它与斐林试剂作用，有铜析出，可形成铜镜，故此反应又称铜镜反应。

$$HCHO + 2Cu^{2+}(配离子) + 6\,OH^- \xrightarrow{\triangle} \,\,^{-}O-\overset{\overset{\textstyle O}{\|}}{C}-O^- + 2Cu\downarrow + 4H_2O$$

酮和芳香醛都不与斐林试剂反应，因此用斐林试剂既可鉴别酮和脂肪醛，还可用来区别脂肪醛和芳香醛。

例如，用化学方法鉴别甲醛、乙醛和苯甲醛：

$$\left.\begin{array}{l}甲醛\\乙醛\\苯甲醛\end{array}\right\} \xrightarrow{\text{斐林试剂}} \left\{\begin{array}{l}铜镜生成\\砖红色沉淀\\无现象\end{array}\right.$$

📘 知识链接

与席夫试剂的显色反应

把二氧化硫通入红色的品红水溶液中，至红色刚好消失，得到品红的亚硫酸溶液，又称为席夫试剂（Schiff 试剂）。醛与席夫试剂作用显紫红色，酮则不显色，故可用席夫试剂区别醛和酮。如果试验中，有碱性物质、氧化剂存在，或加热，都会使席夫试剂恢复品红的颜色而干扰实验结果，应特别注意避免。

甲醛与席夫试剂所显的颜色加硫酸后不消失，而其他醛与席夫试剂反应所显示的颜色遇硫酸会褪色。

（五）康尼查罗反应

不含α-氢原子的醛在浓碱作用下，能发生自身的氧化还原反应，一分子醛被氧化成羧酸（在碱性溶液中以盐的形式存在），另一分子的醛被还原为相应的醇，这种反应称为康尼查罗反应，又称为歧化反应。

$$HCHO + HCHO \xrightarrow{\text{浓NaOH}} HCOONa + CH_3OH$$

如甲醛与其他不含α-氢原子的醛作用，一般是甲醛被氧化成甲酸钠，其他醛被还原成醇。

$$HCHO + \text{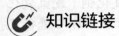} \xrightarrow{\text{浓NaOH}} HCOONa + \text{〇—}CH_2OH$$

例如，以甲醛和乙醛为原料合成血管扩张药中间体季戊四醇：

$$HCHO + 3CH_3CHO \xrightarrow{\text{稀NaOH}} HOCH_2-\overset{\overset{\textstyle CH_2OH}{|}}{\underset{\underset{\textstyle CH_2OH}{|}}{C}}-CHO \xrightarrow[\text{浓NaOH}]{HCHO} HOCH_2-\overset{\overset{\textstyle CH_2OH}{|}}{\underset{\underset{\textstyle CH_2OH}{|}}{C}}-CH_2OH$$

✏️ 随堂练习 6-5

1. 下列化合物哪些能发生康尼查罗反应？
（1）甲醛　（2）乙醛　（3）苯甲醛　（4）丙醛　（5）2,2-二甲基丙醛

2. 完成下列方程式。

（1）$CH_2=CHCHO$ $\xrightarrow[NaBH_4]{H_2/Ni}$

（2）〇$-COCH_3$ $\xrightarrow{Zn-Hg/HCl}$

（3）2 ![benzene]—CHO $\xrightarrow{\text{浓NaOH}}$

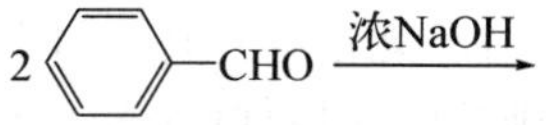

3. 用化学方法区分丙醇、丙醛和丙酮。

四、重要的醛、酮

1. 甲醛

甲醛又称蚁醛，是最简单的醛。工业上通常以甲醇或甲烷为原料经催化氧化制备甲醛。

$$CH_3OH + \frac{1}{2}O_2 \xrightarrow[600\sim700℃]{\text{Ag或Cu}} HCHO + H_2O$$

常温下甲醛是无色、有刺激性气味的气体，熔点-92℃，沸点-19.5℃，易溶于水和乙醇，40%的甲醛水溶液称为"福尔马林"，福尔马林是常用的消毒剂和防腐剂。甲醛易燃，其蒸气与空气混合后遇火可爆炸，爆炸极限为7%～77%（体积分数），着火温度约300℃。

甲醛的性质活泼，还原性较强，容易氧化。甲醛聚合生成多聚甲醛，多聚甲醛加热后可解聚生成甲醛。甲醛可与浓氨水反应，生成环状结构的六亚甲基四胺白色晶体，药品名为乌洛托品，医药上用作尿道消毒剂。

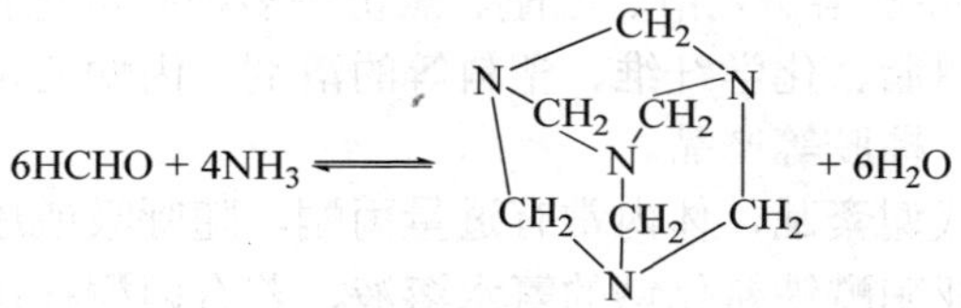

$$6HCHO + 4NH_3 \rightleftharpoons \text{（六亚甲基四胺结构式）} + 6H_2O$$

知识链接

"又爱又恨"的化合物——甲醛

甲醛广泛存在于自然界和生物细胞的新陈代谢过程中，在人体血液、常见的动植物体内都能检测出甲醛的存在。甲醛是室内空气中的主要污染物之一，据我国疾病预防控制中心统计，目前92%以上的新装修房屋室内甲醛超标，其中76%室内甲醛浓度超过规定值的5倍。尽管甲醛会致癌，但人类生活并不能完全避免甲醛。例如，以甲醛作为原料制得的众多材料，如黏合剂、有"合成棉花"之称的维纶、用于木材加工和塑料工业的尿醛树脂、酚醛树脂等，广泛地应用于实际生活中。此外，甲醛还可以作为防腐剂、杀菌剂。甲醛真是令人"又爱又恨"。"爱"是因为它应用广泛又无可替代，"恨"是因为其致癌性质。事实上，多数人只知道国际癌症研究机构把甲醛列为致癌物质，但有一个非常重要的前提条件却被忽略了，即只有长时间接触高浓度的甲醛，才会表现出显著的致癌效果。

2. 乙醛

乙醛是一种有刺激性气味、无色、易挥发的液体，熔点-121℃，沸点21℃，相对密度小于1。可与水和乙醇等一些有机物质互溶。易燃，其蒸气与空气能形成爆炸性混合物，爆炸极限4.0%～57.0%（体积分数）。

乙醛可由乙炔水合法、乙烯氧化法、乙醇氧化法等制备。乙醛是重要的工业原料，可用于合成乙酸、乙酐、丁醇、季戊四醇、聚乙醛和三氯乙醛等。乙醛易聚合生成具有环状结构的三聚乙醛或四聚乙醛。三聚乙醛在医学上又称为副醛，有催眠作用，无蓄积作用，不影响血管运动中枢，是比较安全的催眠药，但由于其具有辛辣气味，且经肺排出时臭味难闻，使其在医药方面的应用受到限制。

乙醛的氯代物三氯乙醛，易与水结合生成水合三氯乙醛。水合三氯乙醛是无色晶体，易溶于水、乙醚及乙醇。三氯乙醛也是比较安全的催眠药和镇静药，缺点也同三聚乙醛相似，现已废除不用。

3. 苯甲醛

苯甲醛为无色油状液体，有杏仁香味，熔点-26℃，沸点 179℃，微溶于水，易溶于乙醇、乙醚、氯仿等有机溶剂。苯甲醛常与糖类物质结合存在于杏仁、桃仁等许多果实的种子中，尤以苦杏仁中含量最高，所以又将苯甲醛称为苦杏仁油。

苯甲醛容易被氧化，暴露在空气中即被氧化成白色的苯甲酸晶体，因此在保存苯甲醛时常加入少量的对苯二酚作为抗氧剂。苯甲醛也是一种重要的化工原料，可用于制备药物和染料等产品。

4. 丙酮

丙酮是无色液体，有特殊气味，沸点 56.5℃，在空气中的爆炸极限为 2.55%～12.80%（体积分数）。丙酮易溶于水，并易溶于乙醇、乙醚、氯仿等多种有机化合物，丙酮也是一种良好的有机溶剂，可用作油脂、树脂、化学纤维、塑料等的溶剂。丙酮还是重要的化工原料，可用于合成有机玻璃、环氧树脂、橡胶等产品。

糖尿病患者由于体内代谢紊乱，体内常有过量丙酮，随呼吸或尿液排出。临床上检查患者尿中是否含有丙酮，常用亚硝酰铁氰化钠的氨水溶液，若有丙酮存在，尿液试验呈鲜红色。也可用碘仿反应检查，若有丙酮存在，会有黄色碘仿析出。

第二节　醌

醌类化合物在自然界分布很广。例如，维生素 K 以及中药中的有效成分大黄和大黄酸、从茜草根中分离出来的红色染料茜素等，均含有醌型结构。

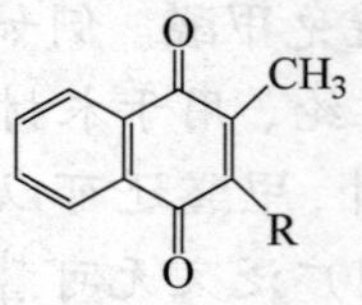

维生素K 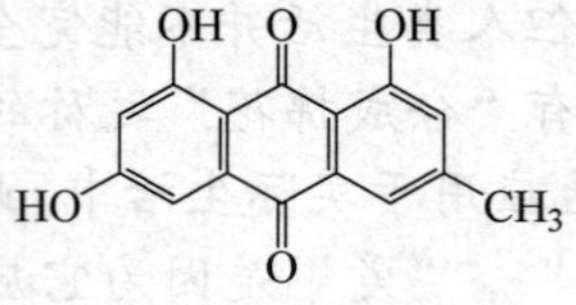　　　　　大黄素 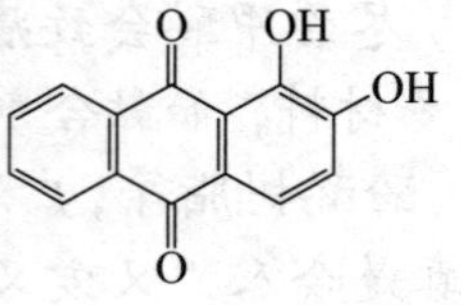　　　　　茜素

一、醌的结构和命名

醌是具有共轭体系的环己二烯二酮类化合物，醌型结构有对位和邻位两种。

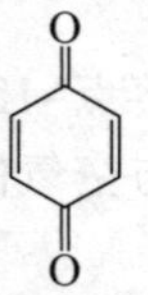

对醌型（对苯醌） 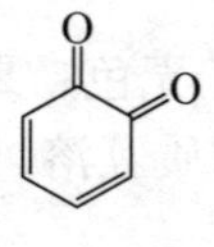　　　邻醌型（邻苯醌）

醌的命名是根据相应芳环进行的，分为苯醌、萘醌、蒽醌、菲醌。例如：

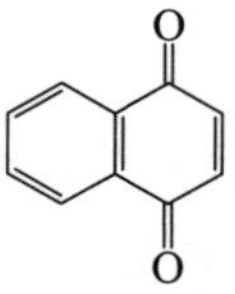

| 1,4-萘醌
（α-萘醌） | 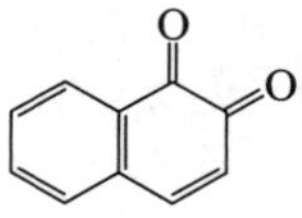 1,2-萘醌
（β-萘醌） | 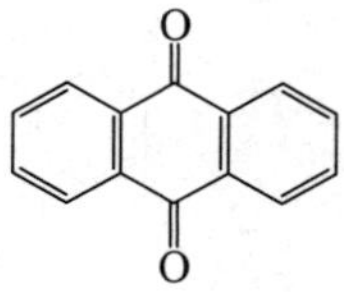 9,10-蒽醌 | 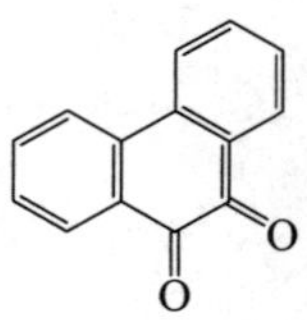 9,10-菲醌 |

醌的衍生物是以醌作为母体，将支链看作取代基来命名的。例如：

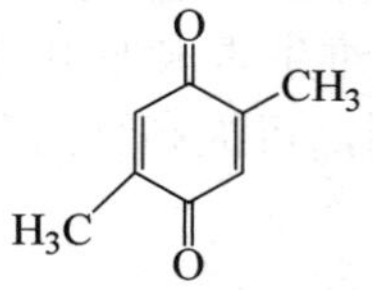

2,5-二甲基-1,4-苯醌 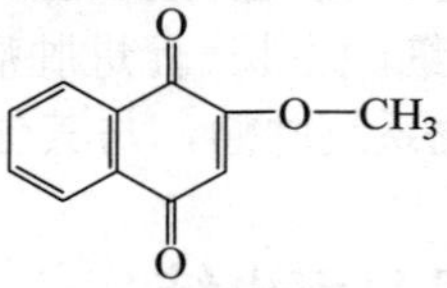　　　　2-甲氧基-1,4-萘醌

醌类化合物一般都有颜色。例如，对苯醌为黄色结晶，邻苯醌为红色结晶，蒽醌为黄色固体，1,4-萘醌为挥发性黄色固体。此外，许多植物色素、醌类染料及指示剂因其结构中含有醌型结构而具有颜色。

二、重要的醌类化合物

1. 对苯醌

对苯醌为黄色晶体，具有刺激性臭味，熔点 115.7℃，有毒，能腐蚀皮肤，微溶于水，能溶于醇和醚，能随水蒸气蒸出。对苯醌很容易被还原成对苯二酚，对苯醌和对苯二酚结合可生成深绿色的晶体醌氢醌而析出。

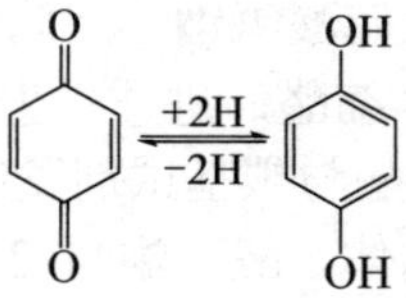

2. 维生素 K

维生素 K 是一类脂溶性维生素，包括天然存在的维生素 K_1、维生素 K_2，以及人工合成的维生素 K_3 等。维生素 K 家族成员具有相同的 1,4-萘醌结构，萘环上 1 位和 4 位含有 2 个羰基，根据 2 位和 3 位侧链结构的不同进行分类。维生素 K_1 具有饱和侧链，也称为叶绿醌，主要来源于绿色蔬菜和水果。维生素 K_2 是一类以部分不饱和侧链为主的化合物，主要来源于发酵食品、肉类和乳制品等，也可通过肠道细菌合成。维生素 K_3 是一种人工合成的维生素，可在肝脏中烷基化后转化为维生素 K_2。

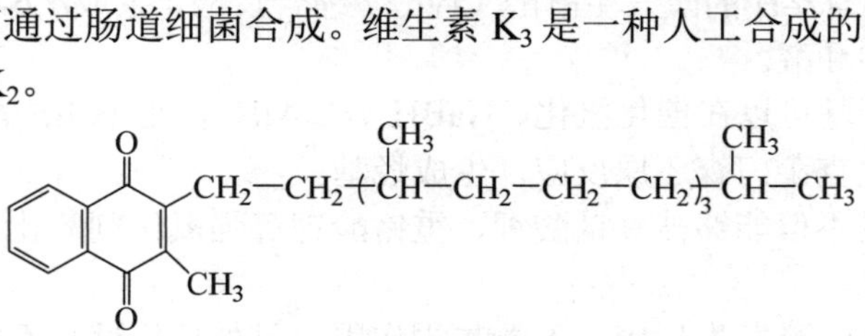

维生素K_1

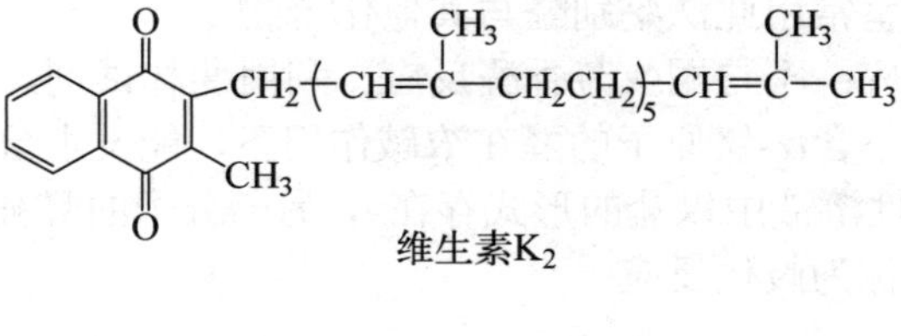

维生素K_2

维生素K₃

维生素 K 作为凝血辅助因子参与凝血过程，对多种肿瘤细胞的生长具有抑制作用或细胞毒性作用。维生素 K 通过提高肿瘤细胞的氧化应激水平、促凋亡、抑制细胞周期、促进细胞自噬作用，达到抑制肿瘤细胞生长、促进肿瘤细胞死亡的目的。维生素 K 应用于临床抗肿瘤治疗中，主要用于血液和消化系统肿瘤，与其他化疗药物联合应用，可提高预防和治疗肿瘤的效果。

📄 本章重要知识点小结

扫一扫

1. 羰基是醛酮的官能团，分为醛基（—C̈—H，简写为—CHO），和酮基（—C̈—）。

2. 醛、酮的沸点比分子量相近的醇和羧酸要低。

3. 醛酮容易发生化学反应。主要化学性质有：亲核加成反应、α-H 的反应、还原反应、氧化反应等。

醛酮的知识点总结
视频

（1）亲核加成反应　反应活性：醛大于酮；同种类型中，脂肪族羰基化合物大于芳香族羰基化合物；环状酮大于等碳原子非甲基酮。

所有的醛、脂肪族甲基酮和 8 个碳原子以下的环酮能与氢氰酸和亚硫酸氢钠作用，与亚硫酸氢钠作用生成的物质不溶于饱和的亚硫酸氢钠，因此可用此反应鉴别、分类相应的醛、酮。

醛与醇在干燥的 HCl 作用下生成半缩醛，进一步生成缩醛，用此法可以保护羰基。

氨的衍生物又称为羰基试剂，醛、酮与羰基试剂发生加成-缩合反应，生成含有碳氮双键的一系列化合物，其是具有一定颜色的晶体。醛、酮与 2,4-二硝基苯肼反应，生成的物质为橙黄色或橙红色沉淀，因此常用该反应鉴别、分类不同的醛、酮。

（2）α-H 的活性　乙醛、甲基酮以及具有 CH₃—C̈H— 结构的醇都能发生卤仿反应，由于生成的碘仿是黄色沉淀，该反应可用于鉴别上述几类化合物，也可以用于制备卤仿和比原料减少一个碳原子的羧酸。

在稀碱条件下，具有 α-H 的醛发生醇醛（羟醛）缩合反应，生成 α,β-不饱和醛，用此反应可以制备增长碳链的不饱和醛。

（3）还原反应　羰基可以在催化氢化、NaBH₄、LiAlH₄ 作用下生成醇，在 Zn-Hg 齐和浓盐酸共热回流条件下发生克莱门森还原反应，生成烃基。

（4）氧化反应　醛不但能够被高锰酸钾、重铬酸钾等强氧化剂氧化，也能被托伦试剂、斐林试剂等弱氧化剂氧化。

托伦试剂能与所有的醛发生反应，不能与酮作用；另外托伦试剂不能氧化碳碳双键和碳碳三键，选择性较好，实验室常用此法鉴别醛与其他化合物。

斐林试剂与脂肪醛反应；不与酮或芳香醛反应。利用斐林试剂，可区别脂肪醛和芳香醛。

（5）康尼查罗反应　不含 α-氢原子的醛在浓碱作用下，能发生自身的氧化还原反应，一分子醛被氧化成羧酸（在碱性溶液中以盐的形式存在），另一分子的醛被还原为相应的醇，这种反应称为康尼查罗反应，又称为歧化反应。

4. 醌都具有环状共轭二酮结构。醌类化合物都含有如下结构：

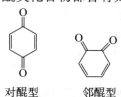

对醌型   邻醌型

📋 目标检测

一、单项选择题

1. 下列为醛的化合物是（   ）。
    A. CH_3COCH_3 B. CH_3CHO C. CH_3CH_2OH D. CH_3COOH

2. 下列有关醛酮的叙述，不正确的是（   ）。
    A. 醛酮都能被弱氧化剂氧化成相应的羧酸
    B. 醛酮分子中都含有羰基
    C. 醛酮的沸点比相对分子质量相近的醇低
    D. 醛酮都能与羰基试剂作用

3. 醛和酮分子中羰基碳原子是以（   ）方式杂化的。
    A. sp^3 B. sp^2 C. sp D. sd

4. 化合物 含羰基的同分异构体数目为（   ）。
    A. 2   B. 3   C. 4   D. 5

5. 常用作生物标本防腐剂的"福尔马林"是（   ）。
    A. 40%甲醇溶液   B. 40%乙醇溶液   C. 40%甲醛溶液   D. 40%乙醛溶液

6. 下列化合物，亲核加成反应最容易的是（   ）。
    A. CH_3CHO B. CH_3COCH_3 C. ⬡—CHO   D. ⬡—$COCH_3$

7. 能发生碘仿反应的是（   ）。
    A. CH_3CH_2CHO B. $CH_3CH_2COCH_2CH_3$ C. ⬡—$COCH_3$ D. ⬠=O

8. 斐林试剂指的是（   ）。
    A. 硫酸铜与氨水生成的溶液
    B. 硫酸铜和酒石酸钾钠、氢氧化钠生成的溶液
    C. 硝酸银与氨水生成的溶液
    D. 硫酸铜和柠檬酸、氢氧化钠生成的溶液

9. $\ce{>C=O} \xrightarrow{[H]} \ce{>CH_2}$ 所使用的还原剂为（   ）。
    A. $Na/EtOH$ B. Sn/HCl C. $Zn\text{-}Hg/HCl$ D. H_2NNH_2/HCl

10. 下列化合物中，能被2,4-二硝基苯肼鉴别出的是（   ）。
    A. 丁醇   B. 丁醛   C. 丁酸   D. 丁胺

二、判断题

1. 乙醛的沸点比乙醇低的原因是乙醛分子之间不能形成氢键。（   ）
2. 含有—CHO 的有机化合物都是醛。（   ）
3. 醛和酮都含有羰基，但是不具有完全相同的化学性质。（   ）

4. 所有的醛都能发生羟醛缩合反应。（   ）

5. 具有 α-H 的醛、酮都能发生卤仿反应。（   ）

6. 醛类都能被托伦试剂氧化生成银镜。（   ）

7. 醛还原生成伯醇，酮还原生成仲醇。（   ）

8. 醛比酮容易发生亲核加成反应。（   ）

9. 对苯醌很容易发生还原反应，生成对苯二酚，也称氢醌。（   ）

10. 维生素 K_1 属于醌类化合物，维生素 K_2 属于酮类化合物。（   ）

三、命名或写出下列化合物的结构式

1. CH_3CH_2CHCHO
       |
      CH_3

2. $CH_3\overset{\overset{O}{\|}}{C}CH_2CHCH_3$
                  |
                 CH_3

3. $CH_3{-}CH{=}CH{-}CHO$

4. ⬡—$COCH_3$

5. $CH_3COCHCOCH_3$
            |
           CH_3

6. 苯甲醛

7. 丁酮

8. 对苯醌

9. 3-苯基丙烯醛

10. 4-甲基环己酮

四、完成下列反应式

1. ⬡=O + HCN $\xrightarrow{H_3O^+}$

2. CH_3COCH_3 + ⬡—NHNH$_2$ $\longrightarrow$

3. $CH_3CH_2\overset{\overset{O}{\|}}{C}CH_3$ + I$_2$ (过量) $\xrightarrow{NaOH}$

4. $2CH_3CHO \xrightarrow[\triangle]{稀NaOH}$

5. $CH_3{-}CH{=}CH{-}CHO \xrightarrow{H_2/Ni}$

6. $2HCHO \xrightarrow[\triangle]{浓NaOH}$

五、用化学方法鉴别下列各组化合物

1. 2-丁醇、丁醛和丁酮

2. 甲醛、乙醛和苯甲醛

3. 甲醛、乙醛和丙醛

4. 苯甲醛、苯乙酮和苯甲醇

六、推断题

　　某化合物 A 分子式为 C_4H_8O，能与苯肼作用生成腙，并能与托伦试剂反应产生银镜。A 经还原后得到 B，B 分子式为 $C_4H_{10}O$，B 经浓硫酸脱水，可得化合物 C，C 分子式为 C_4H_8，C 与 HCl 作用生成 2-氯丁烷。试写出 A、B、C 的结构简式及相应的化学反应式。

第七章　羧酸及取代羧酸

 学习目标 --

知识目标

1. 掌握羧酸及取代羧酸的分类、命名，羧酸的酸性、羧基中羟基的取代反应、脱羧反应；卤代酸的取代反应；醇酸的脱水反应；酮酸的脱羧反应。

2. 熟悉羧酸的结构，羧酸的还原反应、α-H 的卤代反应。

3. 了解重要的羧酸和取代羧酸在药学中的应用。

能力目标

1. 能够运用命名原则对各类羧酸及取代羧酸进行命名。

2. 能熟练地根据羧基化合物的结构特点，判断并比较其酸性强弱。

3. 学会鉴别羧酸、醇酸、酚酸和酮酸。

情景导入

千百年来流传于山西的"家有二两醋，不用去药铺"的民谚，生动形象地告诉人们食醋的食疗和保健功效。食醋的主要成分是醋酸，化学名称为乙酸。自然界中，含有与醋酸相同官能团的物质有很多，比如苹果中含有的苹果酸、柠檬中含有的柠檬酸、葡萄中含有的酒石酸等。这些酸属于羧酸和取代羧酸，它们在动植物的生长、繁殖、新陈代谢等各个方面都有着重要作用。 许多羧酸及取代羧酸还具有生物活性，与药物的关系十分密切。例如，解热镇痛药阿司匹林；非甾体抗炎药布洛芬。

$$\underset{\text{阿司匹林}}{\overset{\text{COOH}}{\underset{\text{OCOCH}_3}{}}} \qquad \underset{\text{布洛芬}}{\overset{\text{H}_3\text{C}\text{—CH}_2}{}}$$

阿司匹林　　　　　　　　　布洛芬

讨论：1. 乙酸、苹果酸、柠檬酸、酒石酸中的官能团是什么？

2. 你知道它们的命名和性质吗？

分子中含有官能团羧基（$-\overset{\text{O}}{\overset{\|}{\text{C}}}-\text{OH}$,简写为—COOH）的化合物称为羧酸，除甲酸外，其他的羧酸可以看作是烃分子中的氢原子被羧基取代的化合物，结构通式为 (Ar)R$-\overset{\text{O}}{\overset{\|}{\text{C}}}-\text{OH}$ ，或简写为 (Ar)RCOOH(甲酸中 R=H)。羧酸分子中烃基上的氢原子被其他原子或原子团取代的化合物称为取代羧酸，重要的取代羧酸包括卤代酸、羟基酸、氨基酸和酮酸等。

第一节　羧　酸

一、羧酸的结构

最简单的羧酸是甲酸（HCOOH），现以甲酸为例讨论羧酸分子的结构。甲酸分子中羧基碳原子为 sp^2 杂化，三个 sp^2 杂化轨道分别与两个氧原子和一个氢原子形成三个σ键，这 3 个σ键在同一平面上，键角接近120°，所以甲酸分子具有平面结构。羧基的碳氧双键由一个σ键和一个π键组成。

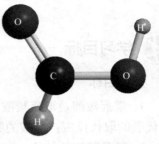

图 7-1　甲酸分子的球棒模型

图 7-1 为甲酸分子的球棒模型。

二、羧酸的分类和命名

1. 羧酸的分类

羧酸（除甲酸外）都是由烃基和羧基两部分组成的。根据羧酸分子中烃基的种类不同，羧酸可分为脂肪羧酸、脂环羧酸和芳香羧酸；根据烃基的饱和度不同，脂肪羧酸又可分为饱和羧酸、不饱和羧酸。根据羧酸分子中所含羧基的数目不同，羧酸可分为一元羧酸和二元羧酸等。见表 7-1。

表 7-1　羧酸的分类

类别	饱和脂肪酸	不饱和脂肪酸	脂环酸	芳香酸
一元酸	CH_3COOH	$H_2C=CHCOOH$	⬠—COOH	⬡—COOH
二元酸	HOOC—COOH	$\begin{array}{c}CHCOOH\\ \| \\ CHCOOH\end{array}$	⬡⟨COOH COOH	⬡⟨COOH COOH

2. 羧酸的命名

羧酸的系统命名原则与醛相似，命名时只需将"醛"字改为"酸"字即可。

命名饱和脂肪酸时，选择含羧基的最长碳链作为主链，根据主链的碳原子数目称为"某酸"，从羧基碳原子开始用阿拉伯数字为主链碳原子编号，或用希腊字母标明取代基的位次，即与羧基直接相连的碳原子的位次为α，其次为β、γ、δ等，最末端碳原子位置为ω。例如：

扫一扫

羧酸的命名视频

$$\overset{5}{CH_3}-\overset{4}{\underset{\gamma}{CH}}-\overset{3}{\underset{\beta}{CH}}-\overset{2}{\underset{\alpha}{CH_2}}-\overset{1}{COOH}$$
$$\underset{\omega}{}\quad \underset{CH_3}{}\quad \underset{CH_3}{}$$

3,4-二甲基戊酸(β, γ-二甲基戊酸)

$$\overset{6}{CH_3}-\overset{5}{\underset{\delta}{CH}}-\overset{4}{\underset{\gamma}{CH_2}}-\overset{3}{\underset{\beta}{CH}}-\overset{2}{\underset{\alpha}{CH_2}}-\overset{1}{COOH}$$
$$\underset{\omega}{}\quad \underset{CH_3}{}\quad \underset{CH_2CH_3}{}$$

5-甲基-3-乙基己酸(δ-甲基-β-乙基己酸)

命名不饱和脂肪酸时，应选择包含羧基和不饱和键在内的最长碳链为主链，称为"某烯酸"或"某炔酸"。主链碳原子的编号仍从羧基碳原子开始，将不饱和键的位次写在某烯酸或某炔酸名称前面。应特别注意，当主链的碳原子数大于 10 时，需在表示碳原子数的中文后加上"碳"字，以避免表示主链碳原子数目和双键或三键数目的两个数字相混淆。例如：

$$CH_3-CH-CH=CH-COOH$$
$$\underset{CH_3}{|}$$

$$CH\equiv C-CH_2-COOH$$

$$CH_3(CH_2)_4CH=CHCH_2CH=CH(CH_2)_7COOH$$

　　4-甲基-2-戊烯酸　　　　　　　　　　3-丁炔酸　　　　　　　　　9,12-十八碳二烯酸

不饱和羧酸的双键也可用"△"来表示，双键的位次写在"△"的右上角。如上面的 9,12-十八碳二烯酸也可以表示为 $\triangle^{9,12}$-十八碳二烯酸。

命名饱和二元酸、不饱和二元酸时，根据包含两个羧基在内的碳原子数目分别称为"某二酸"或"某烯二酸"。例如：

$$HOOC-COOH \qquad HOOCCH_2COOH \qquad HOOCCH=CHCOOH$$

　　　　乙二酸　　　　　　　　　丙二酸　　　　　　　　丁烯二酸

命名含有碳环的羧酸时，将碳环(脂环或芳环)看作取代基，以脂肪羧酸作为母体加以命名。例如：

　　　苯甲酸　　　　　环戊基甲酸　　　　2-甲基苯甲酸　　　邻苯二甲酸

　　许多羧酸最初是从天然产物中得到的，故常根据其来源而采用俗名。例如，甲酸（HCOOH）俗称蚁酸，它最初从蒸馏蚂蚁中得到；乙酸（CH_3COOH）是食醋的主要成分，俗称为醋酸；乙二酸（HOOC-COOH）俗称草酸，因为大多数植物中都含有草酸盐；其他如巴豆酸（$CH_3-CH=CH-COOH$）、安息香酸（　　　　）等都是根据其来源而得俗名的。许多高级一元羧酸，因最初是从水解脂肪得到的，故又称为脂肪酸。例如，十六酸（$CH_3-(CH_2)_{14}-COOH$）称为软脂酸，十八酸（$CH_3-(CH_2)_{16}-COOH$）称为硬脂酸。

随堂练习 7-1

1. 用系统命名法命名下列化合物。

（1）　$\underset{\quad\;\; CH_3}{CH_3CH_2CHCH_2COOH}$

（2）

（3）　$\underset{\quad\; CH_3}{HOOCC=CHCOOH}$

（4）

2. 写出分子式为 $C_5H_{10}O_2$ 的同分异构体的结构式，并用系统命名法命名。

知识拓展

几种重要羧酸在医药、食品领域中的应用

　　甲酸（HCOOH）俗名蚁酸，具有较强的腐蚀性。蚂蚁或蜂类螫伤引起皮肤红肿和疼痛，就是由甲酸刺激引起的。12.5g/L 的甲酸水溶液称为蚁精，可用于治疗风湿病。甲酸在药物合成中常作为中间体。

乙酸（CH_3COOH）俗名醋酸，乙酸的稀溶液（5～20g/L）可用作消毒防腐剂，如用于烫伤或灼伤感染的创面洗涤；乙酸还有消肿治癣、预防感冒等作用。在食品工业方面，乙酸是食醋的主要成分，是食品添加剂中规定的一种酸度调节剂。

苯甲酸（C_6H_5COOH）俗名安息香酸，在医药上，苯甲酸可用于治疗真菌感染（如疥疮及各种癣）。苯甲酸及其钠盐具有抑菌、防腐作用，对人体毒性很小，常用作食品、饮料和药物的防腐剂，但肝功能不佳者慎用。

乙二酸（$HOOCCOOH$）俗名草酸，具有还原性，可被高锰酸钾氧化为二氧化碳和水，在分析化学上常用草酸作为基准物，标定高锰酸钾溶液。在医药工业乙二酸常用作还原剂合成一些药物。

三、羧酸的物理性质

饱和一元羧酸中，C_1～C_3 的羧酸是有刺鼻气味的液体，可与水混溶；C_4～C_9 的羧酸是具有令人不愉快气味的液体，随着羧酸分子量的增加，其在水中的溶解度降低；C_{10} 以上的高级羧酸则是无味无臭的固体，不溶于水，但能溶于乙醇、乙醚、苯等有机溶剂；脂肪族二元酸和芳香酸都是结晶性固体，多元酸的水溶性大于同碳原子数的一元羧酸，而芳香酸的水溶性低。

羧酸的沸点比相对分子质量相近的醇要高。例如，乙酸和正丙醇的相对分子质量相同，但乙酸的沸点为 118℃，正丙醇的沸点为 97℃。这是由于羧酸分子间可通过 2 个氢键彼此发生缔合形成二聚体，其由液态变为气态需要破坏 2 个氢键的能量。

$$R-C\overset{O\cdots H-O}{\underset{O-H\cdots O}{}}C-R$$

饱和一元羧酸的熔点随分子中碳原子数目的增加呈锯齿状变化，含偶数碳原子的羧酸的熔点比其相邻的 2 个含奇数碳原子的羧酸的熔点高，这种现象被认为与分子的对称性有关。二元羧酸分子中含 2 个羧基，分子间引力强，熔点比相对分子质量相近的一元羧酸要高得多。常见羧酸的物理常数见表 7-2。

表 7-2　常见羧酸的物理常数

名称	分子式	沸点/℃	熔点/℃	pK_a（25℃）		溶解度 /（g/100g 水）
甲酸	HCOOH	100.7	8.4	3.75		∞
乙酸	CH_3COOH	117.9	16.6	4.75		∞
丙酸	CH_3CH_2COOH	141	−20.8	4.87		∞
丁酸	$CH_3(CH_2)_2COOH$	166.5	−4.5	4.81		∞
戊酸	$CH_3(CH_2)_3COOH$	187	−34.5	4.82		3.7
己酸	$CH_3(CH_2)_4COOH$	205	−2	4.84		1.08
庚酸	$CH_3(CH_2)_5COOH$	223	−7.5	4.89		0.24
辛酸	$CH_3(CH_2)_6COOH$	239.3	16.5	4.89		0.068
壬酸	$CH_3(CH_2)_7COOH$	255	12.2	4.96		
癸酸	$CH_3(CH_2)_8COOH$	270	31.5			
苯甲酸	C_6H_5COOH	249	121.7	4.19		0.34
乙二酸	HOOCCOOH	157（升华）	187（无水）	1.23[*]	4.19[**]	8.6
丙二酸	$HOOCCH_2COOH$	140（升华）	135.5	2.83[*]	5.69[**]	74.5

续表

名称	分子式	沸点/℃	熔点/℃	pKa（25℃）		溶解度/（g/100g 水）
丁二酸	HOOC(CH₂)₂COOH		188	4.19*	5.45**	5.8
戊二酸	HOOC(CH₂)₃COOH		99	4.34*	5.42**	63.9
己二酸	HOOC(CH₂)₄COOH	330（分解）	151	4.42*	5.41**	1.5

注：*表示 pK_{a1}，为一级电离常数；**表示 pK_{a2}，为二级电离常数。

四、羧酸的化学性质

羧酸的化学性质主要发生在官能团羧基上，羧基在形式上由羟基和羰基组成，但由于羰基的π键与羟基氧原子上的未共用电子对形成 p-π 共轭体系，所以羧基的化学性质并不是羟基和羰基性质的简单加合，而是具有它自身独特的性质。根据键的断裂方式及位点不同，羧酸的主要化学反应及发生部位如图 7-2 所示：

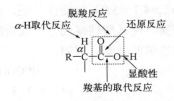

图 7-2　羧酸的主要化学反应及发生部位

 随堂练习 7-2

取 1 支洁净的试管，加入 5 滴甲酸，用 10% NaOH 溶液中和至碱性。再加入 10 滴新配制的托伦试剂，摇匀，放入 50～60℃的水浴中加热数分钟后，试管壁上有银镜产生。请同学们根据甲酸的结构式解释一下为什么甲酸会发生银镜反应。

请同学们根据其结构特点分析甲酸具有哪些特性。

1. 酸性

由于 p-π 共轭体系的形成，使羧基中羟基氧的电子云向羰基方向转移，使氢氧键电子云更偏向氧原子，进而使氢氧键的极性增强，在水溶液中更容易解离出 H⁺ 而显示酸性。

扫一扫

羧酸的酸性视频

$$RCOOH \rightleftharpoons RCOO^- + H^+$$

大多数羧酸是弱酸，饱和一元羧酸的 pK_a 一般都在 3～5 之间。一元羧酸的酸性比盐酸、硫酸等无机强酸的酸性弱，但比碳酸（pK_a=6.37）、酚类（pK_a=10.0）、醇的酸性要强。即：

$$H_2SO_4 \text{ 或 } HCl > RCOOH > H_2CO_3 > ArOH > H_2O > ROH$$

因此，羧酸不仅能与 NaOH 反应，还可以与 Na₂CO₃、NaHCO₃ 反应。而苯酚的酸性比碳酸弱，不能与 NaHCO₃ 反应。利用这个性质可以分离、区分羧酸和酚类化合物。

$$RCOOH + NaOH \longrightarrow RCOONa + H_2O$$

$$2RCOOH + Na_2CO_3 \longrightarrow 2RCOONa + CO_2 \uparrow + H_2O$$

$$RCOOH + NaHCO_3 \longrightarrow RCOONa + CO_2 \uparrow + H_2O$$

羧酸盐用强的无机酸酸化，又可以游离出原来的羧酸，这是分离和纯化羧酸或从动植物体中提取含羧基的有效成分的有效途径。如从甘草中提取甘草酸。甘草酸在甘草中以钾盐、钙盐、镁盐形式存在，将其溶于水，经浸提后，加盐酸至 pH 为 3 时，甘草酸即沉淀析出。用水洗去盐酸后，即得口服甘草酸。

$$RCOONa + HCl \longrightarrow RCOOH + NaCl$$

ⓒ 知识拓展

羧酸在碱性条件下成盐在制药工业中的应用

利用羧酸与碱的中和成盐反应，可以测定药物中羧基的数目和羧酸类化合物的含量；羧酸成钠盐、钾盐、铵盐后，在水中的溶解度很大，制药工业常将一些含羧基的难溶于水的药物制成羧酸盐，以便配制水剂或注射液供临床使用。如常用的青霉素 G 钾盐或钠盐。

羧酸的结构不同，酸性强弱也不同。在饱和一元羧酸中，甲酸（pK_a=3.75）比其他羧酸（pK_a=4.7～5.0）的酸性都强，这是因为其他羧酸分子中烷基的给电子诱导效应不利于氢离子的解离，使其酸性减弱。一般情况下，饱和脂肪酸的酸性随着烃基碳原子数的增加和给电子能力的增强而减弱。例如：

$$HCOOH > CH_3COOH > CH_3CH_2COOH > (CH_3)_3CCOOH$$

pK_a 3.75   4.75   4.87   5.05

羧基与芳环直接相连的芳香酸比甲酸的酸性弱，但比其他饱和一元羧酸的酸性强。如苯甲酸的 pKa 为 4.17，这是因为虽然苯环是吸电子基，但苯环的大π键与羧基形成了π-π共轭体系，导致苯环上的电子云向羧基转移，从而减弱了氢氧键的极性，使 H^+ 的解离能力降低，所以苯甲酸的酸性较甲酸弱。

低级二元羧酸的酸性一般比饱和一元羧酸强。特别是乙二酸，其分子是由 2 个羧基直接相连而成的，由于 1 个羧基对另 1 个羧基所产生的吸电子诱导效应，使乙二酸的酸性（pK_a=1.46）比一元羧酸强得多。但随着二元羧酸碳原子数的增加，羧基间距离增大，羧基之间的相互影响逐渐减弱，酸性也逐渐降低。常见几种羧酸的酸性强弱顺序如下：

扫一扫

甲酸、乙酸、乙二酸的酸性比较视频

乙二酸 > 甲酸 > 苯甲酸 > 乙酸 > 其他饱和一元羧酸

2. 羧基中羟基的取代反应

羧酸分子中羟基不易被取代，但在一定条件下，可以被卤素（—X）、酰氧基（—OCOR）、烷氧基（—OR）、氨基（—NH$_2$）取代，生成酰卤、酸酐、酯和酰胺等羧酸衍生物。

（1）酰卤的生成　羧基中的羟基被卤素取代生成的产物称为酰卤。其中最重要的是酰氯，它可以由羧酸与三氯化磷、五氯化磷或亚硫酰氯反应得到。例如：

$$RCOOH \begin{cases} \xrightarrow{PCl_3} R-\overset{\displaystyle O}{\underset{\displaystyle \|}{C}}-Cl + H_3PO_3 \\ \xrightarrow{PCl_5} R-\overset{\displaystyle O}{\underset{\displaystyle \|}{C}}-Cl + POCl_3 + HCl\uparrow \\ \xrightarrow{SOCl_2} R-\overset{\displaystyle O}{\underset{\displaystyle \|}{C}}-Cl + SO_2\uparrow + HCl\uparrow \end{cases}$$

酰氯

实验室制备酰氯常用的试剂是亚硫酰氯，因为除了酰氯外，其他产物都是气体，易纯化，这是制备酰氯的常用方法。

$$\text{（苯环）}COOH + SOCl_2 \longrightarrow \text{（苯环）}COCl + SO_2\uparrow + HCl\uparrow$$

酰氯很活泼，是一类反应活性很高的化合物，常作为酰基化试剂应用于药物合成中。

（2）酸酐的生成　羧酸（除甲酸外）在脱水剂（如乙酸酐、P_2O_5）存在下加热，2 个羧基间脱水生成的产物称为酸酐。例如：

$$R-\overset{\overset{\displaystyle O}{\|}}{C}-OH+HO-\overset{\overset{\displaystyle O}{\|}}{C}-R \xrightarrow[\triangle]{脱水剂} R-\overset{\overset{\displaystyle O}{\|}}{C}-O-\overset{\overset{\displaystyle O}{\|}}{C}-R+H_2O$$
酸酐

$$\text{C}_6\text{H}_5-COOH + HOOC-\text{C}_6\text{H}_5 \xrightarrow[\triangle]{(CH_3CO)_2O} \text{C}_6\text{H}_5-CO-O-CO-\text{C}_6\text{H}_5 + CH_3COOH$$

五元或六元的环状酸酐（环酐）可由 1,4-二元羧酸或 1,5-二元羧酸受热，经分子内脱水形成。例如邻苯二甲酸酐可由邻苯二甲酸得到。

$$\begin{array}{c}\text{COOH}\\\text{COOH}\end{array} \xrightarrow{\triangle} \begin{array}{c}\overset{O}{\underset{O}{}}\text{O}\end{array} + H_2O$$

（3）酯的生成　羧酸和醇在强酸（常用浓硫酸）的催化作用下生成酯和水的反应称为酯化反应。在同样的条件下，酯和水也可以作用生成羧酸和醇，称为酯的水解反应。因此，酯化反应是可逆反应。

$$RCOOH + R'OH \xrightarrow[\triangle]{浓H_2SO_4} R-\overset{\overset{\displaystyle O}{\|}}{C}-OR' + H_2O$$

为提高酯的产率，常采用加入过量的廉价原料，或在反应中不断蒸出生成的酯和水，使平衡向生成物方向移动。例如：

$$CH_3COOH + HOCH_2CH_3(过量) \underset{\triangle}{\overset{H^+}{\rightleftharpoons}} CH_3COOCH_2CH_3 + H_2O$$

 知识链接

塑化剂事件

媒体曝光某品牌的酒中含有"比三聚氰胺毒20倍"的塑化剂，并且含量超过国家标准260%。这是继 2011 年 5 月因在食品添加剂中掺入塑化剂获取暴利而引发台湾食品安全风暴的又一起塑化剂事件。

塑化剂也称增塑剂、可塑剂，是一种高分子材料助剂，也是环境雌激素中的酞酸酯类化合物，其种类繁多，但使用最普遍的是"邻苯二甲酸酯类"的化合物。邻苯二甲酯（DEHP）类塑化剂被归类为疑似环境激素，其生物毒性主要属雌激素与抗雄激素活性，会造成内分泌失调，危害生物体的生殖功能，包括生殖率降低、流产、出生缺陷、异常的精子数、睾丸损害，还会引发恶性肿瘤，造成畸形儿，因此不能添加在食品和药品中。

利用 ^{18}O 的醇和羧酸进行酯化反应，生成了含有 ^{18}O 的酯，实验事实说明，酯化反应是羧酸的酰氧键发生了断裂，羧酸羟基被醇中的烃氧基取代，生成酯和水，而不是醇的烃氧键断裂。显而易见，酯化反应规律为羧酸脱羟基，醇脱氢，得到酯和水。例如：

$$H_3C-\overset{\overset{\displaystyle O}{\|}}{C}-OH + H-{}^{18}OCH_2CH_3 \xrightarrow[\triangle]{H^+} H_3C-\overset{\overset{\displaystyle O}{\|}}{C}-{}^{18}OCH_2CH_3 + H_2O$$

（4）酰胺的生成　羧酸与氨或胺作用生成羧酸铵盐，然后加热脱水后生成酰胺。例如：

$$RCOOH + NH_3 \longrightarrow RCOONH_4 \xrightarrow{\triangle} R-\overset{\overset{\displaystyle O}{\|}}{C}-NH_2 + H_2O$$
$$\text{酰胺}$$

羧酸铵盐高温分解是可逆反应，通常在反应过程中移去生成的水，使平衡向右进行，提高反应产率。例如：

$$CH_3-\overset{\overset{\displaystyle O}{\|}}{C}-OH + H_2N-\!\!\bigcirc \xrightarrow[\triangle]{-H_2O} CH_3-\overset{\overset{\displaystyle O}{\|}}{C}-NH-\!\!\bigcirc$$

3. 还原反应

羧基中含有羰基，由于受到羟基的影响，使它失去了典型羰基的性质，难以用催化氢化法还原，但用还原剂氢化铝锂（$LiAlH_4$）却能顺利将羧酸还原成伯醇。还原时常以无水乙醚或四氢呋喃作溶剂，最后用稀酸水解得到产物。例如：

$$RCOOH \xrightarrow[\text{乙醚}(Et_2O)]{LiAlH_4} \xrightarrow{H_3O^+} RCH_2OH$$

氢化铝锂是一种选择性较强的还原剂，它只还原羧基，而对碳碳双键或三键无影响。利用氢化铝锂可以由不饱和的含羰基化合物（如烯醛或烯酸）制备不饱和伯醇。例如：

$$H_3CCH=\!\!=CHCOOH \xrightarrow[Et_2O]{LiAlH_4} \xrightarrow{H_3O^+} H_3CCH=\!\!=CHCH_2OH$$

4. α–H 的卤代反应

由于受羧基吸电子效应的影响，羧酸分子中 α-H 有一定的活性（比醛、酮的 α-H 活性弱），在少量红磷或三卤化磷的存在下，能发生卤代反应而生成卤代酸。例如：

$$RCH_2COOH + X_2 \xrightarrow[\text{或}PX_3]{P} \underset{\underset{\displaystyle X}{|}}{R}CHCOOH$$
$$\text{卤代酸}$$

5. 脱羧反应

羧酸分子中脱去羧基并放出二氧化碳的反应称为脱羧反应。饱和一元羧酸对热稳定，通常不易发生脱羧反应。但羧酸钠盐与碱石灰（$NaOH$、CaO）混合加热，可以发生脱羧反应，生成少一个碳原子的烃，实验室中用于制备低级烷烃。例如：

$$CH_3COONa + NaOH \xrightarrow[\triangle]{CaO} CH_4 + Na_2CO_3$$

当羧酸 α-碳上连有吸电子基（如硝基、卤素、酰基等）、2 个羧基直接相连或连在同一个碳原子上时，受热容易发生脱羧反应。

$$R\overset{\overset{\displaystyle O}{\|}}{C}CH_2COOH \xrightarrow{\triangle} R\overset{\overset{\displaystyle O}{\|}}{C}CH_3 + CO_2\uparrow$$

$$HOOC-COOH \xrightarrow{\triangle} HCOOH + CO_2\uparrow$$

$$HOOCCH_2COOH \xrightarrow{\triangle} CH_3COOH + CO_2\uparrow$$

脱羧反应在生物体内的许多生化变化中占重要地位。在人体正常体温下，体内的脱羧反应在脱羧酶的催化作用下可顺利进行。

五、重要的羧酸

1. 甲酸

甲酸俗称蚁酸，存在于蜂类、某些蚁类的分泌物中，同时也广泛存在于植物体中，如荨麻、松叶及某些果实中。甲酸是具有刺激气味的无色液体，沸点为100.5℃，能与水、乙醇和乙醚混溶，它的腐蚀性很强，能刺激皮肤起泡。蚁蜇使皮肤肿痛就是蚁酸所引起的。

甲酸、乙酸、乙二酸与高锰酸钾的反应视频

甲酸的银镜反应视频

甲酸的工业制法是用一氧化碳和氢氧化钠在加热、加压下反应，制得甲酸的钠盐，再用硫酸酸化制得甲酸。

$$CO+NaOH \xrightarrow[\triangle]{608\sim1013kPa} HCOONa \xrightarrow{H_2SO_4} HCOOH$$

甲酸是羧酸中最简单的酸，它的结构比较特殊，分子中的羧基和氢原子相连。从结构上它既具有羧基的结构，同时又有醛基的结构。

$$H-\underset{\underset{O}{\parallel}}{C}-OH$$

因此，这一结构特征，致使甲酸既具有羧酸的一般性质，又具有醛的特性。例如，甲酸具有显著的酸性（pK_a=3.75），其酸性在脂肪酸同系物中是最强的，加热容易脱羧；甲酸又具有还原性，能与托伦试剂作用生成银镜，与费林试剂作用生成铜镜，还能被高锰酸钾溶液氧化生成二氧化碳和水，而使高锰酸钾溶液褪色，这些反应常用作甲酸的定性鉴定。

甲酸与浓硫酸共热，则分解生成水和一氧化碳，这是实验室制备一氧化碳的一种常用方法。

$$HCOOH \xrightarrow[\triangle]{浓H_2SO_4} CO\uparrow + H_2O$$

工业上，甲酸可用来制备某些染料的媒染剂、橡胶的凝聚剂、防腐剂、消毒剂、药物合成中的甲酰化剂和缩合剂等。

2. 乙酸

乙酸俗名醋酸，乙酸是食醋的主要成分。乙酸可由稀乙醇受酵母菌的作用经空气氧化制得。工业上，目前大部分乙酸都直接采用乙醛氧化法和烷烃氧化法制得。

$$H_3C-\underset{\underset{O}{\parallel}}{C}-H \xrightarrow[65\sim70℃,203\sim304kPa]{Mn(CH_3COO)_2} H_3C-\underset{\underset{O}{\parallel}}{C}-OH$$

乙酸在常温下为具有强烈刺激酸味的无色液体，沸点为117.9℃，熔点为16.6℃。当温度低于熔点时，无水乙酸就呈冰状结晶析出，所以常把无水乙酸叫作冰醋酸。乙酸能与水和乙醇混溶。

乙酸是饱和一元羧酸的典型代表，具有饱和一元羧酸的一切典型反应。

乙酸是人类最早使用的一种酸，也是最重要的一种酸，大量用于合成乙酸酐、乙酸酯类，它们又可进一步生产醋酸纤维、电影胶片、喷漆溶剂、食品和化妆品用的香精等。此外，它们还可合成许多染料、药物、农药等。醋酸铜则是中药铜绿的成分。

3. 乙二酸

乙二酸（HOOC—COOH）常以盐的形式存在于许多植物的细胞壁中，所以俗名草酸。草酸是无色结晶，含两分子结晶水，加热到100℃就失去结晶水而得无水草酸，草酸易溶于水，而不溶于乙醚等有机溶剂。草酸对皮肤、黏膜均有刺激性和腐蚀作用。草酸能使血液中钙离子沉淀而引起心脏和循环器官障碍，甚至造成虚脱，草酸钙往往在肾脏析出造成肾结石，因而人若吃进 5g 草酸即能致死。

草酸加热至 150℃以上，即分解脱羧生成二氧化碳和甲酸。

$$HOOC-COOH \xrightarrow{150℃} HCOOH + CO_2 \uparrow$$

草酸能把高价铁还原成易溶于水的低价铁盐，因而可用来洗涤铁锈或蓝黑墨水的污渍。

此外，工业上也常用草酸作漂白剂，用以漂白麦草、硬脂酸等。

4. 苯甲酸

苯甲酸俗名安息香酸。为无色有丝光的鳞片状或针状晶体，熔点为 121.7℃，难溶于冷水，易溶于热水及有机溶剂。受热易升华。

苯甲酸是重要的工业原料，对许多霉菌、酵母菌有抑制作用，对人体毒性很小，故其酒精溶液可用于治疗皮肤病，其钠盐可用作食品、药剂和日常用品的防腐剂（用量不超过 0.1%）。

5. 肉桂酸

肉桂酸化学名称为β-苯基丙烯酸，是无色针状晶体，沸点为 300℃，熔点为 133℃，不溶于冷水，易溶于热水及有机溶剂。肉桂酸受热时脱羧生成苯乙烯，氧化时生成苯甲酸。肉桂酸主要用于制备酯类，供配制紫丁香型香精和医药用。

6. 亚油酸

亚油酸化学名称为 9,12-十八碳二烯酸。亚油酸以甘油酯的状态存在于大豆、亚麻仁、向日葵、核桃、棉籽等植物种子中。

亚油酸在人体内有降低血浆中胆固醇的作用，所以临床上对某些冠心病患者用含亚油酸的复方制剂（如脉通、心脉乐等）作为降血脂药。

第二节　取代羧酸

取代羧酸分子中既含羧基，又含卤原子、羟基和羰基等其他官能团，因此，取代羧酸的性质除各官能团的一般性质外，又由于不同官能团之间的相互影响而表现出一些特殊性质，这里主要讨论卤代酸、羟基酸和羰基酸。

一、卤代酸

（一）卤代酸的分类和命名

羧酸分子中烃基上的氢原子被卤素取代的化合物称为卤代酸。根据卤原子与羧基的相对位置不同，卤代酸可分为α-卤代酸、β-卤代酸、γ-卤代酸；根据卤原子的数目不同，卤代酸又可分为一卤代酸、二卤代酸和多卤代酸。卤代酸的命名是以羧酸为母体，将卤素原子看作取代基。选择含羧基和卤原子相连接的碳原子在内的最长碳链为主链，从羧基碳原子开始用阿拉伯数字或希腊字母依次编号，称为"某酸"，卤素原子和取代基的位次、数目和名称写在"某酸"之前。例如：

CH$_2$COOH
|
Cl
氯乙酸

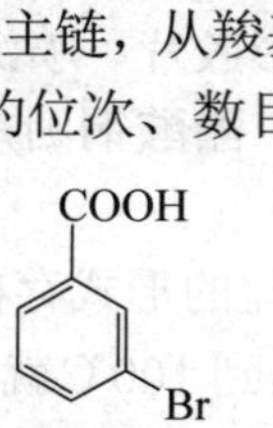

COOH
（苯环，间位 Br）
3-溴苯甲酸（间溴苯甲酸）

（二）卤代酸的性质

卤代酸分子中含有卤原子和羧基两种官能团，因此，不仅具有卤代烃和羧酸的一般性质，还具有 2 个官能团相互影响而产生的特殊性质。

1. 酸性

卤代酸的酸性由于卤原子的吸电子效应而增强，其酸性的强弱与卤原子的种类、数目、卤原子与羧基之间的相对位置有关。在卤原子数目和取代位置相同的情况下，卤原子的电负性越大，卤代酸的酸性越强；在卤素原子种类和取代位置相同的情况下，卤原子数目越多，卤代酸的酸性越强；在卤原子种类和数目相同的情况下，卤原子离羧基越近，卤代酸的酸性就越强。

$$FCH_2COOH > ClCH_2COOH > BrCH_2COOH > ICH_2COOH$$
$$pK_a\,2.66 \qquad pK_a\,2.86 \qquad pK_a\,2.90 \qquad pK_a\,3.18$$

$$Cl_3CCOOH > Cl_2CHCOOH > ClCH_2COOH > CH_3COOH$$
$$pK_a\,2.66 \qquad pK_a\,2.86 \qquad pK_a\,2.90 \qquad pK_a\,3.18$$

$$CH_3CH_2CHCOOH > CH_3CHCH_2COOH > CH_2CH_2CH_2COOH$$
$$\qquad\quad |\qquad\qquad\qquad\quad |\qquad\qquad\qquad |$$
$$\qquad\quad Cl\qquad\qquad\qquad\quad Cl\qquad\qquad\qquad Cl$$
$$pK_a\,2.80 \qquad\qquad pK_a\,4.06 \qquad\qquad pK_a\,4.52$$

2. 取代反应

α-卤代酸可与各种亲核试剂发生亲核取代反应，例如：

3. 消除反应

β-卤代酸在碱性水溶液中容易脱去卤化氢生成 α,β-不饱和酸。例如：

$$RCHCH_2COOH \xrightarrow[H_2O]{NaOH} RHC=CHCOONa \xrightarrow{H^+} RCH=CHCOOH$$
$$\;\;|$$
$$\;\;Br$$

二、羟基酸

羟基酸是羧酸分子中烃基上的氢原子被羟基取代后生成的化合物，或分子中既有羟基又有羧基的化合物。羟基酸广泛存在于动植物体内，并在生物体的生命活动中起着重要作用。如人体代谢中产生的乳酸，水果中的苹果酸、柠檬酸等。羟基酸也可作为药物合成的原料及食品的调味剂。

（一）羟基酸的分类和命名

羟基酸可分为醇酸和酚酸两类：羟基与脂肪烃基直接相连的称为醇酸；羟基与芳环相连的称为酚酸。

根据羟基和羧基的相对位置不同，醇酸可分为 α-醇酸、β-醇酸、γ-醇酸等。

羟基酸是以羧酸作为母体，羟基作为取代基来命名的，取代基的位置用阿拉伯数字或希腊字母表示。许多羟基酸是天然产物，常根据其来源而采用俗名。

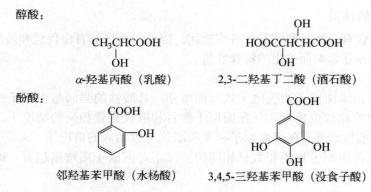

醇酸:

$$CH_3CHCOOH \atop \quad\ OH$$
α-羟基丙酸（乳酸）

$$HOOCCHCHCOOH \atop OH \quad OH$$ (with OH above)
2,3-二羟基丁二酸（酒石酸）

酚酸:

邻羟基苯甲酸（水杨酸）

3,4,5-三羟基苯甲酸（没食子酸）

知识拓展

乳酸在医药中的应用

α-羟基丙酸俗名为乳酸，其蒸气能有效杀灭空气中的细菌，可用于病房、手术室等场所消毒。乳酸聚合得到聚乳酸，聚乳酸抽成丝纺成线后是良好的手术缝线，缝口愈合后不用拆线，能自动降解成乳酸被人体吸收，且没有不良反应；另外，这种高分子化合物还可做成黏结剂在器官移植和接骨中应用。

（二）羟基酸的性质

1. 物理性质

醇酸一般为结晶的固体或黏稠的液体。由于羟基和羧基都能与水形成氢键，所以醇酸在水中的溶解度比相应的醇和酸都大，低级的醇酸可与水混溶。醇酸的沸点和熔点也比相应的羧酸高。酚酸大多为结晶固体，多以盐、酯或糖苷的形式存在于植物中，其熔点也比相应的芳香酸高，有的微溶于水（如水杨酸），有的易溶于水（如没食子酸）。

2. 化学性质

羟基酸分子中含有羟基和羧基两种官能团，因此具有羟基和羧基的一般性质，如醇羟基可以氧化、酯化、脱水等，酚羟基有酸性并能与三氯化铁溶液显色，羧基可成盐、成酯等；又由于羟基和羧基间的相互影响，而使得羟基酸表现出一些特殊的性质，且这些特殊的性质又因羟基和羧基的相对位置不同而表现出一定的差异。

（1）酸性　羟基酸分子中的羟基为吸电子基，产生的吸电子诱导效应沿着碳链传递，影响羧酸的酸性，使醇酸的酸性比相应的羧酸强。但是随着羟基和羧基距离的增大，这种影响依次减小，酸性逐渐减弱。例如:

$$CH_3CHCOOH \atop \qquad\ OH \qquad > \qquad CH_2CH_2COOH \atop \ OH \qquad > \qquad CH_3CH_2COOH$$

$pK_a 3.87$　　　　　$pK_a 4.51$　　　　　$pK_a 4.86$

在酚酸中，由于羟基与芳环之间既有吸电子诱导效应，又有给电子的共轭效应，所以几种酚酸异构体的酸性强弱不同。

$pK_a 3.00$ > $pK_a 4.12$ > $pK_a 4.17$ > $pK_a 4.54$

（2）脱水反应 醇酸对热敏感，加热时容易发生脱水反应。羟基和羧基的相对位置不同，它们的脱水方式和脱水产物也不同。

① α-醇酸。α-醇酸受热时，两分子间交叉脱水，生成六元环的交酯。例如：

$$
\begin{array}{c}
\overset{R}{\underset{|}{\text{CH}}}\text{—OH} \quad \text{OH}\quad \overset{O}{\underset{}{\text{C}}} \\
\overset{|}{\underset{C}{}} \quad + \quad \overset{|}{\underset{\text{HO}}{}}\text{C}\overset{|}{\underset{R}{}} \quad \xrightarrow{\triangle} \quad \begin{array}{c}\text{R—CH—C=O}\\ \text{O=C—CH—R}\end{array}
\end{array}
$$

交酯

交酯和其他酯类一样，与酸或碱共热时，易水解为原来的α-醇酸。

② β-醇酸。β-醇酸受热时，发生分子内脱水反应，生成α,β-不饱和酸。例如：

$$\underset{\underset{\text{OH}}{|}}{\text{RCHCH}_2\text{COOH}} \xrightarrow{\triangle} \text{RCH=CHCOOH}$$

③ γ-醇酸或δ-醇酸。γ-醇酸或δ-醇酸易发生分子内脱水，而生成稳定的五元环内酯或六元环内酯。其中γ-醇酸比δ-醇酸更易脱水，在室温下即可进行，所以γ-醇酸很难游离存在，只有成盐后才稳定。例如：

$$\begin{array}{c}\text{CH}_2\overset{O}{\overset{\|}{\text{C}}}\text{—OH}\\ |\\ \text{CH}_2\text{CH}_2\text{OH}\end{array} \xrightarrow{\text{常温}} \text{（环内酯）} + \text{H}_2\text{O}$$

γ-丁内酯

$$\begin{array}{c}\text{CH}_2\text{CH}_2\overset{O}{\overset{\|}{\text{C}}}\text{—OH}\\ |\\ \text{CH}_2\text{CH}_2\text{OH}\end{array} \xrightarrow{\triangle} \text{（环内酯）} + \text{H}_2\text{O}$$

δ-戊内酯

内酯也具有酯的性质，在酸或碱的存在下可以发生水解。例如：

$$\text{（内酯）} \xrightarrow[\text{H}_2\text{O}]{\text{NaOH}} \text{HOCH}_2\text{CH}_2\text{CH}_2\text{COONa}$$

γ-羟基丁酯钠

随堂练习 7-3

1. 下列两个药物都含有内酯结构，请同学们画出其所含的内酯部分。

洛伐他汀（降血脂药）　　　维生素C（维生素）

2. 硝酸毛果芸香碱是治疗青光眼的滴眼剂，在 pH=4～5 时稳定，碱性时失效，为什么？

$$\text{H}_3\text{C—N}\diagup\text{—CH}_2\text{—}\diagdown\text{CH}_2\text{CH}_3$$

（3）氧化反应 醇酸分子中的羟基受到羧基的影响更容易被氧化。如托伦试剂、稀硝酸不能氧化醇，却能将醇酸氧化成醛酸或酮酸。例如：

$$CH_3\underset{\underset{OH}{|}}{CH}COOH \xrightarrow[\text{或稀硝酸}]{\text{托伦试剂}} CH_3\overset{\overset{O}{\|}}{C}COOH$$

$$CH_3\underset{\underset{OH}{|}}{CH}CH_2COOH \xrightarrow{\text{稀硝酸}} CH_3\overset{\overset{O}{\|}}{C}CH_2COOH$$

（4）脱羧反应　α-醇酸与稀硫酸或酸性高锰酸钾溶液共热，则分解脱羧为甲酸和少一个碳原子的醛或酮。

$$R\underset{\underset{OH}{|}}{CH}COOH \xrightarrow[\triangle]{\text{稀}H_2SO_4} RCHO + HCOOH$$

$$R\underset{\underset{OH}{|}}{\overset{\overset{R'}{|}}{C}}COOH \xrightarrow[\triangle]{\text{稀}H_2SO_4} R'\overset{\overset{O}{\|}}{C}R + HCOOH$$

$$R\underset{\underset{OH}{|}}{CH}COOH \xrightarrow[\triangle]{KMnO_4/H^+} RCHO + CO\uparrow + H_2O$$
$$\xrightarrow{[O]} RCOOH$$

3. 重要的羟基酸

（1）乳酸（$CH_3-\underset{\underset{OH}{|}}{CH}-COOH$）　乳酸最初从酸牛奶中得到，工业上用葡萄糖经乳酸杆菌发酵制得。人体运动时，糖原分解为乳酸，乳酸积存在肌肉里使肌肉感到酸胀。

乳酸常温下为无色或淡黄色糖浆状液体，熔点为 18℃，有很强的酸性和吸湿性。能与水、乙醇、乙醚等混溶。在医药上，乳酸用作消毒防腐剂，其蒸气可用于室内空气消毒，同时乳酸钙是补充体内钙质的药物。

（2）酒石酸（$HOOC-\underset{\underset{OH}{|}}{CH}-\underset{\underset{OH}{|}}{CH}-COOH$）　酒石酸以酸性钾盐的形式存在于葡萄内，后者难溶于水和乙醇，所以在用葡萄汁酿酒的过程中，它以沉淀析出，因此称为酒石酸。

酒石酸是无色半透明的晶体或结晶性粉末，熔点170℃，易溶于水。酒石酸用途较广，常用来配制饮料，酒石酸钾钠可用来配制费林试剂。酒石酸锑钾口服有催吐作用，注射可治疗血吸虫病。

（3）柠檬酸（$HOOC-CH_2-\underset{\underset{OH}{|}}{\overset{\overset{COOH}{|}}{C}}-CH_2-COOH$）　柠檬酸又称枸橼酸，存在于多种植物的果实中，如柑橘、山楂、柠檬等，其中以柠檬含量最高。柠檬酸为无色结晶，含一分子结晶水的柠檬酸熔点为100℃，不含结晶水的柠檬酸熔点为153℃。柠檬酸有很强的酸味，易溶于水及醇，用作糖果及清凉饮料的矫味剂；柠檬酸铁铵在医药上用作补血剂；柠檬酸钠有防止血液凝结和利尿作用。

（4）水杨酸（ COOH OH ）　水杨酸在杨柳树皮中含量较多，所以又叫柳酸，化学名称为邻羟基苯甲酸。水杨酸是白色针状晶体，熔点159℃，微溶于冷水，易溶于沸水和乙醇、氯仿等。加热至 79℃时可升华。水杨酸中含有酚羟基，因此具有酚的通性，如遇三氯化铁显紫色，易被氧化，酸性比苯甲酸强等。

酚羟基的特性
反应视频

水杨酸具有杀菌防腐、解热镇痛和抗风湿作用，但对胃刺激性较大，一般不宜内服，其钠盐可作为食品的防腐剂。

（5）乙酰水杨酸　乙酰水杨酸俗称“阿司匹林”，是用水杨酸为原料，经乙酰化后合成的产物。

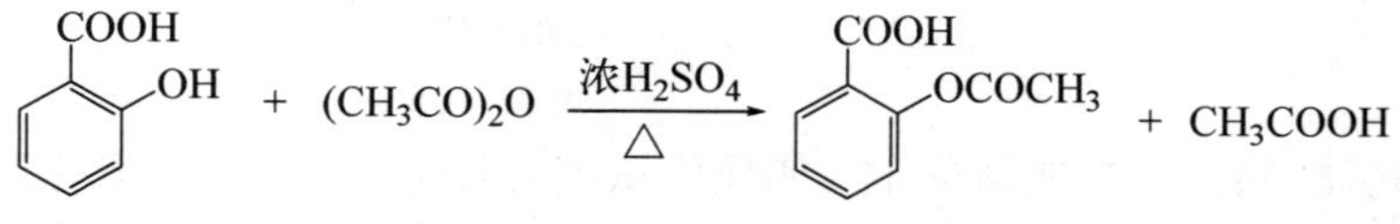

水杨酸　　　　　　　　乙酰水杨酸

阿司匹林是白色结晶或结晶性粉末，熔点135℃，无臭或微带酸味。难溶于水，易溶于醇、醚、氯仿等有机溶剂。在潮湿空气中可水解生成水杨酸和乙酸。

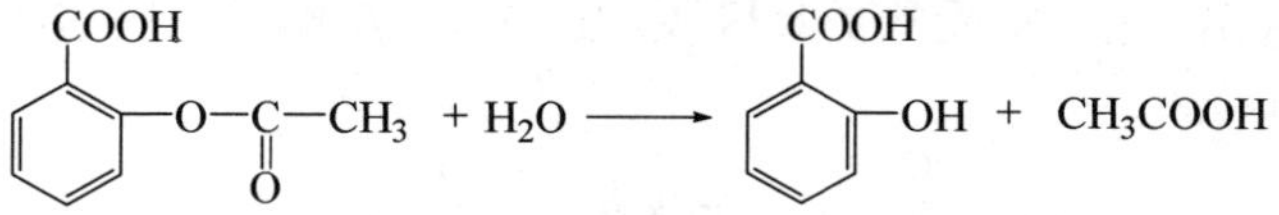

水解后生成的水杨酸遇三氯化铁显紫色，《中国药典》上利用此法检查和鉴别乙酰水杨酸。

阿司匹林具有解热、镇痛、抗风湿作用，是常用的解热镇痛药。其对胃的刺激性较小。现在还可用于防止冠状动脉和脑血管栓塞的形成，也用于预防急性心肌梗死。

（6）对羟基苯甲酸　对羟基苯甲酸是水杨酸的同分异构体。羟基酯化后生成对羟基苯甲酸酯，商品名叫尼泊金酯，是食品和药剂中常用的优良防腐剂。

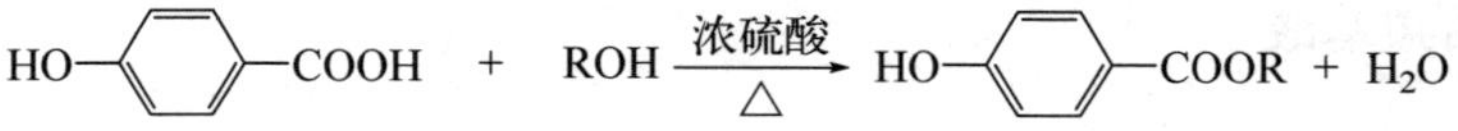

常用的尼泊金酯类防腐剂有四种，即对羟基苯甲酸甲酯、对羟基苯甲酸乙酯、对羟基苯甲酸丙酯、对羟基苯甲酸丁酯，两种以上混合使用效果更佳。

对羟基苯甲酸酯类为白色结晶性粉末，无臭或有轻微的特殊香味，在乙醇、乙醚中易溶，在水中几乎不溶。在碱性溶液中易水解，故防腐效果在酸性溶液中更好。

三、羰基酸

分子中既含有羰基又含有羧基的化合物称为羰基酸，又称酮酸。根据分子中羰基和羧基的相对位置，酮酸可分为α-酮酸、β-酮酸及γ-酮酸等。其中以α-酮酸、β-酮酸较为重要，它们是动物体内糖、脂肪和蛋白质代谢过程中产生的中间产物，这些中间产物在酶的作用下可发生一系列化学反应，为生命活动提供物质基础。因此，酮酸与医药密切相关。

（一）羰基酸的命名

羰基酸命名时可选择含有羧基和酮基在内的最长碳链作主链，称为“某酮酸”，编号从羧基开始，用阿拉伯数字或希腊字母表示酮基的位次。例如：

$$CH_3\overset{\overset{\large O}{\|}}{C}COOH \qquad CH_3\overset{\overset{\large O}{\|}}{C}CH_2COOH$$

丙酮酸　　　　3-丁酮酸（β-丁酮酸）

（二）羰基酸的性质

酮酸分子中含有酮基和羧基，既具有酮基的性质，又具有羧基的性质，例如，酮基可被还原成仲醇羟基，可与羰基试剂反应生成肟、腙等；羧基可成盐和成酯等。又由于酮基和羧基相互影响及两者相对距离的不同，酮酸还表现出一些特殊性质。

1. 酸性

由于羰基的吸电子诱导效应，使羧基中氧氢键的极性增强，因此，酮酸的酸性增强。例如：

$$CH_3COCOOH \qquad\qquad CH_3CH_2COOH$$
$$pK_a2.5 \qquad\qquad\qquad pK_a4.87$$

2. 脱羧反应

α-酮酸与稀硫酸共热或被弱氧化剂（如托伦试剂）氧化，可失去二氧化碳而生成减少一个碳原子的醛。例如：

$$CH_3\overset{O}{\overset{\|}{C}}COOH \xrightarrow[150℃]{稀H_2SO_4} CH_3CHO + CO_2\uparrow$$

β-酮酸只有在低温下稳定，受热更易脱羧。生物体内β-酮酸在脱羧酶的催化下也能发生类似的脱羧反应。例如：

$$HOOCCH_2\overset{O}{\overset{\|}{C}}COOH \xrightarrow[或\triangle]{脱羧酶} CH_3\overset{O}{\overset{\|}{C}}COOH + CO_2\uparrow$$

$$CH_3\overset{O}{\overset{\|}{C}}CH_2COOH \xrightarrow{\triangle} CH_3\overset{O}{\overset{\|}{C}}CH_3 + CO_2\uparrow$$

通常将β-酮酸脱羧后生成酮的反应称为酮式分解，酮式分解反应在有机合成中有重要的应用。

（三）重要的羰基酸

1. 乙醛酸

乙醛酸是最简单的醛酸，存在于未成熟的水果和动植物组织内，为无色糖浆状液体，易溶于水。

乙醛酸具有醛和羧酸的典型性质，也可进行康尼查罗反应。

$$\overset{CHO}{\underset{COOH}{|}} \xrightarrow{浓NaOH} \overset{CH_2OH}{\underset{COONa}{|}} + \overset{COONa}{\underset{COONa}{|}}$$

2. 丙酮酸

丙酮酸是最简单的酮酸，可由乳酸氧化得到，反之丙酮酸还原则生成乳酸。丙酮酸是人体内糖、脂肪、蛋白质代谢过程的中间产物，是无色有刺激性臭味的液体，沸点 165℃，易溶于水。由于羰基的吸电子性，其酸性比丙酸强。

丙酮酸具有酮和羧酸的典型性质，还具有α-酮酸的特有性质。

3. β-丁酮酸

β-丁酮酸又名乙酰乙酸。是一种无色黏稠液体，它是机体内脂肪代谢的中间产物。β-丁酮酸受热易发生脱羧反应，生成丙酮。

$$H_3C-\overset{O}{\overset{\|}{C}}-CH_2COOH \xrightarrow{\triangle} H_3C-\overset{O}{\overset{\|}{C}}-CH_3 + CO_2\uparrow$$

β-丁酮酸还原则生成β-羟基丁酸，β-羟基丁酸氧化又可生成β-丁酮酸。

$$H_3C-\overset{O}{\overset{\|}{C}}-CH_2COOH \underset{[O]}{\overset{[H]}{\rightleftharpoons}} H_3C-\overset{OH}{\overset{|}{C}}H-CH_2COOH$$

β-丁酮酸、β-羟基丁酸和丙酮统称为酮体。酮体是脂肪酸在人体中不能完全被氧化为二氧化碳和水的中间产物。当体内代谢紊乱时，血中酮体含量就会增加，从而使血液的酸性增强，导致酸中毒。

 本章重要知识点小结

1. 羧酸的命名原则与醛的命名基本相同，只需将"醛"改为"酸"即可。

2. 羧酸具有酸性，吸电子基使酸性增强，给电子基则相反；吸（或给）电子基离羧基越近，对酸性的影响越大。

3. 羧酸分子中的羟基被其他基团取代后可得到羧酸衍生物，烃基中的氢原子被其他基团取代后得到取代酸。

4. 羧基的α-位连有较强的吸电子基时，羧酸容易发生脱羧反应。

5. 羟基酸是指羟基取代羧酸分子中烃基上的氢原子后而生成的化合物，可分为醇酸和酚酸。

6. 羟基酸的命名原则是将羟基作为取代基，以羧酸为母体命名。

7. 醇酸既具有醇的性质，又具有酸的性质，酚酸既具有酚的性质，又具有酸的性质，但也有特性，如醇羟基与羧基的相对位置不同，可发生分子内或分子间脱水形成交酯、不饱和酸和内酯。

8. 酮酸分子中既有酮基又有羧基，酸性较相应的羧酸酸性强。

9. β-酮酸与浓碱共热发生酸式分解；与稀碱微热发生酮式分解。

目标检测

一、单项选择题

1. 能与托伦试剂反应产生银镜的是（   ）。
   A. 丙醇　　　　　　B. 丙酮　　　　　　C. 甲酸　　　　　　D. 丙酸

2. 既能溶于氢氧化钠，又能溶于碳酸氢钠的是（   ）。
   A. 苯甲酸　　　　　B. 苯酚　　　　　　C. 苯甲醇　　　　　D. 苯甲醚

3. 不能与2,4-二硝基苯肼产生沉淀的是（   ）。

   A. $CH_3\overset{O}{\underset{\|}{C}}CH_2CH_3$　　B. $CH_3\overset{O}{\underset{\|}{C}}CH_2COOH$　　C. CH_3CH_2COOH　　D. [苯环连$\overset{O}{\underset{\|}{C}}CH_3$]

4. 能形成内酯的化合物是（   ）。

   A. $CH_3CH_2CH_2COOH$　　B. $CH_3CH_2\underset{\underset{OH}{|}}{C}HCOOH$　　C. $CH_3\underset{\underset{OH}{|}}{C}HCH_2COOH$　　D. $\underset{\underset{OH}{|}}{C}H_2CH_2CH_2COOH$

5. 下列药物易潮解失效的是（   ）。

   A. [苯环，COOH，OH邻位]　　B. [苯环，CHO，NO₂]　　C. [苯环，COOH，OCOCH₃]　　D. [苯环，O₂N对位，COCH₃]

6. 下列相对分子质量相近的化合物沸点最高的是（   ）。
   A. 醇　　　　　　　B. 烷烃　　　　　　C. 羧酸　　　　　　D. 醛

7. 下列化合物酸性最强的是（   ）。

   A. $CH_3CH_2\underset{\underset{Cl}{|}}{C}HCOOH$　　B. $CH_3CH_2CH_2COOH$　　C. $CH_3\underset{\underset{Cl}{|}}{C}HCH_2COOH$　　D. $CH_3CH_2\underset{\underset{OH}{|}}{C}HCOOH$

8. 遇$FeCl_3$显色的化合物是（   ）。

   A. [苯环，COOH，CH₂OH]　　B. [苯环，CHO，OH]　　C. [环己烷，COOH，OH]　　D. [苯环，COOH]

9. 受热不能发生脱羧反应的是（　　　）。

A. $RCCH_2COOH$（含羰基O）
B. CH_3CH_2COOH
C. $HOOC-COOH$
D. $HOOCH_2COOH$

10. α-羟基酸受热发生脱水反应的主要产物是（　　　）。

A. 交酯
B. α,β-不饱和羧酸
C. 内酯
D. 酸酐

二、命名下列化合物或写出结构式

1. CH_3CHCH_2COOH（含 CH_3 支链）

2. $HOOC-C=CHCOOH$（含 CH_3）

3. 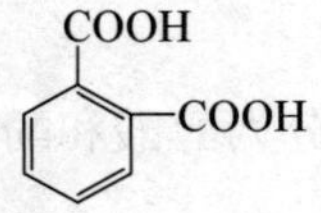 苯环上邻位 COOH 和 COOH

4. 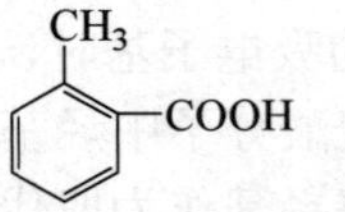 苯环上邻位 CH_3 和 COOH

5. $H_3C-C-OCH_2CH_3$（含羰基O）

6. 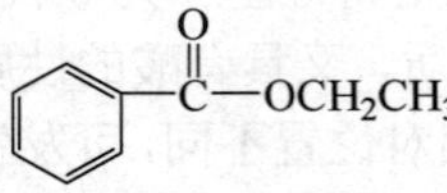 苯环连 $-C-OCH_2CH_3$（含羰基O）

7. 苯甲酸甲酯

8. 2,4-二甲基戊酸

9. 草酸

10. 邻苯二甲酸酐

三、完成下列反应方程式

1. $CH_3CH_2CHCOOH$（含 CH_3）$\xrightarrow{PCl_3}$

2. $CH_3CH_2CHCOOH$（含 CH_3）$+ CH_3CH_2CH_2OH \xrightarrow[\triangle]{H_2SO_4}$

3. $CH_3CH_2CHCOOH$（含 CH_3）$\xrightarrow[\triangle]{NH_3}$

4. $CH_3CH_2CH=CHCOOH \xrightarrow{LiAlH_4}$

5. CH_3CHCH_2COOH（含 OH）$\xrightarrow{\triangle}$

四、鉴别下列各组化合物

1. 甲酸、乙醛、乙酸

2. 苯甲酸、环己醇、对甲苯酚

第八章　羧酸衍生物及油脂

 学习目标

知识目标

1. 掌握羧酸衍生物的命名、羧酸衍生物的化学性质，以及与酰基亲核反应的活性。
2. 理解羧酸衍生物的定义、分类，酰基碳上的亲核取代反应和羰基还原反应机理。
3. 了解油脂和碳酸衍生物的物理性质、重要的羧酸衍生物和制备方法。

能力目标

1. 能够运用命名原则对各类羧酸衍生物进行命名。
2. 能够利用羧酸衍生物的物理化学性质对其分离提纯、鉴别和合成。
3. 能通过分析羧酸衍生物结构特征理解各类酰基亲核反应的活性。

第一节　羧酸衍生物

情景导入

医生在治疗发热、疼痛及类风湿关节炎等疾病时，经常会给患者开出一种白色的圆形小药片，这就是阿司匹林，它的出现是人类历史和医学史上最伟大的发明之一，被誉为"神药"。作为有史以来最著名，使用最广泛的药物，自 1897 年德国拜耳公司研发上市以来，人类已经消耗了约一万亿片阿司匹林。起初，在抗炎、止痛和退烧方面的特效功能使得阿司匹林风靡全球，进一步的研究发现，它还具有抗血栓作用，可用于治疗中风和心肌梗死等疾病。阿司匹林的分子结构为乙酰水杨酸，是水杨酸的酚羟基乙酰化后的衍生物。

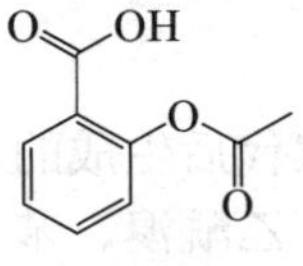

阿司匹林

问题：1. 阿司匹林的结构特点是什么？由水杨酸如何得到阿司匹林？
2. 酯类化合物的性质有哪些？

羧酸衍生物是指羧酸分子中羧基上的羟基被其他原子或基团取代后生成的化合物。羧酸衍生物的结构中都含有酰基（ $R-\overset{\text{O}}{\underset{\|}{C}}-$ ），故又称为酰基化合物，可用通式 $R-\overset{\text{O}}{\underset{\|}{C}}-L$ （L=—X、—OR、—OCOR、—NH$_2$）表示。羧酸衍生物主要有酰卤、酯、酸酐和酰胺四种：

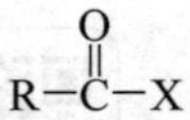

酰基是羧酸分子中去掉羟基后剩余的基团。酰基的名称是根据相应的羧酸来命名的，称为"某酰基"（表 8-1）。

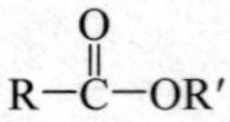

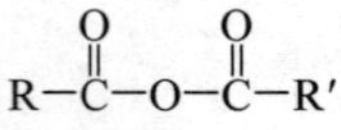

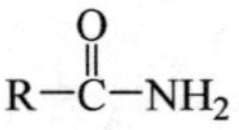

表 8-1 常见酰基

羧酸		对应酰基	
乙酸	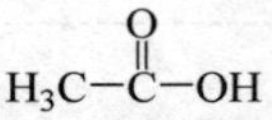	乙酰基	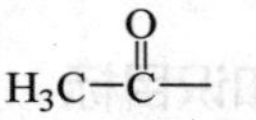
丙烯酸	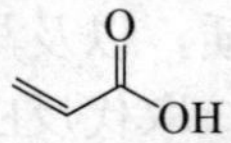	丙烯酰基	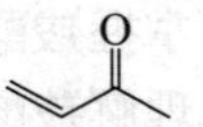
苯甲酸	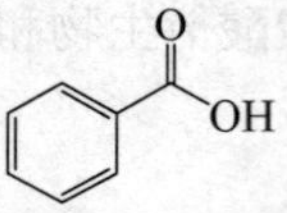	苯甲酰基	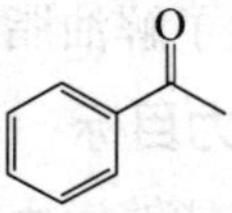
4-硝基苯磺酸	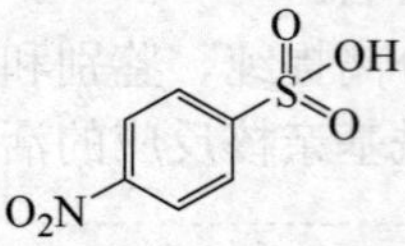	4-硝基苯磺酰基	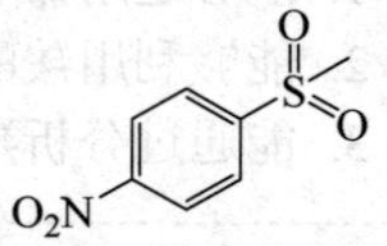

羧酸衍生物在化学合成和药物开发中具有重要作用，尤其是酯和酰胺结构广泛存在于药物分子中。

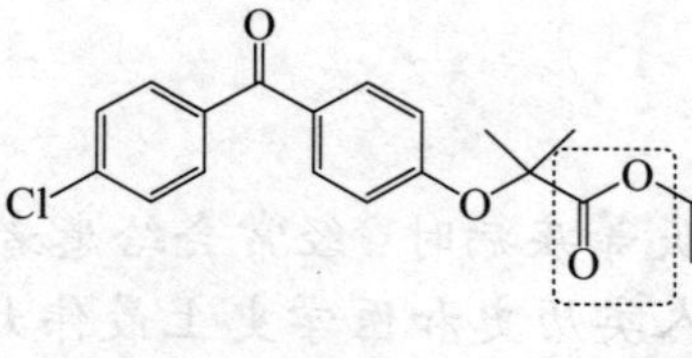

非诺贝特

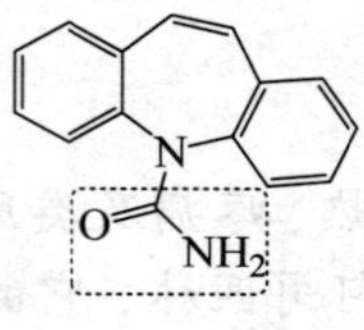

卡马西平

一、羧酸衍生物的命名

羧酸衍生物，通常把相应的羧酸名称去掉"酸"字，再加上酰卤、酸酐、酰胺等名词进行命名。

（一）酰卤

羧酸分子羧基中的羟基被卤素原子取代后生成的化合物，称为酰卤，命名时酰基名称在前，卤素名称在后，称为某酰卤。如甲酰氯、乙酰溴、苯甲酰氯等。

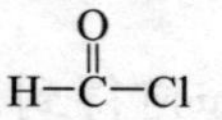

甲酰氯 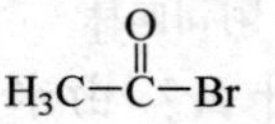 乙酰溴 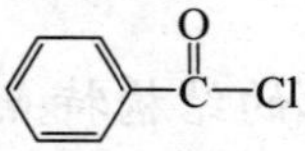 苯甲酰氯

（二）酸酐

酸酐可以看作是羧酸脱水的产物，根据两个脱水的羧酸分子是否相同，可以分为单酐和混酐。命名时，在原来羧酸名称之后加"酐"字，单酐直接称为"某酸酐"，混酐命名时较小的羧酸在前，较大的羧酸在后称为"某某酸酐"，如：

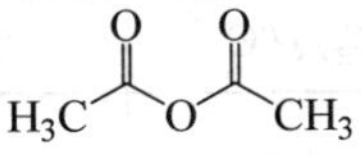

乙酸酐 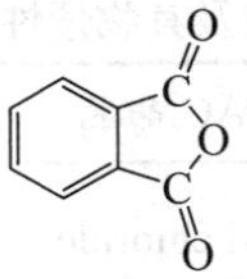　　　　　邻苯二甲酸酐 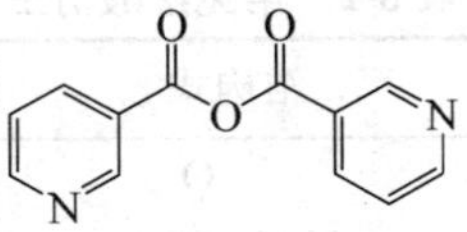　　　　3-吡啶甲酸酐 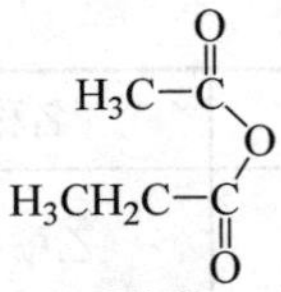　　　　乙丙酸酐

（三）酯

根据形成它的酸和醇命名，一元醇和酸形成的酯把某醇改为某酯，称作"某酸某酯"，多元醇和羧酸形成的酯称为"某醇某酸酯"，环状酯称为内酯，成环方式可用希腊字母（α、β、γ、δ等）注明。如：

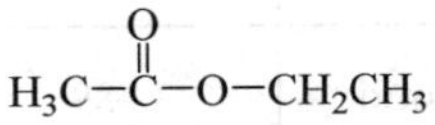

乙酸乙酯 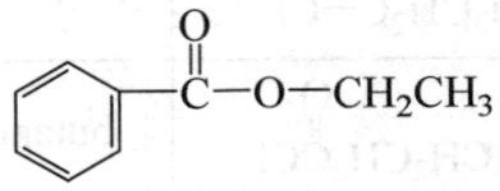　　　　　　　苯甲酸乙酯 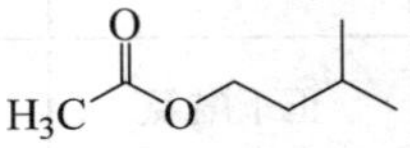　　　　　　　乙酸异戊酯

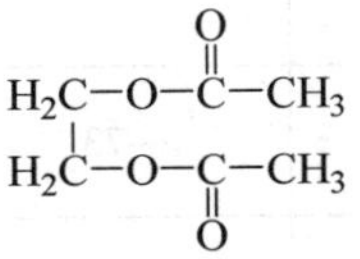

乙二醇二乙酸酯 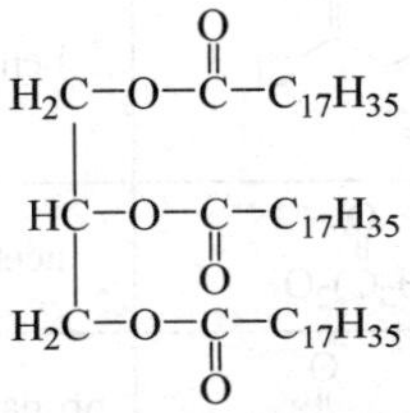　　　　　丙三醇三硬脂酸酯 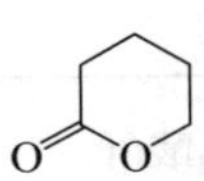　　　　δ-戊内酯

（四）酰胺

酰胺可以看作酰基与氨基直接相连的化合物，根据酰基的不同称作"某酰胺"，当酰胺的氮原子上连有烃基时可用"N"表示烃基的位置。环状酰胺称为内酰胺，成环方式可用希腊字母（α、β、γ、δ等）注明。如：

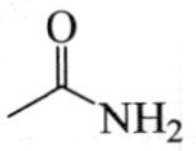

乙酰胺 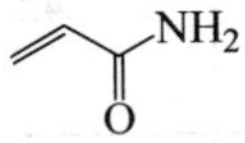　　　丙烯酰胺 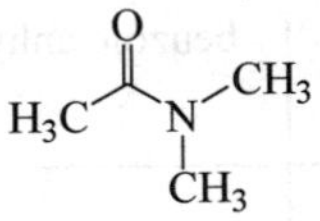　　　N,N-二甲基乙酰胺 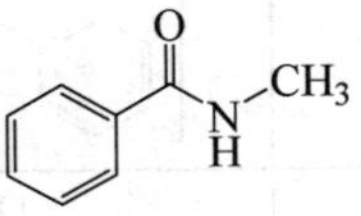　　　N-甲基苯甲酰胺 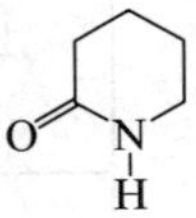　　　δ-戊内酰胺

二、羧酸衍生物的物理性质

羧酸衍生物的分子中都含有羰基，因此，它们都是极性化合物。低级酰卤和酸酐都是具有刺激性气味的无色液体，易水解。高级的酰卤和酸酐为白色固体。酰卤分子中没有羟基，不能通过氢键缔合，因此，酰卤的沸点较相应的羧酸低。酸酐的沸点较相对分子质量相当的羧酸低（例如，乙酸酐的相对分子质量为 102，沸点为 139.6℃，戊酸相对分子质量为 103，沸点为 186℃），但比相应的羧酸高。酯的沸点比相应的羧酸和醇都要低，而与含相同碳原子数的醛或酮相当。

酰卤、酸酐和酯不溶于水，低级酰胺溶于水，且随着相对分子质量的增加，溶解度降低。酯常为液体，低级酯具有芳香气味，存在于花、果中，如香蕉中含乙酸异戊酯，苹果中含戊酸乙酯，菠萝中含丁酸酯等。高级酯为蜡状固体。酯的相对密度比水小，可溶于有机溶剂，其本身也是优良的有机溶剂。酰胺的氨基上氢原子可在分子间形成氢键，因此酰胺的沸点比相应的羧酸高，除甲酰胺外，其余酰胺均为结晶固体。

表 8-2 列出了羧酸衍生物的名称及其物理性质。

表 8-2　常见羧酸衍生物的名称及其物理性质

类别	名称	结构式	IUPAC 命名	熔点/℃	沸点/℃
酰卤	乙酰氯	$H_3C-\overset{O}{\overset{\|}{C}}Cl$	acetyl chloride	−112	51
	乙酰溴	$H_3C-\overset{O}{\overset{\|}{C}}Br$	acetyl bromide	−96	76.7
	乙酰碘	$H_3C-\overset{O}{\overset{\|}{C}}-I$	acetyl iodide	—	108
	丙酰氯	$CH_3CH_2\overset{O}{\overset{\|}{C}}-Cl$	propanoyl chloride	−94	80
	正丁酰氯	$CH_3CH_2CH_2\overset{O}{\overset{\|}{C}}Cl$	butanoyl chloride	−89	102
	苯甲酰氯	⬡$\overset{O}{\overset{\|}{C}}$Cl	benzoyl chloride	−1	197
酸酐	乙酸酐	$(CH_3\overset{O}{\overset{\|}{C}})_2O$	acetic anhydride	−73	139.6
	丙酸酐	$(CH_3CH_2\overset{O}{\overset{\|}{C}})_2O$	propanoic anhydride	−45	169
	丁二酸酐		butanedioic anhydride	119.6	261
	苯甲酸酐		benzoic anhydride	42	360
	顺丁烯二酸酐		(Z)-2-butenedioic anhydride	53	202
	邻苯二甲酸酐		1,2-benzenedicarboxylic anhydride	132	284.5
酯	甲酸甲酯	$H\overset{O}{\overset{\|}{C}}OCH_3$	methyl formate	−100	32
	甲酸乙酯	$H\overset{O}{\overset{\|}{C}}OCH_2CH_3$	ethyl formate	−80	54
	乙酸乙酯	$CH_3\overset{O}{\overset{\|}{C}}OCH_2CH_3$	ethyl acetate	−83	77
	乙酸戊酯	$CH_3\overset{O}{\overset{\|}{C}}O(CH_2)_4CH_3$	pentyl acetate	−78	142

续表

类别	名称	结构式	IUPAC 命名	熔点/℃	沸点/℃
酯	丙二酸二乙酯	$H_2C\begin{smallmatrix}COC_2H_5\\COC_2H_5\end{smallmatrix}$	diethyl malonate	−50	199
	苯甲酸乙酯	苯环—CO—OC₂H₅	ethyl benzoate	−34	213
酰胺	甲酰胺	$HCNH_2$	formamide	2.5	200（分解）
	乙酰胺	CH_3CNH_2	acetamide	81	222
	丙酰胺	$CH_3CH_2CNH_2$	propanamide	79	213
	丁酰胺	$CH_3CH_2CH_2CNH_2$	butyramide	116	216
	N,N-二甲基甲酰胺	$HCN(CH_3)_2$	N,N-dimethyl formamide	−61	153
	苯甲酰胺	苯环—CO—NH₂	benzamide	130	290

三、羧酸衍生物的化学性质

在羧酸衍生物中，羰基碳原子带部分正电荷，易受亲核试剂进攻，可以发生酰基上的亲核取代反应，如与水、醇和氨（或胺）等发生水解、醇解和氨解反应。羰基中的碳氧不饱和双键可以发生还原反应，生成醇或胺类化合物。

扫一扫

羧酸衍生物的化学
性质视频

（一）水解反应

酰卤、酸酐、酯、酰胺在不同条件下与水反应，最终产物都是羧酸。

$$
\begin{array}{l}
R-\overset{O}{\underset{}{C}}-X \\
R-\overset{O}{\underset{}{C}}-O-\overset{O}{\underset{}{C}}-R' \\
R-\overset{O}{\underset{}{C}}-OR' \\
R-\overset{O}{\underset{}{C}}-NH_2
\end{array}
\;+\; H-OH \;\longrightarrow\;
\begin{array}{l}
\longrightarrow R-\overset{O}{\underset{}{C}}-OH + HX \\
\overset{\triangle}{\longrightarrow} R-\overset{O}{\underset{}{C}}-OH + R'-\overset{O}{\underset{}{C}}-OH \\
\overset{H^+或OH^-}{\underset{\triangle}{\longrightarrow}} R-\overset{O}{\underset{}{C}}-OH + R'-OH \\
\overset{H^+}{\underset{或OH^-}{\longrightarrow}} R-\overset{O}{\underset{}{C}}-OH + NH_4^+
\end{array}
$$

酰卤、酸酐与水非常容易反应，低级酰卤和酸酐能被空气中的水分水解；酯在酸催化下的水解，是酯化反应的逆反应，但水解不完全。在碱作用下水解时，产生的酸可与碱生成盐而破坏平衡体系，所以在足量碱的存在下，水解可以进行到底。高级酯在碱作用下的水解反应又叫皂化反应。

例如：

$$CH_3COCl + H_2O \longrightarrow CH_3COOH + HCl$$

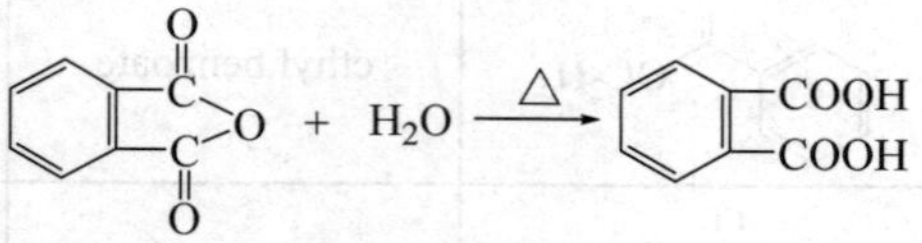

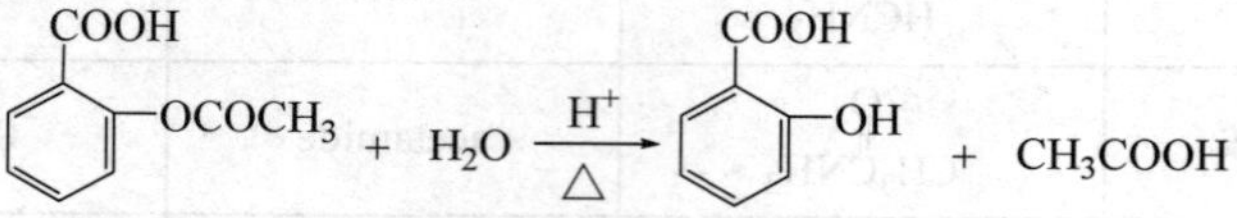

酰胺水解较难，在酸或碱催化下，较长时间加热回流才可完成反应。酰胺在酸性溶液中水解，得到羧酸和铵盐；在碱作用下水解，则得到羧酸盐并放出氨气。

$$R-\overset{O}{\overset{\|}{C}}-NH_2 + H_2O \xrightarrow{NaOH} R-\overset{O}{\overset{\|}{C}}-ONa + NH_3\uparrow$$

羧酸衍生物水解反应活性顺序为：酰卤＞酸酐＞酯＞酰胺。

羧酸衍生物易水解，在使用和保存含有该类结构的药物时应注意防止水解失效。例如，为防止含有酯键的阿司匹林水解失效，应在密封干燥处储存；某些易水解的药物，通常制成粉针剂，临用时再加注射用水配成注射液，如含有β-内酰胺环的青霉素G。青霉素G的水解反应如下：

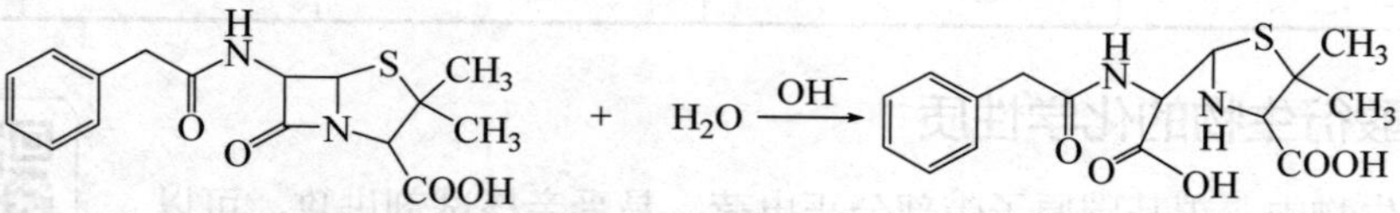

具有内酯结构的药物常因水解开环而失效或减效。例如治疗青光眼的硝酸毛果芸香碱滴眼剂在pH4～5时最稳定，偏碱时，内酯环易水解开环而失效。

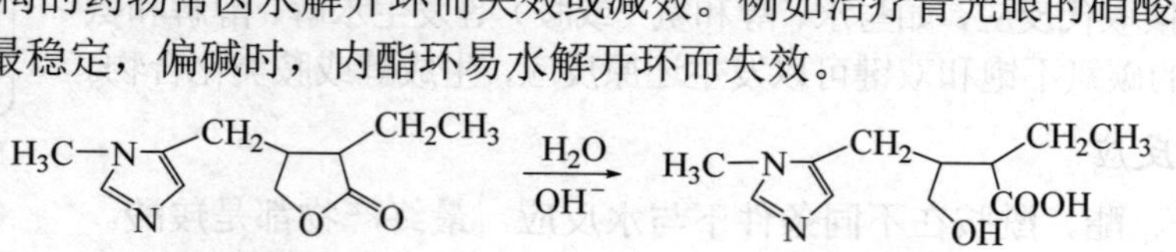

硝酸毛果芸香碱　　　　硝酸毛果芸香酸

还有许多酯类和酰胺类药物在一定的pH范围内比较稳定，配成水溶液时，必须控制溶液的pH。例如，青霉素水溶液稳定的pH为6.0～8.0，酸性条件可加速其降解，不宜用葡萄糖注射液（pH为3.2～5.5）作溶剂。

随堂练习

下列化合物中水解速率最快和最慢的分别是（　　）。

①乙酰胺　②乙酸乙酯　③乙酰氯　④乙酸酐

A 水解最快的是④，最慢的是②

B. 水解最快的是③，最慢的是①

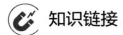
知识链接

青霉素类药物使用须知

青霉素G（苄青霉素）

青霉素类药物是一类含有 3-内酰胺结构的广谱抗生素，因为酰胺结构易水解，因此使用和保存青霉素类药物时应注意防止水解失效。青霉素钾或钠极易溶于水，在胃中易被胃酸破坏，而在血液 pH 值范围内活性最好，因此，可肌内注射或静脉注射给药。青霉素钾注射液中，过高或过低的 pH 值条件下 3-内酰胺环易水解，水解反应随温度升高而加速，裂解为无活性产物青霉酸和青霉素噻唑酸，酸性降解产物可降低 pH 值，从而加速青霉素水解。因此，临床使用应避免高温酸碱，以及重金属离子的侵袭。青霉素钾最适宜 pH 值为 6.0～6.5，由于葡萄糖注射液的酸催化作用及其 pH 值（3.2～5.5）与青霉素钾的稳定 pH 值相差较大，因此 5%～10% 葡萄糖注射液作溶剂易加快其分解，含糖浓度越高降解越快，导致过敏物质增加。在 pH 值为 5～7 的 0.9% 氯化钠溶液、复方氯化钠溶液中，青霉素具有良好的稳定性，因此，它们可以作为青霉素适宜的溶剂。另外，青霉素溶液在室温下放置 24 h 效价损失约 9%。因此，注射液宜现用现配，否则放置时间过长，也会引起青霉素的分解，导致过敏反应的发生。

（二）醇解反应

酰卤、酸酐、酯和酰胺都可与醇发生亲核取代反应生成酯，该反应也叫醇解反应。

酰氯和酸酐可以直接和醇或酚作用生成酯和酸，此法经常用来制备难以直接酯化反应得到的酯。例如酚酯不能用羧酸与醇酯化反应来制取，但用酰氯或酸酐代替酸与酚反应，则反应可顺利进行。

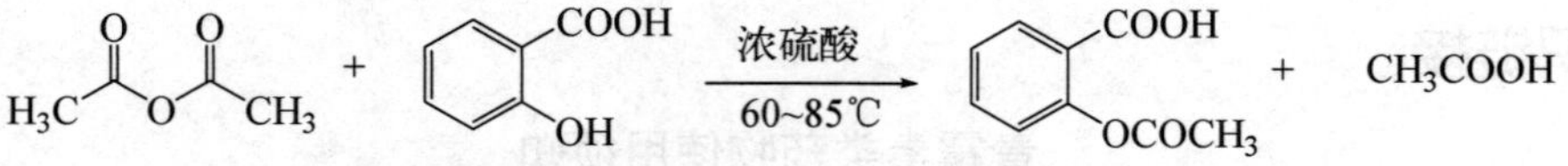

邻羟基苯甲酸（水杨酸）　　乙酰水杨酸（阿司匹林）

酯的醇解反应一般需要在盐酸或醇钠等酸碱催化下才能进行，其反应产物新的酯和新的醇，所以酯的醇解反应又称酯交换反应。

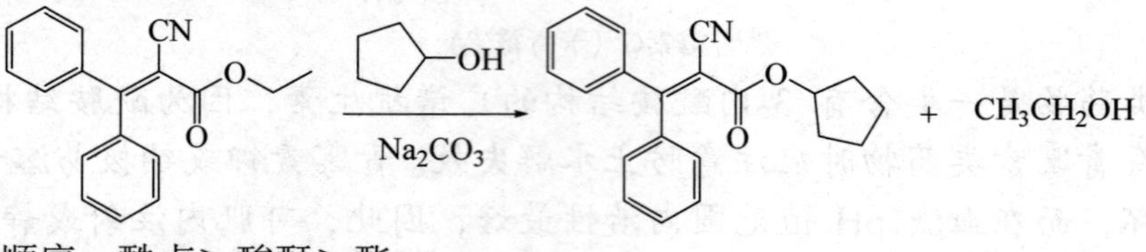

反应活性顺序：酰卤＞酸酐＞酯。

（三）氨解反应

酰氯、酸酐和酯都可与氨（胺）发生亲核取代反应，生成酰胺，这个反应也叫氨解反应，是制备酰胺的常用方法。由于氨或胺具有碱性，其亲核性比水强，因此氨解反应比水解反应更容易进行。酰卤与氨（胺）在较低温度下即迅速反应，得到酰胺和HX，而HX与未反应的氨（胺）成盐，可降低反应速率，因此，实际反应中会加入过量的胺、吡啶或无机碱，以除去生成的盐酸，从而提高反应转化率。

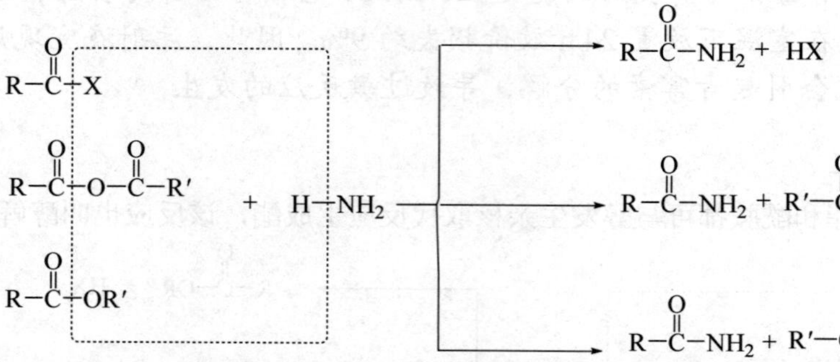

酸酐在无催化剂条件下即可缓慢氨解，生成酰胺和羧酸，如对羟基苯胺与乙酸酐反应，可制备解热镇痛药物对乙酰氨基酚。

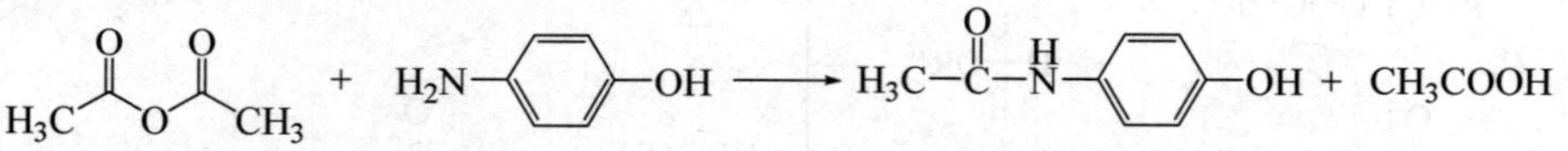

对乙酰氨基酚

环状酸酐与氨（胺）反应可得到酰胺羧酸，其易脱水生成环状酰亚胺。如：

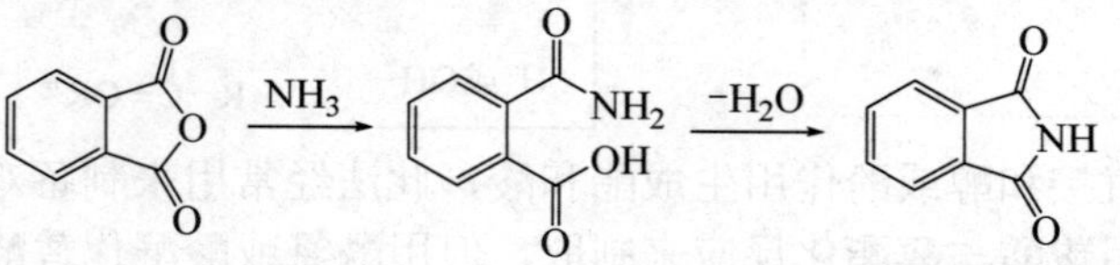

邻苯二甲酰亚胺

酯的氨解需要在碱性催化条件下才能进行，酰胺与氨的反应是可逆的，氨需要过量才可得到*N*-烷基酰胺，因此，该反应意义不大。

上述羧酸衍生物的水解、醇解和氨解反应，可以分别看成水、醇、氨分子中的一个氢原子被酰基取代，这种在化合物分子中引入酰基的反应称为酰化反应。所用试剂称为酰化试剂。羧酸衍生物都可作酰化试剂，但常用的酰化试剂是酰氯和酸酐。

酰化反应可应用于药物的合成和结构修饰，如在药物中引入酰基，可降低药物的副作用，提高药效。如水杨酸和对氨基酚都是因为副作用大只能外用，但酰化后得到的阿司匹林和扑热息痛，都可内服，是常用的解热镇痛药。

酰化能力强弱顺序为酰卤＞酸酐＞酯＞酰胺。

（四）酰胺的特殊反应

酰胺除了具有酰基的一般化学性质以外，因为氮原子上的孤对电子能够与羰基形成 p-π 共轭，结果使氮原子的电子云密度降低，酸性增加，碱性减弱，因此，酰胺接近中性，不能使石蕊变色。对于含有二羰基结构的酰亚胺 $[(RCO)_2NH]$ 化合物，其酸性强于一般的酰胺，并且能够与强碱成盐，如邻苯二甲酰亚胺能够与 KOH 成盐。

$$\text{邻苯二甲酰亚胺} \xrightarrow[\text{乙醚}]{+ NaOH} \text{钠盐} + H_2O$$

1. 脱水反应

伯酰胺与强脱水剂如五氧化二磷（P_2O_5）或亚硫酰氯（$SOCl_2$）在高温加热条件下，可发生分子内脱水得到腈，该反应常被用来制备腈类化合物。

$$(CH_3)_2CHCONH_2 \xrightarrow[200\sim220℃]{P_2O_5} (CH_3)_2CHCN + H_2O$$
$$86\%$$

$$\text{邻氯苯甲酰胺} \xrightarrow[\triangle]{P_2O_5} \text{邻氯苯腈} + H_2O$$
$$95\%$$

2. 霍夫曼（Hoffmann）降解反应

一级酰胺与次卤酸钠在碱性溶液中反应，酰胺分子发生分子内重排，结果酰胺失去羰基，生成少一个碳原子的伯胺，该反应称为霍夫曼（Hoffmann）降解反应，常用于制备伯胺。

$$R-CONH_2 + NaOX + 2NaOH \longrightarrow R-NH_2 + Na_2CO_3 + NaX + H_2O$$

$$\text{邻羧基苯甲酰胺} \xrightarrow[NaOH]{NaOBr} \text{邻氨基苯甲酸} + NaBr + Na_2CO_3 + H_2O$$

该反应应用于制备邻氨基苯甲酸。

 知识链接

β-内酰胺类抗生素

青霉素 G 是最早应用于临床的抗生素，由于它具有杀菌力强、毒性低、价格低廉、使用方便等优点，迄今仍是处理敏感菌所致各种感染的首选药物。基本结构如下：

侧链　　母核

青霉素G（苄青霉素）

但是青霉素有不耐酸、不耐青霉素酶、抗菌谱窄和容易引起过敏反应等缺点，在临床应用中受到一定限制。1959 年以来人们利用青霉素的母核 6-氨基青霉烷酸（6-APA），进行化学改造，接上不同侧链，合成了几百种"半合成青霉素"，有许多已用于临床。β-内酰胺类抗生素（β-lactams）系指化学结构中具有 β-内酰胺环的一大类抗生素。基本上所有在其分子结构中包括 β-内酰胺核的抗生素均属于 β-内酰胺类抗生素，它是现有的抗生素中使用最广泛的一类，包括临床最常用的青霉素与头孢菌素，以及新发展的头霉素类、硫霉素类、单环 β-内酰胺类等其他非典型 β-内酰胺类抗生素。此类抗生素具有杀菌活性强、毒性低、适应证广及临床疗效好等优点。本类药化学结构的改变，特别是侧链的改变，形成了许多不同抗菌谱和抗菌作用以及各种临床药理学特性的抗生素。

四、重要的羧酸衍生物

（一）乙酰氯

乙酰氯又名氯乙酰，熔点–112℃，沸点 52℃，密度为 1.104g/cm³，是一种在空气中发烟的高度易燃无色液体，有窒息性的刺鼻气味，可与水发生剧烈反应生成乙酸和氯化氢。溶于丙酮、乙醚、乙酸、苯、氯仿等有机溶剂，是良好的乙酰化试剂。实验室中可由乙酸、乙酸钠或乙酸酐与各种氯化剂（如三氯氧磷）反应制得。乙酰氯是重要的乙酰化试剂，酰化能力比乙酸酐强，广泛用于有机合成。在医药上可用于制 2,4-二氯-5-氟苯乙酮（环丙沙星的中间体）、布洛芬等。乙酰氯也是羧酸发生氯化反应的催化剂。

（二）乙酸酐

简称乙酐，又名醋酸酐，为无色有极刺激性气味的液体，沸点 140℃，微溶于水，易溶于乙醚、苯和氯仿。工业上用乙酸钴-乙酸铜作催化剂，在 2.5～5MPa、40～50℃条件下，用氧气将乙醛氧化成过氧乙酸，后者与乙醛作用生成乙酸酐。乙酸酐是重要的乙酰化试剂，用于合成醋酸纤维、染料、药物和香料等，在医药工业中用于制造氯霉素、痢特灵、地巴唑、咖啡因、阿司匹林、磺胺药物等。

（三）邻苯二甲酸酐

为白色针状晶体，不溶于冷水，微溶于热水、乙醚，溶于乙醇、吡啶、苯、二硫化碳等，熔点 132℃，易升华。工业上用萘或邻二甲苯蒸气在钒催化剂存在时由空气氧化制得。邻苯二甲酸酐作为一种常用的酰化剂，它与某些酚类反应，能生成一些显色的化合物，例如，酚酞、荧光素等。邻苯二甲酸酐也是重要的有机化工原料，是制备邻苯二甲酸酯类增塑剂、涂料、糖精、染料和有机化合物的重要中间体。

（四）乙酸乙酯

为无色可燃性的液体，熔点–83℃，沸点 77℃，有水果香味，微溶于水，溶于乙醇、乙醚和氯仿等有机溶剂。实验室可通过乙酸和乙醇酯化反应制得，工业上少量乙酸乙酯可用作香精；因其具有优异的溶解能力，乙酸乙酯是许多类树脂的高效溶剂，广泛应用于油墨、人造革生产中。乙酸乙酯可以发生水解反应、醇解反应，可用于合成硝酸纤维、乙基纤维、氯化橡胶、乙烯树脂、乙酸纤维素酯、纤维素乙酸丁酯和合成橡胶等。

（五）丙二酸二乙酯

简称丙二酸酯，为无色有香味的液体，熔点–50℃，沸点 199℃；相对密度为 1.0551（20℃/4℃），微溶于水，易溶于乙醇、乙醚等有机溶剂。丙二酸二乙酯是重要的有机合成中间体，在医药行业主要用于磺胺嘧啶和巴比妥药物中间体（烷基丙二酸二乙酯和巴比妥酸）的合成，在染料、香料、磺酰脲类除草剂等生产中用于苯并咪唑酮类有机颜料的合成。

（六）N, N-二甲基甲酰胺

简称 DMF，为无色透明液体，熔点−61℃，沸点 153℃，能溶解多种难溶的有机物和高聚物，是一种重要的有机溶剂，常用作聚氨酯、聚丙烯腈和聚氯乙烯的溶剂。DMF 也用作甲酰化试剂，有刺激毒性，农药工业中可用来生产杀虫脒；医药工业中可用于合成碘胺嘧啶、多西环素、可的松等。

 知识链接

乙酸酐的特殊管制

　　乙酸酐是一种重要的乙酰化试剂，也是化学实验室人员最熟悉的管制化学品之一。乙酸酐作为化学合成实验室的常用试剂，在药物合成与滴定分析时都会用到。然而，根据 2005 年 8 月 17 日国务院发布的《易制毒化学品管理条例》中列管的易制毒化学品目录，乙酸酐属于国家监管的易制毒化学品中的第二类。最重要的原因是在海洛因的制造过程中，乙酸酐作为乙酰化试剂起到非常重要的作用。此外，乙酸酐也用于第一类精神药品安眠酮的合成。因此，我国对乙酸酐的生产、经营、购买、运输和进口、出口均实行严格的管理和审批制度，以确保乙酸酐用于合法用途，比如用于醋酸纤维的制造、药品对乙酰氨基酚的合成。

第二节　油　脂

　　油脂是油和脂肪的统称。自然界中油脂分布广泛，植物的种子、动物的组织和器官中均含有一定数量的油脂。油脂的主要生理功能是贮存和供应热能，1g 油脂在体内完全氧化时（生成二氧化碳和水），大约可以产生 39.8kJ 的热能，提供的能量比糖类和蛋白质约高一倍。油脂还是构成机体组织的主要成分，能够提供人体必需的脂肪酸，还可促进脂溶性维生素（维生素 A、维生素 D、维生素 E、维生素 K）等物质的吸收。

一、油脂的组成与结构

从化学成分上来讲油脂都是高级脂肪酸的甘油酯。通常将常温下呈液态的油脂称为油，如花生油、芝麻油、豆油等植物油；将呈固态或半固态的油脂称为脂，如猪、牛、羊等动物油脂（习惯上也称为猪油、牛油、羊油）。从结构上看，油脂是由 1 分子甘油和 3 分子高级脂肪酸脱水形成的化合物，称为甘油三酯，其结构通式如下：

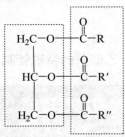

甘油片段　　脂肪酸片段

上述结构通式中 R、R′ 和 R″ 分别代表脂肪酸的烃基，如果 R、R′ 和 R″ 相同，则称为单甘油酯，如果 R、R′ 和 R″ 不同，则称为混甘油酯，天然油脂大多为甘油酯的混合物。

甘油三酯是人体内含量最多的脂类，人体血液中含量正常值为 0.45～1.69mmol/L，低于正常范围，表明患者可能处于营养不良状态；高于正常范围，表明患者血液黏度高，可能存在高甘油三酯血症。

表 8-3 所列为常见的高级脂肪酸及其油脂来源。

表 8-3　常见的高级脂肪酸及其油脂来源

名称	系统命名	结构式	来源
肉豆蔻酸	十四酸	$CH_3(CH_2)_{12}COOH$	椰子油、奶油
软脂酸	十六酸	$CH_3(CH_2)_{14}COOH$	棕榈油、猪油
硬脂酸	十八酸	$CH_3(CH_2)_{16}COOH$	猪油、牛油
棕榈油酸	十六碳-9-烯酸	$CH_3(CH_2)_5CH{=}CH(CH_2)_7COOH$	鲸脂油、奶油
油酸	顺十八碳-9-烯酸	$CH_3(CH_2)_7CH{=}CH(CH_2)_7COOH$	橄榄油、花生油
亚油酸	十八碳-9,12-二烯酸	$CH_3(CH_2)_4HC{=}CHCH_2CH{=}CH(CH_2)_7COOH$	棉籽油、大豆油
亚麻油酸	十八碳-9,12,15-三烯酸	$CH_3CH_2CH{=}CHCH_2CH{=}CHCH_2CH{=}CH(CH_2)_7COOH$	亚麻油、玉米油
DHA	二十二碳-4,7,10,13,16,19-六烯酸	$CH_3CH_2(CH{=}CHCH_2)_6CH_2COOH$	鱼油、海产品

多数饱和脂肪酸在人体内能够合成，而不饱和脂肪酸如亚油酸、亚麻酸、花生四烯酸在人体内不能合成，只能从食物获取，这些脂肪酸称为必需脂肪酸。必需脂肪酸对于维持人体机能具有重要作用，如花生四烯酸是合成前列腺素的原料，二十二碳六烯酸（DHA）不仅是大脑所需的营养物质，还具有降低血脂、抗血栓的作用，被誉为"脑黄金"。

二、油脂的物理性质

油脂中含有较多不饱和脂肪酸时呈液态，含有较多饱和脂肪酸时呈固态。纯净的油脂无色、无味，但天然的油脂因溶有胡萝卜素、叶绿素等色素或维生素而带有一定的颜色和气味。油脂比水轻，难溶于冷水，易溶于汽油、乙醚、氯仿等有机溶剂。天然油脂多为多种脂肪酸甘油酯的混合物，没有固定的熔点和沸点。

三、油脂的化学性质

油脂是高级脂肪酸的甘油酯，它具有酯的典型反应，如发生水解反应。此外，不饱和脂肪酸含有的烯烃双键还能发生加成反应和氧化反应等。

（一）水解反应

油脂在酸、碱或酶等催化剂的作用下能发生水解反应，生成甘油和脂肪酸。在碱性条件下完全水解，生成甘油与高级脂肪酸的钠盐，高级脂肪酸钠盐可以制作肥皂，所以油脂在碱性溶液中的水解反应又称皂化反应。高级脂肪酸钠盐组成的肥皂，就是常用的普通肥皂，由高级脂肪酸钾盐组成的肥皂，称为钾肥皂，又称软皂，软皂对人体皮肤刺激性小，常用作洗发水或皮肤病药。

$$
\begin{array}{ccc}
H_2C-O-\overset{\displaystyle O}{\overset{\|}{C}}-C_{17}H_{33} & & H_2C-OH \quad C_{17}H_{33}COOK \\
HC-O-\overset{\displaystyle O}{\overset{\|}{C}}-C_{15}H_{31} + 3KOH \xrightarrow[\triangle]{皂化} & HC-OH + C_{15}H_{31}COOK \\
H_2C-O-\overset{\displaystyle O}{\overset{\|}{C}}-C_{17}H_{35} & & H_2C-OH \quad C_{17}H_{35}COOK \\
油脂 & & 甘油 \qquad 软皂
\end{array}
$$

1g 油脂完全皂化时所需要的氢氧化钾的质量（单位是 mg）称为皂化值。由于各种油脂含有不同的甘油酯，所以各种油脂的平均相对分子质量是不同的。皂化值与油脂的相对平均分子质量成反比，皂化值越大，表明油脂的分子质量越低，从皂化值的大小，可以计算油脂的相对平均分子质量。

（二）加成反应

1. 加氢

含有不饱和脂肪酸的油脂，因分子中含有不饱和碳碳双键，所以可以通过催化加氢方法还原（一般在 200℃，0.1～0.3MPa，Ni 催化下进行），所得产品是固体，为较硬的酯，所以该反应也叫"油的硬化"。硬化油不仅便于储存和运输，在工业上也有广泛的用途。

$$
\begin{array}{cc}
H_2C-O-\overset{\displaystyle O}{\overset{\|}{C}}-(CH_2)_7CH=CH(CH_2)_7CH_3 & H_2C-O-\overset{\displaystyle O}{\overset{\|}{C}}-(CH_2)_{16}CH_3 \\
HC-O-\overset{\displaystyle O}{\overset{\|}{C}}-(CH_2)_7CH=CH(CH_2)_7CH_3 \xrightarrow[Ni]{3H_2} & HC-O-\overset{\displaystyle O}{\overset{\|}{C}}-(CH_2)_{16}CH_3 \\
H_2C-O-\overset{\displaystyle O}{\overset{\|}{C}}-(CH_2)_7CH=CH(CH_2)_7CH_3 & H_2C-O-\overset{\displaystyle O}{\overset{\|}{C}}-(CH_2)_{16}CH_3 \\
三油酸甘油酯 & 三硬脂酸甘油酯
\end{array}
$$

2. 加碘

含有不饱和键的油脂，还可以与碘发生加成反应，100g 油脂与碘加成所需碘的质量（单位：g）叫作碘值，碘值越大表示油脂的不饱和程度越大。

（三）氧化和聚合反应

由于油脂中含有不饱和酸，在空气及细菌作用下，易酸败变质，产生有刺激性臭味的低级醛，导致油脂不能食用。含有共轭双键的油类，易发生聚合反应，生成复杂的聚合物。例如桐油在空气中可干化成膜，可能是一系列氧化聚合的结果。油脂酸败、氧化的重要特征是油脂中脂肪酸含量增加，可用 KOH 中和来测定。中和 1g 油脂所需的氢氧化钾的质量（单位：mg）称为酸值，酸值是油脂中游离脂肪酸的量度标准。酸值越大，表示油脂中游离脂肪酸含量越多。

四、油脂在医药上的应用

油脂不仅是人体机能所需的营养元素，而且还具有某些药物功效，广泛应用于医药工业中。

（一）制造脂肪乳

橄榄油和大豆油作为原料药的活性成分，可用于制造肠外营养中的营养脂质乳剂产品。它们可为无法自行进食的患者提供能量和必需脂肪酸。

（二）作为药物基质原料

麻油对人体温和无刺激，可用作膏药的基质原料。实验证明麻油熬炼时泡沫较少，制成的膏药外观光亮，且麻油药性清凉，有消炎、镇痛等作用。此外，凡碘值在 100～130g 左右的半干性油，如菜油、棉籽油和花生油等也都可代替麻油。

（三）改善药物吸收性能

许多药物制剂中的活性成分水溶性较差，口服难以吸收，采用脂质药用辅料可以改善药物吸收性能，如油脂（甘油三酯）和类脂（磷脂、固醇类）等脂质。近年来美国食品药品监督管理局（FDA）批准的脂质制剂中，大多数是软胶囊、硬壳胶囊和口服溶液。此外，芝麻油、橄榄油、大豆油等可用于制备维生素 D 和其他脂溶性维生素以及异维 A 酸的口服制剂，用以改善药物吸收性能。

（四）作为药物活性成分

《纲目拾遗》和《中国医药宝典》均记载茶油可解毒、杀菌；《中国药典》将茶油列为药用油脂，用于医治外伤、烫伤、消炎生肌，也用于防治头癣、湿疹、皮肤瘙痒、预防皮肤癌变等。庚酸、辛酸、壬酸、癸酸、月桂酸、豆蔻酸以及一些特异性脂肪酸，它们的单体或混合物均具有很强的抑菌作用，是油脂中抗菌的有效成分。

尽管油脂在医药工业中已广泛应用，然而，其作为药物活性成分使用还有很大的研究空间，无论是用种仁粉末，还是油脂、焦油，长久以来只知其疗效，而未对其有效成分进行研究，这主要是由油脂成分分离和鉴定困难所致的。随着仪器分析手段的发展，以及科学研究的不断深入，油脂在医药工业方面的应用将会越来越广泛。

第三节　碳酸衍生物

碳酸可看作是羟基甲酸或共用一个羰基的二元羧酸。碳酸分子中的一个或两个羟基被其他基团取代后的生成物叫作碳酸衍生物。重要的碳酸衍生物如碳酰氯、碳酰胺，可以看作是碳酸的二元取代物。由于碳酸不稳定，不能以游离状态存在，所以碳酸衍生物不是由碳酸直接制备的。

$$\underset{\text{碳酸}}{\mathrm{HO-\overset{\overset{\textstyle O}{\|}}{C}-OH}} \qquad \underset{\text{碳酰氯}}{\mathrm{Cl-\overset{\overset{\textstyle O}{\|}}{C}-Cl}} \qquad \underset{\text{碳酰胺}}{\mathrm{H_2N-\overset{\overset{\textstyle O}{\|}}{C}-NH_2}}$$

一、碳酰氯

碳酰氯俗称光气，是一种极毒带甜味的无色气体，有腐草臭，熔点–118℃，沸点8.2℃。人体微量吸入也危险，有累积中毒作用，第一次世界大战时曾被用作军用毒气。最初是由一氧化碳和氯在日光照射下得到的。目前工业上使用一氧化碳和氯气为原料，以活性炭作催化剂，在200℃时反应制得。

$$CO \ + \ Cl_2 \ \xrightarrow[200℃]{活性炭} \ Cl-\overset{O}{\overset{\|}{C}}-Cl$$

碳酰氯具有酰氯的一般特性，可水解生成 CO_2 和 HCl，醇解生成碳酸酯，氨解生成尿素。它是有机合成上的一种重要原料，可用来生产染料、安眠药、泡沫塑料和聚碳酸酯塑料等。

$$Cl-\overset{O}{\overset{\|}{C}}-Cl
\begin{cases}
\xrightarrow{H_2O} \ Cl-\overset{O}{\overset{\|}{C}}-OH \longrightarrow CO_2 \ + \ HCl \\
\xrightarrow{NH_3} \ H_2N-\overset{O}{\overset{\|}{C}}-NH_2 \\
\xrightarrow{ROH} \ Cl-\overset{O}{\overset{\|}{C}}-OR
\begin{cases}
\xrightarrow{NH_3} \ H_2N-\overset{O}{\overset{\|}{C}}-OR \\
\xrightarrow{R'OH} \ R'O-\overset{O}{\overset{\|}{C}}-OR
\end{cases}
\end{cases}$$

二、碳酰胺

碳酰胺俗称尿素或脲，可以看作是碳酸两个羟基被氨基取代的产物。尿素是人或哺乳动物体内蛋白质分解代谢的排泄物。尿素最初由尿中取得，成人每天排出约30g尿素，为白色菱形或针状结晶，无臭，味咸，熔点133℃，易溶于水和乙醇，不溶于醚。工业上以二氧化碳和过量氨在加压加热条件下直接反应生成尿素。

尿素具有酰胺的一般化学性质，但由于两个氨基同时连接在同一个酰基上，因此又具有特有的性质。

（一）成盐

尿素呈极弱碱性，不能使石蕊试纸变色，能与强酸形成盐，例如尿素与草酸反应生成不溶于水的草酸脲。

$$2\,CO(NH_2)_2 \ + \ \overset{COOH}{\underset{COOH}{|}} \longrightarrow \left[H_2N-\overset{O}{\overset{\|}{C}}-NH_2 \right]_2 H_2C_2O_4\downarrow$$

尿素的硝酸盐或草酸盐是难溶于水的白色结晶，借此可以从尿中提取或鉴别尿素。

（二）水解

尿素属于酰胺类化合物，具有酰胺的一般化学性质，在酸、碱或尿素酶作用下，可水解生成氨（或铵盐），故可用作氮肥。

$$H_2N-\overset{O}{\overset{\|}{C}}-NH_2 \ + \ H_2O
\begin{cases}
\xrightarrow{2HCl} CO_2\uparrow + 2\,NH_4Cl \\
\xrightarrow{NaOH} 2\,NH_3\uparrow + Na_2CO_3 \\
\xrightarrow{酶} CO_2\uparrow + 2\,NH_3\uparrow
\end{cases}$$

（三）与亚硝酸反应

尿素分子中含有氨基，与亚硝酸作用可生成二氧化碳，并放出氮气。此反应可用来测定尿的含量或除去某些反应中过量的亚硝酸。

$$\text{H}_2\text{N}-\overset{\overset{\text{O}}{\|}}{\text{C}}-\text{NH}_2 \xrightarrow{2\ \text{HONO}} \text{CO}_2\uparrow + 2\ \text{N}_2\uparrow + 3\ \text{H}_2\text{O}$$

（四）缩合反应

将固体尿素缓慢加热到熔点左右温度（150～160℃），两分子尿素可脱去一分子氨，生成缩二脲。

$$\text{H}_2\text{N}-\overset{\overset{\text{O}}{\|}}{\text{C}}-\boxed{\text{NH}_2} + \boxed{\text{H}-\overset{\text{H}}{\underset{}{\text{N}}}}-\overset{\overset{\text{O}}{\|}}{\text{C}}-\text{NH}_2 \xrightarrow{150\sim160℃} \text{H}_2\text{N}-\overset{\overset{\text{O}}{\|}}{\text{C}}-\overset{\text{H}}{\underset{}{\text{N}}}-\overset{\overset{\text{O}}{\|}}{\text{C}}-\text{NH}_2 + \text{NH}_3\uparrow$$

缩二脲以及分子中含有两个以上—CO—NH—基的有机化合物（如多肽和蛋白质等），均能使硫酸铜的碱溶液变成紫色，这个反应叫作缩二脲反应，常用于有机分析鉴定。

三、丙二酰脲

尿素与丙二酸二乙酯或其衍生物在乙醇钠催化下可生成丙二酰脲。丙二酰脲为无色结晶，熔点为245℃，微溶于水，溶于热水或乙醚，在空气中易风化。

$$\text{H}_2\text{C}\begin{matrix}\overset{\overset{\text{O}}{\|}}{\text{C}}-\boxed{\text{OC}_2\text{H}_5} \\ \overset{\overset{}{\|}}{\underset{\text{O}}{\text{C}}}-\boxed{\text{OC}_2\text{H}_5}\end{matrix} + \begin{matrix}\boxed{\text{H}-\overset{\text{H}}{\underset{}{\text{N}}}}\\ \\ \boxed{\text{H}-\underset{\text{H}}{\overset{}{\text{N}}}}\end{matrix}\overset{}{\text{C}}=\text{O} \xrightarrow{\text{C}_2\text{H}_5\text{ONa}} \text{（巴比妥酸环）} + 2\ \text{C}_2\text{H}_5\text{OH}$$

丙二酰脲的亚甲基上两个氢原子被烃基取代的衍生物是一类镇静安眠药，称为巴比妥类药物，如苯巴比妥的结构式为：

$$\begin{matrix}\text{C}_2\text{H}_5 \\ \text{C}_6\text{H}_5\end{matrix}\text{（巴比妥酸环结构）}$$

与丙二酰脲的物理性质相似，巴比妥类药物为结晶粉末，难溶于水，常制成钠盐水溶液供注射使用。

四、硫脲

硫脲，别名硫代尿素，可看作是脲分子中的氧原子被硫原子取代所生成的化合物。它可由硫氰酸铵加热制得，为白色菱形结晶，熔点180℃，能溶于冷水、乙醇，微溶于乙醚，呈中性。

$$\text{NH}_4\text{SCN} \underset{}{\overset{170\sim180℃}{\rightleftharpoons}} \text{NH}_3 + \text{S}=\text{C}=\text{NH} \rightleftharpoons \text{H}_2\text{N}-\overset{\overset{\text{S}}{\|}}{\text{C}}-\text{NH}_2$$

与羰基性质类似，硫脲化学性质较为活泼，结构中的 C=S 键可发生烯醇式互变，得到异硫脲。

$$\text{H}_2\text{N}-\overset{\overset{\text{S}}{\|}}{\text{C}}-\text{NH}_2 \rightleftharpoons \text{H}_2\text{N}-\overset{\overset{\text{SH}}{|}}{\text{C}}=\text{NH}$$

异硫脲

硫脲性质与脲相似，在酸、碱存在下容易发生水解：

$$H_2N-\overset{\displaystyle S}{\overset{\|}{C}}-NH_2 + 2H_2O \xrightarrow[\triangle]{H^+或OH^-} CO_2 + 2NH_3 + H_2S$$

硫脲具有一定的毒性。2017 年 10 月 27 日，世界卫生组织国际癌症研究机构公布的致癌物清单中，硫脲被列为第 3 类致癌物。硫脲也是重要的化工原料，可用来生产磺胺唑、甲基硫氧嘧啶等药物。

五、胍

胍可看作是脲分子中的氧原子被亚氨基（=NH）取代所生成的化合物。胍为无色结晶，熔点 50℃，吸湿性很强，易溶于水。胍属于有机强碱，能吸收空气中二氧化碳生成碳酸盐。它可由氨基腈与氨加成得到。

$$H_2N-C\equiv N + HNH_2 \xrightarrow{\triangle} H_2N-\overset{\displaystyle NH}{\overset{\|}{C}}-NH_2$$
氨基腈　　　　　　　　　　　　　胍

胍分子中去掉氨基上一个氢原子剩余基团叫胍基，去掉一个氨基后剩余基团叫脒基。

$$H_2N-\overset{\displaystyle NH}{\overset{\|}{C}}-NH_2 \qquad H_2N-\overset{\displaystyle NH}{\overset{\|}{C}}-NH- \qquad H_2N-\overset{\displaystyle NH}{\overset{\|}{C}}-$$
胍　　　　　　　　　胍基　　　　　　　　　脒基

胍在强碱条件下不稳定，易水解生成氨和尿素；在酸性条件下成盐稳定，故通常制成盐酸胍保存。

$$H_2N-\overset{\displaystyle NH}{\overset{\|}{C}}-NH_2 + H_2O \xrightarrow[\triangle]{Ba(OH)_2} H_2N-\overset{\displaystyle O}{\overset{\|}{C}}-NH_2 + NH_3\uparrow$$

胍和脒的许多衍生物都是重要的药物，如降血糖药物二甲双胍结构中含有胍基，用于治疗消化性溃疡（胃、十二指肠溃疡）的药物法莫替丁结构中含有脒基。因为胍基中的氨基具有强碱性，胍基药物一般以盐酸盐形式贮存和使用。

$$\begin{array}{c}H_3C\\H_3C\end{array}\!\!N-\overset{\displaystyle NH}{\overset{\|}{C}}-NH-\overset{\displaystyle NH}{\overset{\|}{C}}-NH_2 \cdot HCl$$
盐酸二甲双胍

$$H_2N-\overset{\displaystyle O}{\underset{\displaystyle O}{\overset{\|}{\underset{\|}{S}}}}-N=\overset{\displaystyle NH_2}{\overset{\|}{C}}-CH_2-CH_2-S-CH_2\cdots$$
法莫替丁

📋 本章重要知识点小结

1. 羧酸分子中羧基上的羟基被不同的基团取代后生成羧酸衍生物，包括酰卤、酸酐、酯和酰胺。羧酸衍生物的通式可表示为：$R-\overset{\displaystyle O}{\overset{\|}{C}}-L$（L=—X、—OCOR、—OR、—NH$_2$）。

羧酸衍生物
及油酯视频

羧酸衍生物的命名各不相同，酰卤和酰胺的命名是根据酰基的名称称为"某酰卤"或"某酰胺"；酸酐和酯的命名，则根据生成它们的反应物命名，称为"某酐"或"某酸某酯"。

2. 羧酸衍生物能发生水解、氨解、醇解反应。反应活性次序为：酰卤>酸酐>酯>酰胺。羧酸衍生物的水解、氨解、醇解反应归纳如下：

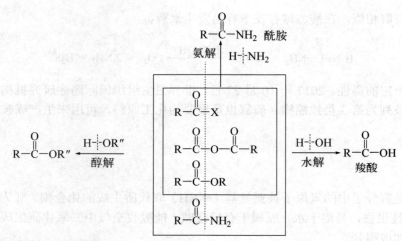

3. 酰胺的弱酸性、弱碱性。

因为酰胺分子中的氮能接受质子，氮原子上的氢又有质子化倾向，故酰胺既有弱酸性又有弱碱性。

4. 油脂的结构特点

油脂是由一分子甘油与三分子高级脂肪酸所形成的甘油酯，也称甘油三酯。其结构通式如下：

$$
\begin{array}{l}
CH_2-O-\overset{\displaystyle O}{\overset{\|}{C}}-R^1 \\
CH-O-\overset{\displaystyle O}{\overset{\|}{C}}-R^2 \\
CH_2-O-\overset{\displaystyle O}{\overset{\|}{C}}-R^3
\end{array}
\quad (R^1、R^2、R^3 \text{可以相同或不同})
$$

甘油部分　　脂肪酸部分

5. 油脂的性质包括皂化、加成、酸败等。

📖 目标检测

一、单项选择题

1. 下列物质中碱性最弱的是（　　）。

A. $(CH_3)_2NH$　　　　　B. $CH_3\overset{\displaystyle O}{\overset{\|}{C}}NHCH_3$　　　　　C. $C_6H_5NHCH_3$

2. 下列物质中不属于羧酸衍生物的是（　　）。

A. $CH_3\overset{NH_2}{\overset{|}{C}H}CO_2H$　　B. $CH_3\overset{\displaystyle O}{\overset{\|}{C}}N(CH_3)_2$　　C. 油脂　　　　　D. CH_3COCl

3. 通式为 $RCONH_2$ 的化合物属于（　　）。

A. 胺　　　　　B. 酰胺　　　　　C. 酮　　　　　D. 酯

4. 在乙酰乙酸乙酯中加入溴水，反应的最终产物是（　　）。

A. $\overset{\displaystyle O}{\overset{\|}{C}}H_2-\overset{\displaystyle O}{\overset{\|}{C}}-CH_2-\overset{\displaystyle O}{\overset{\|}{C}}-OC_2H_5$
　Br

B. $CH_3-\overset{\displaystyle O}{\overset{\|}{C}}-\overset{\displaystyle }{\overset{}{C}H}-\overset{\displaystyle O}{\overset{\|}{C}}-OC_2H_5$
　　　　　　Br

C. $CH_3-\overset{OH}{\overset{|}{C}}-\overset{}{\overset{}{C}H}-\overset{\displaystyle O}{\overset{\|}{C}}-OC_2H_5$
　　　Br　Br

D. $H\overset{Br}{\overset{|}{C}}-\overset{\displaystyle O}{\overset{\|}{C}}-CH_2-\overset{\displaystyle O}{\overset{\|}{C}}-OC_2H_5$
　Br

5. 下列酯类化合物在碱性条件下水解速率最快的是（　　　）。

A. 对硝基苯甲酸乙酯（CO_2Et，对位 NO_2）
B. 对甲基苯甲酸乙酯（CO_2Et，对位 CH_3）
C. 对氯苯甲酸乙酯（CO_2Et，对位 Cl）
D. 苯甲酸乙酯（CO_2Et）

6. 以 $LiAlH_4$ 还原法制备 2-甲基丙胺，最合适的酰胺化合物是（　　　）。

A. $CH_3CHCOCH_3$，取代基 CH_3
B. $CH_3CHCH_2CONH_2$，取代基 CH_3
C. $CH_3CHCH_2COCH_2NH_2$，取代基 CH_3
D. $CH_3CHCONHCH_3$，取代基 CH_3

7. 下列还原剂中，能将酰胺还原成伯胺的是（　　　）。

A. $LiAlH_4$
B. $NaBH_4$
C. $Zn + HCl$
D. $H_2 + Pt$

8. 下列化合物中水解最快的是（　　　）。

A. CH_3COCl
B. CH_3CONH_2
C. CH_3COOCH_3
D. 乙酐

9. 下列化合物中哪个是丁酸的同分异构体，但不属同系物（　　　）。

A. 丁酰溴
B. 丙酰胺
C. 甲酸丙酯
D. 丁酰胺

10. 下列物质中酸性最强的是（　　　）。

A. 邻氟苯甲酸（CO_2H，F）
B. 邻氯苯甲酸（CO_2H，Cl）
C. 邻碘苯甲酸（CO_2H，I）
D. 邻甲氧基苯甲酸（CO_2H，OCH_3）

11. 下列化合物中，受热时易发生分子内脱水而生成 α,β-不饱和酸的是（　　　）。

A. $CH_3C(CH_3)(OH)-CH_2CO_2H$
B. $CH_3CHCH_2CO_2H$，取代基 CH_2OH
C. $CH_3C(CH_3)(CH_2OH)-CO_2H$
D. $CH_2CH_2CHCO_2H$，取代基 OH、CH_3

12. 下列物质能与斐林试剂作用的是（　　　）。

A. 苯甲醛（CHO）
B. 苯甲酸（CO_2H）
C. HCO_2H
D. 苯甲醇（CH_2OH）

13. 下列化合物中酸性最弱的是（　　　）。

A. CH_3CH_2OH
B. CF_3COOH
C. CF_3CH_2OH
D. $ClCH_2COOH$

14. $LiAlH_4$ 可使 $CH_2=CHCH_2COOH$ 还原为（　　　）。

A. $CH_3CH_2CH_2COOH$
B. $CH_3CH_2CH_2CH_2OH$
C. $CH_2=CHCH_2CH_2OH$
D. $CH_2=CHCH_2CH_3$

15. 下列化合物中加热能生成内酯的是（　　　）。

A. 2-羟基丁酸
B. 3-羟基戊酸
C. 邻羟基丙酸
D. 5-羟基戊酸

16. 下列能发生缩二脲反应的是（　　　）。

A. 尿素
B. 缩二脲
C. 苯胺
D. 苯甲酰胺

17. 下列物质不能发生水解反应的是（　　　）。

A. 乙酰苯胺
B. 尿素
C. 乙酸
D. 苯甲酰胺

18. 以下关于脲的叙述，不正确的是（　　　）。

A. 可水解
B. 呈碱性
C. 可发生缩二脲反应
D. 加热有氨生成

19. 不能作酰化试剂的是（　　　）。

A. 乙酰氯
B. 乙酐
C. 乙酰胺
D. 乙酸

20. 油脂酸败的主要原因是（　　　）。

A. 加氢
B. 加碘
C. 氧化
D. 硬化

21. $CH_3CH_2CH_2OCOCH_3$ 的名称是（　　　）。

A. 丙酸乙酯
B. 乙酸正丙酯
C. 正丁酸甲酯
D. 甲酸正丁酯

22. 下列酸中属于不饱和脂肪酸的是（　　　）。
    A. 甲酸 　　　　　　　B. 草酸 　　　　　　　C. 硬脂酸 　　　　　　D. 油酸

23. ①CH_3COOH　②FCH_2COOH　③$ClCH_2COOH$　④$BrCH_2COOH$ 在水溶液中酸性强弱顺序为（　　　）。
    A. ①>②>③>④ 　　　　　　　　　　　B. ④>③>②>①
    C. ②>③>④>① 　　　　　　　　　　　D. ①>④>③>②

24. 下列反应中不属水解反应的是（　　　）。
    A. 丙酰胺和 Br_2、$NaOH$ 共热 　　　　　B. 皂化
    C. 乙酰氯在空气中冒白雾 　　　　　　　　D. 乙酐与 H_2O 共热

25. 下列物质中，既能使高锰酸钾溶液褪色，又能使溴水褪色，还能与 $NaOH$ 溶液发生反应的是（　　　）。
    A. $CH_2{=}CHCOOCH_3$ 　　B. $C_6H_5CH_3$ 　　　　C. $C_6H_5COOCH_3$ 　　D. CH_3COCl

二、命名或写出下列化合物的结构式

1. 　2. 　3. 　4. 　5.

5. 　6. 乙酰水杨酸（阿司匹林）　7. 己二酸单酰胺　8. 三硬脂酸甘油酯　9. 丙二酰脲

10. 盐酸二甲双胍

三、完成下列反应方程式

1. $(CH_3CO)_2O$ + —OH ⟶（　　　　　　　　　）

2. 2 H_2N——NH_2 $\xrightarrow{\triangle}$（　　　　　　　　）

3. —COOH $\xrightarrow[\text{(2) } H_2O]{\text{(1) } LiAlH_4}$（　　　　　　　　）

4. CH_3COOH $\xrightarrow{\dfrac{Cl_2}{P}}$（　　　　　　）$\xrightarrow[H^+]{CH_3CH_2OH}$（　　　　　　　　　）

5. $\xrightarrow[\triangle]{P_2O_5}$（　　　　　　　　）

6. $\xrightarrow[NaOH]{NaOBr}$（　　　　　　　　）

四、简答题

1. 将下列化合物按酸性由强到弱进行排序：
   （1）CH_3COOH 　　　　（2）C_2H_5OH 　　　　（3） 　　　　（4）$CH{\equiv}CH$

2. 用化学方法鉴别下列化合物：乙酰胺、尿素、缩二脲。

五、推断题

化合物 A 的分子式为 $C_7H_6O_3$，能溶于氢氧化钠和碳酸氢钠溶液；A 与三氯化铁能发生颜色反应，与乙酸酐作用生成化合物 B，B 分子式为 $C_9H_8O_4$；A 与甲醇作用生成有香气的物质 C，C 分子式为 $C_8H_8O_3$，将 C 硝化可得到两种一硝基产物。试推测 A、B 和 C 的结构式。

第九章　对映异构

扫一扫

对映异构 PPT

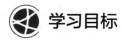

学习目标

知识目标

1. 掌握手性分子、对映异构、消旋体等基本概念，以及手性分子和对映异构体的命名及表示方法。

2. 了解对映异构体的物理性质、化学性质及生理活性的差异。

3. 了解非对映异构体和内消旋体的概念、理化性质。

能力目标

1. 能识别手性碳原子。

2. 能用 *R*/*S* 标记法标记对映异体。

同分异构在有机化学中是极为普遍的现象，在前面我们已经学习了构造异构和顺反异构。构造异构是指分子中的原子或基团的连接方式不同产生的异构现象，包括碳架异构、官能团异构等异构现象；立体异构是指分子中的原子或基团在空间排列位置的不同而引起的异构现象，顺反异构属于立体异构。本章重点讨论另一种立体异构——对映异构。

同分异构的分类可归纳为：

- 同分异构
  - 构造异构
    - 碳架异构
      - 碳链异构
      - 碳环异构
    - 位置异构
    - 官能团异构
    - 互变异构
  - 立体异构
    - 构型异构
      - 对映异构
      - 顺反异构
    - 构象异构

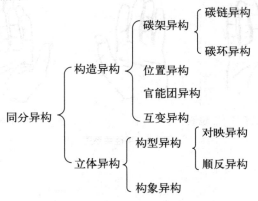

情景导入

反应停化学名称为沙利度胺，在 20 世纪 60 年代用作缓解妊娠反应的药物，当时以消旋体应用，但后来在欧洲发现曾服用此药的孕妇产下四肢短缺、手脚畸形的“海豹肢畸形儿”，短短几年间，在世界各地因服用该药物而诞生了 12000 多名畸形婴儿，成为震惊国际医药界的悲惨事件，即“反应停事件”。后来研究表明，该药的两个对映体中只有 *R* 型对映体具有镇静作用，而 *S* 型对映体则是一种强致畸剂。*R* 型与 *S* 型沙利

度胺的结构式如下：

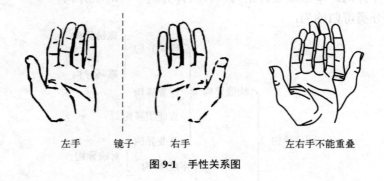

R-(-)-沙利度胺　　　　镜面　　　　S-(+)-沙利度胺
（镇静）　　　　　　　　　　　　　　（致畸）

问题：1. 沙利度胺分子为何会产生两种同分异构体？
2. R型异构体和S型异构体结构是否完全相同，两个分子能否完全重合？

第一节　手性分子和对映异构

一、手性

什么是手性？如图 9-1 所示，将自己的左手放在镜子前，镜子里的镜像恰恰是你自己右手的正面像，但左右手不能重叠。手性表示物体与其镜像体不能够完全重叠的性质，就如同我们的左手和右手，两者互为镜像和实物，但是不能完全重叠。因此，人们将一种物质不能与其镜像重合的特征称为手性。手性是自然界的一种普遍现象，在我们的身边随处可见，例如剪刀、螺丝钉、人的足等都是手性物；在生物界，手性同样是普遍现象，如蜗牛的壳的螺纹都是朝着右旋的方向生长，另外，蔓生植物向上盘缠也以右旋占绝大多数。微观世界中的分子同样存在着手性现象。

左手　　镜子　　右手　　　　　左右手不能重叠

图 9-1　手性关系图

二、手性分子

乳酸分子的结构式通常写成　$CH_3\overset{*}{C}HCOOH$　的形式，式中用星号"*"标出的α-碳原子连有 4
　　　　　　　　　　　　　　　　　　　　$|$
　　　　　　　　　　　　　　　　　　　　OH

个不同的原子或基团（—OH、—COOH、—CH$_3$、—H），凡是连有 4 个不同的原子或基团的碳原子称为手性碳原子或手性中心，常用 C* 表示。一个手性碳原子所连的 4 个不同的原子或基团在空间上具有 2 种不同的排列方式，或称为 2 种不同的构型，如果用球棒模型表示就会有 a 和 b 两种形式，a 形式—OH、—CH$_3$、—H 按顺时针方向排列，b 形式—OH、—CH$_3$、—H 按逆时针方向排列，如图 9-2 所示。如果以其中一个为实物，则另一个为镜像，两者不能重叠，它们相互之间的关系犹如人的左右手关系，即具有"手性"特点，这种与自身的镜像不能重叠的分子称为手性分子。凡可以同镜像重叠的分子称为非手性分子，即没有手性。如乙醇分子能与它的镜像重叠，是非手性分子，如图 9-3 所示。

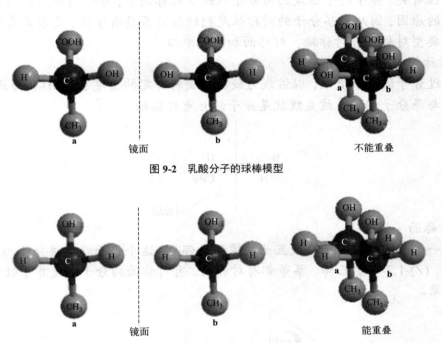

图 9-2　乳酸分子的球棒模型

图 9-3　乙醇分子能与镜像重叠

三、对映异构

由图 9-2 可清楚地看出，a 和 b 分别代表乳酸分子两种不同的手性分子，它们的分子组成和结构式相同，但构型不同，互为镜像和实物，又不能重叠，因此是两个不同的化合物，这样的异构体称为对映异构体，简称对映体，有时也称为旋光异构体。这种现象称为对映异构。含有一个手性碳原子的化合物必定是手性化合物，有一对对映体。如图 9-4 所示的 I 和 II 就是 2-丁醇（ $CH_3 \overset{*}{C}HCH_2CH_3$ ）的一对对映体。
　　　　　　　　　 $\overset{|}{OH}$

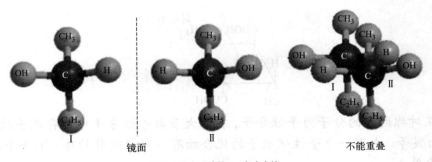

图 9-4　2-丁醇的一对对映体

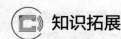 **知识拓展**

分子的对称性与手性

不能与镜像完全重合是对映异构体的基本特征，一个分子能否与其镜像重合，与分子的对称性有关。分子的手性是因为分子内缺少对称因素，分子内不对称因素是对映异构体产生的原因，因此考察分子的对称性是判断其是否具有手性、是否具有对映异构体的依据。典型对称性有对称轴、对称面和对称中心。

1. 对称轴（旋转轴）

如通过分子的一条直线，以该线为旋转轴旋转一定的角度 $360°/n$（n 为正整数），得到的分子与原分子相同，该直线就是分子的 n 重对称轴。

2. 对称面（镜面）

如有一个平面能把分子分成互为镜像的两部分，这个平面就是该分子的对称面。如三氯甲烷、(Z)-1,2-二氯乙烯、萘等都有对称面。有对称面的分子都是非手性分子，无对映异构现象。

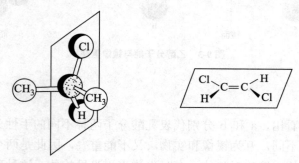

3. 对称中心

假设分子中有一个点，从分子中任一基团向该点画一直线，再将直线延长，在距该点等距离处，可以遇到相同的基团，这个点就称为分子的对称中心。一个分子只能有一个对称中心，有对称中心的分子也是非手性分子。如(E)-2,4-二甲基-1,3-环丁基二甲酸。

不存在对称因素的分子为手性分子，在绝大多数手性分子中都存在手性碳原子，如乳酸、甘油醛等。含有一个手性碳原子的化合物有一对对映异构体（不含手性碳原子的手性分子除外）。

随堂练习 9-1

（1）在手性分子中，必然存在（　　）。

A. 手性碳原子　　　　B. 对称中心　　　C. 对称面　　D. 实物与镜像不能完全重合

（2）关于对映异构体，以下说法正确的是（　　）。

A. 分子中可能含有对称面　　B. 分子组成不同

C. 互为同分异构体　　　　　　D. 含有一个手性碳原子，存在 2 种以上对映异构体

第二节　手性化合物的性质——物质的旋光性

一、偏振光及旋光性

1. 偏振光

　　光是一种电磁波，普通光或单色光的光波振动方向与前进方向垂直，而且是在空间各个不同的平面上振动。当普通光通过一个尼科尔棱镜晶体时，只有振动方向与棱镜晶轴平行的光才能通过，通过棱镜后的光线只在一个平面上振动。这种只在一个平面上振动的光称为平面偏振光，简称偏振光，如图 9-5 所示，偏振光的振动平面称为偏振面。

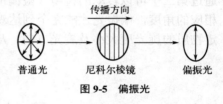
图 9-5　偏振光

2. 旋光性

　　将两块尼科尔棱镜平行放置，使两个棱镜晶轴相互平行，则普通光透过第一个棱镜变成偏振光后仍能通过第二个棱镜。如果在棱镜之间放置一盛液管，当管内放的是蒸馏水或乙醇溶液时，在第二个棱镜后面可以观察到偏振光仍能通过，如图 9-6 所示。像蒸馏水或乙醇，不能使偏振光的偏振面发生旋转的，这类物质称为无旋光性物质。

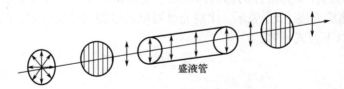
图 9-6　偏振光通过无旋光性物质

　　当盛液管内放的是乳酸或葡萄糖溶液时，则在第二个棱镜后面观察不到偏振光通过，需要将其顺时针或逆时针旋转一定角度以后才能观察到偏振光通过，如图 9-7 所示。像乳酸或葡萄糖，能使偏振光的偏振面发生旋转的性质称为旋光性，具有旋光性的物质称为旋光性物质或光学活性物质。能使偏振光的偏振面向顺时针方向旋转的物质称为右旋物质（或右旋体），用（+）或"d"表示；能使偏振光的偏振面向逆时针方向旋转的物质称为左旋物质（或左旋体），用（—）或"l"表示。目前常用"+"或"−"表示。例如，因肌肉运动产生的乳酸为右旋乳酸，表示为(+)-乳酸；而从乳糖发酵得到的乳酸为左旋乳酸，表示为(−)-乳酸。偏振光的偏振面发生旋转的角度称为旋光度，用 α 表示。

图 9-7　偏振光通过旋光性物质

二、旋光仪和比旋光度

1. 旋光仪

扫一扫

旋光性物质的旋光度和旋光方向可用旋光仪进行测定。旋光仪的结构如图 9-8 所示，其测定工作原理是从光源发出的单色光通过第一个固定的棱镜（起偏镜）产生偏振光，再经过盛液管，盛液管中的旋光性物质使偏振光的偏振面向顺时针方向或逆时针方向旋转了一定角度，然后通过第二个可以转动的棱镜（检偏镜，与刻度盘相连）时，只有旋转到相应的角度，偏振光才能完全到达观察者的眼睛。所以检偏镜能用来测定物质的旋光度大小及旋光方向，从旋光仪刻度盘上可读出旋光度 α 的数值。

葡萄糖溶液旋光度的
测定视频

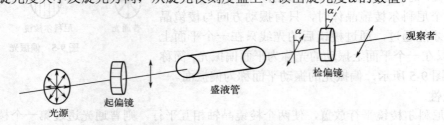

图 9-8　旋光仪结构示意图

2. 比旋光度

旋光度的大小除与物质的结构有关外，还受测定时所用溶液的浓度、盛液管的长度、温度、光波的波长以及溶剂的性质等条件的影响。但在一定的条件下，旋光度是旋光活性物质的一项物理常数，通常用比旋光度 [α] 表示。比旋光度可以通过测得的旋光度、测定时溶液的浓度和盛液管的长度，按以下公式计算：

$$[\alpha]_\lambda^t = \frac{\alpha}{lc}$$

式中，α 为旋光度；c 为溶液的浓度，g/mL；l 为盛液管的长度，dm；t 为测定时的温度；λ 为所用光源的波长，通常采用钠光灯，λ 为 589.3nm，用 D 表示。比旋光度是旋光性物质的一个特性，不同物质的比旋光度常数大小也不一样。例如，肌肉运动产生的乳酸：$[\alpha]_D^{20} = +3.8°$（水）；氯霉素：$[\alpha]_D^{25} = -25.5°$（乙酸乙酯）。

应用示例：20℃时，将 100g 葡萄糖溶于水中配成 1000mL 溶液，现取少量溶液装满 20cm 长的盛液管，测得的旋光度为+10.5°，试计算该葡萄糖溶液的比旋光度（用钠光灯作光源）。

解：葡萄糖溶液的质量浓度为：

$$c = \frac{m}{V} = \frac{100}{1000} = 0.10\text{g}/\text{mL}$$

已知 $l = 2\text{dm}$，$\alpha = +10.5°$，则 20℃时葡萄糖在水溶液中的比旋光度为：

$$[\alpha]_D^{20} = \frac{+10.5°}{0.10 \times 2} = +52.5°$$

比旋光度像物质的熔点、沸点和密度一样，是重要的物理常数，有关数据可在手册中或文献中查到。利用比旋光度可以进行旋光性物质的定性鉴定及含量测定。

第三节　对映异构体的标记

一、对映异构体的表示法

对映异构体的结构常用透视式和费歇尔投影式表示。

1. 透视式

对映异构体的构型可采用立体的三维空间关系的透视式表示，如乳酸的一对对映体的透视式如下：

$$HO-\overset{\displaystyle COOH}{\underset{\displaystyle CH_3}{C}}-H \qquad H-\overset{\displaystyle COOH}{\underset{\displaystyle H_3C}{C}}-OH$$

(−)-乳酸　　　(+)-乳酸

透视式是化合物分子在纸面上的立体表达式。画透视式时，将手性碳原子和与手性碳原子相连的四个键中的两个置于纸面上。用楔形实线连接的原子或基团表示伸向纸面的前方，用楔形虚线或虚线连接的原子或基团表示伸向纸面的后方，用细实线连接的原子或基团处于纸面上。

透视式表示方法的特点是形象直观，但书写比较麻烦，因而常用费歇尔投影式表示。

2. 费歇尔投影式

费歇尔投影式是用平面形象表示立体结构。费歇尔投影式的投影规则是：将手性碳原子置于纸面，以"+"字交叉点代表手性碳原子，主碳链直立，编号最小的碳原子放在上端；竖向（垂直方向）连接伸向纸平面后方的 2 个原子或基团，横向（水平方向）连接处于纸平面前方的 2 个原子或基团。图 9-9 所示为乳酸对映体的费歇尔投影式。

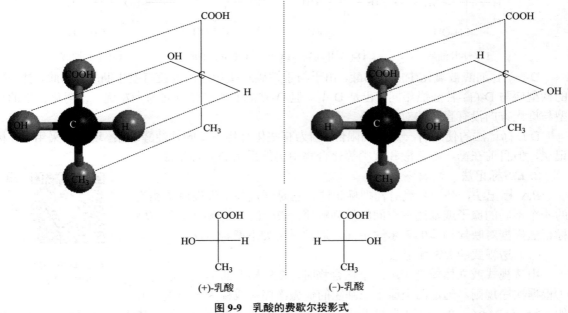

图 9-9　乳酸的费歇尔投影式

费歇尔投影式能够清晰地表示手性化合物的构型，因此，至今仍然是表达立体构型最常用的一种方法。

二、对映异构体的构型标记法

构型的标记法也称为构型的命名法。构型的标记通常采用两种方法，即 D,L 标记法和 *R,S* 标记法。

1. D,L 标记法

为了确定分子的构型，费歇尔人为规定以甘油醛为参照标准来确定对映体的相对构型。利用费歇尔投影式表示甘油醛的一对对映体构型时，规定羟基在右边的甘油醛为 D 型，在左边的甘油醛为 L 型。甘油醛一对对映体的构型标记如下：

$$
\begin{array}{cc}
\text{CHO} & \text{CHO} \\
\text{H}—\!\!\!—\text{OH} & \text{HO}—\!\!\!—\text{H} \\
\text{CH}_2\text{OH} & \text{CH}_2\text{OH} \\
\text{D-甘油醛} & \text{L-甘油醛}
\end{array}
$$

1951 年经拜捷沃特（J. M. Bijvoet）测定，得知 D-甘油醛是右旋的，L-甘油醛是左旋的。在既要表明构型又要标出旋光性时，可同时用 D，L 表示构型，用（+），（−）表示旋光性。例如右旋甘油醛，可用 D-(+)-甘油醛来表示；左旋甘油醛，可用 L-(−)-甘油醛来表示。

凡可以从 D-甘油醛通过化学反应而得到的化合物，或可以转变成 D-甘油醛的化合物，都具有同 D-甘油醛相同的构型，即 D 型。这里所用的化学反应，与手性碳直接相连的化学键不断裂，即不会改变反应物的构型。同样，凡可以从 L-甘油醛通过化学反应而得到的化合物，或可以转变成 L-甘油醛的化合物，都具有同 L-甘油醛相同的构型，即 L 型。例如：

$$
\begin{array}{ccccc}
\text{COOH} & \text{CHO} & & \text{CHO} & \text{COOH} \\
\text{H}—\text{OH} \xleftarrow{\text{HgO}} & \text{H}—\text{OH} & & \text{HO}—\text{H} \xrightarrow{\text{HgO}} & \text{HO}—\text{H} \\
\text{CH}_2\text{OH} & \text{CH}_2\text{OH} & & \text{CH}_2\text{OH} & \text{CH}_2\text{OH} \\
\text{D-(−)-甘油酸} & \text{D-(+)-甘油醛} & \text{镜子} & \text{L-(−)-甘油醛} & \text{L-(+)-甘油酸}
\end{array}
$$

D-(+)-甘油醛被氧化生成甘油酸，由于与手性碳直接相连的键没有发生断裂，因此，甘油酸的构型应与 D-(+)-甘油醛相同，也是 D 型。但 D-甘油酸的旋光方向却为左旋。说明化合物的构型与旋光方向没有直接的对应关系。

D,L 标记法的使用有一定的局限性，因为有些化合物不易同甘油醛联系。现通常采用 *R,S* 标记法，但目前在糖、氨基酸和肽类等化合物中仍然采用 D,L 标记法。

2. *R,S* 标记法

R,S 标记法，是一种绝对构型标记法，它是通过与手性碳原子相连的 4 个不同的原子或基团在空间的排列顺序，来标记对映体的构型。*R,S* 标记法根据对映异构体的表示法不同，通常采用如下两种方法。

扫一扫

对映异构的 *R,S* 命名法视频

（1）透视式的 *R,S* 标记法

用透视式或立体模型表示一个化合物时，*R,S* 构型的标记方法为：
①根据次序规则，确定四个原子或基团的优先次序（或称为大小次序），
如 a＞b＞c＞d（a、b、c、d 为与手性碳原子相连的 4 个不同的原子或基团）；②再将最小的原子

或基团 d 放在离观察者最远处，再看朝向自己的其他三个基团的排列位置，a＞b＞c 呈顺时针排列为 R 型，呈逆时针排列为 S 型。R 是拉丁文 Rectus 的首字母，意为右；S 是拉丁文 Sinister 的首字母，意为左。如图 9-10 所示。或者用大拇指指向最小的基团，然后观察其余三个基团由大到小的排列顺序是和右手握时一样，还是和左手握时一样，和右手握一样者为 R 型，和左手握一样者为 S 型。

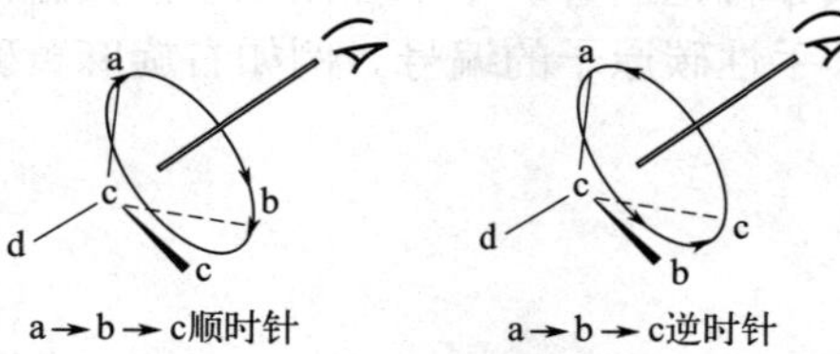

$a \rightarrow b \rightarrow c$ 顺时针　　　　$a \rightarrow b \rightarrow c$ 逆时针

(a) R 构型　　　　　　(b) S 构型

图 9-10　R,S 构型的标记

　　例如，用 R,S 标记法来标记乳酸的一对对映体，与手性碳原子相连的 4 个原子或基团的排列次序是—OH＞—COOH＞—CH$_3$＞—H，把—H 放在离观察者最远的位置，再看—OH＞—COOH＞—CH$_3$ 的排列位置，呈顺时针排列为 R 型，呈逆时针排列为 S 型。

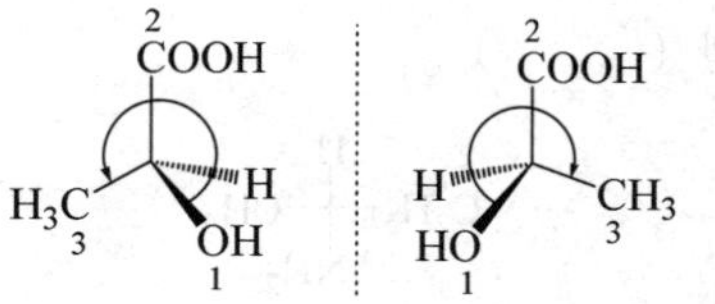

逆时针方向旋转　　　　　顺时针方向旋转

S-(+)-乳酸　　　　　　R-(−)-乳酸

（2）投影式的 R,S 标记法

用费歇尔投影式表示一个化合物时，其构型的标记方法为：如果次序最小的基画在横向（即左右方向）的，而其他三个基是按顺时针由大到小递减的，则为 S 型；反之，其他三个基是按逆时针由大到小递减的，则为 R 型。例如：

S-甘油醛（S 型）　　　　　　R-乳酸（R 型）

如果次序最小的基画在竖向（即上下方）的，而其他三个基是按顺时针由大到小递减的，则为 R 型；反之，其他三个基是按逆时针由大到小递减的，则为 S 型。例如：

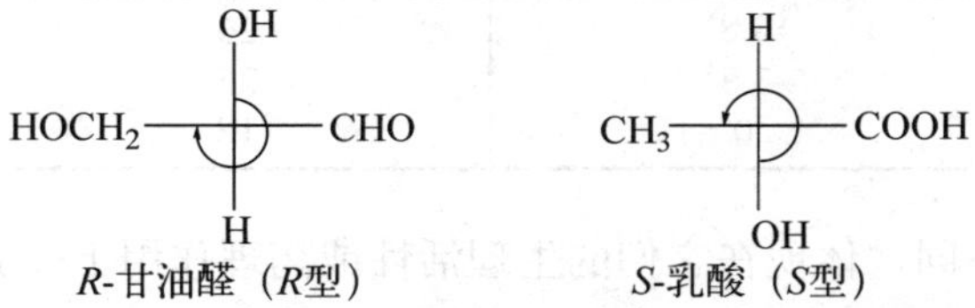

R-甘油醛（R 型）　　　　　　S-乳酸（S 型）

应当指出，一对对映体的 R 型和 S 型同旋光方向之间的联系尚未清楚。例如乳酸和甘油醛，它们有如下的构型和旋光方向：

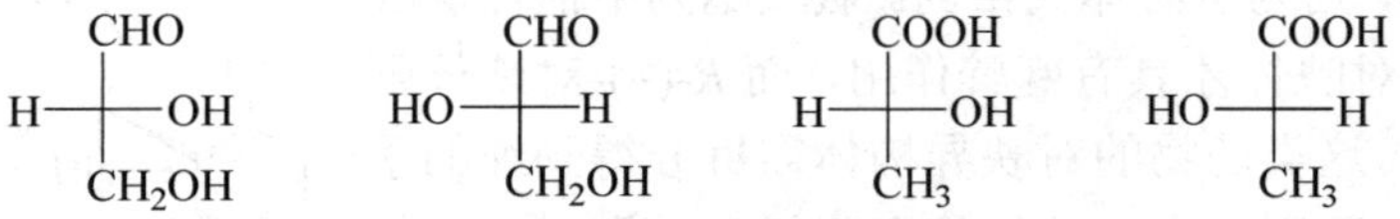

R-(+)-甘油醛　　S-(−)-甘油醛　　R-(−)-乳酸　　S-(+)-乳酸

这就说明 R 型不一定是右旋，S 型也不一定是左旋。

对于含有多个手性碳原子的分子，其手性碳原子的构型通常采用 R,S 标记法标记。即用 R

或 S 标记出每一个手性碳原子，其原则与标记含有一个手性碳原子的分子相同，同时要标出每个手性碳原子的编号。例如右旋麻黄碱有 2 个手性碳，分别是 C-1 和 C-2，其分子构型如下：

$$
\begin{array}{c}
C_6H_5 \\
H \!-\!\overset{1}{\underset{|}{C}}\!-\! OH \\
H \!-\!\overset{2}{\underset{|}{C}}\!-\! NHCH_3 \\
\overset{3}{C}H_3
\end{array}
$$

(1S,2R)- (+)-麻黄碱

随堂练习 9-2

（1）用绝对构型标记对映体的方法是（　　　）。

A. 顺/反　　B. 费歇尔投影式　　C. D/L 标记法　　D. R/S 标记法

（2）指出下列分子的构型（　　　）。

$$
C_2H_5 \!-\!\overset{H}{\underset{NH_2}{\overset{|}{C}}}\!-\! CH_3
$$

三、外消旋体与对映异构体的性质

互为对映体的两个化合物比旋光度相等，旋光方向相反，因此，将一对对映体等量混合，可以得到一个旋光度为零的组成物，称为外消旋体，可以用符号（±）表示。如从酸败的牛奶中用人工合成方法制得的乳酸是等量的右旋乳酸和左旋乳酸的混合物，其偏振光的作用相互抵消，所以没有旋光性，这种乳酸称为外消旋乳酸，表示为（±）-乳酸。

一般情况下，除了旋光方向之外，对映体的理化性质，如熔点、沸点、溶解度、反应速率都是相同的。但是在手性环境下，对映体的性质才显示出差异。例如在手性溶剂中，在手性催化剂存在下，对映体与手性试剂反应的速率是不同的。外消旋体的物理性质，与纯的单一对映体则有一些不同，但化学性质则基本相同。乳酸的一些主要物理性质见表 9-1

表 9-1　乳酸的物理性质

类型	$[\alpha]_\lambda^t$（水）	熔点/℃	pK_a（25℃）
(+)-乳酸	+3.8°	26	3.79
(−)-乳酸	−3.8°	26	3.79
(±)-乳酸	0	18	3.79

一对对映体的手性不同，体现在它们的生理活性或药理作用上差异很大。例如，多巴，它的化学名为 2-氨基-3-(3′,4′-二羟基苯基)丙酸。左旋多巴被广泛用于治疗帕金森综合征，而右旋多巴却无此生理作用；右旋丙氧酚是镇痛药，而左旋丙氧酚则为镇咳药。奎宁为抗疟药，奎尼丁是奎宁的右旋体，则为抗心律失常药。氯胺酮为中枢性麻醉药物，只有(S)-(+)-对映体才具有麻醉作用，而 R-(−)-对映体则产生中枢兴奋作用。这类药物的对映异构体需拆分得到纯的手性异构体才能使用，否则一个对映体将会降低另一个对映体的部分药效，甚至产生毒性作用。氯胺酮的对映异构体如图 9-11 所示。

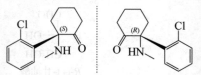

图 9-11　氯胺酮的对映异构体

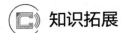

知识拓展

手性药物

由于生物体内的酶和底物大分子（如蛋白质、多糖、核酸及受体等）大都具有手性，因此它们大都只与特定手性底物发生识别反应，即仅与手性药物的某一种对映体特异性结合，从而产生药理活性，这就使得组成相同但空间结构不同的手性药物分子与生物体的作用表现出显著差异，通常表现为以下几种情况：①一种对映体有活性，而另一种无显著的药理作用，如 L-氯霉素具有广谱抗菌作用，而 D-氯霉素则完全没有。②两个对映体具有完全不同的生理活性，如 L-四咪唑是驱虫药，D-四咪唑却是抗抑郁药；L-甲状腺素钠为甲状腺激素，而 D-甲状腺素钠为一种降血脂药。③一个有活性，而另一个可发生拮抗作用，如 L-依托唑林为利尿药，而 D-依托唑林却有抑制利尿的作用；L-黄皮酰胺有明显的促智作用，而右旋体无促智作用。④两个对映体中一个有活性，另一方不仅没有活性，反而有毒副作用。如"反应停事件"中的药物沙利度胺（Thalidomide），该药的两个对映体中只有 R 型对映体具有镇静作用，而 S 型对映体则是一种强致畸剂。1992 年美国 FDA 立法禁止手性药物以两种对映异构体的混合物形式出售，自此手性药物的研发一直保持快速增长的趋势。2001 年诺贝尔化学奖就授予了美国的 W. S. Knowles、B. Sharpless 和日本的 Ryoji Noyori，以表彰他们在手性催化氢化反应和手性催化氧化反应研究领域所做出的重大贡献。他们的研究极大地推动了手性药物的化学合成。

第四节 非对映体和内消旋化合物

一、非对映体

含有一个手性碳原子的旋光物质，存在互为镜像而不能完全重合的两个对映异构体。随着手性碳原子数目的增加，分子中立体异构现象更为复杂。当分子中存在 n 个不同的手性碳原子时，就会产生 2^n 个构型异构体。如 2,3-二氯戊烷有两个不相同的手性碳原子，可以写出四种光学活性异构体，它们的费歇尔投影式表示如下：

CH₃	CH₃	CH₃	CH₃
H—Cl	Cl—H	H—Cl	Cl—H
Cl—H	H—Cl	H—Cl	Cl—H
C₂H₅	C₂H₅	C₂H₅	C₂H₅
(i) (2S,3S)	(ii) (2R,3R)	(iii) (2S,3R)	(iv) (2R,3S)

上面（i）和（ii）互为实物与镜像，是一对彼此不能重合的对映体，（iii）和（iv）是另一对对映异构体。而（i）和（iii）、（iv）之间以及（ii）和（iii）、（iv）之间只有部分原子或原子团不重叠，均不是实物与镜像的关系，这种不互为对映体的旋光异构体称为非对映体。非对映体之间不仅比旋光度不同，许多物理性质（熔点、沸点、溶解度等）也不同。例如，从药用植物中提取得到的天然药物——麻黄碱（1-苯基-2-甲氨基-1-丙醇），其分子中含有两个不相同的手性碳原子，有 4 种构型异构体：

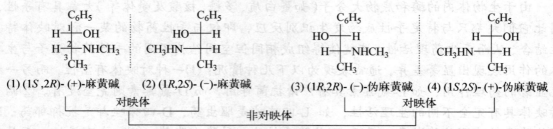

(1) (1S,2R)- (+)-麻黄碱   (2) (1R,2S)- (−)-麻黄碱   (3) (1R,2R)- (−)-伪麻黄碱   (4) (1S,2S)- (+)-伪麻黄碱

麻黄碱（1）和（2）是对映体，其熔点都是 34℃，盐酸盐的 $[\alpha]_D^{20}$ 分别为+35°和−35°。伪麻黄碱（3）和（4）是对映体，其熔点都是 118℃，盐酸盐的 $[\alpha]_D^{20}$ 分别为−26.5°和+26.5°。

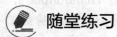 **随堂练习 9-3**

（1）手性化合物 理论上所具有的立体异构体数应该是（   ）。

A. 8 种   B. 16 种   C. 2 种   D. 4 种

（2） 与 是什么关系？（   ）

A. 对映异构体   B. 位置异构体   C. 碳链异构体   D. 同一化合物

二、内消旋化合物

当一个分子含有相同的手性碳原子时，旋光活性异构体的数目和性质就和上面的情形不同，其构型异构体数量少于 2^n 个。如酒石酸的分子中含有两个相同的手性碳原子，它们都连接相同的四个彼此不同的基团，可能有如下四种构型：

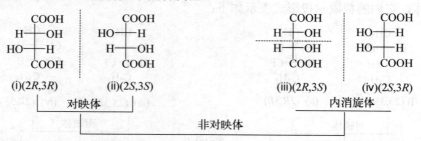

(i)(2R,3R)   (ii)(2S,3S)   (iii)(2R,3S)   (iv)(2S,3R)

其中（i）和（ii）为一对对映体，（iii）和（iv）似乎也是一对对映体，但是如果将（iii）在纸面上旋转 180°，则与（iv）完全重合，这说明它们是同一分子。在式（iii）中，存在着一个对称面，对称面的上下两部分互为实物与镜像关系，旋光性在分子内部抵消，故无旋光性。这种虽然含有手性碳原子，但却不是手性分子，旋光性在分子内部抵消的非旋光性化合物称为内消旋体，可以用 meso-或 i-表示。酒石酸的立体异构体中有一个内消旋体，因而异构体数目比 2^n 少一个，共有 3 个异构体，而不是 4 个。酒石酸的内消旋体与其他非对映体的物理性质有所差异，酒石酸的物理性质如表 9-2 所示。

表 9-2 酒石酸的物理性质

类型	$[\alpha]_{\lambda}^{t}$（水）	熔点/℃	溶解度/（g/100gH$_2$O）	pK_{a2}（25℃）
(+)-酒石酸	+12°	170	139	4.23
(−)-酒石酸	−12°	170	139	4.23
(±)-酒石酸	0	206	20.6	4.24
meso-酒石酸	0	140	125	4.68

内消旋体和外消旋体都无旋光性，但消旋的原因是不同的。内消旋化合物（如内消旋酒石酸）是分子内含有对称面的单一化合物，不能被纯化或分离成为具有旋光性的化合物。外消旋体（如外消旋乳酸）是等量左旋体和右旋体的混合物，可以被分离成两种旋光性相反的单一化合物。在合成手性药物时，得到的产物往往是外消旋体，若需要得到其中一种具有药理作用的旋光异构体，则需要将外消旋体进行分离，以得到纯净的左旋体和右旋体，这样的过程称为外消旋体的拆分。外消旋体的拆分方法有很多，如物理拆分法、化学拆分法、酶拆分法等。

其中化学拆分法应用最为广泛，通常利用酸碱中和反应，将对映体转化为非对映体，如果要拆分的外消旋体是一种酸，就用碱性拆分剂处理，形成非对映体盐，基于两种产物的溶解度不同，可采用分步结晶方法分开。例如：

$$50\% \begin{cases} (+)\text{-乳酸} \\ \\ (-)\text{-乳酸} \end{cases} + 1\text{mol 1-苯基乙胺} \longrightarrow \begin{cases} (D)\text{-乳酸-}(R)\text{-1-苯基乙胺盐} \\ \\ (L)\text{-乳酸-}(R)\text{-1-苯基乙胺盐} \end{cases} \xrightarrow{\text{分级结晶}} \begin{cases} D-R \xrightarrow{HCl} D\text{-乳酸} \\ \\ L-R \xrightarrow{HCl} L\text{-乳酸} \end{cases}$$

如外消旋体是碱，则采用酸性拆分剂进行拆分；如果外消旋体既不是酸，也不是碱，可以将化合物接上羧基或者氨基衍生化后，再与拆分剂成盐后拆分。

 本章重要知识点小结

一、基本概念

1. 手性、手性分子及手性碳原子
2. 对映异构及对映异构体
3. 旋光性及比旋光度
4. 左旋体、右旋体、外消旋体、内消旋体

二、对映异构体的表示法

1. 透视式　　　　2. 费歇尔投影式

三、对映异构体的构型标记法

构型的标记通常采用两种方法，即 D,L 标记法和 R,S 标记法。

四、对映异构体的性质

一对对映体的物理性质，除旋光方向相反外，其他如熔点、沸点、溶解度和折射率等都相同，化学性质也基本相同。一对对映体的手性不同，体现在它们的生理活性或药理作用上差别很大。

对映异构视频

 目标检测

一、单项选择题

1. 下列物质中具有手性的为（　　　）。

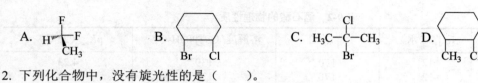

A. H—C(F)(F)—CH₃   B. (环己烷 Br Cl)   C. H₃C—C(Cl)(Br)—CH₃   D. (环己烷 CH₃ CH₃)

2. 下列化合物中，没有旋光性的是（   ）。

A. （十氢萘 H H）   B. （环己烷 H OH Cl）   C. H—C(CH₃)(OH)—C(Br)(CH₃)   D. （环己烷 CH₃ OH 异丙基）

3. 将手性碳原子上的任意两个基团对调后将变为它的（   ）。

A. 非对映异构体   B. 互变异构体   C. 对映异构体   D. 顺反异构体

4. 对映异构体产生的必要和充分条件是（   ）。

A. 分子中有不对称碳原子   B. 分子具有手性   C. 分子无对称中心

5. 对称轴的对称操作是（   ）。

A. 反映   B. 旋转   C. 反演

6. 下列各 Fischer 投影式中，为 R 构型的是（   ）。

A. C₂H₅—C(Br)(H)—CH₃   B. H—C(C₂H₅)(Br)—CH₃   C. H₃C—C(H)(Br)—C₂H₅   D. Br—C(C₂H₅)(H)—CH₃

7. H—C(CH₃)(Br)—C₂H₅ 的对映体是（   ）。

A. H—C(C₂H₅)(Br)—CH₃   B. C₂H₅—C(Br)(H)—CH₃   C. H₃C—C(H)(Br)—C₂H₅   D. Br—C(C₂H₅)(H)—CH₃

8. H₃C—C(C₂H₅)(H)... 与 Br—C(CH₃)(H)... 为（   ）。

A. 对映异构体   B. 位置异构体   C. 碳链异构体   D. 同一物质

二、名词解释

1. 旋光性 2. 比旋光度 3. 手性 4. 手性碳原子 5. 外消旋体 6. 对映体 7. 内消旋体
8. 非对映异构体

三、判断下列化合物有无对称面或对称中心

1. H₃C—C(Cl)(H)—CH₃   2. （环结构 C₂H₅ H H CH₃）   3. （环结构 CH₃ COOH H H H H COOH CH₃）

四、用 R, S 命名法命名酒石酸的三种异构体

A. （COOH H—OH H—OH COOH）   B. （COOH H—OH HO—H COOH）   C. （COOH HO—H H—OH COOH）

五、计算题

500mg 可的松溶解于 100mL 乙醇中，在 25℃时用 25cm 盛液管，在旋光仪中测得的旋光度为+2.16°，请计算可的松的比旋光度。

第十章　有机含氮化合物

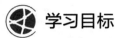 学习目标

知识目标

1. 掌握硝基化合物和胺的命名、常见含氮化合物的化学性质。

2. 熟悉含氮化合物的物理性质及其结构特点；熟悉硝基对芳环化学性质的影响和各类胺碱性强弱与结构的关系；熟悉重氮化合物的性质及其应用。

3. 了解重要的含氮化合物。

能力目标

1. 能根据硝基化合物、胺和重氮化合物的性质写出相应的反应方程式。

2. 能利用所学性质鉴别出各类含氮化合物。

情景导入

三鹿奶粉事件是中国的一起食品安全事件。事件起因是很多食用三鹿集团生产的奶粉的婴儿被发现患有肾结石，随后在其奶粉中发现化工原料三聚氰胺。三鹿公司对此后销售的奶粉立即召回，河北省政府责令三鹿集团立即停产整顿，并对有关责任人做出处理。

问题：1. 三聚氰胺是一种什么样的物质？

2. 为什么在奶粉里加入三聚氰胺？

有机含氮化合物是分子中有含氮基团的有机化合物。它的种类很多，包括硝基化合物、胺、酰胺、重氮化合物、偶氮化合物、含氮杂环化合物和生物碱等，它们很多与生物体的生命活动密切相关，也有一些是合成药物的中间体，或者是直接用于临床的药物，如磺胺类药物等。

本章主要讨论硝基化合物、胺、季铵化合物、重氮化合物和偶氮化合物。

第一节　硝基化合物

硝基化合物是指烃中的氢原子被硝基取代的化合物。硝基（—NO_2）是硝基化合物的官能团。

一、硝基化合物的分类和命名

（一）硝基化合物的分类

（1）按烃基结构的不同，硝基化合物分为脂肪族硝基化合物和芳香族硝基化合物。例如：

$$CH_3CH_2NO_2$$

硝基乙烷

脂肪族硝基化合物

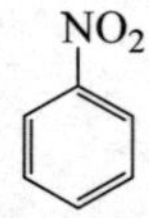

硝基苯

芳香族硝基化合物

（2）按分子中硝基的数目不同，硝基化合物分为一元、二元和多元硝基化合物。例如：

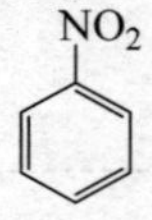

一元硝基化合物 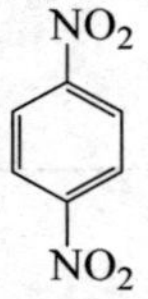　　　　二元硝基化合物 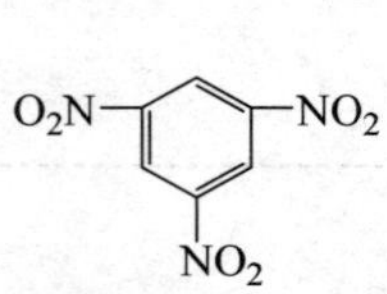　　　　三元硝基化合物

（二）硝基化合物的命名

硝基化合物通常以烃为母体，把硝基作为取代基来命名。例如：

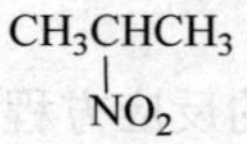

$$CH_3CHCH_3$$
　　$$|$$
　　$$NO_2$$

2-硝基丙烷 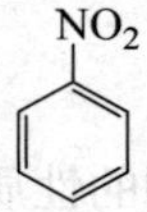　　　　　硝基苯 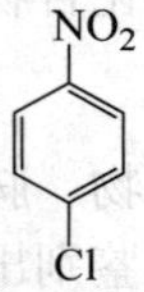　　　　　对氯硝基苯

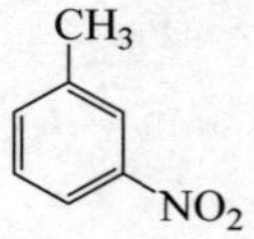

间硝基甲苯 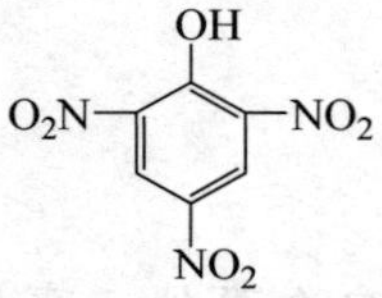　　2,4,6-三硝基苯酚　　2,4,6-三硝基甲苯

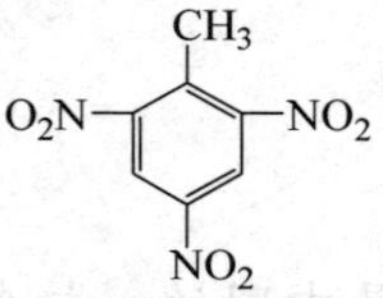

（苦味酸）　　　　（TNT）

二、硝基化合物的性质

（一）硝基化合物的物理性质

脂肪族硝基化合物多数为无色并有香味的液体；芳香族硝基化合物除了硝基苯是高沸点液体外，其余多数为淡黄色固体，有苦杏仁气味。硝基化合物不溶于水，易溶于有机溶剂，硝基化合物相对密度都大于 1。随着分子中硝基数目的增加，其苦味增加，稳定性降低，受热易爆炸，多元硝基化合物通常可用作炸药。多硝基化合物有毒，能使血红蛋白变性失去携带氧气的功能而引起中毒症状。有的多硝基化合物有强烈香味，可作为香料用于香水、香皂和化妆品等的定香剂、调和剂和修饰剂等，如二甲基麝香（人造麝香）具有类似麝香的气味。

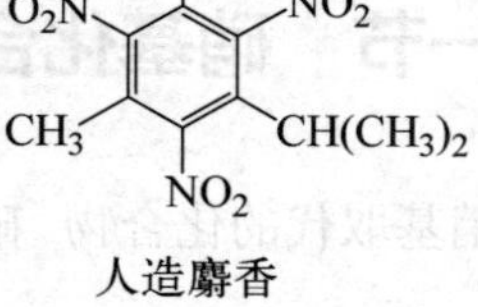

人造麝香

（二）硝基化合物的化学性质

1. 还原反应

芳香族硝基化合物容易被还原，常用的还原剂为氢气和金属还原剂（如铁粉和盐酸或锌粉和盐酸），还原产物为胺类化合物。例如：

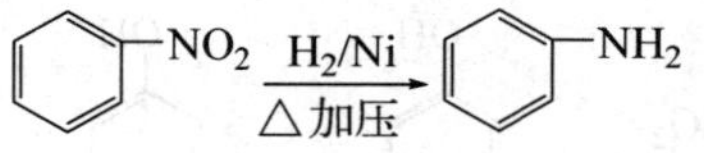

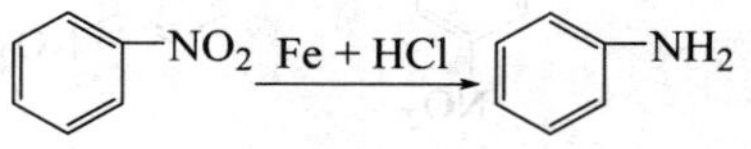

催化氢化在工业上应用较多，其优点为产品的质量和产率比较高，反应条件温和，可在中性条件下反应。例如：

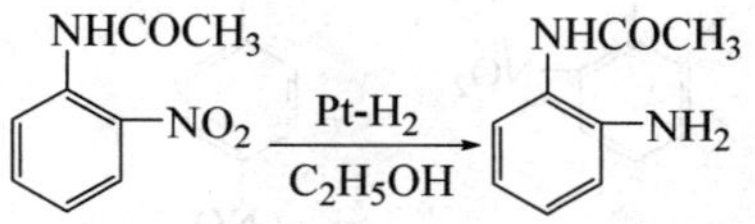

当芳环上有两个可被还原的硝基时，选用不同的还原剂，可选择性地还原硝基。例如：

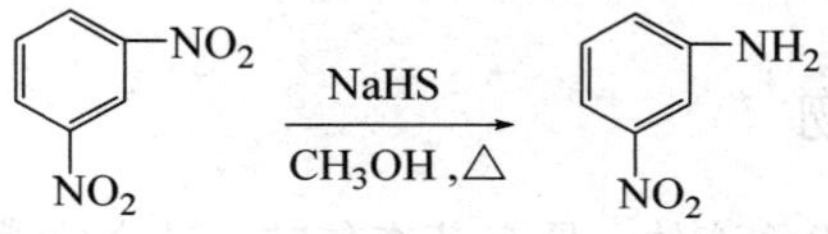

2. 苯环上的亲电取代反应

由于硝基是强的致钝间位定位基，因此硝基苯比苯难以发生亲电取代反应。例如：

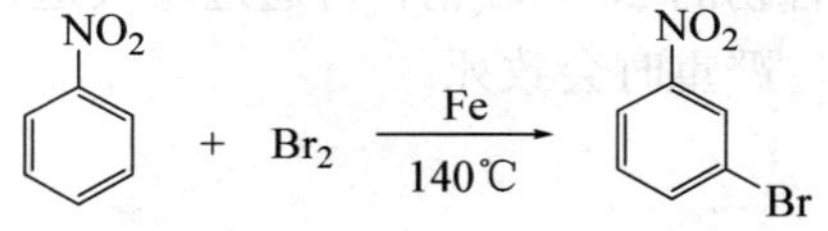

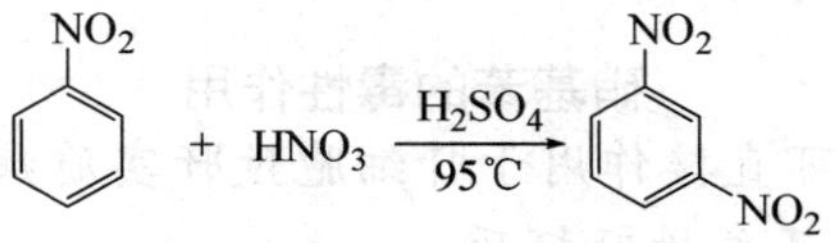

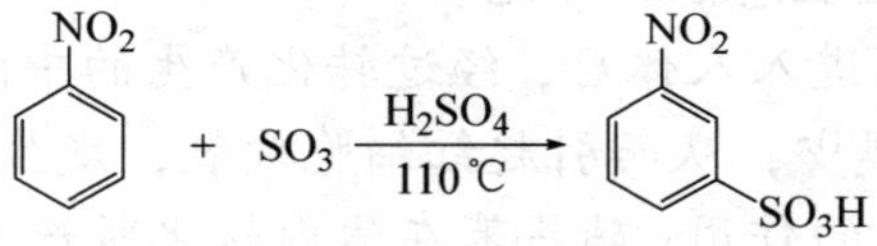

3. 硝基对苯环上取代基的影响

（1）邻、对位的活性增强　卤素连接在苯环上，一般难以水解。而当氯原子的邻、对位上连有硝基时，卤素原子比较容易水解，而且连有的硝基越多，越容易水解。例如：

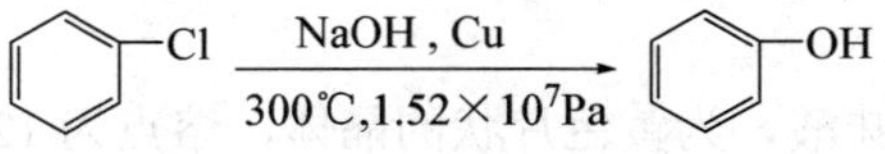

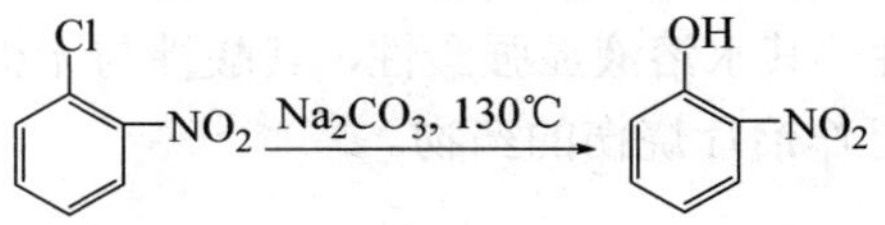

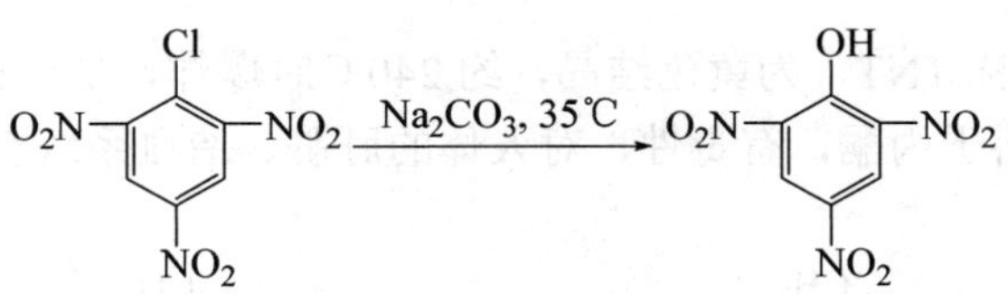

（2）酸性增强　由于硝基是较强的吸电子基，当苯环上连有硝基时，可使苯环上的羟基或羧基，尤其是处在邻位或对位的羟基或羧基的酸性明显地增强，并且连有的硝基越多，酸性越强。例如：

（第一行结构式，从左到右）

OH

$pK_a10.00$

OH，NO₂（邻硝基苯酚）

$pK_a7.21$

OH，NO₂（对硝基苯酚）

$pK_a7.16$

OH，NO₂（间硝基苯酚）

$pK_a8.00$

OH，O₂N、NO₂、NO₂（2,4,6-三硝基苯酚）

$pK_a0.80$

（第二行结构式，从左到右）

COOH

$pK_a4.17$

COOH，NO₂（邻硝基苯甲酸）

$pK_a2.21$

COOH，NO₂（对硝基苯甲酸）

$pK_a3.40$

COOH，NO₂（间硝基苯甲酸）

$pK_a3.46$

三、重要的硝基化合物

　　硝基苯（$C_6H_5NO_2$）为浅黄色液体，具有苦杏仁味，是合成苯胺、药物和染料的重要原料。不溶于水，其蒸气有毒，密度 1.203g/mL，熔点 5.7℃，沸点 210℃，可作为高沸点溶剂。硝基苯的毒性是其他芳香族硝基化合物的 20～30 倍，可通过呼吸道、皮肤等途径进入人体，长期接触后会导致中毒性肝炎等疾病，严重时会致死。

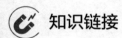 知识链接

硝基苯的毒性作用

　　（1）损伤肝脏：硝基苯可直接作用于肝细胞致肝实质病变，可引起中毒性肝病、肝脏脂肪变性，严重者可发生亚急性肝坏死。

　　（2）溶血作用：硝基苯进入人体后，经过转化产生的中间物质，可使维持细胞膜正常功能的还原型谷胱甘肽减少，从而引起红细胞破裂，发生溶血。

　　（3）形成高铁血红蛋白的作用：硝基苯在体内转化所产生的中间代谢产物如亚硝基苯、苯基羟胺等对血红蛋白有氧化作用。

　　（4）硝基苯还可以直接损伤肾脏，诱发继发性溶血。

2. 2,4,6-三硝基苯酚

2,4,6-三硝基苯酚又称苦味酸，为黄色片状的晶体，熔点为 122℃，可溶于乙醇、乙醚和热水，有毒，具有强烈的爆炸性。其水溶液显强酸性，其酸性与无机强酸相近。2,4,6-三硝基苯酚还有杀菌止痛功能，医药上可作治疗烧伤的药物。

3. 2,4,6-三硝基甲苯

2,4,6-三硝基甲苯又称 TNT，为黄色结晶，约 240℃时爆炸，是一种重要的军用炸药。它不溶于水，微溶于乙醇，溶于丙酮，有毒性，对人体的肝脏、造血系统有损坏。2,4,6-三硝基甲苯可用甲苯制取。例如：

CH₃（苯甲基）+ 3HNO₃ $\xrightarrow[100℃]{H_2SO_4}$ CH₃，O₂N、NO₂、NO₂（2,4,6-三硝基甲苯）

知识拓展

烈性炸药 TNT

梯恩梯，英文简称 TNT，学名 2,4,6-三硝基甲苯。1863 年由 TJ·威尔伯兰德在一次失败的实验中发明，但在此后的很多年里一直被认为是由诺贝尔所发明，造成了很大的误解。三硝基甲苯是一种威力很强而又相当安全的炸药，即使被子弹击穿一般也不会燃烧和起爆。TNT 在 20 世纪初开始广泛用于装填各种弹药和进行爆炸，逐渐取代了苦味酸。在第二次世界大战结束前，TNT 一直是综合性能最好的炸药，被称为"炸药之王"。

据报道 1959 年 5 月，我国最早发现 TNT 引起作业工人再生障碍性贫血死亡的案例，1959 年 6 月，发现 TNT 引起作业工人中毒性黄疸性肝炎死亡案例。据有关数据统计，TNT 作业工人重度患病率为 3.99%，居全国五种职业中毒之首。现已研究表明，TNT 可以引起肝、晶状体、肾、生殖系统、免疫系统和血液系统等有关疾病，部分致病机理尚不明确。TNT 作为炸药被广泛用于国防、采矿、建筑、开掘隧道等生产中，但长期的接触会导致作业工人产生多种疾病，目前我国对上述作业工人的 TNT 毒害预防和治理已经全面展开，以加强对作业工人的保护。

第二节 胺

氨分子（NH_3）中的一个、两个或三个氢原子被烃基（R—）取代的化合物称为胺，因此胺有如下三种情况：

$$\begin{array}{ccc} R-N-H & R-N-R' & R-N-R' \\ \quad | & \quad | & \quad | \\ \quad H & \quad H & \quad R'' \end{array}$$

图 10-1 是氨分子中的一个氢原子分别被甲基和苯基取代后形成的甲胺和苯胺的结构简式及模型。

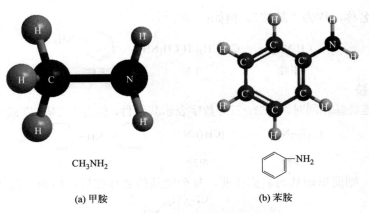

CH_3NH_2

(a) 甲胺

(b) 苯胺

图 10-1 甲胺和苯胺的结构简式及模型

胺是一类最重要的有机含氮化合物，广泛存在于生物界，并和生命活动关系密切，许多生物碱、抗生素、激素及所有的蛋白质、核酸都是胺的复杂衍生物。

一、胺的分类及命名

（一）分类

（1）根据胺分子中氮原子上所连的烃基不同，可分为脂肪胺和芳香胺。

$$CH_3CH_2CH_2CH_2NH_2$$

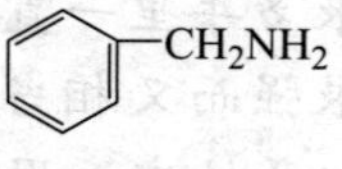

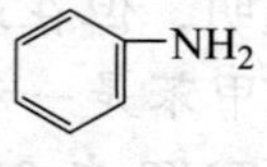

正丁胺（脂肪胺）　　　　苯甲胺（脂肪胺）　　　　苯胺（芳香胺）

（2）根据胺分子中的氨基数目多少，可分为一元胺、二元胺及多元胺。

$$CH_3CH_2NH_2 \qquad H_2NCH_2CH_2NH_2$$

乙胺（一元胺）　　　　乙二胺（二元胺）

（3）根据胺分子中与氮相连的烃基数目的不同，可分为伯胺、仲胺、叔胺。

$$CH_3NH_2 \qquad (CH_3)_2NH \qquad (CH_3)_3N$$

甲胺（伯胺）　　　　二甲胺（仲胺）　　　　三甲胺（叔胺）

伯胺的官能团为氨基（$-NH_2$），仲胺的官能团为亚氨基（$>NH$），叔胺的官能团为次氨基或叔氮原子（$-\overset{|}{\underset{|}{N}}-$）。

还有相当于氢氧化铵和铵盐的化合物，分别称为季铵碱和季铵盐。

$$(CH_3)_4N^+OH^- \qquad\qquad (CH_3)_4N^+Br^-$$

季铵碱　　　　　　　　季铵盐

值得注意的是：由于伯胺、仲胺、叔胺与伯醇、仲醇、叔醇的分类依据不同，所以叔丁醇是叔醇，而叔丁胺是伯胺。

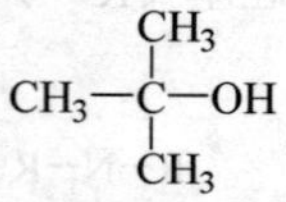

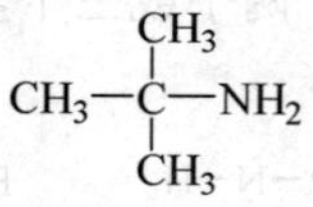

叔丁醇（叔醇）　　　　叔丁胺（伯胺）

（二）命名

1. 伯胺

根据烃基的名称，称为"某胺"。例如：

$$CH_3NH_2 \qquad CH_3CH_2CH_2CH_2NH_2$$

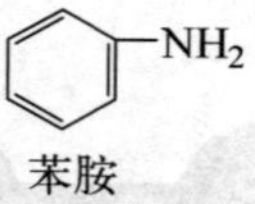

甲胺　　　　　　丁胺　　　　　　苯胺

2. 仲胺、叔胺

若氮原子所连烃基相同时，用二、三等数字表示其数目，称为"二某胺"或"三某胺"。例如：

$$(CH_3)_2NH \qquad (CH_3)_3N$$

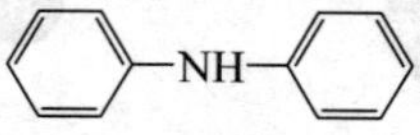

二甲胺　　　　三甲胺　　　　二苯胺

若烃基不同，则简单烃基的名称在前，复杂烃基的名称在后，称为"某某胺"。例如：

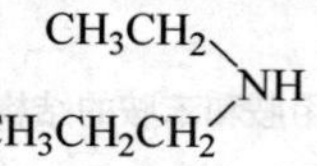

乙丙胺

3. *N*-取代芳香胺

以芳香胺作为母体，小烃基作为取代基，并在前面冠于"*N*"，突出取代基是连在氮原子上。例如：

N-甲基苯胺　　　*N*-甲基-*N*-乙基苯胺

4. 复杂的胺

采用系统命名法，以烃作为母体，氨基作为取代基来命名。例如：

$$\underset{\underset{\displaystyle \quad NH_2}{|}}{CH_3CHCHCH_2CH_3}$$

$$\overset{\displaystyle CH_3}{|}$$

2-甲基-3-氨基戊烷

随堂练习 10-1

命名下列化合物并进行归类：

（1）$\underset{\underset{\displaystyle NH_2}{|}}{CH_3CHCH_2CH_3}$

（2） ——NHCH(CH_3)_2

（3） ——NH(CH_2CH_3)_2

（4）$[(CH_3)_2\overset{+}{N}(CH_2CH_3)_2]\ Br^-$

二、胺的性质

（一）胺的物理性质

脂肪胺中甲胺、乙胺、二甲胺、三甲胺，常温下为气体，有的胺具有与氨相似的气味，有的胺（如三甲胺）则有鱼腥味。其他低级脂肪胺为液体，有难闻的气味，如丁二胺和戊二胺有肉腐烂时的臭气。十二碳以上的高级胺为固体，几乎没有气味。芳香胺常为高沸点的液体或固体，有特殊的气味，有毒，皮肤接触或吸入蒸气都会中毒。

胺分子间的氢键较醇、羧酸弱，所以胺的沸点比相近分子质量的醇、羧酸低。低级的脂肪胺易溶于水，因为它们都可以与水形成氢键；芳香胺和高级脂肪胺都难溶于水。许多胺有一定的生理作用，气态胺对中枢神经系统有轻微抑制作用。很多药物都含胺的结构，同时胺是合成药物的重要中间体。

（二）胺的化学性质

1. 碱性

胺同氨一样，氮原子上的孤对电子能接受质子而显碱性。

$$R\overset{..}{N}H_2 + H{-}OH \rightleftharpoons RNH_3^+ + OH^-$$

扫一扫

胺的碱性视频

胺类碱性的强弱与其结构有关。基本规律是脂肪胺的碱性大于氨水的碱性，氨水的碱性大于芳香胺的碱性。

（1）脂肪胺　脂肪胺的碱性比氨强。仲胺的碱性最强，伯胺次之，叔胺最弱，即 $R_2NH > RNH_2 > R_3N > NH_3$。例如：

$(CH_3)_2NH$	CH_3NH_2	$(CH_3)_3N$	NH_3
$pK_b\ 3.27$	$pK_b\ 3.38$	$pK_b\ 4.21$	$pK_b\ 4.7$

脂肪胺的碱性顺序，可由电子效应和空间位阻来解释。从诱导效应方面来看，随氮原子上连接的烷基增多，供电子诱导效应增大，氮原子上的电子云密度随之增加，有利于与质子结合，则胺的碱性增强；而从空间位阻来看，氮原子上的烷基数目增多，虽然增加了氮原子上电子云

的密度，但同时氮原子周围空间位阻增大，与质子结合变难，碱性反而减弱。综合几种因素，脂肪胺（如三种甲胺）在水溶液中的碱性强弱为：二甲胺>甲胺>三甲胺>氨。

（2）芳香胺　芳香胺的碱性比氨弱，这是由于苯环和相连的氨基之间存在 p-π 共轭效应，氮原子上的电子云向苯环方向偏移，使氮原子周围电子云密度减小，接受质子的能力也随之减小，因而碱性减弱。同时苯环又占据较大的空间，阻止质子和氨基接近，故苯胺的碱性比氨弱得多；苯基越多，芳胺的碱性越弱。苯环上连有供电子基会使芳胺的碱性增强，吸电子基会使芳胺的碱性减弱。例如：

NH$_3$	苯胺	对甲基苯胺	对氯苯胺	对硝基苯胺
pK_b4.76	pK_b9.37	pK_b8.92	pK_b9.85	pK_b13.0

利用胺的碱性，胺能与强酸形成稳定的盐；当胺的盐与氢氧化钠作用时，可重新游离出原来的胺。利用这些性质，可分离、提纯胺。例如：

$$\text{C}_6\text{H}_5-\text{NH}_2 + \text{HCl} \longrightarrow \text{C}_6\text{H}_5-\overset{+}{\text{N}}\text{H}_3\text{Cl}^-$$

$$\text{C}_6\text{H}_5-\overset{+}{\text{N}}\text{H}_3\text{Cl}^- + \text{NaOH} \longrightarrow \text{C}_6\text{H}_5-\text{NH}_2 + \text{NaCl}$$

在制药过程中，有些胺类药物难溶于水，为便于人体吸收，常将它们与酸反应制成易溶于水的盐，以供药用。例如局部麻醉药普鲁卡因，在水中的溶解度很小，且不稳定，通常将它制成盐酸盐，供肌内注射用。

$$\text{H}_2\text{N}-\text{C}_6\text{H}_4-\text{COOCH}_2\text{CH}_2\text{N}(\text{C}_2\text{H}_5)_2 \xrightarrow{\text{HCl}} \left[\text{H}_2\text{N}-\text{C}_6\text{H}_4-\text{COOCH}_2\text{CH}_2\overset{+}{\underset{\text{H}}{\text{N}}}(\text{C}_2\text{H}_5)_2 \right] \text{Cl}^-$$

普鲁卡因（不溶于水）　　　　　　　　　盐酸普鲁卡因（溶于水）

随堂练习 10-2

比较下列化合物的碱性：
（1）乙胺、苯胺、氨
（2）苯胺、二甲胺、二苯胺、N-甲基苯胺
（3）苯胺、对硝基苯胺、对甲基苯胺

2. 酰化反应

伯胺和仲胺能与酰卤或酸酐等酰化试剂作用，生成 N-取代或者 N,N-二取代酰胺化合物，而叔胺氮原子上没有氢，则不能生成酰胺化合物。例如：

$$\text{C}_6\text{H}_5-\text{NH}_2 \xrightarrow{\text{(CH}_3\text{CO)}_2\text{O}} \text{C}_6\text{H}_5-\text{NHCOCH}_3$$

$$\text{CH}_3\text{CH}_2\text{NHCH}_3 + \text{C}_6\text{H}_5-\overset{\text{O}}{\overset{\|}{\text{C}}}-\text{Cl} \longrightarrow \text{C}_6\text{H}_5-\overset{\text{O}}{\overset{\|}{\text{C}}}-\underset{\text{CH}_2\text{CH}_3}{\overset{\text{CH}_3}{\text{N}}}$$

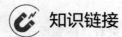

知识链接

酰化反应在药物合成中的应用

酰化反应在药物合成中有重要作用，对药物的修饰具有重要的意义。在药物分子中

引入酰基后，可以保护氨基，增强氨基的稳定性，提高或延长药物的疗效，同时降低药物的毒副作用。比如，对氨基酚具有解热镇痛作用，但由于稳定性差、副作用大，不利于临床应用。若在氨基氮原子上引入酰基，既可保护氨基，避免氨基被氧化，增强氨基稳定性，又可减少副作用，增强疗效。反应如下：

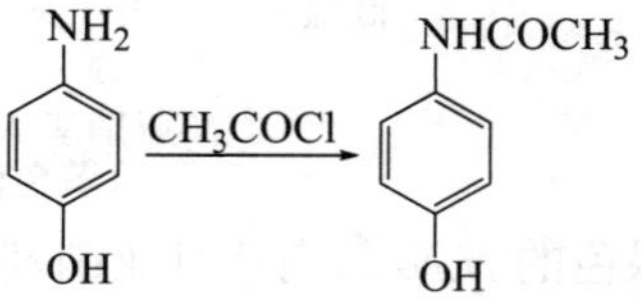

3. 磺酰化反应

脂肪族伯胺和仲胺能与苯磺酰氯作用，氨基上的氢原子被磺酰基取代，生成难溶于水的氮原子上连有烃基的苯磺酰胺类化合物，该反应又称兴斯堡反应（兴斯堡实验）。伯胺生成的磺酰胺，氮上仍有氢，由于受磺酰基强的吸电子效应的影响，此氢原子具有一定的酸性，使得由伯胺生成的磺酰胺可溶于碱生成溶于水的盐。仲胺生成的磺酰胺因氮上无氢，所以不溶于碱。叔胺氮原子上没有氢，则不能发生磺酰化反应。

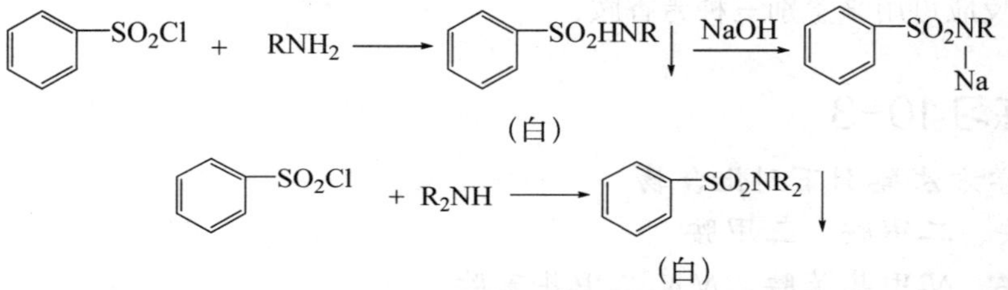

芳香胺也能与苯磺酰氯作用，但是不具备以上现象。因此可以利用磺酰化反应来分离或鉴别三种脂肪胺，例如：

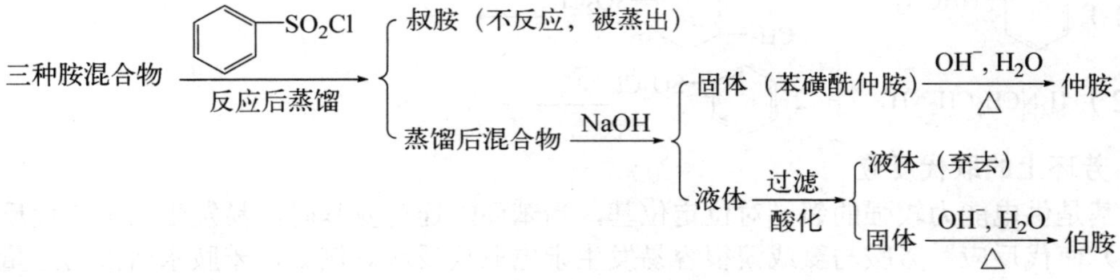

4. 与亚硝酸的反应

脂肪胺和芳香胺都能与亚硝酸反应。由于亚硝酸是不稳定的弱酸，反应时通常用亚硝酸钠与盐酸（或硫酸）代替。

（1）脂肪胺与亚硝酸的反应　脂肪族伯胺和亚硝酸在低温下反应，可生成一种极不稳定的重氮盐。重氮盐在生成的条件下即自行分解生成醇，并定量地放出氮气。该反应可用于脂肪胺和其他有机化合物中氨基含量的测定。仲胺与亚硝酸作用可生成黄色油状液体。叔胺因氮上无氢，不发生类似的反应。例如：

$$RNH_2 + HNO_2 \longrightarrow ROH + N_2\uparrow + H_2O$$

$$R_2NH + HNO_2 \longrightarrow R_2N—NO$$

N-亚硝基胺（黄色油状）

（2）芳胺与亚硝酸的反应　芳伯胺在强酸溶液中与亚硝酸在低温下作用，可生成重氮盐。例如：

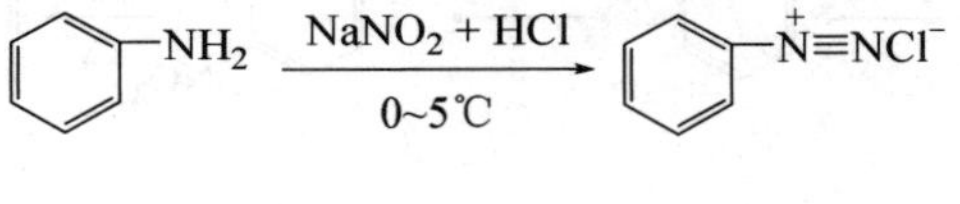

芳香重氮盐在低温下（一般是 0～5℃）不分解；但在室温或较高的温度下，则分解放氮并生成酚。

芳仲胺与亚硝酸的反应，生成黄色油状的 N-亚硝基芳胺。例如：

$$\text{PhNHCH}_3 \xrightarrow[\text{低温}]{\text{NaNO}_2 + \text{HCl}} \text{Ph-N(CH}_3)\text{NO}$$

N-亚硝基-N-甲基苯胺

（黄色油状）

芳叔胺与亚硝酸反应生成翠绿色的 N,N-二烷基对亚硝基苯胺。例如：

$$\text{PhN(CH}_3)_2 \xrightarrow[\text{低温}]{\text{NaNO}_2 + \text{HCl}} \text{ON-C}_6\text{H}_4\text{-N(CH}_3)_2$$

N,N-二甲基对亚硝基苯胺

（翠绿色固体）

因此，该反应可用来鉴别三种芳香胺。

随堂练习 10-3

1. 用化学方法鉴别下列化合物

（1）甲胺、二甲胺、三甲胺

（2）苯胺、N-甲基苯胺、N,N-二甲基苯胺

2. 完成下列方程式

（1）PhNHCH_3 + $\text{CH}_3\text{-C}_6\text{H}_4\text{-SO}_2\text{Cl}$ ⟶

（2）$\text{H}_2\text{NCH}_2\text{CH}_2\text{NH}_2$ + 2 $\text{C}_6\text{H}_5\text{-SO}_2\text{Cl}$ ⟶

5. 芳环上的取代反应

氨基是供电能力较强的邻、对位定位基，当苯环上连有氨基时，易发生亲电取代反应。

（1）卤代反应　芳胺与氯或溴很容易发生亲电取代反应。例如，苯胺水溶液与过量溴水反应，可立即生成 2,4,6-三溴苯胺的白色沉淀。

$$\text{C}_6\text{H}_5\text{NH}_2 + 3\text{Br}_2 \longrightarrow \text{Br}_2(\text{NH}_2)\text{C}_6\text{H}_2\text{Br} \downarrow + 3\text{HBr}$$

此反应能定量地完成，故可用于苯胺的定性和定量分析。

（2）硝化反应　芳胺直接硝化，易被硝酸氧化。为避免副反应发生，可先将芳胺溶于浓硫酸中，使之生成硫酸盐，然后再硝化。因为成盐后的氨根离子是吸电子基，可使苯环钝化，硝化产物主要是间位异构体。例如：

$$\text{C}_6\text{H}_5\text{NH}_2 \xrightarrow{\text{浓H}_2\text{SO}_4} \text{C}_6\text{H}_5\overset{+}{\text{N}}\text{H}_3\text{SO}_4^- \xrightarrow{\text{HNO}_3} \overset{+}{\text{N}}\text{H}_3\text{SO}_4^- \text{-C}_6\text{H}_4\text{-NO}_2 \xrightarrow[\triangle]{\text{稀碱}} \text{H}_2\text{N-C}_6\text{H}_4\text{-NO}_2$$

如果采用乙酰化将氨基保护起来，则硝化产物主要是对位异构体。

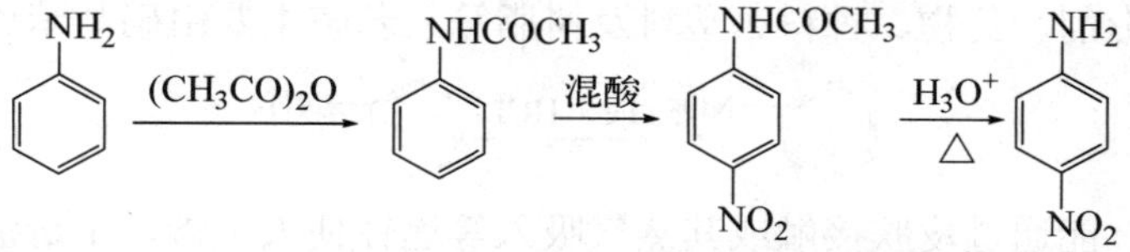

（3）磺化反应　苯胺可与浓硫酸生成固体的苯胺硫酸盐，将其加热至 200℃，则脱水并重排生成对氨基苯磺酸。这是工业上生产对氨基苯磺酸的方法。

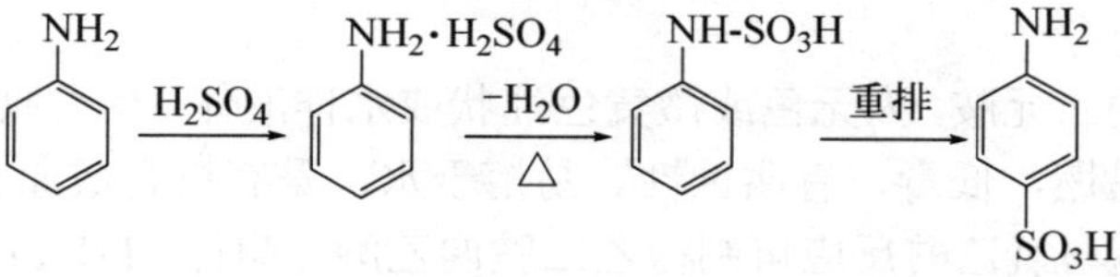

🧲 知识链接

磺胺类药物

磺胺类药物在临床上是一种抗菌药物，对葡萄球菌及链球菌有抑制作用，具有服用方便、性质稳定、经口摄入吸收良好等优点，是一类预防和治疗细菌性感染的重要药物。磺胺类药物的基本结构是对氨基苯磺酰胺，简称为磺胺。其结构式为：

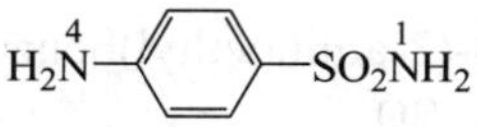

$$H_2N^4\!-\!\!\!\bigcirc\!\!\!-\!SO_2NH_2^{\,1}$$

在磺胺分子中，有磺酰氨基（—SO_2NH_2）和 4-位的氨基两个重要基团，这两个基团必须处在苯环的对位才具有抑菌作用。研究发现，当 N-1 上的氢原子被一些杂环基团取代后，将会使磺胺的抑菌作用不同程度地增强，而当 N-4 上的氢原子被其他基团取代后，则会降低甚至丧失其抑菌作用。因此大多数磺胺类药物是不同杂环取代磺胺的 N-1 位上的一个氢原子形成的。例如：

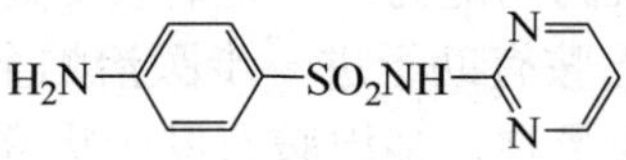

磺胺嘧啶 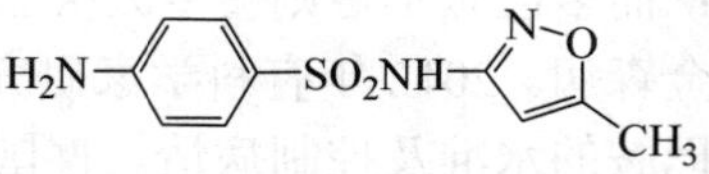　　　　　　　　　　磺胺甲基异噁唑

磺胺类药物是 20 世纪 30 年代被发现的能有效防治全身性细菌性感染的第一类化学药物。该类药物有数千种，其中应用较广的有几十种。例如磺胺异噁唑（SMZ）、磺胺嘧啶等。但是这类药物的不良反应也比较多，如可能导致过敏反应、胃肠道反应，还可能导致患者肝脏及肾脏伤害等。另外，由于头孢类、喹诺酮类、大环内酯类等新的抗感染药品不断出现，因此，有一段时期，磺胺类药物发展缓慢，甚至有被替代的趋势。近年来，磺胺类药物的研发加快，新的品种和新的用途不断增加，一些缺点也被克服，研究者对磺胺类药物的应用也有了新的评价。

三、常见的胺

1. 苯胺

苯胺又称阿尼林油，是芳香族胺的典型代表，苯胺久置在空气中易被氧化，颜色变成黄色至棕色。苯胺与溴水的反应，可用于苯胺的定性鉴别和定量分析。苯胺存在于煤焦油中，为无色油状液体，具有特殊气味，微溶于水。苯胺主要用于制造染料及染料的中间体、橡胶促进剂和抗氧剂、照相显影剂、药物、香料、塑料及树脂等。苯胺主要由硝基苯还原制备。

$$\underset{}{\bigcirc}-NO_2 \xrightarrow{Fe + HCl} \bigcirc-NH_2$$

苯胺具有毒性，能通过皮肤接触或其蒸气吸入等途径使人中毒，中毒症状有头晕、皮肤苍白、全身无力等。这是因为苯胺可以将血红蛋白氧化成高铁血红蛋白，使其失去携带氧气的功能，从而引起缺氧和中枢神经系统受抑制。

2. 乙二胺

乙二胺是最简单的二元胺，为无色或微黄色油状或水样液体，有类似氨的气味，呈强碱性，相对密度为 1.4540。易燃，低毒，有腐蚀性。易溶于水，是有机合成原料，常用于药物的合成和作为乳化剂。乙二胺与氯乙酸反应可制得乙二胺四乙酸（简称 EDTA），其二钠盐在分析化学中常用作金属螯合剂，也是重金属中毒的解毒药。

$$\underset{HOOCH_2C}{\overset{HOOCH_2C}{>}}N-CH_2-CH_2-N\underset{CH_2COOH}{\overset{CH_2COOH}{<}}$$

乙二胺四乙酸

3. 多巴胺

多巴胺由脑内分泌，它存在于肾上腺髓的中枢神经系统中，是合成去甲肾上腺素的前体，也是中枢神经系统传导的递质。在人体内由酪氨酸在酶催化下经羟基化、脱羧而得到。它的化学名称为 4-(2-氨基乙基)-1,2-苯二酚[4-(2-aminoethyl)benzene-1,2-diol]。结构式为：

$$\underset{HO}{\overset{HO}{>}}\bigcirc-CH_2CH_2NH_2$$

Arvid Carlsson 确定多巴胺为脑内信息传递者的角色使他获得了 2000 年诺贝尔生理学或医学奖。多巴胺是一种神经传导物质，用来帮助细胞传送脉冲的化学物质。这种脑内分泌物主要负责大脑的情感、感觉，能够传递兴奋及开心的信息，也与上瘾有关。根据研究所得，多巴胺能够治疗抑郁症；而多巴胺不足则会令人失去控制肌肉的能力，严重时会令患者的手脚不自主地颤抖或导致帕金森病。2012 年有科学家研究出多巴胺有助于进一步医治帕金森病。治疗方法在于恢复脑内多巴胺的水准及控制病情。德国研究人员称，多巴胺有助于提高记忆力，这一发现或有助于阿尔茨海默病的治疗。

四、季铵化合物

季铵化合物可看作铵根（NH_4^+）中四个氢原子都被烃基取代生成的衍生物，根据阴离子的不同，可分为季铵盐（$[R_4N^+]X^-$）和季铵碱（$[R_4N^+]OH^-$）。

（一）季铵化合物的命名

季铵盐和季铵碱的命名，与卤化铵和氢氧化铵的命名相似。但命名时需要将四个烃基名称写在"铵"字之前，烃基不同时，则按基团顺序由小到大排列写出。例如：

$$(CH_3)_4\overset{+}{N}H_2O^-$$

$$\left[\bigcirc-CH_2\overset{+}{N}(CH_3)_3\right]I^-$$

$$\left[\underset{CH_3}{\overset{CH_3}{C_6H_5CH_2\overset{|+}{N}(CH_2)_{11}CH_3}}\right]Br^-$$

氢氧化四甲铵　　　　　　　　碘化三甲苄铵　　　　　　　溴化二甲基十二烷基苄基铵

注意"氨""胺""铵"三个字的用法。

（二）季铵化合物的性质

季铵盐是白色结晶固体，能溶于水，不溶于非极性有机溶剂。具有长链烷基的季铵盐，是一类阳离子表面活性剂，具有去污、杀菌、消毒等功效。季铵盐对热不稳定，加热可分解为叔胺和卤代烃。如

$$(CH_3)_3\overset{+}{N}CH_2C_6H_5Cl^- \xrightarrow{\triangle} (CH_3)_3N+C_6H_5CH_2Cl$$

季铵碱是强碱，其碱性强度相当于氢氧化钠或氢氧化钾，能吸收空气中的二氧化碳，易潮解，易溶于水；可和酸发生中和作用形成季铵盐。季铵碱对热也不稳定，加热易分解。例如，氢氧化四甲铵受热时，则分解为三甲胺和甲醇：

$$(CH_3)_4\overset{+}{N}OH^- \xrightarrow{\triangle} (CH_3)_3N+CH_3OH$$

如果季铵碱分子中有大于甲基的烷基，并且在 β 碳上有氢时，加热则分解生成烯烃、叔胺和水。例如：

$$CH_3CH_2\overset{+}{N}(CH_3)_3OH^- \xrightarrow{\triangle} CH_2{=}CH_2+N(CH_3)_3+H_2O$$

当季铵碱具有两种或更多种不同的 β 氢时，在消除中可以得到多种烯烃。其消除反应主要生成双键碳上取代程度较少的烯烃，这个反应称为霍夫曼（Hofmann）消除反应。例如：

$$\begin{bmatrix} CH_3CH_2CHCH_3 \\ | \\ \overset{+}{N}H_2(CH_3) \end{bmatrix} OH^- \xrightarrow{\triangle} \underset{5\%}{CH_3CH{=}CHCH_3} + \underset{95\%}{CH_3CH_2CH{=}CH_2} + N(CH_3)_3 + H_2O$$

（三）常见的季铵化合物

1. 新洁尔灭

新洁尔灭是季铵盐类化合物。其结构式为：

$$\begin{bmatrix} \text{C}_6\text{H}_5{-}CH_2{-}\overset{\overset{CH_3}{|}}{\underset{\underset{CH_3}{|}}{N^+}}{-}C_{12}H_{25} \end{bmatrix} Br^-$$

在常温下，它是淡黄色胶体，芳香而味苦，易溶于水、醇，水溶液呈碱性。新洁尔灭是具有长链烷基的季铵盐，属阳离子型表面活性剂，穿透细胞能力较强，所以具有杀菌和去污双重能力，而且毒性低。医药上通常用其 0.1% 的溶液作为皮肤或外科手术器械的消毒剂。

2. 胆碱

胆碱是广泛分布于生物体内的一种季铵碱，因其最初是在胆汁中发现的，故名胆碱。它是易吸湿的白色结晶，易溶于水和醇。通常以结合状态存在于生物体细胞中，胆碱是 α-卵磷脂的组成部分，与脂肪代谢有关，临床上用胆碱治疗肝炎、肝中毒等疾病。

$$\begin{bmatrix} HOCH_2CH_2{-}\overset{\overset{CH_3}{|}}{\underset{\underset{CH_3}{|}}{N^+}}{-}CH_3 \end{bmatrix} OH^- \qquad \begin{bmatrix} H_3C{-}\overset{\overset{O}{\|}}{C}{-}OCH_2CH_2{-}\overset{\overset{CH_3}{|}}{\underset{\underset{CH_3}{|}}{N^+}}{-}CH_3 \end{bmatrix} OH^-$$

胆碱　　　　　　　　　　　　　乙酰胆碱

在生物体中，胆碱多以乙酰胆碱的形式存在。乙酰胆碱存在于相邻的神经细胞之间，是通过神经节传导神经刺激的重要物质。

第三节　重氮化合物和偶氮化合物

重氮化合物和偶氮化合物都是含有—N_2—官能团的化合物。重氮化合物含有重氮基—$N^+{\equiv}N$，可简写成—N_2^+；偶氮化合物含有偶氮基（—N=N—）。

一、重氮化合物

（一）重氮化合物的结构和命名

重氮化合物是重氮基（—N$^+$≡N 或— N$_2^+$）只有一端直接与烃基相连的一类化合物。重氮化合物中最重要的是芳香重氮盐，其结构通式为：$Ar - \overset{+}{N} =NX^-$，可简写为 $Ar - \overset{+}{N_2} X^-$，其中 $X^- =Cl^-$、Br^-或HSO_4^-。

重氮盐的命名采用母体氢化物 RH 加上后缀"重氮盐（正离子）"，再以负离子 X$^-$名为前缀组合而成。

$$CH_3CH_2\overset{+}{N_2}Cl^-$$

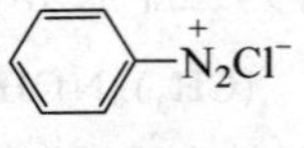

氯化乙烷重氮盐

$$\overset{+}{N_2}Cl^-$$

氯化苯重氮盐

（二）重氮化反应

把芳香族伯胺溶解或是悬浮在无机强酸（主要是盐酸和硫酸）溶液中，在低温（0～5℃）条件下，滴加亚硝酸钠溶液，边搅拌边反应，可生成重氮盐 $Ar - \overset{+}{N} =NX^-$，此反应称为重氮化反应。如：

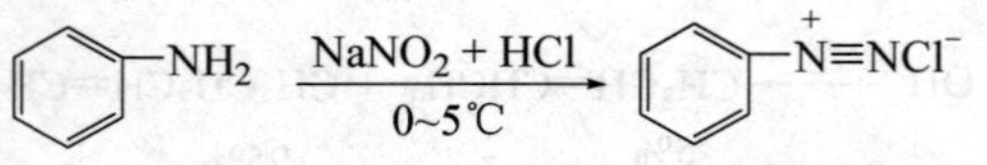

$$\text{〉—NH}_2 \xrightarrow[0\sim5℃]{NaNO_2 + HCl} \text{〉—}\overset{+}{N} =NCl^-$$

氯化重氮苯

（三）重氮盐的性质

重氮盐的化学性质很活泼，能发生许多反应，主要有放氮的取代反应和不放氮的偶联反应。

1. 取代反应

重氮盐的取代反应是重氮盐分子中的重氮基被其他原子或基团所取代，同时放出氮气的反应。

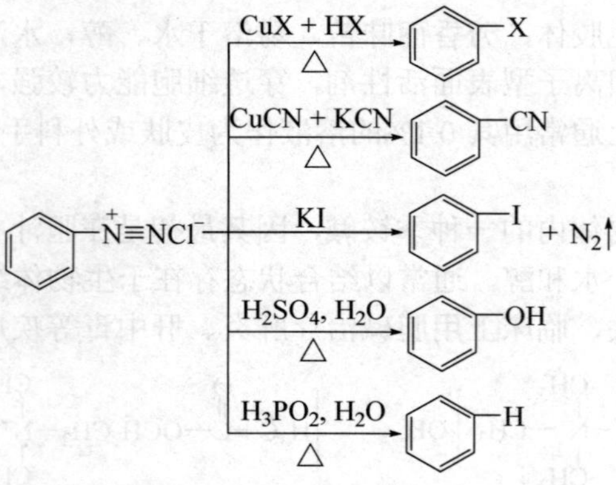

通过取代反应，可以把一些本来难以引入芳香环的基团，方便地引入芳香环上，能合成许多重要的化合物。

重氮盐在亚铜盐的催化下，发生放氮反应，重氮基被氯、溴、或氰基取代，生成氯苯、溴苯和腈类化合物，这个反应叫作桑德迈尔（Sandmeyer）反应。

🖊 随堂练习 10-4

（1）以苯为原料合成均三溴苯

（2）以苯为原料合成间硝基苯胺

2. 偶联反应

重氮盐在一定条件下，与酚或芳胺作用生成带有颜色的偶氮化合物的反应，称为偶联反应或者偶合反应。例如：

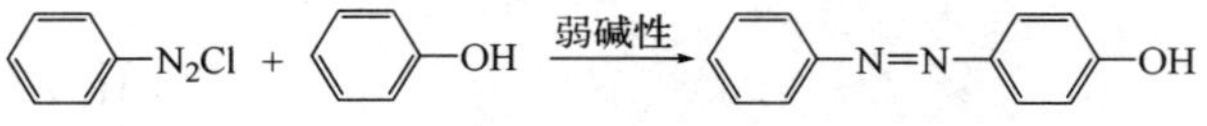

对羟基偶氮苯

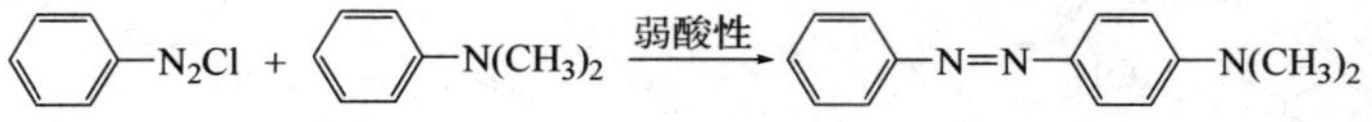

对二甲氨基偶氮苯

二、偶氮化合物

偶氮化合物是偶氮基（—N＝N—）两端都与烃基相连的一类化合物，烃基均为芳基时，称为芳香族偶氮化合物，通式为 Ar—N＝N—Ar′（均为三价氮）。例如：

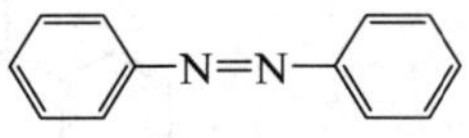

二苯基乙氮烯
（俗称偶氮苯，橙红色）

芳香族偶氮化合物非常稳定，光照或者加热不能使其分解。芳香族偶氮化合物都是有颜色的固体物质，由于相对分子质量较大，即使分子内有氨基或羟基等亲水基团，也难溶于水，而易溶于有机溶剂。由于偶氮化合物的颜色鲜艳，且能牢固地附着在纤维织品上，耐洗耐晒，所以常用作染料；芳香族偶氮化合物也可用于细胞和组织染色及切片染色。有的偶氮化合物其颜色随溶液的酸碱度不同而改变，因此可以作为酸碱指示剂使用。有的可凝固蛋白质，因此可作为杀菌消毒的药品等。常见的偶氮化合物介绍如下。

1. 甲基橙

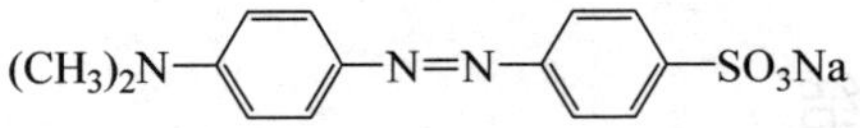

甲基橙是一种酸碱指示剂，变色范围为 pH 3.1～4.4（此时呈橙色）。

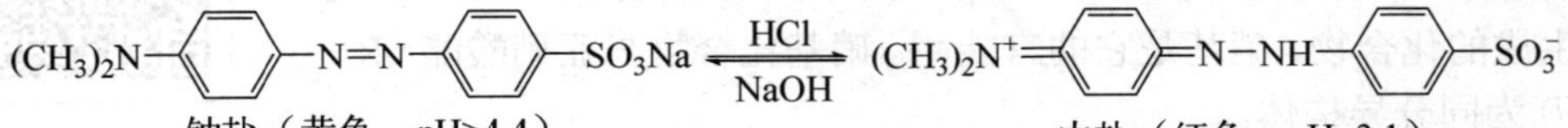

钠盐（黄色，pH>4.4）　　　　　　　内盐（红色，pH<3.1）

2. 刚果红

刚果红是粉红色粉末，溶于水和醇，不溶于醚，用作酸碱指示剂，变色范围为 pH3～5（此时呈紫色）。

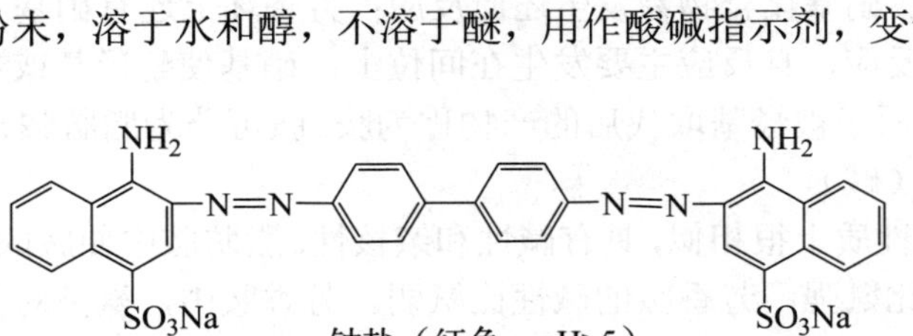

钠盐（红色，pH>5）

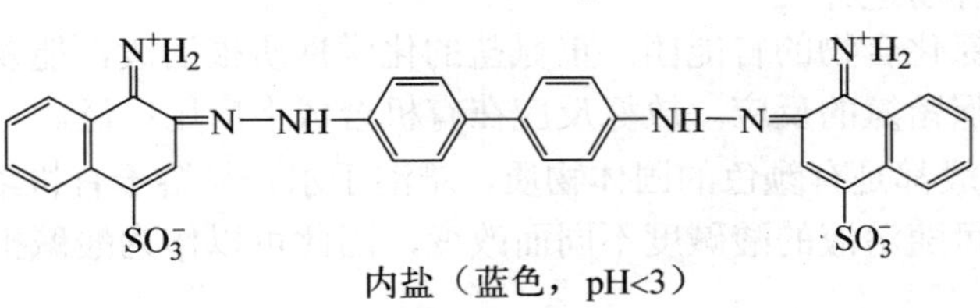

内盐（蓝色，pH<3）

知识链接

苏丹红

苏丹红为亲脂性偶氮化合物，主要包括Ⅰ、Ⅱ、Ⅲ和Ⅳ四种类型。结构式分别为：

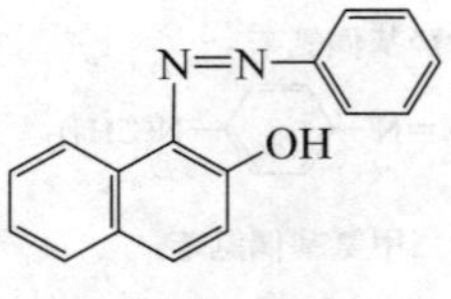

苏丹红Ⅰ号

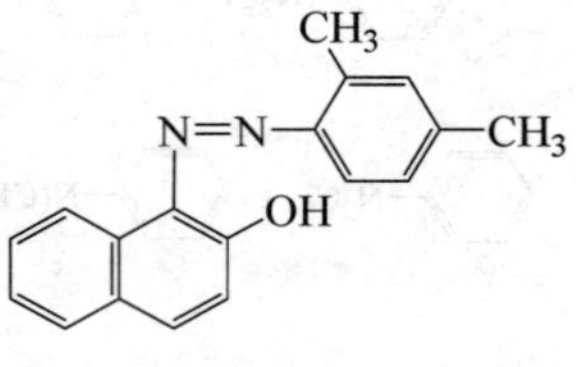

苏丹红Ⅱ号

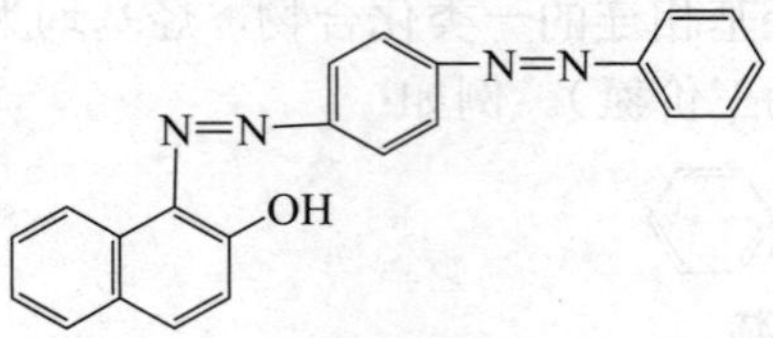

苏丹红Ⅲ号

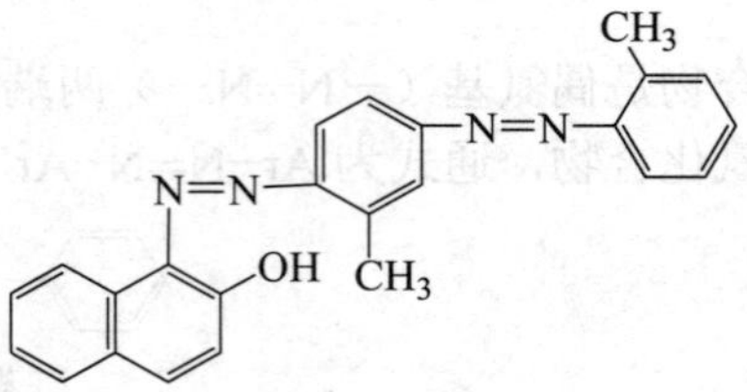

苏丹红Ⅳ号

苏丹红是一种化学染色剂，主要用于油彩、机油、蜡和鞋油等产品的染色。苏丹红进入人体内主要通过肠道微生物还原酶、肝和肝外组织微粒体以及细胞质中的还原酶进行代谢，生成相应的胺类物质。在多项体外致突变试验和动物致癌试验中发现，苏丹红有致突变性和致癌性。苏丹红并非食品添加剂，但由于用苏丹红染色后的食品颜色非常鲜艳且不易褪色，能引起人们强烈的食欲，一些不法食品企业把苏丹红添加到食品中。常见的添加苏丹红的食品有辣椒粉、辣椒油、红豆腐、红心禽蛋等。

本章重要知识点小结

1. 硝基化合物是烃分子中的一个或几个氢原子被硝基（—NO_2）取代后所生成的化合物，硝基是它的官能团。硝基化合物与亚硝酸酯（R—ONO）互为同分异构体。

2. 硝基化合物具有较大的偶极矩，有较高的沸点和密度，多元硝基化合物都是烈性炸药。硝基化合物易发生还原反应；芳香环上连有硝基时，难发生亲电取代反应，且反应主要发生在间位上；硝基使酚羟基或羧基的酸性增强。

3. 氨分子中的氢原子被烃基取代后的产物称为胺。胺可分为脂肪胺、芳香胺，也分为伯胺、仲胺、叔胺及季铵盐（碱）。

4. 胺与氨在化学性质上很相似，具有碱性和亲核性。脂肪胺中仲胺的碱性最强，伯胺次之，叔胺最弱，但碱性都比氨强，芳香胺的碱性比氨弱。芳香胺中，氨基对芳环的高致活性，使环上的亲电取代反应更容易进行。

5. R—$\overset{+}{N}$≡N 是重氮化合物的官能团。重氮盐的化学性质很活泼，能发生许多反应，一般分为两类：放氮反应和保留氮的反应。放氮反应在有机合成上应用广泛。

6. 偶氮化合物一般都是有颜色的固体物质，难溶于水，易溶于有机溶剂，常用作染料。有的偶氮化合物其颜色可随溶液的酸碱度不同而改变，因此可以作为酸碱指示剂使用。

扫一扫

有机含氮化合物知识
总结视频

目标检测

一、单项选择题

1.下列属于伯胺的是（　　　）。

    A. $(CH_3)_2NH$　　　　　B. $(CH_3)_3N$　　　　　C. CH_3NH_2　　　　　D. $(CH_3)_4\overset{+}{N}Cl^-$

2.下列化合物酸性最强的是（　　　）。

    A. 苯酚　　　　　B. 对硝基苯酚　　　　　C. 2,4-二硝基苯酚　　　　　D. 2,4,6-三硝基苯酚

3. 对苯胺的叙述错误的是（　　　）。

    A. 易被空气氧化成红褐色　　　　　B. 有剧毒

    C. 可与氢氧化钠成盐　　　　　D. 是合成磺胺类药物的原料

4. 下列对人体没有毒害的物质是（　　　）。

    A. 乙酸乙酯　　　　　B. 苯胺　　　　　C. 二乙胺　　　　　D. 甲胺

5. 下列胺中碱性最弱的是（　　　）。

    A. 二甲胺　　　　　B. 三甲胺　　　　　C. 二苯胺　　　　　D. 三苯胺

6. 下列物质中碱性最强的是（　　　）。

    A. $(CH_3)_2NH$　　　　　B. CH_3NH_2　　　　　C. $(CH_3)_3N$　　　　　D. $(CH_3)_4\overset{+}{N}OH^-$

7. 鉴别苯酚溶液和苯胺溶液，可采用（　　　）。

    A. 溴水　　　　　B. 三氯化铁溶液　　　　　C. 高锰酸钾溶液　　　　　D. 硝酸银溶液

8. 对甲基苯胺的官能团是（　　　）。

    A. 氨基　　　　　B. 甲基　　　　　C. 次氨基　　　　　D. 亚氨基

9. 偶氮化合物的作用不包括（　　　）。

    A. 酸碱指示剂　　　　　B. 染料　　　　　C. 消毒剂　　　　　D. 乳化剂

10. 重氮盐与芳香胺发生偶联反应，需要提供的介质呈（　　　）。

    A. 弱酸性　　　　　B. 弱碱性　　　　　C.中性　　　　　D. 都可以

二、判断题

1. 凡是含有—NO_2 的化合物都是硝基化合物。（　　　）

2. 苯环上连接的硝基数目越多，对苯甲酸的酸性影响越大。（　　　）

3. 硝基苯不溶于水，是油状液体，有毒。（　　　）

4. 2,4,6-三硝基苯甲酸俗称苦味酸，属于烈性炸药。（　　　）

5. 根据氨基氮原子所连接的碳原子类型不同可判定出伯胺、仲胺、叔胺。（　　　）

6. 脂肪胺在水溶液中的碱性按照伯胺、仲胺、叔胺依次增强。（　　　）

7. 兴斯堡反应也可以区分芳香族伯胺、仲胺、叔胺。（　　　）

8. 苯甲胺的碱性比甲胺强。（　　　）

9. 重氮化合物大多数是有色的固体物质，一般不溶于水，易溶于有机溶剂。（　　　）

10. 偶氮化合物可用作酸碱指示剂。（　　　）

三、命名或书写结构式

1. 　　　2. $CH_3CHCH_2NH_2$ 下方 CH_3　　　3. CH_3NHCH_3　　　4. $(CH_3)_4N^+Cl^-$

5. —$N(CH_3)_2$（苯环）　　　6. $(CH_3)_2CHCH_2CH_2NHCH_3$　　　7. 对硝基甲苯

8. 苯胺　　9. 环己胺　　10. 三苯胺　　11. 苦味酸　　12. N-甲基苯胺

四、完成下列方程式

1. 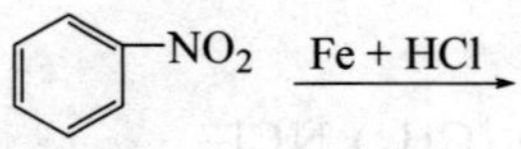 苯-NO$_2$　$\xrightarrow{\text{Fe + HCl}}$

2. 苯-NO$_2$ + HNO$_3$　$\xrightarrow[110℃]{\text{发烟H}_2\text{SO}_4}$

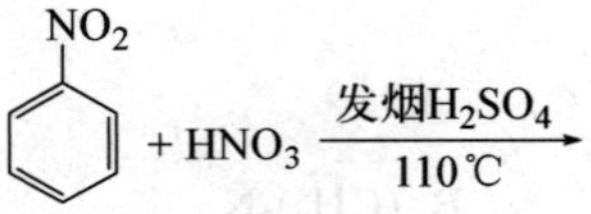

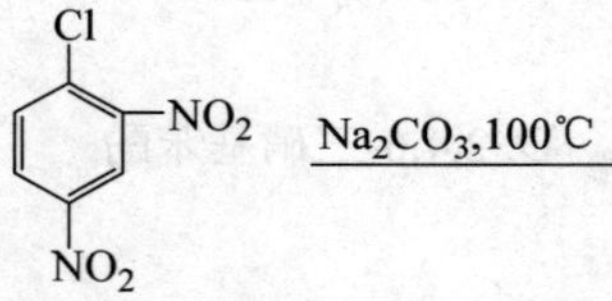

3. $\xrightarrow{\text{Na}_2\text{CO}_3,100℃}$

4. 苯-NH$_2$ + 3Br$_2$　$\longrightarrow$

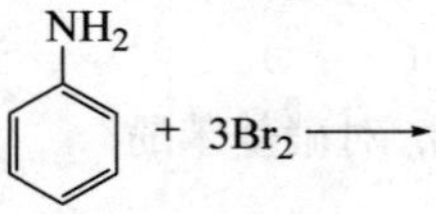

5. 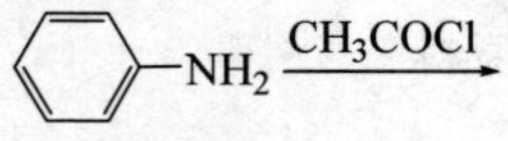 苯-NH$_2$　$\xrightarrow{\text{CH}_3\text{COCl}}$

6. 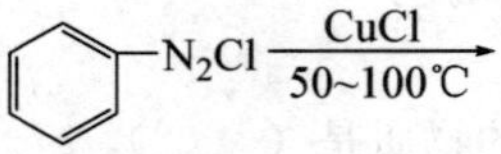 苯-N$_2$Cl　$\xrightarrow[50\sim100℃]{\text{CuCl}}$

7. 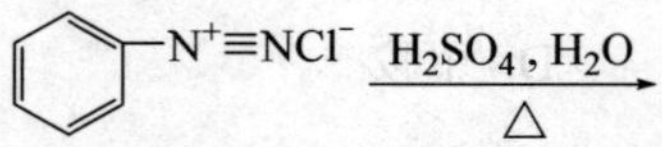 苯-N$^+\equiv$NCl$^-$　$\xrightarrow[\triangle]{\text{H}_2\text{SO}_4 , \text{H}_2\text{O}}$

8. 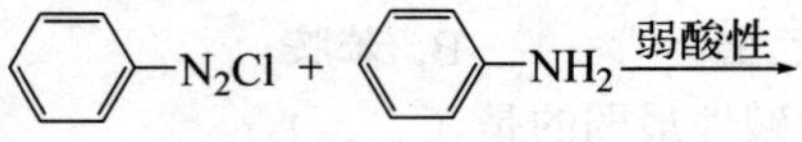 苯-N$_2$Cl + 苯-NH$_2$　$\xrightarrow{\text{弱酸性}}$

五、用化学方法鉴别下列各组化合物

1. 苯胺、苯酚和苯甲酸

2. 苯胺和环己胺

3. 甲胺、二甲胺和三甲胺

4. 苯胺、N-甲基苯胺和 N,N-二甲基苯胺

六、合成题

1. 由苯胺合成苯甲酸

2. 由对甲基苯胺合成间溴甲苯

七、推导结构

化合物 A，分子式为 C_7H_9N，显碱性。A 在酸性条件下与亚硝酸钠作用生成 B（$C_7H_7N_2Cl$），B 加热后能放出氮气，并生成对甲苯酚。在弱碱性溶液中，B 和苯酚作用生成具有颜色的化合物 C（$C_{13}H_{12}ON_2$）。试写出 A、B、C 的结构简式。

八、试解释《中国药典》所规定下列药物的鉴别方法，并写出有关方程式

对乙酰氨基酚的结构式为 HO——NHCOCH$_3$（扑热息痛），其鉴别方法如下：

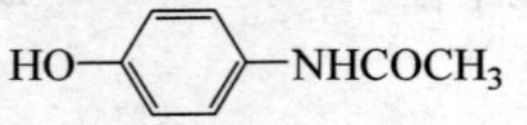

1. 本品的水溶液加三氯化铁试液即显蓝紫色。

2. 取本品约 0.1g，加稀盐酸 5mL，置水浴中加热 30min。放冷，加 0.1mol/L 亚硝酸钠数滴，滴加碱性 β—萘酚试液数滴。即出现猩红色沉淀。

第十一章　杂环化合物和生物碱

第一节　杂环化合物

🕸 学习目标

知识目标

1. 了解杂环化合物的结构特点及分类。
2. 熟悉一些常见杂环化合物的名称。
3. 知道杂环化合物的性质。
4. 了解常见的杂环化合物，以及它们在医药上的用途。

能力目标

1. 能判断杂环化合物的结构并将其分类。
2. 能对简单的杂环化合物进行命名。

📖 情景导入

维生素 B_1 是最早被人们提纯的维生素，1896 年由荷兰王国科学家伊克曼首先发现，1910 年被波兰化学家丰克从米糠中提取和提纯。维生素 B_1 又称硫胺素、抗神经炎维生素或抗脚气病维生素。维生素 B_1 是一种含杂环结构的化合物，其结构式为：

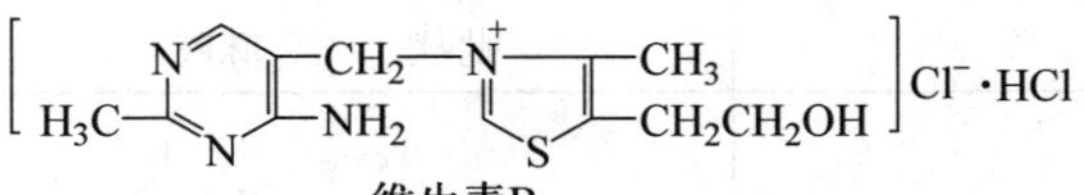

$$\left[H_3C-\underset{N}{\overset{N}{\bigcirc}}\underset{NH_2}{\overset{CH_2-}{}}\overset{+}{\underset{S}{\bigcirc}}\underset{CH_2CH_2OH}{\overset{CH_3}{}} \right] Cl^- \cdot HCl$$

维生素 B_1

问题：1. 什么是杂环化合物？它有什么结构特点？
2. 杂环化合物种类繁多，如何分类？

自从 Anderson 在 1857 年从骨焦油中分离出吡咯以来，被发现、制备的杂环化合物数量达到了惊人的数字，在有机化合物中杂环化合物占比 2/3 以上。杂环化合物在药物中也占有相当大的比重，中国药典收载的有机原料药中，含杂环结构的约占 50%。

许多天然杂环化合物在动、植物体内起着重要的生理作用，例如草药的有效成分生物碱、动物的血红素、植物的叶绿素、核酸的碱基等。合成的杂环化合物在染料、新型高分子材料、药物等领域中广泛应用。

杂环化合物是由碳原子和非碳原子共同组成环状骨架结构的一类化合物。这些非碳原子统称为杂原子，常见的杂原子有氧、硫、氮等。图 11-1 所示为呋喃、噻吩、吡咯的结构式及球棒模型。

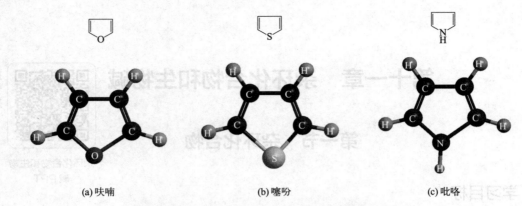

(a) 呋喃   (b) 噻吩   (c) 吡咯

图 11-1   呋喃、噻吩、吡咯的结构式及球棒模型

一、杂环化合物的分类和命名

（一）分类

分类时可按环的数目，分为单杂环和稠杂环。单杂环中，依据环的大小又可分为五元杂环和六元杂环。环中的杂原子可以是一个、两个或多个，杂原子可以相同也可以不同。稠杂环是由苯环与单杂环或单杂环与单杂环稠合而成的。一些常见的杂环化合物见表 11-1。

表 11-1   一些常见的杂环化合物

类别		杂环化合物实例			
单杂环	五元杂环	含一个杂原子	呋喃	吡咯	噻吩
		含两个杂原子	吡唑 咪唑 噻唑 噁唑		
	六元杂环	含一个杂原子	吡啶 α-吡喃		
		含两个杂原子	嘧啶 吡嗪		
稠杂环	苯稠杂环	含一个杂原子	吲哚 喹啉 异喹啉		

续表

类别		杂环化合物实例
稠杂环	苯稠杂环　含两个杂原子	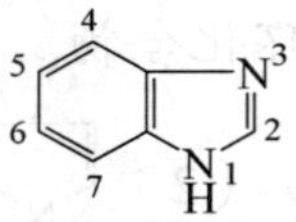 苯并咪唑
	杂环稠杂环　含两个杂原子	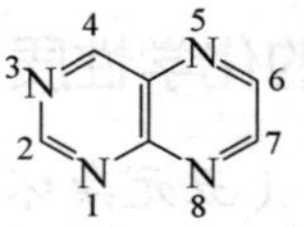 蝶啶 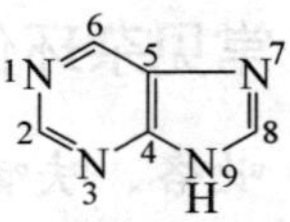　　　　　　嘌呤

（二）命名

1. 基本杂环的命名

杂环化合物的命名较为复杂。国际纯粹与应用化学联合会（IUPAC）保留了特定的 45 个基本杂环化合物的俗名，我国习惯采用"音译法"译成同音汉字，并加上"口"字旁作为基本杂环的名称。

2. 取代杂环的命名

一般以基本杂环作为母体，按照环中杂原子和取代基所连接的碳原子位次保持最小对杂环进行编号定位。编号原则是：

（1）含一个杂原子的杂环化合物，从杂原子开始用阿拉伯数字编号，有时也用希腊字母 α、β、γ 从靠近杂原子的碳原子进行编号。如表 11-1 中的呋喃、吡喃。

（2）含两个或两个以上杂原子的杂环化合物，若杂原子相同，则从连有氢的杂原子开始编号，并尽可能使杂原子编号最小，如咪唑、吡唑。若杂原子不同时，则按 O、S、N 的顺序编号，如噻唑、噁唑。

（3）苯稠杂环的编号与相应的芳香烃一致，如吲哚、喹啉。杂环稠杂环往往有自己特定的编号顺序，如嘌呤、异喹啉。

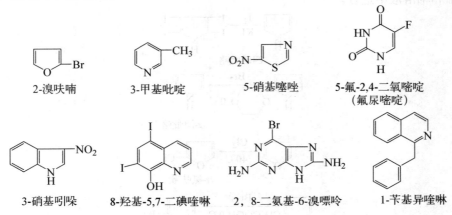

2-溴呋喃　　　3-甲基吡啶　　　5-硝基噻唑　　　5-氟-2,4-二氧嘧啶（氟尿嘧啶）

3-硝基吲哚　　8-羟基-5,7-二碘喹啉　　2，8-二氨基-6-溴嘌呤　　1-苄基异喹啉

随堂练习

1. 判断下列结构是否属于杂环化合物。

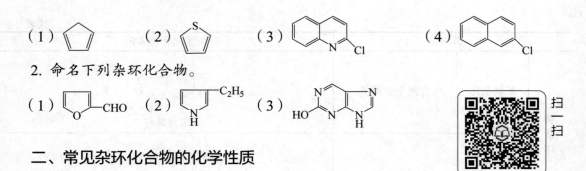

（1）　　　　　（2）　　　　　（3）　　　　　（4）

2. 命名下列杂环化合物。

（1）　　　　　（2）　　　　　（3）

扫一扫

五元杂环的结构和
化学性质视频

二、常见杂环化合物的化学性质

（一）吡咯、呋喃、噻吩（五元杂环）

1. 结构

吡咯、呋喃、噻吩为最常见的五元杂环，其环上四个碳原子和一个杂原子都是 sp^2 杂化，相互间以σ键构成五元环，成环的五个原子处于同一平面上。每个原子都有一个垂直于该平面的未杂化的 p 轨道，碳原子的 p 轨道各有一个电子，杂原子的 p 轨道有两个电子，这些 p 轨道相互平行，从侧面重叠形成了含五个原子和六个电子的环状闭合大π键。因此，吡咯、呋喃、噻吩是类似苯环结构的闭合共轭体系，具有芳香性。吡咯、呋喃、噻吩的分子结构可表示为：

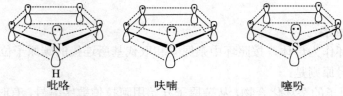

吡咯　　　　　呋喃　　　　　噻吩

在这些五元杂环中，因为五个 p 轨道上分布着六个电子，所以杂环上碳原子的电子云密度比苯环上碳原子的电子云密度高，因此这类杂环是多电子共轭体系，简称"多π芳杂环"，比苯环更容易发生亲电取代反应。

2. 化学性质

（1）取代反应　五元杂环化合物吡咯、呋喃、噻吩比苯更容易发生取代反应，取代反应主要发生在α位。它们在室温下与卤素反应很激烈，可得到多卤代物。为避免多位取代，卤代反应一般在低温和稀溶液中进行。

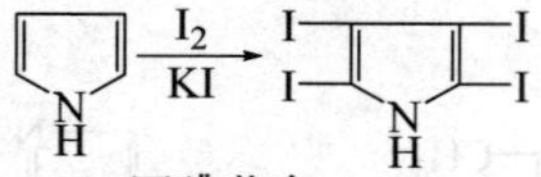

四碘吡咯

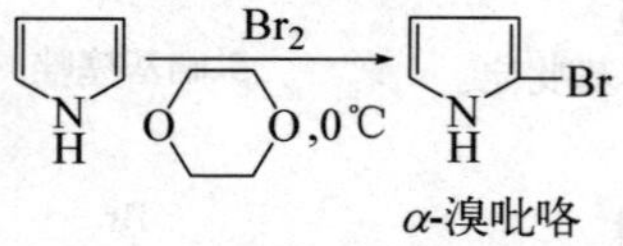

α-溴吡咯

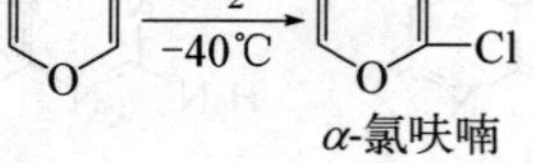

α-氯呋喃

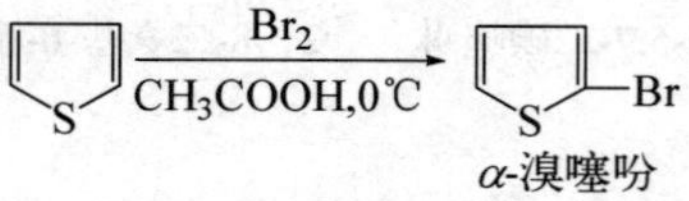

α-溴噻吩

由于五元杂环化合物对酸很敏感，吡咯、呋喃在强酸作用下容易开环生成聚合物，噻吩对强酸较稳定，但用混酸硝化时反应太猛烈。因此，硝化反应一般在低温和乙酸酐溶液中进行。

磺化反应常用温和的吡啶、三氧化硫为磺化试剂。

硝化反应，例如：

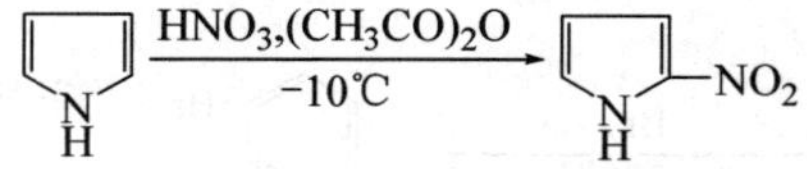

$$\text{吡咯} \xrightarrow[-10℃]{HNO_3,(CH_3CO)_2O} \text{2-硝基吡咯（}NO_2\text{）}$$

α-硝基吡咯

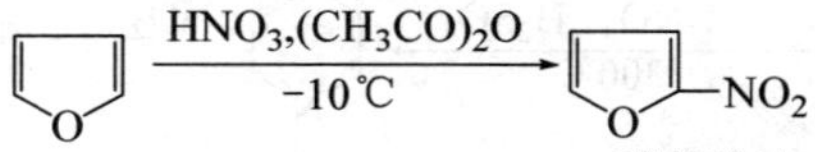

$$\text{呋喃} \xrightarrow[-10℃]{HNO_3,(CH_3CO)_2O} \text{硝基呋喃（}NO_2\text{）}$$

α-硝基呋喃

$$\text{噻吩} \xrightarrow[-10℃]{HNO_3,(CH_3CO)_2O} \text{硝基噻吩（}NO_2\text{）}$$

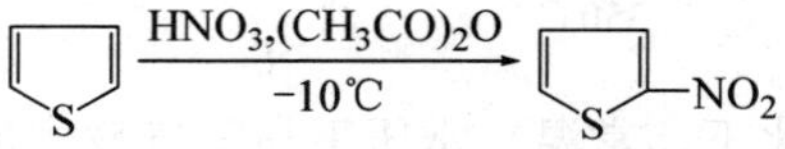

α-硝基噻吩

磺化反应，例如：

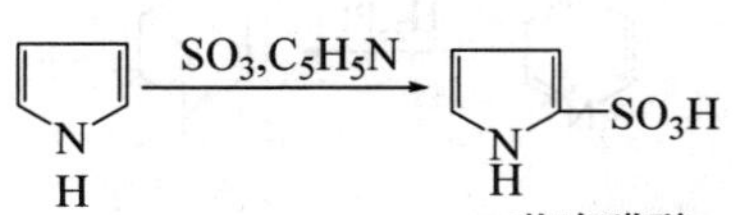

$$\text{吡咯} \xrightarrow{SO_3,C_5H_5N} \text{吡咯磺酸（}SO_3H\text{）}$$

α-吡咯磺酸

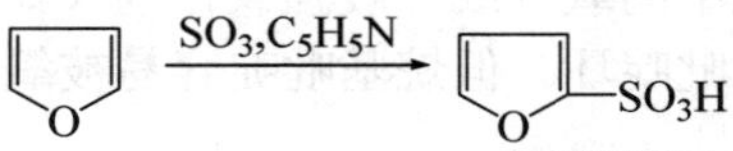

$$\text{呋喃} \xrightarrow{SO_3,C_5H_5N} \text{呋喃磺酸（}SO_3H\text{）}$$

α-呋喃磺酸

$$\text{噻吩} \xrightarrow{SO_3,C_5H_5N} \text{噻吩磺酸（}SO_3H\text{）}$$

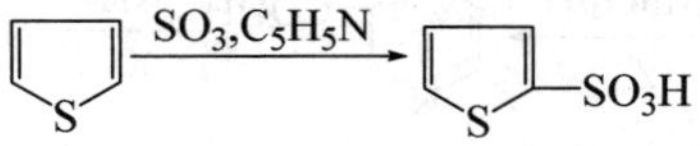

α-噻吩磺酸

（2）加成反应　五元杂环化合物吡咯、呋喃、噻吩均可催化加氢，得到饱和的脂杂环化合物。

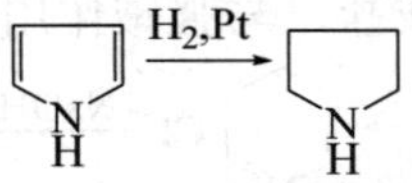

$$\text{吡咯} \xrightarrow{H_2,Pt} \text{四氢吡咯}$$

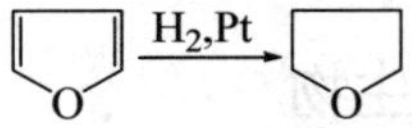

四氢吡咯

$$\text{呋喃} \xrightarrow{H_2,Pt} \text{四氢呋喃}$$

四氢呋喃

$$\text{噻吩} \xrightarrow{H_2,Pt} \text{四氢噻吩}$$

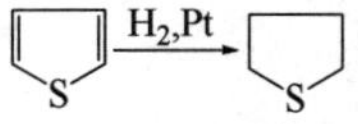

四氢噻吩

（二）吡啶（六元杂环）

1. 结构

吡啶为最常见的六元杂环，环上 6 个原子也是 sp^2 杂化，与苯环的结构相似，也具有芳香性。但与吡咯不同的是，吡啶环上氮原子的孤对电子对不参与环的共轭。吡啶的分子结构可表示为：

六元杂环的结构和
化学性质视频

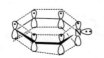

由于氮原子的电负性比碳原子大，产生了吸电子共轭效应，使得环上碳原子的电子云密度降低，因此吡啶是缺电子共轭体系，简称"缺π芳杂环"，比苯难以发生亲电取代反应。

2. 化学性质

（1）取代反应　吡啶发生取代反应比苯困难，需在较剧烈的反应条件下进行，且取代反应主要发生在β位。

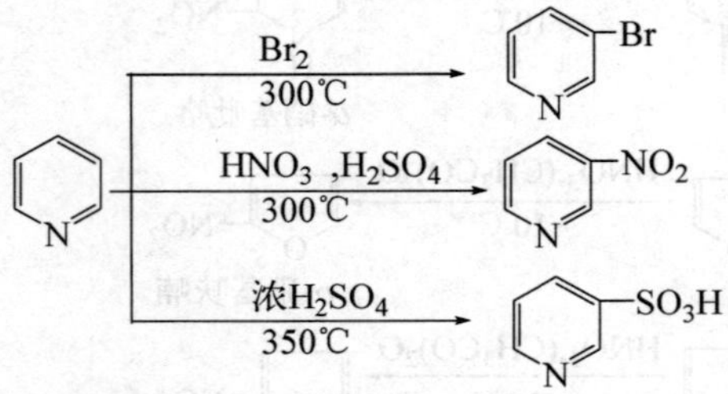

（2）加成反应　在镍的催化下，常温、常压下与氢气发生加成反应，也能得到高产率的六氢吡啶（哌啶）。

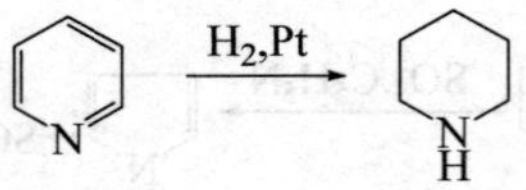

六氢吡啶

（3）氧化反应　吡啶对空气中的氧气或一般强氧化剂（如浓硝酸、酸性高锰酸钾、重铬酸钾）都很稳定，它们都不能氧化吡啶环。但烷基吡啶容易被氧化成吡啶甲酸，进一步与氨作用可以生成吡啶甲酰胺。

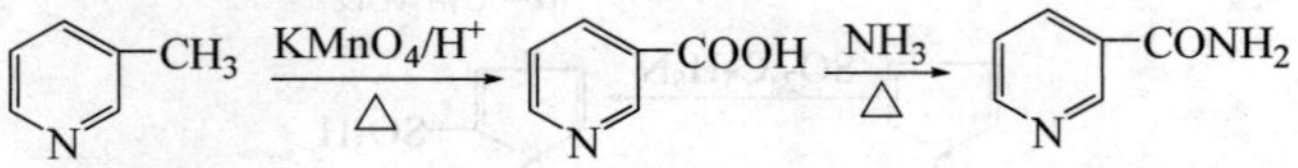

β-吡啶甲酸　　　　　β-吡啶甲酰胺

（4）酸碱性　吡啶具有弱碱性（$pK_b=8.8$），碱性较苯胺强（$pK_b=9.3$），但比氨和脂肪胺弱（如甲胺 $pK_b=3.38$），能与无机强酸反应生成盐，与强碱作用又可重新析出。

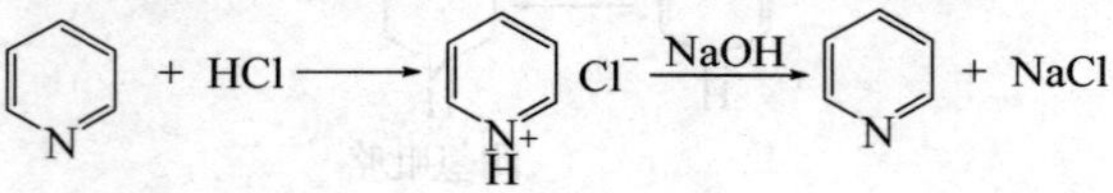

三、重要的杂环化合物及其衍生物

（一）五元杂环化合物及其衍生物

1. 呋喃及其衍生物

呋喃存在于松木焦油中，是无色易挥发的液体，具有类似氯仿的气味，难溶于水，易溶于乙醇、乙醚等有机溶剂。呋喃蒸气遇到被盐酸浸过的松木片会显绿色，可用来鉴别呋喃。

α-呋喃甲醛俗称糠醛，是呋喃的重要衍生物。用稀盐酸或硫酸处理玉米芯、棉籽壳、稻糠和甜菜渣等农产品废料可得到大量糠醛。糠醛是合成酚醛树脂、药物等的重要原料。治疗细菌性痢疾的呋喃唑酮（痢特灵），治疗膀胱炎、肾盂炎和尿道炎的呋喃妥因，它们都是含呋喃环的呋喃衍生物。

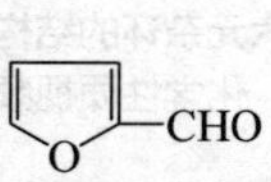

α-呋喃甲醛（糠醛） 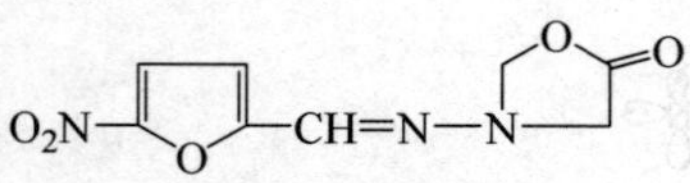　　　呋喃唑酮 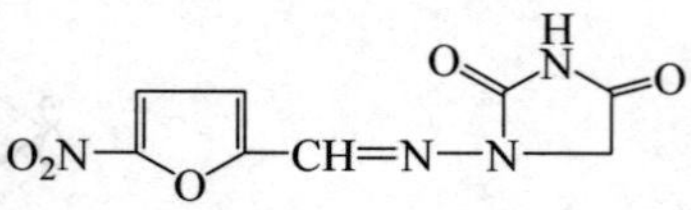　　　　　呋喃妥因

2. 吡咯及其衍生物

吡咯存在于煤焦油和骨焦油中，为无色液体，略带苯胺气味，难溶于水，易溶于乙醇、乙

醚等有机溶剂，在空气中颜色逐渐变深。吡咯蒸气遇到被盐酸浸过的松木片会显红色，此反应称为吡咯的松木片反应，可用来鉴别吡咯及其低级同系物。

四个吡咯环和四个次甲基（—CH＝）交替相连而成的共轭体系称为卟吩环，其取代物称为卟啉族化合物。

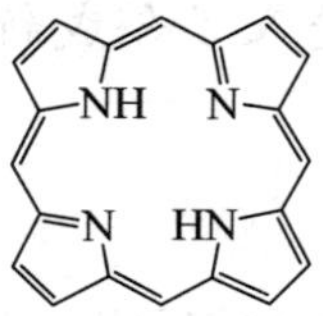

| 卟吩环 | 血红素 | 叶绿素 |

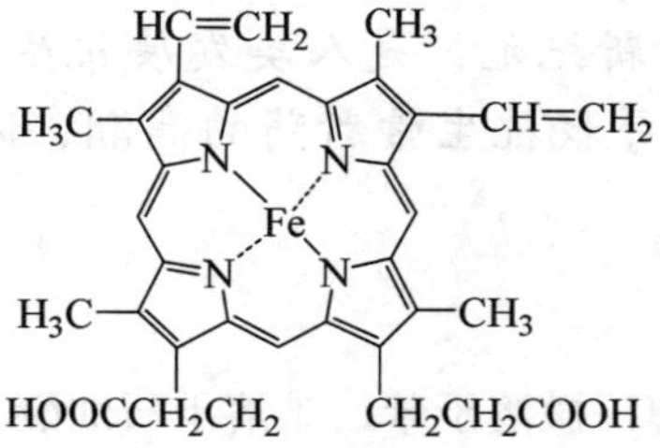

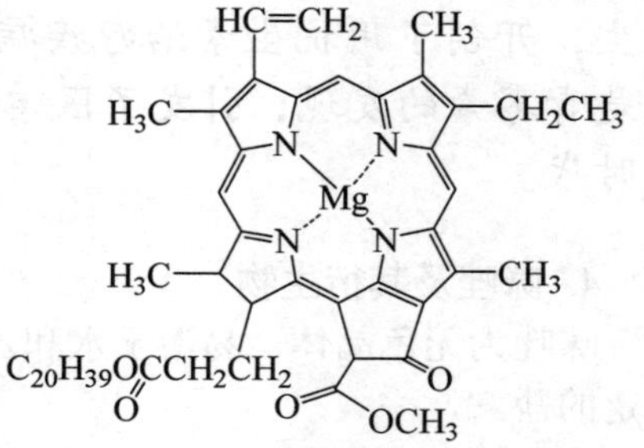

卟啉族化合物广泛分布于自然界中，叶绿素、血红素、维生素 B_{12} 都是含卟吩环的卟啉族化合物。维生素 B_{12}（钴胺素）存在于动物肝中，是治疗恶性贫血的药物。

3. 噻唑及其衍生物

噻唑存在于煤焦油的粗苯中，为无色具有腐败臭味的液体，微溶于水，易溶于乙醇、乙醚中，具有弱碱性。

含噻唑环的常见药物有维生素 B_1（盐酸硫胺素）、青霉素等。

维生素 B_1 存在于米糠、麦麸、瘦肉、豆类和酵母中，可用于防治缺乏维生素 B_1 引起的脚气病，或作为治疗神经炎、消化不良的辅助药物。

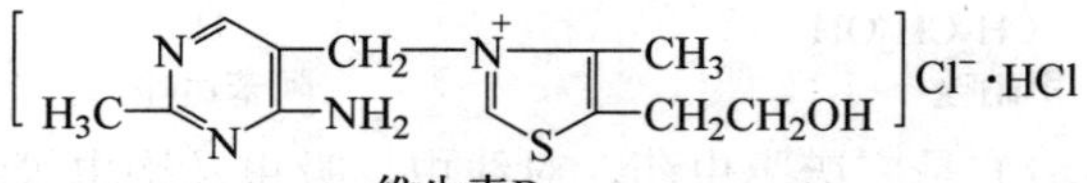

维生素B_1

青霉素是一类抗生素的总称，已知的青霉素有一百多种，它们的结构很相似，均具有稠合在一起的四氢噻唑环和 β-内酰胺环。

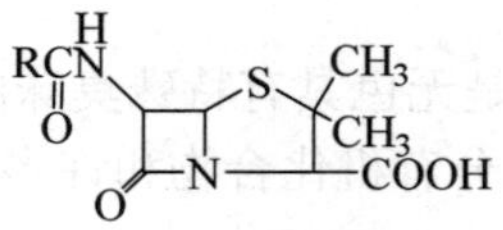

青霉素

青霉素具有强酸性，在游离状态下不稳定，故常将它们变成钠盐、钾盐或有机碱盐用于临床。

知识链接

青霉素的发现历史

青霉素是一种高效、低毒、临床应用广泛的重要抗生素，由英国细菌学家弗莱明在一次幸运的过失中发现。

1928 年的一天，他外出度假时，把实验室里在培养皿中正生长着细菌这件事给忘了。3 周后当他回到实验室时，注意到一个与空气意外接触过的金黄色葡萄球菌培养皿中长出了一团青绿色霉菌。细心的弗莱明将这只培养皿放在显微镜下观察，他发现霉菌周围的葡萄球菌菌落已被溶解。这个偶然的发现深深吸引了他，他设法培养这种霉菌并进行多次试验，证明青霉素可以在几个小时内将葡萄球菌全部杀死。弗莱明据此发明了葡萄球菌的克星——青霉素。

　　青霉素的研制成功大大增强了人类抵抗细菌性感染的能力，带动了抗生素家族的诞生，开创了用抗生素治疗疾病的新纪元，是人类发展抗生素历史上的一个里程碑。正是青霉素的发现，引发了医学界寻找抗生素新药的高潮，促使人类进入了合成新药的时代。

4. 咪唑及其衍生物

　　咪唑为无色晶体，易溶于水和乙醇，微溶于苯，难溶于石油醚，咪唑能与强酸反应，生成稳定的盐。

　　咪唑的衍生物有组氨酸、甲硝唑、阿苯达唑。

　　组氨酸是蛋白质的水解产物，在高温下，组氨酸脱羧形成组胺。组胺有收缩血管的功能，它的磷酸盐可以刺激胃液分泌。

组氨酸　　　　　　　　　　　组氨

　　甲硝唑为口服杀毛滴虫药，具有强大的抗厌氧菌作用，对感染滴虫、阿米巴原虫的疾病有效。

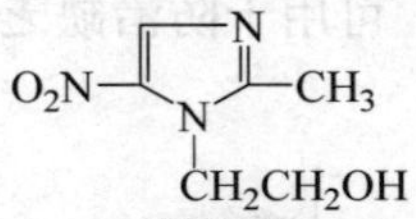

甲硝唑 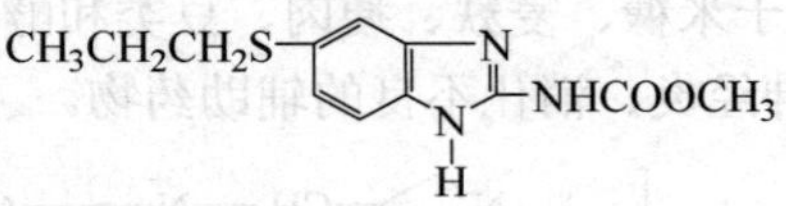　　　　　　　　　　　阿苯达唑

　　阿苯达唑（又名肠虫清）是广谱驱虫药，对线虫、吸虫及钩虫等都有高度活性，对虫卵发育也有明显的抑制作用。

（二）六元杂环化合物及其衍生物

1. 吡啶及其衍生物

　　吡啶存在于煤焦油及页岩油中，是无色具有特殊臭味的液体，可与水、乙醇、乙醚等混溶，对酸、碱、氧化剂稳定，能溶解大部分有机化合物和许多无机盐类，因此吡啶是一个有广泛应用价值的溶剂。

　　常见的吡啶衍生物有烟酸、异烟肼和维生素 B_6。

　　β-吡啶甲酸又名烟酸，它和烟酰胺作用相似，能促进细胞的新陈代谢，并有扩张血管的作用。临床上主要用于防治糙皮病及维生素缺乏症。

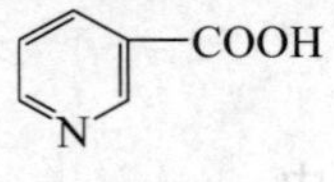

烟酸 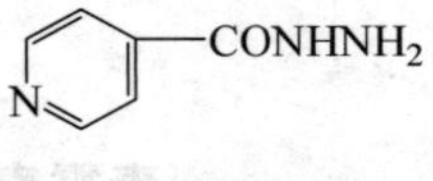　　　　　　　　　　　异烟肼（雷米封）

　　异烟肼又称雷米封，对肺结核杆菌有强大抑制和杀灭作用，是治疗肺结核首选药物，常与链霉素等药物联用，增加疗效。

　　维生素 B_6 包括吡哆醇、吡哆醛和吡哆胺三种物质，它是维持蛋白质正常代谢所必需的维生素，常用于治疗妊娠呕吐、婴儿惊厥和白细胞减少症。由于最初分离出来的是吡哆醇，因此一般以它作为维生素 B_6 的代表。

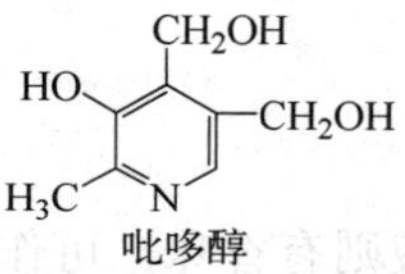

吡哆醇 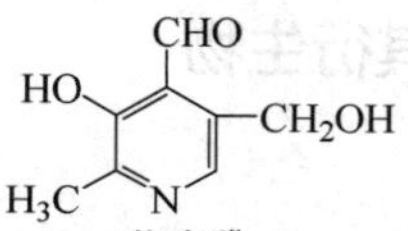 吡哆醛 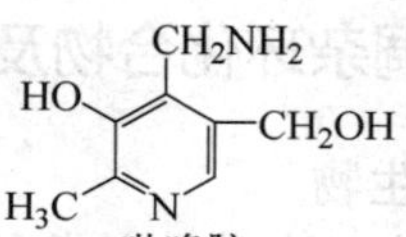 吡哆胺

2. 嘧啶及其衍生物

嘧啶为无色结晶，易溶于水，有弱碱性，可与苦味酸、草酸等反应生成盐。

嘧啶不存在于自然界中，但其衍生物广泛分布于生物体内，在生理和药物上都有重要的作用。常见的嘧啶衍生物有核酸分子中的嘧啶碱基、氟尿嘧啶、磺胺嘧啶和甲氧苄氨嘧啶等。

核酸分子中的嘧啶碱基有：

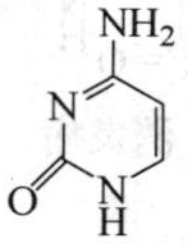

胞嘧啶 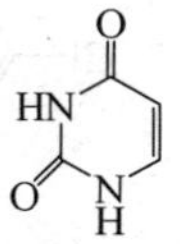 尿嘧啶 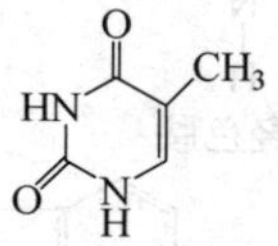 胸腺嘧啶

氟尿嘧啶是治疗结肠癌、直肠癌、乳腺癌、卵巢癌及胃癌的药物。磺胺嘧啶（SD）是抗疟药。

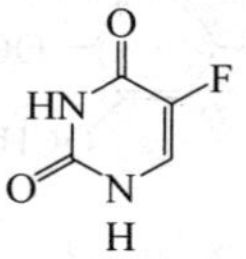

氟尿嘧啶 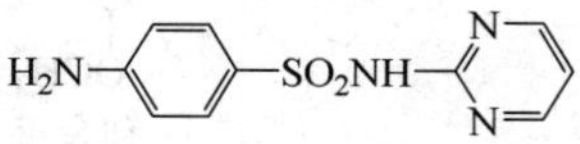 磺胺嘧啶（SD）

甲氧苄氨嘧啶，又叫磺胺增效剂或广谱增效剂，与磺胺类药物联合使用，可增强其抗菌作用。

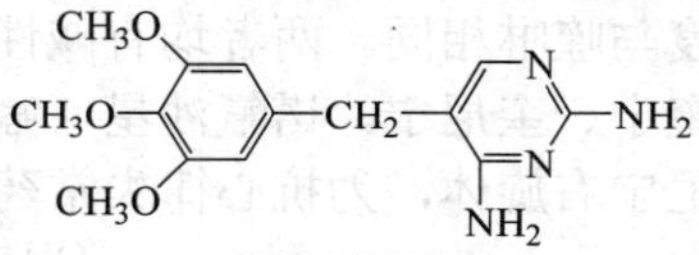

甲氧苄氨嘧啶

3. 吡喃、吡喃酮的衍生物

吡喃是含 1 个氧原子的六元杂环化合物，按环上 2 个碳碳双键的位置不同，存在 2 种异构体，即 α-吡喃和 γ-吡喃，因此吡喃酮也有 2 种异构体，即 α-吡喃酮和 γ-吡喃酮。γ-吡喃酮比 α-吡喃酮稳定。

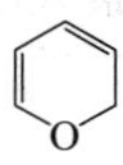

α-吡喃 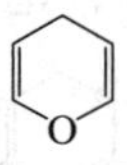 γ-吡喃 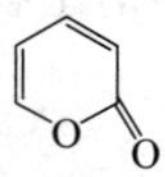 α-吡喃酮 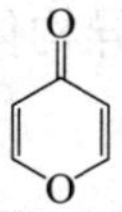 γ-吡喃酮

含 α-吡喃酮结构的药物有中药秦皮中的七叶内酯，它具有抗菌作用，临床上用于治疗细菌性痢疾，对慢性气管炎亦有一定的疗效。

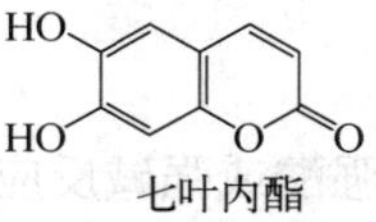

七叶内酯

含 γ-吡喃酮结构的药物有中药槐米中的芸香苷，它可作为防治高血压及动脉硬化的辅助药物。

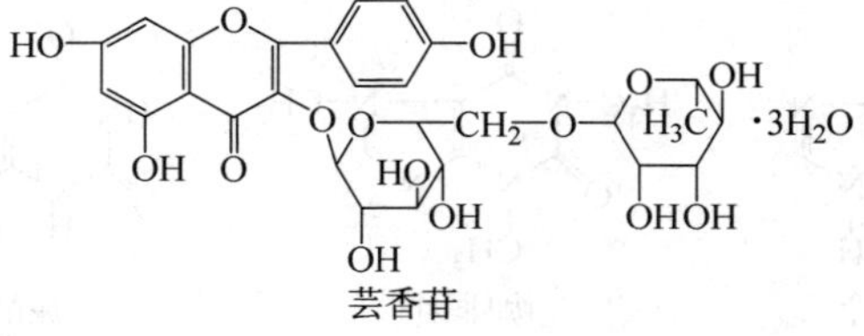

芸香苷

四、重要的稠杂环化合物及其衍生物

1. 吲哚及其衍生物

吲哚为白色晶体，浓时具有粪臭味，高度稀释的溶液则有香味，可作为香料使用。吲哚也能使被盐酸浸过的松木片显红色。

吲哚的衍生物有人和哺乳动物脑组织中的 5-羟色胺，有用于治疗高血压的利舍平，有用于消炎、解热镇痛的消炎痛等。

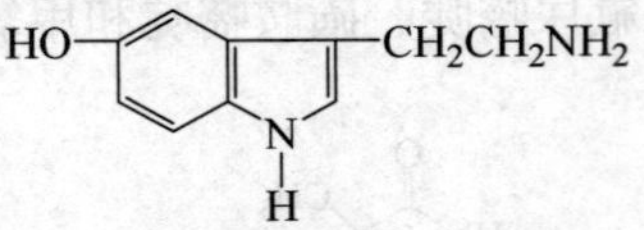

5-羟色胺 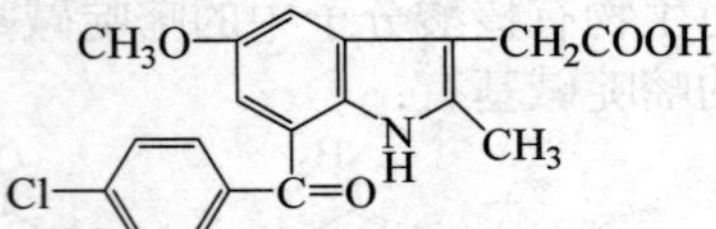　　　消炎痛

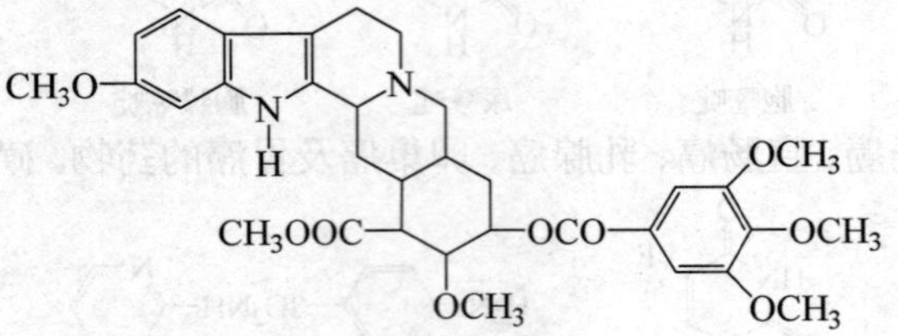

利舍平

2. 喹啉、异喹啉及其衍生物

喹啉是无色油状液体，有特殊臭味，难溶于水，易溶于乙醇、乙醚等有机溶剂。异喹啉为无色低熔点结晶，有香味，溶解度与喹啉相同。两者均有碱性，异喹啉的碱性比喹啉更强。

喹啉的衍生物有诺氟沙星、奎宁、奎尼宁。诺氟沙星（氟哌酸）是肠道和尿路感染的抗菌药。奎宁左旋体，为抗疟药。奎尼宁右旋体，为抗心律失常药。

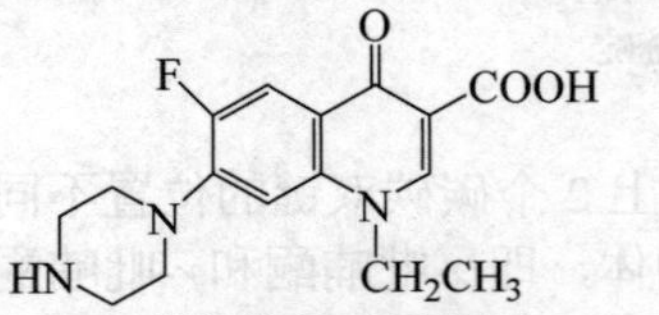

诺氟沙星（氟哌酸） 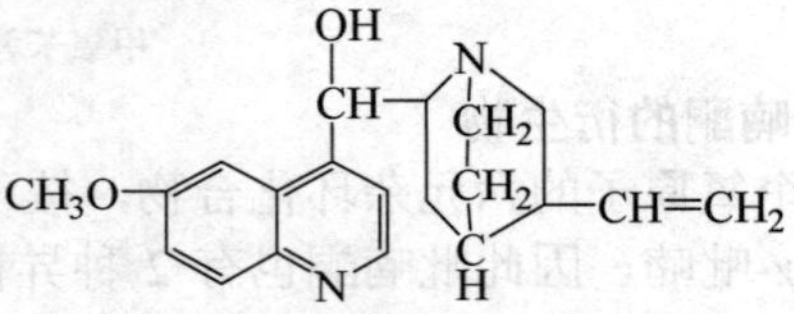　　　奎宁

异喹啉是喹啉的同分异构体，它的衍生物有吗啡、延胡索乙素（颅通定）。

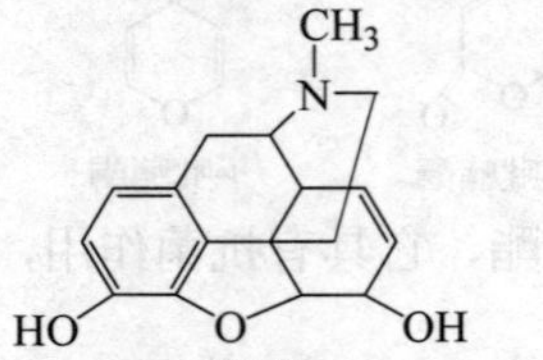

吗啡 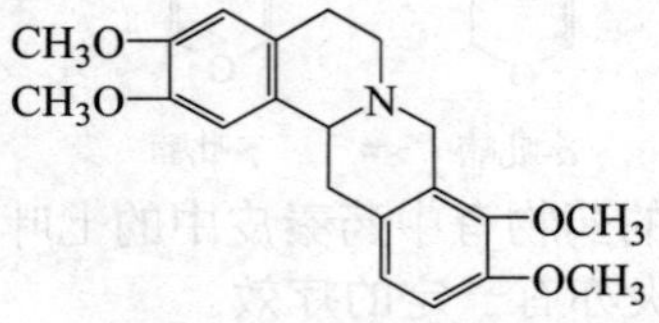　　　延胡索乙素

3. 嘌呤及其衍生物

嘌呤为无色晶体，易溶于水，可与强酸或强碱反应生成盐。

嘌呤本身并不存在于自然界，但它的羟基衍生物广泛存在于动植物体中，例如腺嘌呤、咖啡因、尿酸等。

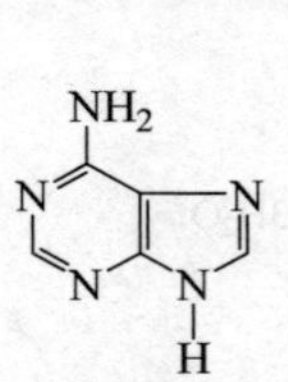

腺嘌呤 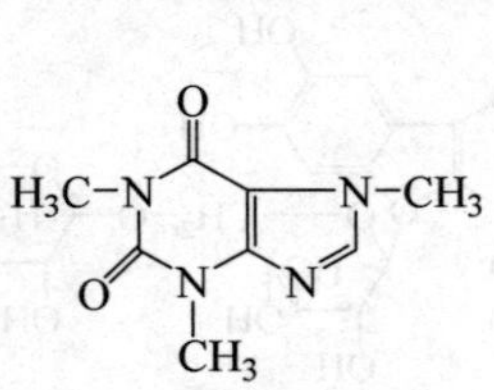　　　咖啡因 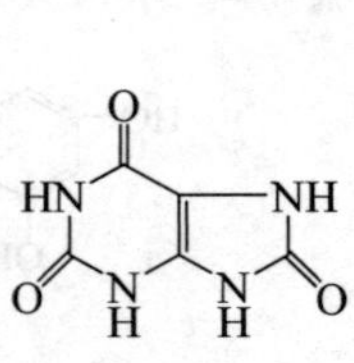　　　尿酸

药物阿昔洛韦也含有嘌呤的结构，它对单纯性疱疹病毒、水痘带状疱疹病毒、巨细胞病毒等具有抑制作用。

阿昔洛韦

知识链接

尿酸与痛风

尿酸是哺乳动物体内各种嘌呤衍生物的代谢产物，呈弱酸性。因其溶解度小，若体内产生过多或排泄不出，将囤积于体内，会导致血液中尿酸值升高，进而经血液流向（软）结缔组织，以结晶体存于其中。如果有诱因引起沉积在软组织（如关节膜）里的尿酸结晶释出，那便会导致身体免疫系统过度反应而造成炎症，即痛风。一般常见的症状是关节处红肿、发热、关节变形、疼痛。

若患上高尿酸血症，除了在医师指导下服用降尿酸药物外，亦必须从生活与饮食上杜绝一切痛风的诱因，如减少进食高嘌呤的食物（如带壳海鲜、鱼皮、动物皮与内脏、肉汁、高汤等），也必须避免饮用过量酒精饮料，尤其啤酒是痛风患者的禁忌。

第二节　生物碱

 ### 学习目标

知识目标

1. 知道生物碱的含义、特性。
2. 知道生物碱的通性。
3. 了解常见的生物碱，以及它们在医药上的用途。

能力目标

1. 能识别常见生物碱。
2. 能通过简单的化学反应鉴别生物碱。

 ### 情景导入

众所周知，吸烟有害健康，且会上瘾，很难戒掉，这主要是尼古丁长期作用的结果。尼古丁进入人体后，会通过血液来到脑部，兴奋大脑神经元，让人精神兴奋，情绪高涨。长期摄入，血液中的尼古丁达到一定浓度，可反复刺激大脑并使各器官对尼古丁产生依赖，若停止吸烟，大部分人会出现精神低落、烦躁等戒断反应，像毒瘾一样。吸烟史越长，吸烟越多的人，上瘾的症状就越重。由于大脑的意志是很难违背的，所以这些人即使决心戒烟，也会抵抗不住身体的种种不适，重新吸烟。尼古丁属于生物碱。

问题：什么是生物碱？生物碱有哪些通性？

生物碱是一类存在于生物体内，具有明显生理活性的含氮碱性有机化合物。它们大多数来自植物，也有少数来自动物，但含量都比较低。

生物碱种类繁多，到目前为止，已知结构的生物碱已达两千多种，有近百种生物碱被用作临床用药，例如罂粟中的吗啡碱用于镇痛，麻黄中的麻黄碱用于平喘，黄连中的黄连素用于抗菌消炎等。

一、生物碱的分类和命名

大多数生物碱都是结构复杂的多环化合物，多数为含氮杂环类，因此具有碱性，例如吡咯衍生物类、喹啉衍生物类等；少数为有机胺类，如麻黄碱等。

生物碱通常根据来源来命名，例如烟碱是由烟草中取得的，麻黄碱是由麻黄中得到的。也有少数采用国际通用名译音，如尼古丁。

二、生物碱的一般性质

（一）物理性质

生物碱绝大多数为结晶性固体，一般都有苦味，有旋光性，左旋体的生理活性往往大于右旋体。游离的生物碱一般不溶于水，能溶于有机溶剂。

（二）酸碱性

由于生物碱是一类含氮的有机物，多呈碱性，因结构不同其碱性强弱程度亦不同。利用其碱性，可与酸反应生成溶于水的盐，再加入碱作用后可使生物碱重新游离出来，可达到分离、提纯的目的。由于生物碱一般不溶于水，因此在医药上常把生物碱制成盐类来使用，如硫酸阿托品、磷酸可待因、盐酸吗啡等。

个别生物碱结构中因有 Ar—OH、—COOH 等基团，常表现为酸碱两性。如槟榔次碱、吗啡都是两性生物碱。

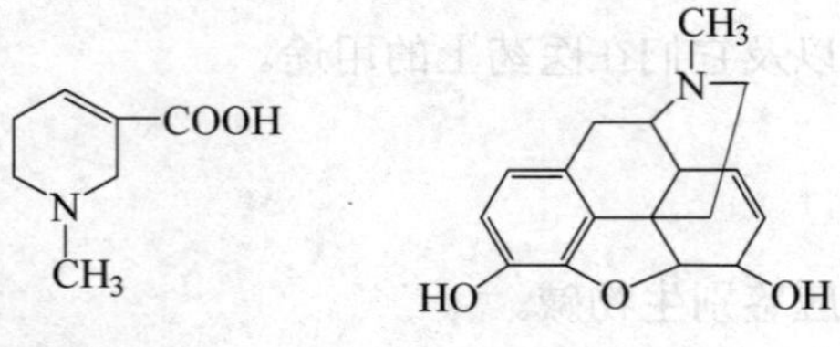

槟榔次碱   吗啡

（三）显色反应

多数生物碱能和一些试剂产生显色反应，不同试剂显示不同的颜色。这些能使生物碱产生颜色反应的试剂叫生物碱显色剂。常用的生物碱显色剂有钼酸钠、钒酸铵、甲醛、硝酸、重铬酸钾和高锰酸钾等的浓硫酸溶液。如甲醛-浓硫酸试剂遇可待因显蓝色，遇吗啡显紫红色。利用显色反应可检查和鉴别生物碱。

（四）沉淀反应

大多数生物碱或其盐的水溶液，能与一些试剂反应生成难溶性的盐或配合物而沉淀。这些试剂称为生物碱沉淀试剂。常用的生物碱沉淀试剂有碘化汞钾（K_2HgI_4，与生物碱作用多生成白色或淡黄色沉淀）、碘化铋钾（$BiI_3 \cdot KI$，与生物碱作用多生成红棕色沉淀）、碘-碘化钾、鞣酸、苦味酸等。利用沉淀反应可检查和鉴别生物碱，也可用来精制和分离生物碱。

三、重要的生物碱

（一）麻黄碱

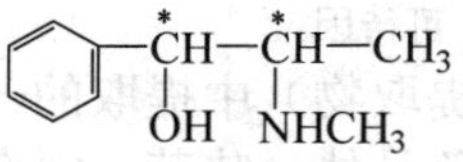

麻黄碱

麻黄碱又名麻黄素，是存在于中药麻黄中的一种生物碱，味苦。其分子中含有两个不相同的手性碳原子，组成两对对映体，其中一对为麻黄碱，另一对为伪麻黄碱。但在药材麻黄中只有左旋麻黄碱和右旋伪麻黄碱两种异构体存在。

麻黄碱能兴奋交感神经，增高血压，扩张支气管，有发汗、兴奋、止咳、平喘的功效。临床上常用左旋麻黄碱的盐酸盐治疗支气管哮喘、过敏性反应、鼻黏膜肿胀和低血压等。

（二）莨菪碱

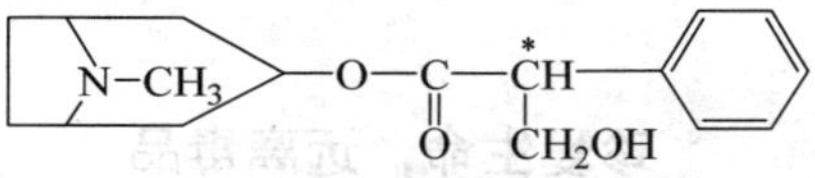

莨菪碱

莨菪碱分布于颠茄、莨菪、曼陀罗、洋金花等茄科植物中，味苦。莨菪碱为左旋体，在碱性或加热条件下，转变为外消旋体，即阿托品。

医药上常用的是硫酸阿托品，它具有解除平滑肌痉挛、抑制腺体分泌及扩大瞳孔等作用，临床上用于治疗平滑肌痉挛、胃及十二指肠溃疡、散瞳、有机磷农药中毒等。

（三）烟碱

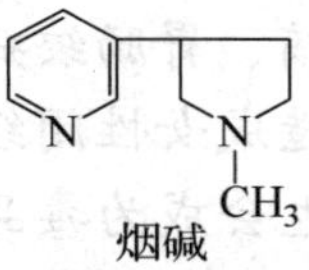

烟碱

烟碱又名尼古丁，是存在于烟草中的一种吡啶类生物碱。烟碱有毒，少量可使中枢神经系统兴奋，呼吸增强，血压升高；大量则抑制中枢神经，表现为恶心、呕吐、头痛，严重时可使心脏停搏以致死亡。

（四）小檗碱

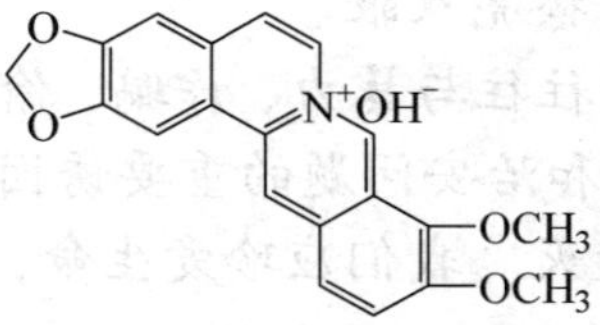

小檗碱

小檗碱又名黄连素，从小檗科植物或黄连等药材中提取而得，属异喹啉类生物碱。黄连素味极苦，具有抗菌消炎作用，对痢疾杆菌、葡萄球菌、链球菌均有抑制作用，临床上常用其盐酸盐来治疗肠胃炎和细菌性痢疾等。

（五）吗啡和可待因

|吗啡|可待因|海洛因|

吗啡是从鸦片（罂粟科植物果实提取物）中提取的一种生物碱，可待因也存在于鸦片中。它们均属异喹啉类生物碱。吗啡为白色晶体，味苦。它有很强的镇痛和解痉作用，但易成瘾，并有抑制呼吸中枢的副作用，不宜长期连续使用。

可待因为白色晶体，是吗啡的甲基衍生物，难溶于水。镇痛作用较吗啡弱，镇咳效果较好，成瘾性较吗啡小，但仍不宜滥用。医药上常用磷酸可待因作镇咳镇痛药。吗啡分子中两个羟基的乙酰化生成物叫二乙酰吗啡，又叫海洛因，为白色结晶。医学上曾用于麻醉镇痛，但成瘾快，极难戒断；长期使用会破坏人的免疫功能，并导致心、肝、肾等主要脏器的损害，现在严禁作为药用，被称为世界毒品之王。

🧲 知识链接

珍爱生命，远离毒品

《刑法》第 357 条规定：毒品是指鸦片、海洛因、甲基苯丙胺（冰毒）、吗啡、大麻、可卡因以及国家规定管制的其他能够使人形成瘾癖的麻醉药品和精神药品。

吸毒严重危害人的身心健康。它对人体神经、内分泌和免疫三大系统以及各组织器官的功能代谢和结构会造成严重损害。吸毒会产生对中枢神经系统的抑制，减慢呼吸频率，降低肺功能，导致人体缺氧，产生肺水肿，最终可因呼吸衰竭致人死亡；吸毒会影响自主神经功能，引起脑部化学物质改变、神经功能紊乱、智能减退、血液循环障碍、胃肠功能紊乱等，从而导致头痛、抽搐、胃肠绞痛等毒副作用；吸毒可直接损害人体免疫功能，使人容易感染疾病；吸毒会造成女性闭经、痛经和排卵停止，可导致妊娠妇女早产、畸胎或胎儿死亡，若胎儿幸存也会成为毒品间接依赖者。同时，由于一些吸毒者采用静脉注射方式，他们共用未经消毒处理的注射器和针头，成为艾滋病传播的主要途径。

近年来，受国际毒潮泛滥影响，全球新型毒品种类繁多、层出不穷，极具伪装性、隐蔽性和迷惑性，极易对青少年造成诱惑和危害。近年来出现的新型伪装类毒品有奶茶包或速溶咖啡、阿拉伯茶、曲奇饼干、跳跳糖、果冻、神仙水、邮票、浴盐、笑气、茶树菇等。我们应时刻保持警惕，擦亮双眼。

毒品是万恶之首！毒品问题往往与暴力、诈骗、偷盗、卖淫、凶杀等黑社会犯罪联系在一起，是许多严重刑事犯罪和治安问题的重要诱因，同时也是艾滋病等性病传播的温床，毒品带给人类的只会是毁灭。我们应珍爱生命，远离毒品。

📑 本章重要知识点小结

1. 杂环化合物是由碳原子和非碳原子共同组成环状骨架结构的一类化合物，常见的非碳原子（杂原子）有氧、硫、氮等。

2. 杂环化合物按照环的数目分为单杂环和稠杂环，其中单杂环按照环的大小分为五元杂环、六元杂环；稠杂环按照是否含有苯环分为苯稠杂环和杂环稠杂环。

3. 常见的五元杂环有呋喃、吡咯、噻吩、咪唑等，常见的六元杂环有吡啶、哌啶、吡喃、嘧啶等。常见的苯稠杂环有吲哚、喹啉、异喹啉等，常见的杂环稠杂环有嘌呤、蝶啶等。

4. 生物碱是一类存在于生物体内，具有明显生理活性的含氮碱性有机化合物。

5. 生物碱的性质有酸碱性、显色反应和沉淀反应。

6. 常见的生物碱有麻黄碱、莨菪碱、烟碱、小檗碱、吗啡等。

目标检测

一、填空题

1. 杂环化合物中，较常见的杂原子有_____、_____、_____等。

2. 杂环化合物按照环的大小分类，通常可分为_____和_____两类。

3. 喹啉是苯环和_____环稠和而成的。

4. 生物碱是存在于_____中，具有明显_____性的一类含_____有机化合物。

5. 生物碱一般难溶于水，若要改善其水溶性，方法之一是利用其具有_____性，能与_____反应，形成溶于水的盐。

6. 麻黄碱又名_____，烟碱又名_____，小檗碱又名_____。

7. 阿托品是_____的外消旋体。

二、单项选择题

1. 下列有机物中，（   ）。不是杂环化合物。

   A.   B.   C.   D.

2. 下列化合物不是五元杂环化合物的是（   ）。

   A. 吡唑   B. 嘧啶   C. 噻吩   D. 噻唑

3. 下列属于稠杂环的是（   ）。

   A. 呋喃   B. 吲哚   C. 噻吩   D. 嘧啶

4. 下列化合物中，（   ）。是两性的生物碱。

   A. 麻黄碱   B. 尼古丁   C. 嘌呤   D. 吗啡

5. 下列生物碱对人体中枢神经有抑制作用的是（   ）。

   A. 麻黄碱   B. 尼古丁   C. 小檗碱   D. 吗啡

三、对下列化合物的杂环进行编号，并且命名

1.   2.   3.   4.   5.

四、指出下列药物结构中含有杂环母环的名称

1. 青霉素   2. 甲硝唑   3. 消炎痛   4. 七叶内酯

五、简述生物碱的通性

扫
一
扫

糖类PPT

第十二章 糖 类

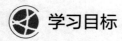 学习目标

知识目标

1. 了解糖类的定义、分类，熟悉单糖的结构转化。

2. 掌握单糖的结构、变旋现象、差向异构化现象、氧化反应、成脎反应、成苷反应、颜色反应。

3. 了解常见二糖、多糖及其衍生物的性质与用途

能力目标

1. 掌握糖类的定义和分类。

2. 能书写典型糖的链状结构、氧环结构以及哈沃斯式。

3. 能够根据糖的结构判断糖的化学性质。

4. 熟悉典型的糖用途。

📖 情景导入

生活中有一些糖尿病患者，医生常常嘱咐其要控制血糖，注意饮食均衡，在保证总热量的前提下，必须严格控制每餐米、面等主食的摄入量，以防血糖升高。

问题：1. 为什么要控制每餐米、面等主食的摄入量？

2. 生活中还有哪些糖类物质？它们又有什么性质？

糖类，是自然界存在广泛的一类有机化合物，也是与人类生命活动密切相关的一类物质。生活中我们熟悉的蔗糖、淀粉、葡萄糖、果糖都属于糖类。糖主要由碳、氢和氧三种元素组成。最初发现的一些糖具有 $C_n(H_2O)_m$ 的分子通式，因此糖也被称为碳水化合物。但后来发现有些糖如鼠李糖（$C_6H_{12}O_5$）和脱氧核糖（$C_5H_{10}O_4$）并不符合上述通式，而有些符合这一通式的化合物，如乙酸（$C_2H_4O_2$）和乳酸（$C_3H_6O_3$）等又不属于糖类。所以，用"碳水化合物"这个名称来称呼糖类化合物并不确切，但习惯上仍在沿用。

从结构上看，糖是多羟基醛或多羟基酮，以及水解后能生成多羟基醛或多羟基酮的一类有机化合物。

根据糖类水解的情况，可将糖分为三类，即单糖、寡糖和多糖。单糖是简单的糖，如葡萄糖、果糖等，是指不能被水解成更小糖分子的糖。寡糖又称为低聚糖，由2～9个单糖分子脱水缩聚而成。根据水解后能生成的单糖数目，寡糖又可分为二糖、三糖、四糖等。其中以二糖最常见，如麦芽糖、蔗糖等。多糖，如淀粉、纤维素等，是由10个及以上的单糖分子脱水缩聚而成的。天然的多糖一般由100～300个单糖组成。

第一节 单 糖

单糖从结构上可以分为醛糖和酮糖两大类，另外，根据分子中所含碳原子的数目，又可分为丙糖（三碳）、丁糖（四碳）、戊糖（五碳）和己糖（六碳）等。自然界中大多数单糖是戊醛糖、己醛糖和己酮糖，其中最重要的己醛糖是葡萄糖，最重要的己酮糖是果糖，二者互为同分异构体，分子式为 $C_6H_{12}O_6$。

一、单糖的结构

（一）链状结构

单糖具有开链结构，以最具有代表性的单糖葡萄糖和果糖为例，其链状结构式分别如下：

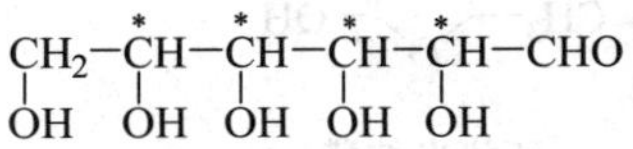

$$\underset{OH}{CH_2}-\overset{*}{\underset{OH}{CH}}-\overset{*}{\underset{OH}{CH}}-\overset{*}{\underset{OH}{CH}}-\overset{*}{\underset{OH}{CH}}-CHO$$

葡萄糖

$$\underset{OH}{CH_2}-\overset{*}{\underset{OH}{CH}}-\overset{*}{\underset{OH}{CH}}-\overset{*}{\underset{OH}{CH}}-\underset{O}{\overset{\|}{C}}-CH_2OH$$

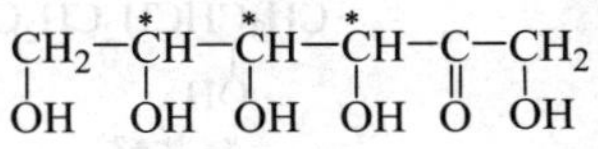

果糖

一般单糖的碳链含有多个手性碳原子，所以存在旋光异构体。比如，己醛糖分子中有四个手性碳原子，因此其旋光异构体数应为 $16(2^4)$ 个。自然界中存在的 D-(+)葡萄糖便是其中之一。葡萄糖中两个互成对映关系的异构体，其构型用费歇尔投影式表示如下：

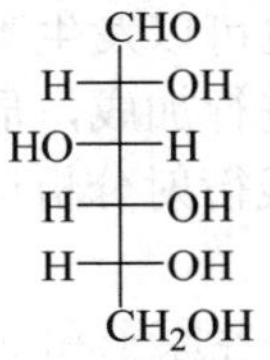

D-(+)-葡萄糖 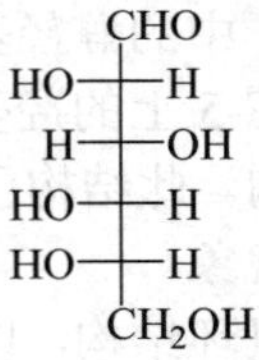　　　　　　　L-(−)-葡萄糖

书写单糖的费歇尔投影式时，习惯将编号最小的醛基或者酮基写在最上端，其构型通常用 D/L 标记法表示，以编号最大的手性碳（即离醛基最远端的手性碳）的构型与 D-(+)-甘油醛进行比较，构型相同的糖属 D 构型，反之属于 L 构型。天然存在的单糖大多数是 D 型的，例如葡萄糖、甘露糖和半乳糖。

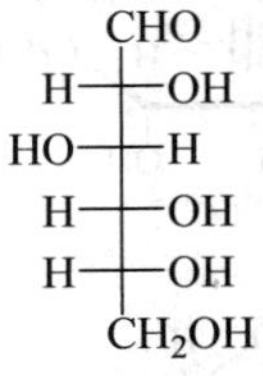

D-(+)-葡萄糖 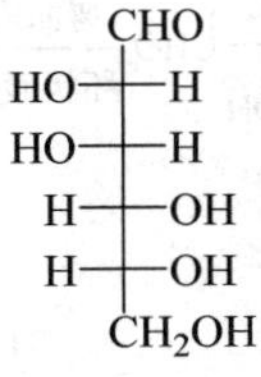　　　　D-(+)-甘露糖 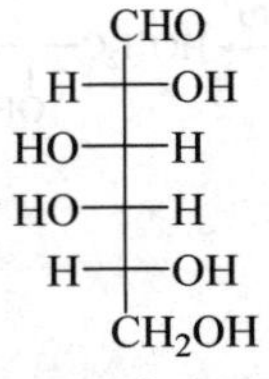　　　　D-(+)-半乳糖 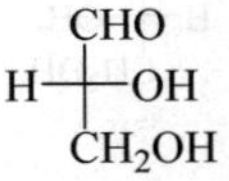　　　　D-(+)-甘油醛

用费歇尔投影式书写糖的空间结构时，为了方便书写，可以简化处理，用一竖线代表碳链，并垂直书写，醛基或者酮基在上方，以"△"代表，羟甲基（—CH_2OH）以"○"代表，羟基以"—"代表，省去手性碳原子上的氢原子。例如，D-(+)-葡萄糖的结构可以用费歇尔投影式表示如下：

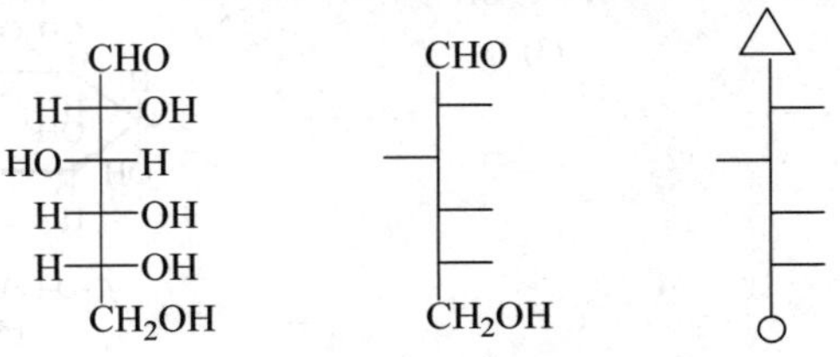

D-(+)-葡萄糖

（二）氧环结构

葡萄糖能被氧化、还原，能形成肟、酯等，但是部分性质无法用链状结构解释。比如，普通的醛能与两分子醇形成缩醛，而葡萄糖只需一分子醇便能形成缩醛等。另外，D-葡萄糖有两种结晶形式，一种是常温下从乙醇中析出的晶体，新配制的水溶液的比旋光度 $[\alpha]_D^{20}$ 为 $+112°$，称为 α-D-(+)-葡萄糖；另一种是在 98℃ 以上从吡啶中析出的晶体，新配制的水溶液的比旋光度 $[\alpha]_D^{20}$ 为 $+18.7°$，称为 β-D-(+)-葡萄糖。上述两种葡萄糖水溶液的比旋光度在放置过程中逐渐变化，直至达到 $+52.5°$ 的恒定值。这种自行改变比旋光度最终达到恒定值的现象称为变旋现象。而这种现象也不能用开链式结构解释。

基于以上事实，联系到醛可以与醇反应生成半缩醛，以及 γ-羟基醛和 δ-羟基醛主要以环状半缩醛的形式存在，例如：

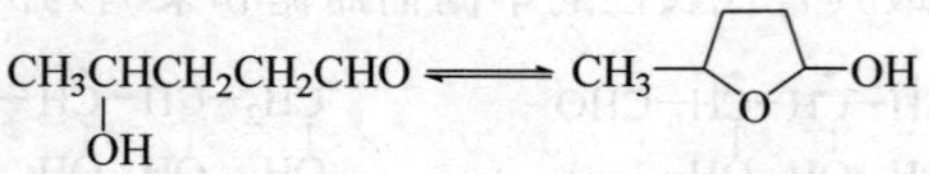

$$CH_3CHCH_2CH_2CHO \Longleftrightarrow CH_3 \overset{}{\underset{}{\bigcirc}} OH$$
$$\underset{OH}{|}$$

γ-羟基醛　　　　　　　　环状半缩醛

$$CH_2CH_2CH_2CH_2CHO \Longleftrightarrow \overset{}{\underset{}{\bigcirc}} OH$$
$$\underset{OH}{|}$$

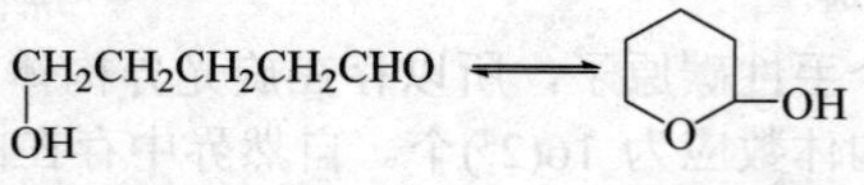

δ-羟基醛　　　　　　　　环状半缩醛

受此启发，认为葡萄糖分子中的醇羟基和醛基也可以发生类似反应，生成环状半缩醛。由于六元环最稳定，故葡萄糖中 C-5 上的羟基与醛基进行加成，形成半缩醛，并构成六元环状化合物，这种结构被称为氧环结构。此结构已被 X 射线衍射分析证明，在单糖溶液中确实存在链状结构与氧环结构相互转化的现象。

为了更准确地表示单糖的氧环结构，以及分子中各原子和基团之间的相对位置，1930 年英国化学家哈沃斯（W.N.Haworth）提出将葡萄糖的环状半缩醛结构用平面六元氧环透视式表示，也称为哈沃斯式。

由链状结构式书写为哈沃斯式的过程如图 12-1 所示。

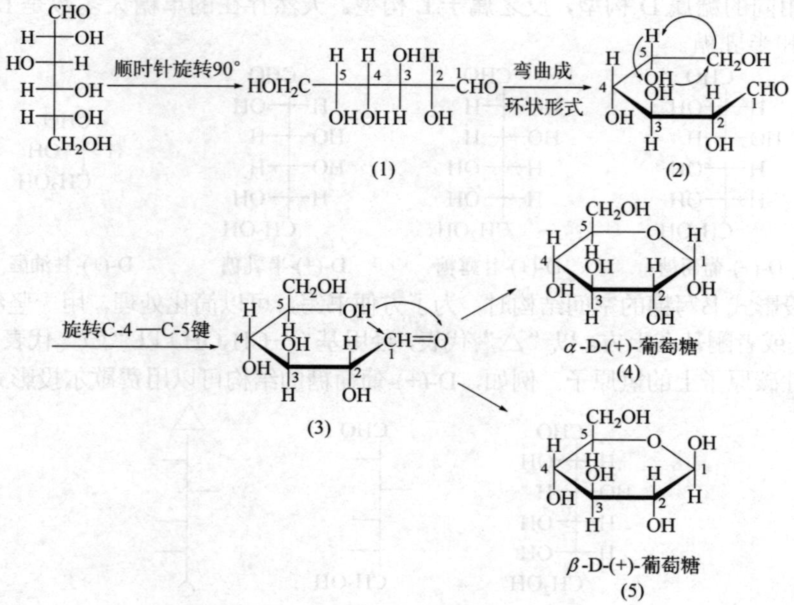

图 12-1　由链状结构书写为哈沃斯式的过程

开链的 D-葡萄糖分子中 C-5 的羟基与醛基发生加成，C-1 变成手性碳原子，产生了两种构型。一种是 C-1 的羟基（半缩醛羟基，也叫苷羟基）与 C-5 的羟甲基在环的异侧，称为 α 构型；另一种是 C-1 的羟基与 C-5 的羟甲基在环的同侧，称为 β 构型。它们之间的差别，仅在于第一个手性碳原子的构型不同，而其他手性碳原子的构型完全相同。

在水溶液中，它们与开链式结构相互转化而达到平衡，这就是产生变旋现象的原因。

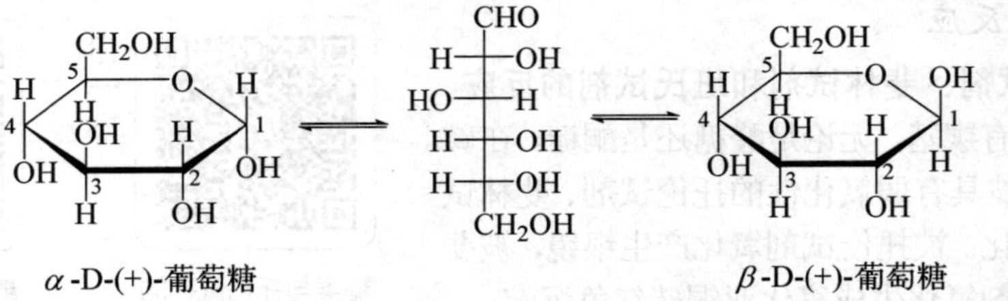

α-D-(+)-葡萄糖　　　　　　　　　　　　β-D-(+)-葡萄糖

果糖同样存在环状结构，它可由 C-5 上的羟基与羰基形成含氧五元环，也可由 C-6 上的羟基与羰基形成含氧六元环。两种氧环式都有 α 型和 β 型两种构型，因此，果糖可能有五种构型（图 12-2）。

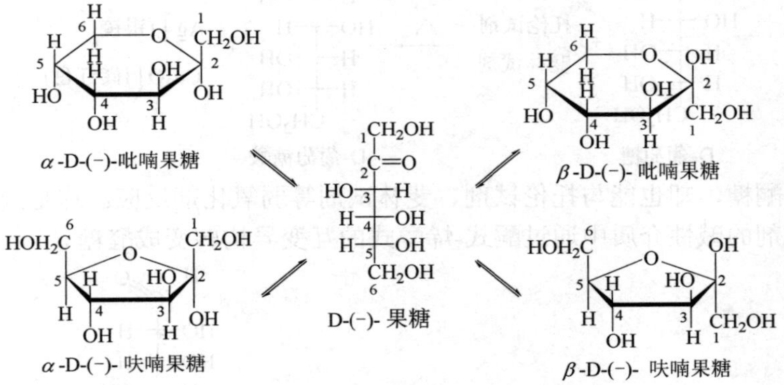

图 12-2　果糖的五种构型

在上述结构中，五元环与呋喃环相似，六元环与吡喃环相似，因此五元环单糖又称呋喃型单糖，六元环单糖又称吡喃型单糖。自然界中存在的果糖便是 β-D-（$-$）呋喃果糖。

（三）单糖的构象

利用 X 射线衍射等分析技术研究证明，成环原子并不在同一个平面上，吡喃型糖的构象与环己烷类似，优势构象为椅式构象。在椅式构象中，又以较大基团占据 e 键的最稳定。在 D-葡萄糖的水溶液中，β-D-吡喃葡萄糖的含量比 α-D-吡喃葡萄糖多，这是由于前者的构象比后者的稳定。

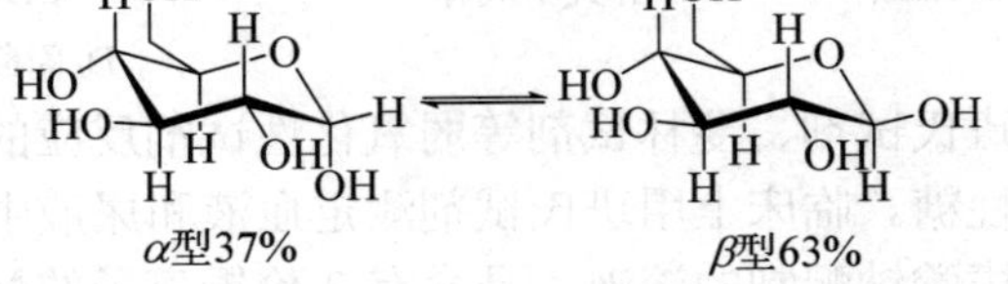

α 型 37%　　　　　　　　　　　β 型 63%

二、单糖的物理性质

单糖都是无色晶体，有甜味，但甜度各不相同，具有吸湿性，沸点高，易溶于水，难溶于有机溶剂，糖的水溶液浓缩时常形成过饱和溶液——糖浆。一般单糖有旋光性，并有变旋现象。

三、单糖的化学性质

单糖分子中既含有羰基又含有羟基，所以它们既可发生一些羰基的反应，如氧化还原反应，与 H_2N-OH、苯肼等羰基试剂反应；也可发生羟基的反应，如成酯、成醚的反应等。但其在水溶液中是以链状结构和环状结构的互变平衡体系存在的，所以它们在性质上还会有一些特殊。

（一）氧化反应

1. 与托伦试剂、斐林试剂和班氏试剂的反应

单糖因其含有羰基，无论是醛糖还是酮糖，在碱性条件下，都能被具有弱氧化性的托伦试剂、斐林试剂和班氏试剂氧化。被托伦试剂氧化产生银镜，被斐林试剂和班氏试剂氧化生成氧化亚铜砖红色沉淀。

比如：

糖类与托伦试剂的
反应视频

糖类与班氏试剂的
反应视频

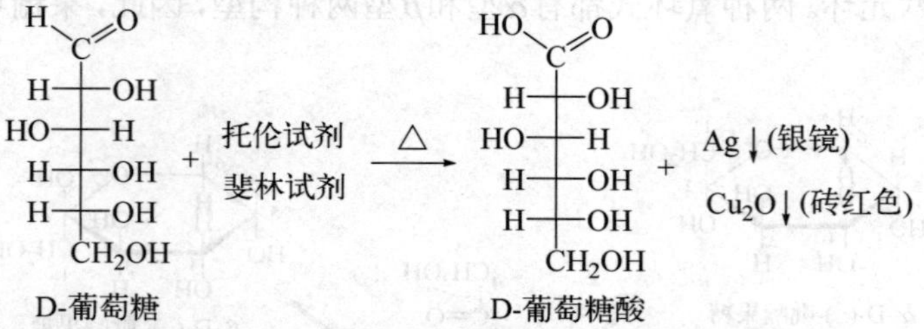

果糖虽然是酮糖，却也能与托伦试剂、斐林试剂等弱氧化剂反应。这是因为果糖可以在托伦试剂、斐林试剂的碱性介质中通过酮式-烯醇式的互变异构转变成醛糖。

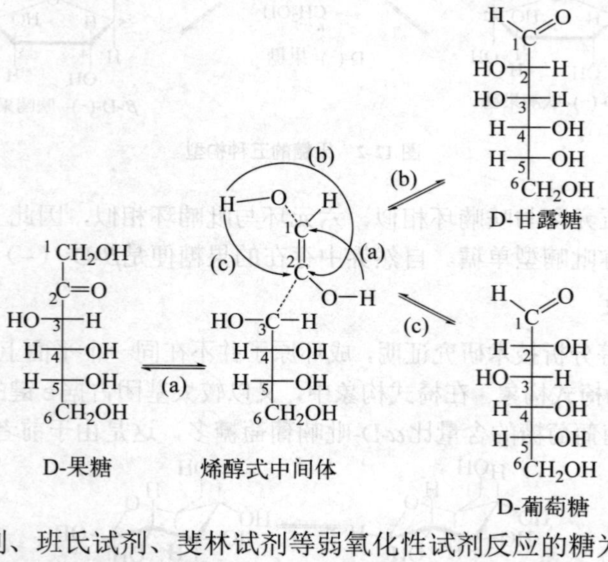

凡是能与托伦试剂、班氏试剂、斐林试剂等弱氧化性试剂反应的糖为还原性糖，否则为非还原性糖。单糖都是还原性糖。临床上用班氏试剂测定血液和尿液中葡萄糖的含量。班氏试剂是由硫酸铜、碳酸钠和柠檬酸钠配制的溶液，是含有 2 价铜离子的配合物，和单糖反应的原理与斐林试剂相同。

2. 与溴水的反应

溴水是弱氧化剂，在弱酸性条件下可将醛糖氧化生成相应的糖酸，但酮糖不发生此反应，因此可用此反应来鉴别醛糖和酮糖。

$$\begin{matrix} CHO \\ (CHOH)n \\ CH_2OH \end{matrix} \xrightarrow{Br_2+H_2O} \begin{matrix} COOH \\ (CHOH)n \\ CH_2OH \end{matrix}$$

醛糖　　　　　　　　　糖酸

3. 与稀硝酸的反应

稀硝酸的氧化作用比溴水强，能同时氧化醛基和羟甲基，生成羟基二元羧酸，称为糖二酸。例如，D-葡萄糖被稀硝酸氧化生成 D-葡萄糖二酸。

$$\begin{matrix} CHO \\ H-OH \\ HO-H \\ H-OH \\ H-OH \\ CH_2OH \end{matrix} \xrightarrow{稀HNO_3} \begin{matrix} COOH \\ H-OH \\ HO-H \\ H-OH \\ H-OH \\ COOH \end{matrix}$$

D-葡萄糖　　　　　　　　D-葡萄糖二酸

葡萄糖酸制得的钙盐与维生素 D 合用，可用于治疗缺钙症和过敏症。

 知识拓展

血糖与尿糖

血液中的葡萄糖称为血糖。生命活动所需的能量大部分来自葡萄糖，所以血糖必须保持一定的水平才能维持体内各器官和组织的正常运行。正常人空腹血糖浓度为 3.9～6.1mmol/L。空腹血糖浓度超过 7.0mmol/L 称为高血糖。血糖浓度低于 3.9mmol/L 称为血糖减低，血糖浓度低于 2.8mmol/L 称为低血糖。尿液中的葡萄糖称为尿糖。正常人尿糖甚少，一般方法测不出来，所以正常人尿糖应该是阴性，或者说尿中应该没有糖。糖尿病是由遗传因素、免疫功能紊乱、微生物感染及其毒素、自由基毒素、精神因素等各种致病因子作用于机体，导致胰岛功能减退、胰岛素抵抗等而引发的糖、蛋白质、脂肪、水和电解质等一系列代谢紊乱综合征，临床上以高血糖为主要特点，典型病例可出现多尿、多饮、多食、消瘦等表现，即"三多一少"症状。糖尿病（血糖）一旦控制不好会引发并发症，导致肾、眼、足等部位的衰竭病变，且无法治愈。

（二）成脎反应

单糖可以与多种羰基试剂发生加成反应，例如，可与苯肼反应生成苯腙，单糖原羰基相邻碳原子上的羟基可被苯肼氧化成新的羰基,在苯肼过量的条件下,可再与苯肼作用生成二苯腙。糖的二苯腙也称为糖脎，为黄色晶体。不同的糖脎晶型不同，熔点不同，所以可以用成脎反应鉴别不同的糖并推断糖的结构。

$$\begin{matrix} CHO \\ H-OH \\ HO-H \\ H-OH \\ H-OH \\ CH_2OH \end{matrix} \xrightarrow{C_6H_5NHNH_2} \begin{matrix} HC=NNHC_6H_5 \\ H-OH \\ HO-H \\ H-OH \\ H-OH \\ CH_2OH \end{matrix} \xrightarrow{C_6H_5NHNH_2} \begin{matrix} HC=NNHC_6H_5 \\ C=NNHC_6H_5 \\ HO-H \\ H-OH \\ H-OH \\ CH_2OH \end{matrix}$$

D-葡萄糖　　　　　　　D-葡萄糖苯腙　　　　　　　D-葡萄糖脎

（三）成苷反应

单糖的半缩醛（酮）的羟基比较活泼，可与其他含羟基的化合物（如醇、酚等，也称为非糖部分）反应脱水，生成具有缩醛结构的糖苷，此反应称为成苷反应。例如，D-葡萄糖在干燥 HCl 的作用下，可与 1 分子甲醇反应生成 D-葡萄糖甲苷。成苷的产物为 α 型与 β 型的混合物，但以 α 型为主。

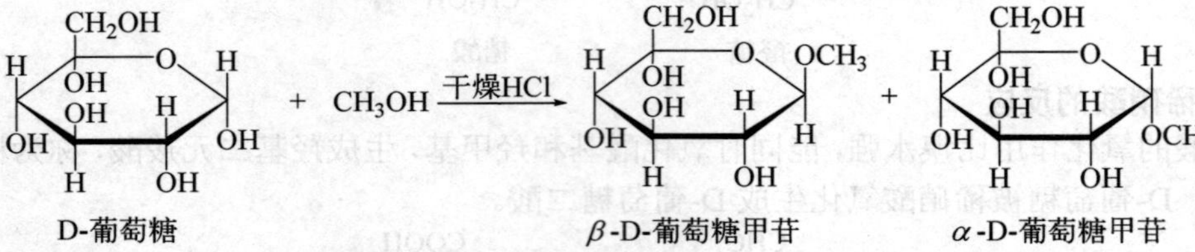

D-葡萄糖　　　　　　　　　　　　　β-D-葡萄糖甲苷　　　　　α-D-葡萄糖甲苷

糖脱去苷羟基后的部分称为糖苷基，非糖脱去活泼氢后的部分称为糖苷配基，例如上述葡萄糖甲苷中，去掉苷羟基的葡萄糖部分称为糖苷基，甲氧基为糖苷配基。连接糖苷基和糖苷配基的键称为苷键，大多数天然糖苷中的糖苷配基为醇类或酚类。

因糖苷分子中已没有苷羟基，不能通过互变异构转变为开链式结构，所以糖苷没有还原性和变旋现象，也不能与苯肼成脎。

🌀 知识拓展

糖苷在自然界中分布广泛，在动植物体中许多糖都是以糖苷形式存在的，多数具有生理活性。很多从植物中提取的糖苷类化合物也具有很好的医药作用，例如，杏仁中的苦杏仁苷具有祛痰止咳作用；白杨和柳树皮中的水杨苷具有止痛作用；人参中的人参皂苷有调节中枢神经系统、增强机体免疫功能等作用；黄芩中的黄芩苷有清热泻火、抗菌消炎等作用。

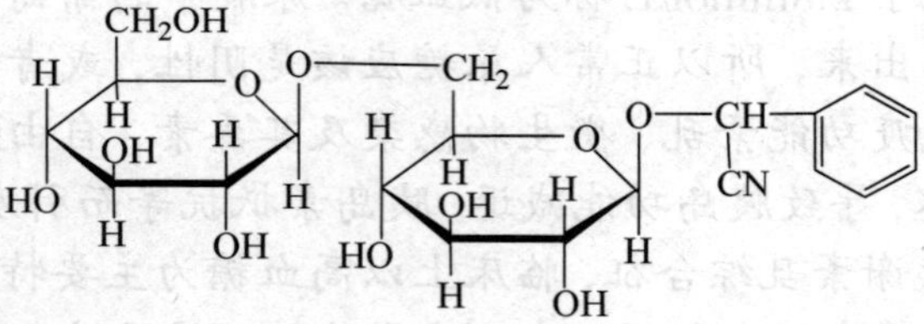

苦杏仁苷

（四）成酯反应

单糖分子中的羟基在适当条件下都可以与酸作用生成酯。在生物体内，很多重要的糖类分子都以磷酸酯的形式存在并参与反应。如 α-D-吡喃葡萄糖-1-磷酸酯是人体内合成糖原的原料，也是糖原在体内分解的最初产物。

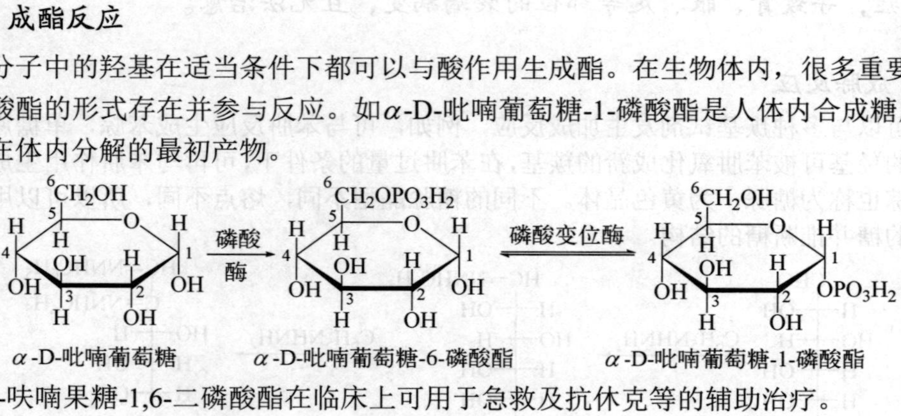

α-D-吡喃葡萄糖　　α-D-吡喃葡萄糖-6-磷酸酯　　α-D-吡喃葡萄糖-1-磷酸酯

α-D-呋喃果糖-1,6-二磷酸酯在临床上可用于急救及抗休克等的辅助治疗。

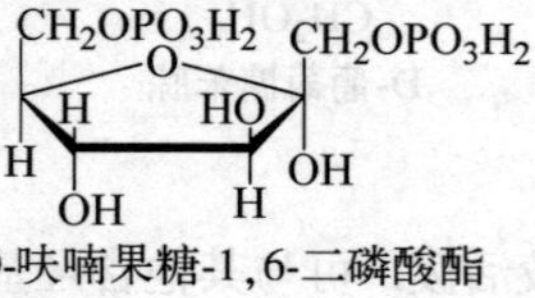

α-D-呋喃果糖-1,6-二磷酸酯

（五）颜色反应

在强酸作用下，单糖可发生脱水反应，戊醛糖、己醛糖可生成呋喃甲醛及其衍生物。

水解后的低聚糖和多糖也能发生上述脱水反应。糖脱水生成的呋喃甲醛及其衍生物均可与酚类或者芳胺类缩合生成有色化合物，这类显色反应可用于糖类的鉴定。常用的显色反应有以下两种。

1. 莫立许（Molish）反应

在糖的水溶液中加入α-萘酚的乙醇溶液（莫立许试剂），然后沿试管壁缓慢加入浓硫酸，不要摇动试管，密度比较大的浓硫酸会沉到管底，在糖溶液与浓硫酸的交界面很快会出现美丽的紫色环，这就是莫立许反应。

所有的糖均能发生莫立许反应，而且反应非常灵敏，因此常用来鉴别糖类化合物。

2. 塞利凡诺夫（Seliwanof）反应

在酮糖（游离态或结合态）的溶液中，加入间苯二酚的盐酸溶液（塞利凡诺夫试剂）并加热，很快会出现鲜红色产物，这就是塞利凡诺夫反应。

同样条件下，醛糖显色反应很慢，很难观察到变化，因此该反应可用来鉴别醛糖和酮糖。

扫一扫

糖类与塞利凡诺夫
试剂的反应视频

四、重要的单糖

（一）核糖和脱氧核糖

核糖分子式为$C_5H_{10}O_5$，为片状结晶，是核糖核酸（RNA）的重要组成部分。脱氧核糖分子式为$C_5H_{10}O_4$，是脱氧核糖核酸（DNA）的重要组成部分。两种都是比较重要的戊醛糖，在生命活动中起着非常重要的作用。天然核糖构型是 D 型，为左旋体，因此也称为 D-(−)-核糖与 D-(−)-2-脱氧核糖。它们也有α、β两种异构体，也存在还原性和变旋现象。它们的开链式和环状结构如下：

α-D-(−)-核糖　　　　D-(−)-核糖　　　　β-D-(−)-核糖

α-D-(−)-2-脱氧核糖　　　D-(−)-2-脱氧核糖　　　β-D-(−)-2-脱氧核糖

（二）葡萄糖

葡萄糖，自然界中分布最广的单糖，是组成蔗糖、麦芽糖等二糖及淀粉、糖原、纤维素等多糖的基本单位。分子式为$C_6H_{12}O_6$，为无色晶体，甜度仅为蔗糖的 70%，易溶于水，微溶于乙酸，不溶于乙醇和乙醚。

它广泛存在于蜂蜜和植物的种子、茎、叶、根、花及果实中，也是人体代谢不可或缺的营养物质，同时也是人体能量的重要来源。人体血液中的葡萄糖叫血糖。葡萄糖在医药上用作营养剂，并有强心、利尿解毒等作用，临床上用于治疗水肿、低血糖、心肌炎等。

（三）果糖

果糖是最甜的天然糖，分子式为 $C_6H_{12}O_6$，无色晶体，易溶于水，可溶于乙醚、乙醇中，与葡萄糖互为同分异构体，属于己酮糖，在自然界中主要存在于蜂蜜和水果中，天然果糖也是 D 型左旋糖。果糖可作为营养剂和食品添加剂，一般人摄入的果糖约占食物中糖类总量的 1/6。果糖与氢氧化钙反应可生成难溶于水的配合物 $C_6H_{12}O_6 \cdot Ca(OH)_2 \cdot H_2O$，此反应可用于果糖的检验。

（四）半乳糖

半乳糖为己醛糖，无色晶体，能溶于水和乙醇，熔点为 165～166℃，是乳糖、棉子糖等的组分，并以多糖的形式存在于许多植物的种子或树胶中。半乳糖有还原性和变旋现象。它也是脑苷和神经节苷的组成成分，这两种苷存在于大脑和神经组织中，也是某些糖蛋白的重要成分。D-半乳糖与葡萄糖结合成乳糖而存在于哺乳动物的乳汁中，人体中的半乳糖是食物中乳糖的水解产物。它的环式和链式异构体的结构式如下：

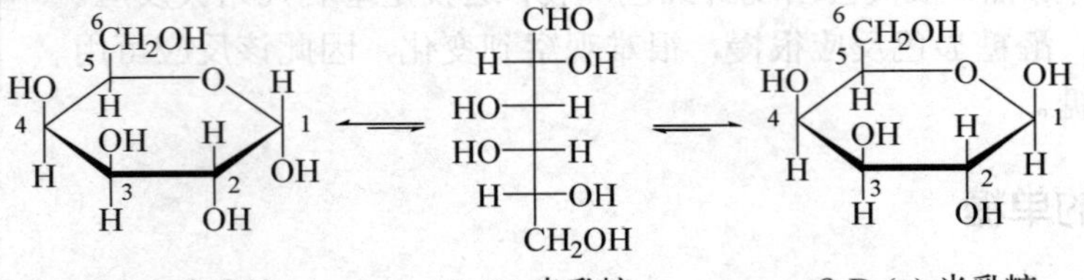

α-D-(+)-半乳糖   D-(+)-半乳糖 β-D-(+)-半乳糖

第二节　二　糖

低聚糖中最重要的糖是二糖，二糖是由两分子单糖脱水缩合而成的化合物，也可以看作糖苷，不过其糖基和配基都是单糖。二糖在酸或酶催化下水解生成两分子单糖。二糖根据其是否具有还原性可分为还原性二糖和非还原性二糖。常见还原性二糖有乳糖、麦芽糖，非还原性二糖有蔗糖，它们的分子式都是 $C_{12}H_{22}O_{11}$，互为同分异构体。

一、蔗糖

蔗糖广泛存在于所有光合植物中，在甘蔗和甜菜中含量最多。蔗糖由 α-D-吡喃葡萄糖 C-1 上的半缩醛羟基与 β-D-呋喃果糖 C-2 上的半缩醛羟基脱水，通过 α-1,2-苷键连接而成。其结构式如下：

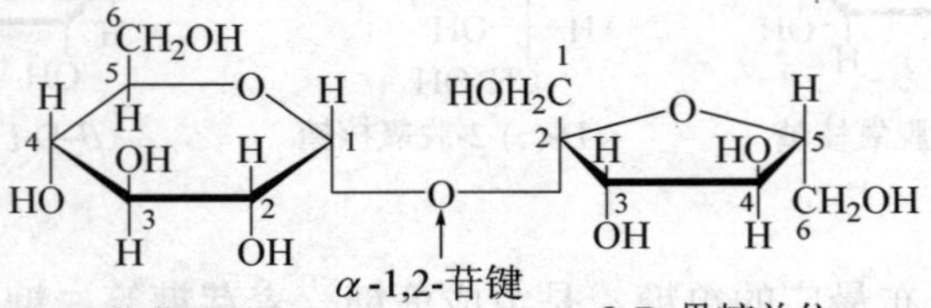

α-1,2-苷键

α-D-葡萄糖单位 β-D-果糖单位

蔗糖分子中没有半缩醛羟基，在水溶液中无变旋现象，不能再形成糖苷，无还原性。

蔗糖是无色结晶，熔点 183℃，甜味仅次于果糖。易溶于水，难溶于乙醇，具有右旋性，在水溶液中的比旋光度 $[\alpha]_D^{20}$ 为 +66.5°。

蔗糖在酸或转化酶的作用下，水解后得到等量的葡萄糖和果糖。蔗糖具有右旋性，而水解后生成的葡萄糖和果糖的混合物具有左旋性，水解前后其旋光性发生了改变，因此把蔗糖水解后的产物称为转化糖。蜂蜜的主要成分就是转化糖。

$$C_{12}H_{22}O_{11} + H_2O \xrightarrow{H^+或转化酶} C_6H_{12}O_6 + C_6H_{12}O_6$$

蔗糖　　　　　　　　　　　　α-D-葡萄糖　　　　β-D-果糖

$[\alpha]_D^{20}=+66.5°$　　　　　　　$[\alpha]_D^{20}=+52.7°$　　$[\alpha]_D^{20}=-92°$

转化糖

$[\alpha]_D^{20}=-19.8°$

蔗糖在医药上用作矫味剂，制成糖浆应用。由蔗糖加热生成的褐色焦糖，在饮料和食品中用作着色剂。

二、麦芽糖

麦芽糖为无色晶体，易溶于水，有甜味，甜度约为蔗糖的 40%。主要存在于发芽的谷粒尤其是麦芽中，也由此而得名。淀粉在人体中经淀粉酶的作用可水解为麦芽糖，其可在酸或酶的作用下继续水解生成两分子葡萄糖。

麦芽糖是两分子α-D-吡喃葡萄糖通过α-1,4-苷键连接而成的，是由一个吡喃葡萄糖 C-1 上的苷羟基与另一个吡喃葡萄糖 C-4 上的醇羟基脱水而来的。由于麦芽糖分子中还保留着一个半缩醛羟基，所以仍有α和β两种异构体，并且在水溶液中可以通过链状结构相互转变。这也决定了麦芽糖具有变旋现象和还原性，可以生成糖脲和糖苷，表现出单糖的性质。

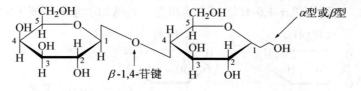

三、乳糖

乳糖主要存在于哺乳动物的乳汁中，牛乳中含乳糖约 4%～5%，人乳中含 5%～8%，有些水果中也含有乳糖。乳糖的甜味只有蔗糖的 70%。乳糖是由β-D-吡喃半乳糖上的半缩醛羟基与 D-吡喃葡萄糖 C-4 上的醇羟基通过β-1,4-苷键连接而成的。乳糖的结构表示如下：

β-D-半乳糖单位　　　　　　　D-葡萄糖单位

乳糖分子中还保留有一个半缩醛羟基，在水溶液中环状结构的α型和β型可通过链状结构互变形成动态平衡，平衡时$[\alpha]_D^{20}=+55°$，有变旋光现象，能形成糖苷，具有还原性。在稀酸或酶的作用下，乳糖水解生成半乳糖和葡萄糖。

乳糖可从制取乳酪的副产物乳清中获得，能促进钙的吸收。乳糖是白色晶体，甜度小，水溶性较小，没有吸湿性，用于食品及医药工业，常作散剂、片剂的填充剂。

第三节　多　糖

多糖是一类天然高分子化合物，是自然界分布最广的糖类。多糖是由成百上千的单糖分子脱水缩合而成的高聚物。如植物的骨架——纤维素，植物储藏的养分——淀粉，动物体内储藏的养分——糖原等许多物质都是由多糖构成的。还有一些多糖具有特殊的生理功能，如肝素是天然的抗凝血物质。

多糖与单糖及二糖在性质上有较大的区别。多糖没有甜味，大多不溶于水，但有些能溶于水而形成胶体溶液，也没有还原性和变旋现象，不能生成糖脎。多糖多数属于糖苷类，在酸或酶催化下可以水解成分子量较小的多糖或二糖，最终完全水解成单糖。

一、淀粉

淀粉是人类的主要食物，也是酿酒、制醋和制造葡萄糖的原料。它是植物体内储藏最丰富的多糖，在稻米、小麦、玉米及薯类中含量都十分丰富。淀粉是白色无定形粉末。天然淀粉根据结构和性质可分为直链淀粉和支链淀粉两类。两种淀粉水解的最终产物其结构单位都是α-D-葡萄糖。

1. 直链淀粉

直链淀粉存在于淀粉的内层，相对分子质量比支链淀粉小。直链淀粉不易溶于冷水，但能溶于热水形成透明的胶体溶液。直链淀粉一般由数百至数千个α-D-吡喃葡萄糖通过α-1,4-苷键连接而成。

α-1,4-苷键

直链淀粉的结构式

直链淀粉的链状分子具有规则的螺旋状空间排列结构（见图 12-3）。直链淀粉与碘-碘化钾试剂作用显蓝色，是由于碘分子与淀粉之间利用范德瓦耳斯力将碘分子嵌入淀粉螺旋结构的空穴中，形成了一种配合物而呈深蓝色。这个反应非常灵敏，加热蓝色即消失，冷却又显色。此性质可以用来鉴别淀粉。在分析化学中，淀粉可用作碘量法的指示剂。

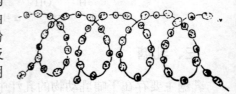

图 12-3　直链淀粉的结构示意图

2. 支链淀粉

支链淀粉存在于淀粉的外层，一般由数千至数万个α-D-吡喃葡萄糖单位组成，主要也是通过α-1,4-苷键相连，支链则以α-1,6-苷键与主链相连。其结构示意图如图 12-4 所示。

α-1,6-苷键

α-1,4-苷键

支链淀粉的结构式

淀粉在药物制剂中被大量用作赋形剂，还可用作制葡萄糖等药物的原料。此外，淀粉在碱的存在下与一氯乙酸钠反应可得到羧甲基淀粉钠（CMSNa）。羧甲基淀粉钠具有较强的吸湿性，吸水后其体积最大可溶胀 300 倍，但不溶于水，只吸水形成凝胶，不会使溶液的黏度明显增加，因此可作为药片或胶囊的崩解剂。

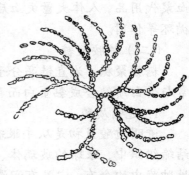

图 12-4 支链淀粉的结构示意图

二、糖原

糖原是人和动物体内储存的一种多糖，主要存在于肝脏和肌肉中，因此有肝糖原和肌糖原之分。

糖原的结构与支链淀粉相似，通过 α-1,4-苷键和 α-1,6-苷键相连而成。但其分支程度比支链淀粉要高，支链更多、更短，3～4 个葡萄糖单位即出现一个分支，每个分支包含 12～18 个 D-吡喃葡萄糖单位。

糖原为无定形粉末，不溶于冷水，遇碘呈紫红色。

糖原是人体所需能量的主要来源，对维持血糖浓度起着重要作用。当血糖浓度低于正常值时，糖原就分解为葡萄糖进入血液，维持血糖浓度，保证机体能量需要。当血糖浓度高于正常值时，多余的葡萄糖将结合成糖原储存在肝脏中。

三、纤维素

纤维素是自然界分布最广、存在量最多的一种多糖，是构成植物细胞壁的主要成分。

纤维素是由成千上万个 β-D-吡喃葡萄糖分子间脱水，以 β-1,4-苷键连接而成的直链多糖，一般无支链。纤维素分子的链与链之间通过氢键相互作用绞扭成绳索状，形成纤维状物质。

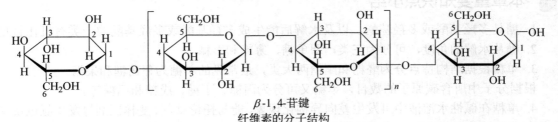

β-1,4-苷键
纤维素的分子结构

纤维素为白色微晶形固体，不溶于水，无还原性，也不溶于一般常用的有机溶剂。

人体缺乏断裂 β-1,4-苷键的酶，因此纤维素不能被人分解而利用。但它具有刺激胃肠蠕动、促进排便及保持胃肠道微生态平衡等作用。食草动物如牛、羊等的消化道中有能分解 β-1,4-苷键的酶，因此它们可以利用纤维素作为营养物质。

纤维素用强酸处理后，得到白色微晶纤维素，它的黏合力很强，在片剂生产中用作黏合剂、填充剂、崩解剂、润滑剂，它还是良好的赋形剂。另外，纤维素也是重要的工业原料。比如，用于制造纸张、纺织品、火棉胶、电影胶片等。

知识拓展

生活中其他多糖，你知道多少？

（一）右旋糖酐

右旋糖酐是人工合成的葡萄糖多聚物，由右旋糖脱水得名，又称葡聚糖，是常用的血浆代用品，人体大量失血后可用于补充血容量，并具有提高血浆胶体渗透压、改善微循环等作用。

（二）糖胺聚糖

糖胺聚糖，为直链高分子化合物，因有黏性，故又称黏多糖。生物体内的糖胺聚糖常与蛋白质结合成黏蛋白而存在。常见的糖胺聚糖有透明质酸、肝素、硫酸软骨素等。

1. 透明质酸

透明质酸最初是从牛眼玻璃体中分离得到的，是分布最广的糖胺聚糖，存在于一切结缔组织中，眼球的玻璃体、角膜、关节液、脐带、细胞间质、某些细菌细胞壁以及恶性肿瘤中均含有。它具有润滑关节、调节血管壁的通透性等作用。口服含有透明质酸的保健品具有延缓衰老和润泽皮肤等功效。

2. 肝素

肌肝素最早是从心脏及肝脏组织中提取出来的，广泛存在于动物的肝、肺、脾、肾、肌肉、肠、血管等组织中，因最初在肝中发现而得名。肝素是分子较小而结构较复杂的糖胺聚糖，肝素能够阻止血液凝固，是动物体内天然的抗凝血物质。

3. 硫酸软骨素

硫酸软骨素是从动物组织内提取的糖胺聚糖，是软骨和骨骼的重要成分，存在于结缔组织、皮肤、肌腱、心脏瓣膜、唾液中。硫酸软骨素可与蛋白质结合形成糖蛋白。硫酸软骨素对角膜胶原纤维具有保护作用，能促进基质中纤维的增长，增强通透性，改善血液循环，加速新陈代谢，吸收渗透液及消除炎症等。

📄 本章重要知识点小结

1. 糖是多羟基醛或多羟基酮，以及水解后能生成多羟基醛或多羟基酮的一类有机化合物。

2. 糖从水解的角度，可分为三类，即单糖、寡糖和多糖。

3. 单糖根据结构特点分为醛糖和酮糖两大类，最常见的单糖为葡萄糖和果糖。
根据分子中所含碳原子的数目，单糖又可分为丙糖、丁糖、戊糖和己糖等。

4. 单糖在碱性水溶液中可发生差向异构化现象，能与托伦试剂、斐林试剂等发生颜色反应，能发生成脎反应和莫立许反应，醛糖能与溴水发生颜色反应，酮糖能与塞利凡诺夫试剂反应，以上反应可用于单糖或糖类物质的鉴别。

5. 寡糖中最重要的是二糖，它由两分子单糖脱水缩合而成，常见的二糖为蔗糖和麦芽糖。麦芽糖分子中含有一个半缩醛羟基，具有变旋现象和还原性，能被托伦试剂、斐林试剂和班氏试剂等氧化，能形成糖脎；蔗糖分子中没有半缩醛羟基，无变旋现象，也不能被托伦试剂、斐林试剂和班氏试剂等氧化，不能形成糖脎。

6. 多糖分子中含有更多数目的单糖单位，是高分子化合物，常见的多糖为淀粉、糖原和纤维素。

📄 目标检测

一、单项选择题

1. 下列说法正确的是（　　　）。

　A. 糖类都能水解　　　　　　　　　　　　B. 糖类都有甜味

C. 糖类都有 C、H、O 三种元素   D. 糖类都符合通式 $Cn(H_2O)_m$

2. 下列属于非还原性糖的是（   ）。

  A.蔗糖   B. 果糖   C. 麦芽糖   D. 乳糖

3. 血糖通常是指血液中的（   ）。

  A.葡萄糖   B. 果糖   C. 糖原   D. 麦芽糖

4. 下列不是同分异构体的是（   ）。

  A. 麦芽糖与蔗糖   B. 蔗糖与乳糖   C. 葡萄糖与果糖   D. 核糖与脱氧核糖

5. 下列糖中最甜的是（   ）。

  A. 乳糖   B. 果糖   C. 葡萄糖   D. 核糖

6. 麦芽糖的水解产物是（   ）。

  A. 半乳糖和葡萄糖   B. 葡萄糖   C. 葡萄糖和果糖   D. 半乳糖和果糖

7. 下列糖类中，人体消化酶不能消化的是（   ）。

  A. 糖原   B. 淀粉   C. 葡萄糖   D. 纤维素

8. 糖在人体内的储存形式是（   ）。

  A. 乳糖   B. 蔗糖   C. 麦芽糖   D. 糖原

9. 下列糖类遇碘显蓝紫色的是（   ）。

  A. 糖原   B. 淀粉   C. 葡萄糖   D. 纤维素

10. 葡萄糖和果糖不能发生的反应是（   ）。

  A. 氧化反应   B. 成苷反应   C. 成酯反应   D. 水解反应

11. 直链淀粉遇碘显（   ）。

  A. 褐色   B. 黄色   C. 蓝色   D. 红棕色

12. 鉴别醛糖和酮糖的方法是（   ）。

  A. 班氏试剂   B. 托伦试剂   C. 塞利凡诺夫试剂   D. 斐林试剂

13. 下列糖中，人体消化酶不能消化的是（   ）。

  A. 氨基糖   B. 冰糖   C. 核糖   D. 纤维素

二、多项选择题

1. 糖类根据其水解情况可分为（   ）。

  A. 单糖   B. 双糖   C. 低聚糖   D. 多糖

2. 下列说法不正确的是（   ）。

  A. 糖都有甜味   B.糖都有还原性

  C. 糖类都含有 C、H、O 三种元素   D. 糖都能发生银镜反应

3. 下列物质属于双糖的有（   ）。

  A. 葡萄糖   B. 麦芽糖   C. 蔗糖   D. 乳糖

4. 下列糖中属还原性糖的是（   ）。

  A. 果糖   B. 麦芽糖   C. 乳糖   D. 蔗糖

5. 单糖能发生的化学反应有（   ）。

  A. 银镜反应   B. 水解反应   C. 成苷反应   D. 酯化反应

三、判断题

1. 糖类化合物都有甜味。（   ）

2. 糖类化合物的分子式都可用 $C_n(H_2O)_m$ 表示，所以也称为碳水化合物。（   ）

3. 醛糖就是还原性糖，酮糖就是非还原性糖。（   ）

4. 多糖、低聚糖水解后的最终产物都是葡萄糖。(　　　)

5. 单糖都是还原性糖。(　　　)

四、用化学方法鉴别下列化合物

1. 果糖、麦芽糖和蔗糖

2. 葡萄糖和果糖

3. 葡萄糖、蔗糖和淀粉

第十三章　氨基酸和蛋白质

 学习目标

知识目标

1. 掌握氨基酸的官能团、命名、构型和化学性质。
2. 了解常见氨基酸。
3. 了解蛋白质的概念和结构。
4. 知道蛋白质的化学性质。

能力目标

1. 能判断出氨基酸。
2. 能用化学方法鉴别氨基酸和蛋白质。

情景导入

　　1965 年，中国科学家在世界上第一次人工合成出具有生物活性的蛋白质——结晶牛胰岛素。牛胰岛素分子是由 A 链（由 21 个氨基酸组成）和 B 链（由 30 个氨基酸组成），通过二硫键结合而成的多肽分子。图 13-1 中每个圆圈代表一个氨基酸，如 A 链中第一个为甘氨酸(H_2N-CH_2-COOH)，B 链中第一个为苯丙氨酸(![苯环]CH_2CHCOOH NH_2)。

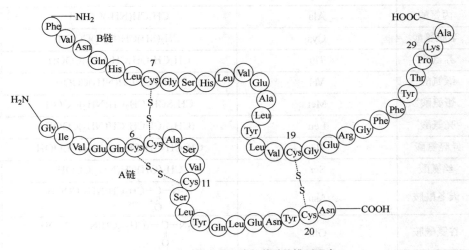

图 13-1　牛胰岛素分子中氨基酸的排列顺序

　　问题：1. 氨基酸和蛋白质的结构特点是什么？氨基酸是如何结合成蛋白质的？
　　2. 氨基酸和蛋白质的性质有哪些？

第一节　氨基酸

　　氨基酸是一类既含有氨基又含有羧基的有机化合物,因此氨基($-NH_2$)和羧基($-COOH$)是它的官能团。自然界存在的氨基酸有近 300 种,除了构成蛋白质的 20 种氨基酸外(见表 13-1),绝大多数是非蛋白质氨基酸。这 20 种氨基酸中,有 8 种在人体中不能合成或合成量太少,人们必须通过食物来获得,称为必需氨基酸(表 13-1 中带*的氨基酸)。不同来源的蛋白质在酸、碱和酶的作用下可逐步水解,最终水解产物是各种不同的α-氨基酸的混合物。因此α-氨基酸是组成蛋白质的基本单位。

　　在医药上氨基酸主要用来制备复方氨基酸注射液,也可用来合成多肽药物。

一、氨基酸的分类、命名和构型

1. 氨基酸的分类

　　按分子中氨基和羧基的相对位置分类,氨基酸可分为α-氨基酸、β-氨基酸、γ-氨基酸等,例如:

$$CH_3CHCOOH \qquad CH_3CHCH_2COOH \qquad CH_2CH_2CH_2COOH$$
$$\quad | \qquad\qquad\qquad | \qquad\qquad\qquad\quad |$$
$$\quad NH_2 \qquad\qquad\qquad NH_2 \qquad\qquad\qquad\quad NH_2$$

$$\alpha\text{-氨基酸} \qquad\qquad \beta\text{-氨基酸} \qquad\qquad \gamma\text{-氨基酸}$$

　　其中α-氨基酸最重要的,人体需要的 20 种氨基酸全部属于此类。

　　此外,还可根据分子中所含氨基和羧基的相对数目将其分为中性氨基酸(分子中氨基与羧基数目相等)、酸性氨基酸(分子中羧基数目多于氨基)和碱性氨基酸(分子中氨基数目多于羧基)。

表 13-1　常见α-氨基酸

分类	中文名	三字母英文名	结构式	等电点
中性氨基酸	甘氨酸	Gly	$CH_2(NH_2)COOH$	5.97
	丙氨酸	Ala	$CH_3CH(NH_2)COOH$	6.00
	半胱氨酸	Cys	$CH_2(SH)CH(NH_2)COOH$	5.05
	苏氨酸*	Thr	$CH_3CH(OH)CH(NH_2)COOH$	6.53
	缬氨酸*	Val	$(CH_3)_2CHCH(NH_2)COOH$	5.96
	蛋氨酸*	Met	$CH_3SCH_2CH_2CH(NH_2)COOH$	5.74
	亮氨酸*	Leu	$(CH_3)_2CHCH_2CH(NH_2)COOH$	6.02
	异亮氨酸*	Ile	$CH_3CH_2CH(CH_3)CH(NH_2)COOH$	5.74
	丝氨酸	Ser	$CH_2(OH)CH(NH_2)COOH$	5.68
	天冬酰胺	Asn	$H_2N-\underset{\underset{O}{\parallel}}{C}-CH_2CH(NH_2)COOH$	5.41
	谷氨酰胺	Gln	$H_2N-\underset{\underset{O}{\parallel}}{C}-(CH_2)_2CH(NH_2)COOH$	5.56
	苯丙氨酸*	Phe	⬡$-CH_2CH(NH_2)COOH$	5.48
	酪氨酸	Tyr	$HO-$⬡$-CH_2CH(NH_2)COOH$	5.66

续表

分类	中文名	三字母英文名	结构式	等电点
中性氨基酸	色氨酸*	Trp	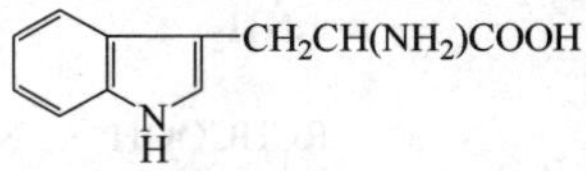 (结构式) CH₂CH(NH₂)COOH	5.98
	脯氨酸	Pro	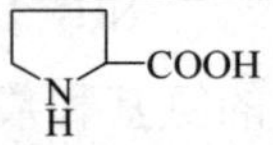 (结构式) COOH	6.30
酸性氨基酸	天冬氨酸	Asp	HOOCCH₂CH(NH₂)COOH	2.77
	谷氨酸	Glu	HOOCCH₂CH₂CH(NH₂)COOH	3.22
碱性氨基酸	精氨酸	Arg	H₂N—C—NH(CH₂)₃CH(NH₂)COOH ‖ NH	10.76
	赖氨酸*	Lys	H₂N(CH₂)₄CH(NH₂)COOH	9.74
	组氨酸	His	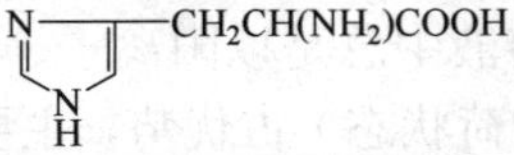 (结构式) CH₂CH(NH₂)COOH	7.59

2. 氨基酸的命名

氨基酸的系统命名法以羧酸为母体，氨基为取代基来命名，称为氨基某酸。氨基的位置常用希腊字母 α、β、γ 等表示。

此外，氨基酸还可根据其来源和性质用俗名来表示。如甘氨酸由于具有甜味而得名，天冬氨酸由于最初是从天冬的幼苗中发现的而得名。

CH₂—COOH
|
NH₂
氨基乙酸（甘氨酸）

HOOCCH₂CHCOOH
|
NH₂
α-氨基丁二酸（天冬氨酸）

3. 氨基酸的构型

组成蛋白质的 20 种 α-氨基酸中，除甘氨酸外，其余分子中的 α-碳原子都是手性碳原子，因此都具有旋光性。

氨基酸的构型分为 D 型和 L 型。费歇尔投影式中，氨基在右边的为 D 型，在左边的为 L 型。组成人体蛋白质的 20 种氨基酸都是 L 型的。

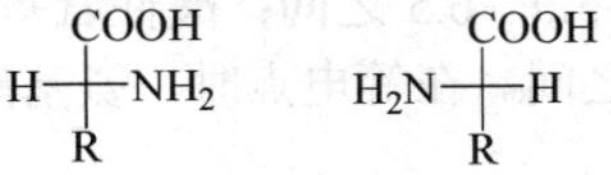

COOH
H—NH₂
R
D-氨基酸

COOH
H₂N—H
R
L-氨基酸

二、氨基酸的性质

（一）物理性质

α-氨基酸都是无色晶体，熔点较高，常在 200～300℃ 之间，熔化时分解放出 CO_2。一般能溶于水，也能溶于强酸或强碱溶液中，难溶于乙醇、乙醚等有机溶剂。

某些氨基酸具有鲜味，例如食用味精就是谷氨酸钠盐，但也有不少氨基酸无味或具有苦味。

（二）化学性质

氨基酸分子中同时含有氨基和羧基，具有氨基和羧基的典型反应。此外，由于两种官能团相互作用和相互影响，还具有一些特殊性质。

1. 两性电离和等电点

氨基酸分子中含有酸性的羧基和碱性的氨基，因此，能与碱或酸作用生成盐，所以氨基酸是两性化合物。例如：

$$\underset{\overset{|}{NH_2}}{RCHCOOH} + HCl \longrightarrow \underset{\overset{|}{NH_3^+Cl^-}}{RCHCOOH}$$

$$\underset{\overset{|}{NH_2}}{RCHCOOH} + NaOH \longrightarrow \underset{\overset{|}{NH_2}}{RCHCOONa} + H_2O$$

　　同一氨基酸分子内的氨基和羧基也可互相作用生成盐，这种盐称为内盐。内盐分子中同时带有正电荷和负电荷，又称为两性离子，其具有挥发性低、熔点较高、易溶于水、难溶于非极性有机溶剂的特点。

$$\underset{\overset{\overset{|}{NH_3^+}}{}}{RCHCOO^-}$$
内盐

　　氨基酸在水溶液中总是以阳离子、阴离子和两性离子三种形式呈动态平衡状态存在，何种形式（或以何种电荷状态）占优势，主要取决于溶液的 pH 值。一般来说，在酸性溶液中，氨基酸主要以阳离子状态存在，在电场中向负极移动；在碱性溶液中，则主要以阴离子状态存在，在电场中向正极移动。当将溶液的 pH 值调到某一特定的数值时，氨基酸的阳离子数和阴离子数刚好相等，其以两性离子形式存在，在电场中既不向正极移动，也不向负极移动，这时溶液的 pH 值称为该氨基酸的等电点，用 pI 表示。

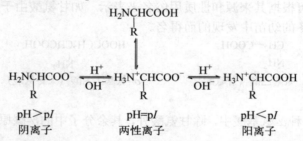

　　等电点是氨基酸的一个重要物理常数，由于每个氨基酸分子所含基团不同，所以每个氨基酸分子的等电点也不同，见表 13-1。中性氨基酸由于羧基的电离略大于氨基，故在纯水中呈微酸性，其等电点略小于 7，一般在 5.0～6.5 之间；酸性氨基酸的等电点一般在 2.7～3.2 之间；碱性氨基酸的等电点在 7.5～10.7 之间。在等电点时，氨基酸溶解度最小，最易从溶液中析出。利用此性质，可分离提纯氨基酸。

随堂练习

　　1. 氨基酸 R—CH(NH$_2$)COOH 的水溶液 pH 值为 9，问该氨基酸的 pI > 9，还是 pI < 9？

　　2. 写出丙氨酸在下列 pH 值溶液中的主要存在形式：

　　（1）pH=2　　　　　　（2）pH=10　　　　　　（3）pH=6

2. 与茚三酮的显色反应

　　α-氨基酸与茚三酮的水溶液共热时，能生成蓝紫色的化合物，并放出 CO$_2$，此显色反应又称为茚三酮反应。多肽和蛋白质也有此反应。

扫一扫

氨基酸、蛋白质与茚三酮的反应视频

$$\text{茚三酮} + H_2NCHCOOH \xrightarrow[pH=5]{100℃} \text{蓝紫色} + RCHO + H_2O + CO_2$$

茚三酮（结构图） 蓝紫色（结构图）

这个反应非常灵敏，根据反应生成产物的颜色深浅程度，以及放出 CO_2 的体积，可以定性和定量 α-氨基酸。

含亚氨基的氨基酸（如脯氨酸）与茚三酮反应不是生成蓝紫色物质，而是生成黄色物质。

3. 成肽反应

两个 α-氨基酸分子（相同或不同），在酸或碱存在下，一个分子的氨基与另一个分子的羧基间脱去一分子水，缩合形成以酰胺键（$-\overset{O}{\underset{}{C}}-NH-$）相连的化合物二肽的反应，称为成肽反应。酰胺键又称为肽键。例如：

$$H_2NCHCOOH + H_2NCHCOOH \longrightarrow H_2NCH-C-NH-CHCOOH + H_2O$$
$$\quad R \qquad\qquad R' \qquad\qquad\qquad R \qquad\qquad R'$$

二肽分子的末端还有氨基和羧基，因此还可以和另一个氨基酸分子脱水继续缩合成三肽，如此类推可以生成四肽、五肽以至多肽。例如：

$$H_2NCH-C-NH-CH-C-NH-CH-C\cdots\cdots-NHCHCOOH$$
$$\quad R^1 \qquad\quad R^2 \qquad\quad R^3 \qquad\qquad\qquad R^n$$

由此可知，肽是由两个或两个以上氨基酸分子脱水后以肽键连接的化合物。由多种氨基酸分子按不同的排列顺序以肽键相互结合，可以形成许许多多长链状的多肽。相对分子质量在 10000 以上的多肽可称为蛋白质。

在肽链中，一端仍保留着游离的—NH_2，称为氨基末端或 N 端，而另一端则保留着游离的—COOH，称为羧基末端或 C 端。

 知识链接

多肽在临床中的应用

随着科学技术的不断发展，人们进一步认识到，肽是很重要的生命物质基础之一，它在生命活动的各个环节都有参与，影响着生物体内许多重要的生理功能。目前，生物体内已发现数万种多肽，涉及激素、神经、细胞生长和生殖等各个领域。

1922 年，人类首次将动物胰腺中提取的胰岛素用于 1 型糖尿病的治疗，这也是人类首次使用多肽类药物治疗疾病。医学上用于引产、产后出血和子宫复原及催乳的催产素为九肽，用于产后出血、消化道出血及尿崩等的血管升压素也为九肽。到目前为止，上市的多肽类药物有几百种，用于治疗癌症、心血管疾病、中枢神经系统疾病、代谢紊乱、感染、血液系统疾病、胃肠道疾病、生殖系统疾病等。多肽在化妆品领域也有建树，在抗皱抗衰老方面已经成为了一类最重要的活性成分，而且在祛除眼袋及黑眼圈、美白美体、促进毛发生长等方面也发挥了无与伦比的作用。

三、重要的氨基酸

1. 甘氨酸（$H_2N—CH_2—COOH$）

甘氨酸为无色晶体，具有甜味，它是最简单的且没有手性碳原子的氨基酸。存在于多种蛋白质中，也以酰胺的形式存在于胆酸、马尿酸和谷胱甘肽中。在医药上可用于治疗肌肉萎缩等疾病。

2. 谷氨酸（$HOOC—CH_2CH_2CH(NH_2)COOH$）

谷氨酸是难溶于水的晶体，L-（−）-谷氨酸的单钠盐就是味精，由糖类物质在微生物作用下发酵制得。D-谷氨酸是无味的。

3. 色氨酸（ 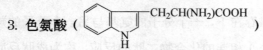 **）**

色氨酸是动物生长必不可少的氨基酸，存在于大多数蛋白质中。在医药上用于防治糙皮病。

4. 蛋氨酸（$CH_3—S—CH_2CH_2CH(NH_2)COOH$）

蛋氨酸由酪蛋白水解得到，有维持机体生长发育的作用，可用于治疗肝炎、肝硬化和因痢疾引起的营养不良症等。

第二节　蛋白质

蛋白质是人体必需的七大营养物质之一，是生命的物质基础，是构成细胞和组织的基本成分，占人体重量的16%～20%，人体中的酶和许多激素也是蛋白质。

蛋白质在人体中的作用除了能提供能量外，更重要的是具有多种重要的生理功能。例如血红蛋白能把氧运送到各种组织中，激素在新陈代谢中起调节作用，酶是生物体内的催化剂。

构成蛋白质的基本单位是氨基酸。由成肽反应可以知道，蛋白质是由许多个 α-氨基酸分子发生分子间脱水，以肽键形式结合的高分子化合物，其相对分子质量很大，大多在一万至数千万之间。

经分析得知，所有蛋白质都含有碳、氢、氧、氮四种元素，有的蛋白质还含有硫、磷、铁、碘、锌等元素。各种蛋白质的元素组成一般为：C 50%～55%；H 6.0%～7.0%；O 19%～24%；N 13%～19%；S 0%～4%。

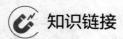 **知识链接**

凯氏定氮法

凯氏定氮法是由丹麦化学家凯道尔于1883年建立的，是分析有机化合物含氮量的常用方法，也是经典的蛋白质含量测定方法。

蛋白质是含氮的有机化合物，各种蛋白质的含氮量较为恒定，平均约为16%，即1g氮相当于6.25g蛋白质。因此，只要测出样品中的含氮量，就能推算出其中蛋白质的含量，计算公式为：含氮量×6.25=蛋白质含量。凯氏定氮法的普遍适用性、精确性和可重复性已经得到国际的广泛认可，可用于食品、农作物、种子、土壤、肥料等样品的含氮量或蛋白质含量分析。

但是凯氏定氮法也有缺陷,它是将含氮有机物转变为无机铵盐来进行检测,以得到含氮量,含氮量乘于系数得出蛋白质含量。而含氮有机物不仅仅是蛋白质,还有其他物质。2008 年发生的毒奶粉事件就与此缺陷有关。

一、蛋白质的结构

从氨基酸的成肽反应可知，蛋白质是由一条或多条多肽链组成的生物大分子。这些多肽链并非以完全伸展的线状形式存在,而是通过分子中若干单键的旋转而盘曲、折叠,形成特定的空间三维构型，正是这种结构使得蛋白质具有许多重要的生理功能和活性。为了表示蛋白质分子不同层次的结构，常将蛋白质结构分为一级结构、二级结构、三级结构和四级结构。

（一）一级结构

构成蛋白质的各种氨基酸在多肽链中的连接方式及排列顺序，称为蛋白质的一级结构，也是基本结构，主键是肽键。蛋白质的一级结构决定了蛋白质的空间结构。

（二）二级结构

蛋白质的空间结构有二级结构、三级结构和四级结构。

蛋白质的二级结构是指多肽链之间通过氢键的作用力，围绕中心轴盘绕成螺旋状的空间结构，主要有 α 螺旋（图 13-1）和β折叠等。氢键在维持和固定蛋白质的二级结构中起着重要作用。

（三）三级结构

蛋白质的三级结构是蛋白质分子在二级结构的基础上，其多肽链通过副键或肽键之间的范德瓦耳斯力，进一步折叠盘曲形成的更复杂的空间结构，是多肽链在空间的整体排布。

（四）四级结构

有两条或多条具有三级结构的多肽链以一定形式，聚合成一定空间构型的聚合体，就形成了蛋白质的四级结构。

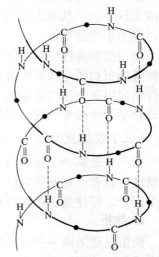

图 13-2　蛋白质α 螺旋结构示意图

图 13-3 所示为蛋白质的一级结构、二级结构、三级结构、四级结构示意图。

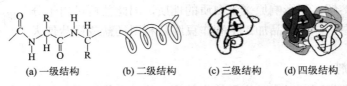

(a) 一级结构　　(b) 二级结构　　(c) 三级结构　　(d) 四级结构

图 13-3　蛋白质的一级结构、二级结构、三级结构、四级结构示意图

二、蛋白质的性质

蛋白质是由氨基酸分子组成的高分子化合物，因此具有一些与氨基酸相似的性质，如两性电离和等电点；但由于蛋白质是高分子化合物，所以又有一些不同于氨基酸的理化性质，如盐析、变性和水解等。

（一）两性电离和等电点

蛋白质的多肽链无论多长，总存在游离的氨基和羧基，因此它也具有两性电离的性质，具有等电点。

蛋白质分子与氨基酸分子一样，在酸性溶液中以阳离子形式存在，在碱性溶液中以阴离子形式存在，调节蛋白质溶液的 pH 至适宜值，可使蛋白质所带的阴阳离子数刚好相等，使其以两性离子形式存在，此时溶液的 pH 值称为该蛋白质的等电点，用 pI 表示。

人体中大多数蛋白质的等电点在 5 左右，因此蛋白质在人的体液、血液、组织液及细胞液中（pH 值约为 7.4）以阴离子形式存在。等电点时，蛋白质的溶解度、黏度、膨胀度和渗透压都最小，可以应用于蛋白质的分离、纯化和分析鉴定等方面。

（二）变性反应

蛋白质在外界因素的影响下，改变分子的空间结构，导致某些理化性质改变和生理活性丧失的现象，称为蛋白质的变性。能使蛋白质变性的物理因素有干燥、加热、高压、紫外线、X 射线、超声波等，能使蛋白质变性的化学因素有强酸、强碱、尿素、重金属盐、有机溶剂等。

蛋白质的变性分为可逆变性和不可逆变性。如引起变性的因素比较温和，蛋白质的立体结构改变较小，一旦除去这些因素，蛋白质仍可恢复空间构型和生物功能，则称为可逆变性；反之，称为不可逆变性。

蛋白质的变性应用广泛，在医药上，高温、高压、紫外线、乙醇等消毒灭菌，就是使细菌、病毒等的蛋白质变性而失去致病性和繁殖能力。在中药提取时利用浓乙醇使浸出液中的蛋白质变性沉淀以除去蛋白质杂质。而在提取具有生物活性的酶、激素、抗血清、疫苗等大分子时，要选择不会导致变性的工艺条件。

（三）沉淀反应

蛋白质是高分子化合物，其分子颗粒的直径在胶体分散系范围，因此蛋白质具有胶体溶液的特性，具有一定的稳定性，带有同种电荷和水化膜的存在是其稳定性的两个因素。若破坏这两个因素，可使蛋白质颗粒相互聚集而沉淀。使蛋白质沉淀的方法主要有以下几种。

1. 盐析

向蛋白质溶液中加入一定量的中性盐（如硫酸钠、硫酸铵等），可使蛋白质从溶液中沉淀出来，此过程称为盐析。其原因是加入的高浓度盐溶液能破坏蛋白质的水化膜和中和蛋白质颗粒上的电荷，从而可使水中蛋白质颗粒积聚而沉淀析出。盐析出来的蛋白质没有丧失生理活性，一定条件下又可重新溶解，不影响原来蛋白质的性质，因此盐析可用于分离、提纯、贮存蛋白质。在食品加工中制作豆腐是利用钙盐或镁盐使大豆蛋白盐析凝固。

扫一扫

蛋白质的盐析实验视频

2. 加入有机溶剂

乙醇、丙酮等有机试剂对水的亲和能力较强，能破坏蛋白质胶粒的水化膜，在等电点时加入这些有机试剂可使蛋白质沉淀析出。沉淀后如迅速将蛋白质与有机试剂分离，则仍可保持蛋白质原来的性质；若蛋白质与有机试剂长时间接触，沉淀的蛋白质会丧失生理活性（称为蛋白质的变性），成为变性蛋白质，不能重新溶解。

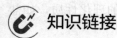 **知识链接**

75%酒精和95%酒精哪个消毒效果好？

75%酒精和95%的酒精均具有一定的消毒杀菌效果，因浓度不同，所以作用途径并不相同。医学上，杀菌消毒常用 75% 的酒精。

这是因为 75% 的酒精吸水性较好，能使菌体蛋白质变性、脱水、沉淀，且过程进行较缓慢，因而渗透性特别强，能不断地渗入菌体内部，作用于菌体内蛋白质，最后达到杀菌的目的。95% 酒精浓度较高，具有较强的吸水性，能迅速使细菌的细胞膜脱水凝固，从而形成一层阻止酒精向菌体内渗入的保护膜，使酒精不能继续扩散到细菌内部，细菌只是暂时丧失活力而并未死亡，因而难以将细菌彻底杀灭，影响杀菌效果。因此，75% 的酒精消毒效果更好。

75% 的酒精常用于皮肤消毒、脱碘、医疗器械消毒等，但一般不用于创面消毒，因为创口处神经较敏感，而酒精易刺激创口引发疼痛。95% 的酒精则一般不用于杀菌、消毒，而常用于酒精灯的燃料或用于配制 75% 的酒精。

3. 加入重金属盐

重金属离子可使蛋白质变性，形成沉淀，失去原有活性。临床上常用大量蛋白质来解救误服重金属盐的患者，以防止或减少患者对重金属离子的吸收。

扫一扫

蛋白质与重金属的
反应视频

4. 加入生物碱沉淀试剂

生物碱沉淀试剂如磷钨酸、苦味酸、鞣酸等，一般都是有机酸或无机酸，而蛋白质在 pH 值低于其等电点的溶液中，带正电荷，可与生物碱沉淀试剂的酸根结合，生成不溶性的沉淀物质。

（四）颜色反应

蛋白质的颜色反应有以下几种：

1. 缩二脲反应

蛋白质分子中含有许多与缩二脲结构类似的肽键，因此也能像缩二脲一样，在强碱溶液中与 Cu^{2+} 结合生成紫红色配合物。

扫一扫

蛋白质的缩二脲
反应视频

2. 茚三酮反应

蛋白质分子中仍存在 α-氨基酸残基，因此能与水合茚三酮溶液共热，生成蓝紫色物质。

3. 黄蛋白反应

含有芳香族氨基酸的蛋白质（例如苯丙氨酸、酪氨酸、色氨酸等）溶液遇到浓硝酸后，可产生沉淀，加热时沉淀变为黄色，加碱碱化后，转变为橙黄色，这个反应称为黄蛋白反应。这是因为氨基酸残基中的苯环和浓硝酸发生硝化反应，生成了黄色的硝基化合物。

📄 本章重要知识点小结

1. 氨基酸的官能团是氨基（—NH_2）和羧基（—COOH），氨基酸是构成蛋白质的基本单位。
2. 氨基酸的种类中，以 α-氨基酸最重要。

$$R{-}CH{-}COOH$$
$$\quad\;\; |$$
$$\quad NH_2$$

3. 氨基酸的性质有两性电离和等电点、与茚三酮的显色反应以及成肽反应。
4. 蛋白质的结构分为一级结构、二级结构、三级结构和四级结构，其中一级结构为基本结构，其余为空间结构。

5. 蛋白质的性质有两性电离和等电点、变性、沉淀和颜色反应。

6. 使蛋白质沉淀的方法有盐析、加入有机试剂、加入重金属、加入生物碱沉淀试剂等。

目标检测

一、填空题

1. 氨基酸分子是一类既含有酸性基团_____，又含有碱性基团_____的有机化合物，所以氨基酸具有_____和_____。

2. 氨基酸在等电点时的溶解度_____。

3. 蛋白质由_____、_____、_____、_____四种元素构成。

二、单项选择题

1. 下列物质中，含有氨基的是（   ）。

    A. 烃　　　　　　　　B. 醇　　　　　　　　C. 糖　　　　　　　　D.蛋白质

2. 下列物质中，不含羧基的是（   ）。

    A. 羟基酸　　　　　　B. 羧酸　　　　　　　C. 糖　　　　　　　　D.蛋白质

3. 下列结构中，属于α-氨基酸的是（   ）。

A. $\underset{\underset{NH_2}{|}}{RCHCOOH}$　　　B. $\underset{\underset{NH_2}{|}}{RCHCH_2COOH}$　　　C. $\underset{\underset{NH_2}{|}}{RCHCH_2CH_2COOH}$　　　D. $\underset{\underset{NH_2}{|}}{\text{⬡}CHCH_2COOH}$

4. 蛋白质是（   ）物质。

    A. 酸性　　　　　　　B. 碱性　　　　　　　C. 两性　　　　　　　D.中性

5. 构成蛋白质分子的主键是（   ）。

    A. 氢键　　　　　　　B. 二硫键　　　　　　C. 酯键　　　　　　　D. 肽键

6. 蛋白质水解的最终产物是（   ）。

    A. 葡萄糖　　　　　　B. 果糖　　　　　　　C. α-氨基酸　　　　　D. 麦芽糖

7. 蛋白质溶液中，加入碱液和$CuSO_4$溶液显紫红色的反应是（   ）。

    A. 黄蛋白反应　　　　B. 缩二脲反应　　　　C. 水解反应　　　　　D. 茚三酮反应

8. 在蛋白质溶液中加入Na_2SO_4溶液，有蛋白质析出，这种作用叫作（   ）。

    A.沉淀　　　　　　　B.盐析　　　　　　　C.凝固　　　　　　　D.凝聚

三、判断题（正确的说法打√，错误的打×）

1. 蛋白质盐析沉淀，其空间结构未被破坏。（   ）

2. 蛋白质变性后，其副键没有改变，加水后可以恢复其生理活性。（   ）

3. 蛋白质沉淀一定变性，变性的蛋白质也一定沉淀。（   ）

4. 蛋白质溶液与水合茚三酮加热变红。（   ）

5. 抢救误服重金属盐的患者，可先给患者服用大量牛奶。（   ）

四、写出结构式或命名下列化合物

1. 赖氨酸　　　　　　　2. 丙氨酸　　　　　　　3. 酪氨酸

4. $\underset{\underset{NH_2}{|}}{\text{⬡}CH_2CHCOOH}$　　　5. $\underset{\underset{OH}{|}}{CH_3CH}\overset{\overset{NH_2}{|}}{C}HCOOH$

五、写出各氨基酸在下列介质中的主要形式

1. 丙氨酸在 pH=2 时　　　2. 谷氨酸在 pH=2 时　　　3. 赖氨酸在 pH=12 时

六、用化学方法鉴别下列各组化合物

1. α-氨基酸、β-氨基酸

2.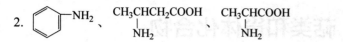

七、根据蛋白质的性质，回答下列问题

1. 为什么可以用高温加热的方法给医疗器械消毒？

2. 为什么用 75%的酒精能杀菌消毒？

第十四章　萜类和甾体化合物

学习目标

知识目标
1. 掌握萜类化合物的组成特点与分类依据；甾体化合物的基本结构、分类和命名。
2. 了解典型萜类和甾体化合物的来源、主要的生物活性、生源途径及其研究进展。

能力目标
1. 能够根据萜类化合物的结构式判断其分类。
2. 能够判断出甾体化合物的主要生物活性。

情景导入

番茄红素是胡萝卜素的异构体，是目前自然界植物中被发现的最强抗氧化剂之一。科学证明，人体内的单线态氧和氧自由基是侵害人体自身免疫系统的罪魁祸首。番茄红素清除自由基的功效远胜于其他类胡萝卜素和维生素 E，它可以有效地防治因衰老、免疫力下降引起的各种疾病。番茄红素主要存在于番茄成熟果实中，也存在于西瓜及其他一些果实中，为洋红色结晶。从结构上讲，番茄红素属于开链萜类化合物。

问题：1. 什么是萜类化合物？其有什么结构特点？
　　　2. 萜类化合物如何进行分类？

第一节　萜类化合物

一、萜类化合物的结构

很多植物的茎、叶、花或果以及某些树木经水蒸气蒸馏或溶剂提取可得挥发性较大的芳香物质，如被称为香精油的薄荷油、松节油等。19世纪对香精油的研究发现其具有 $C_{10}H_{16}$ 组成的烃类，因其分子中含有烯烃双键，称为萜烯。对大量萜类分子式及其结构测定表明，这类化合物在组成上的共同点是分子中的碳原子数都是 5 的整数倍，它们可以看作是由若干个异戊二烯结构单元以不同的方式相连而成的，这种结构特点叫作萜类化合物的异戊二烯规律。

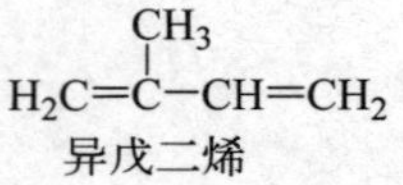

扫一扫

萜类化合物 PPT

$$\underset{\text{异戊二烯}}{\overset{\displaystyle\overset{CH_3}{|}}{H_2C=C-CH=CH_2}} \qquad \underset{\text{异戊二烯结构单元}}{\overset{\displaystyle\overset{C}{|}}{\underset{头}{} \;C-C-C-C\; \underset{尾}{}}}$$

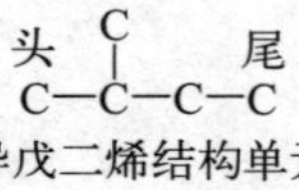

例如存在于月桂油中的月桂烯，可以看作是由两个异戊二烯结构单元构成的。

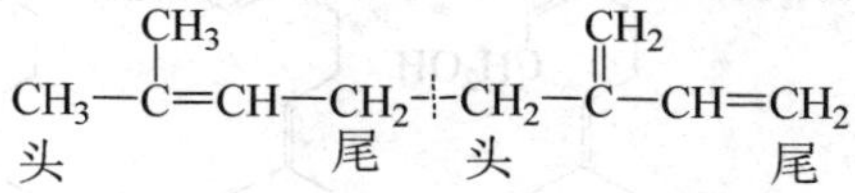

$$\underset{头}{CH_3-\underset{|}{\overset{\overset{CH_3}{\parallel}}{C}}=CH-CH_2}\mathbin{\underset{尾\ \ 头}{\vdots}}\underset{尾}{CH_2-\underset{|}{\overset{\overset{CH_2}{\parallel}}{C}}-CH=CH_2}$$

月桂烯

可是，不少萜类化合物虽能裂解成异戊二烯，但异戊二烯本身并未在生物体内找到。

萜类的结构比较复杂，其命名虽然保留了一些萜类化合物主要母环的名称，但习惯上仍用俗称来命名，如樟脑、薄荷醇等。我国对萜类的命名一律按英文俗名音译，再接上"烷""烯""醇"等即成。例如月桂烯、松节烯等。为了简便起见，通常写其简式，其写法是只写碳碳原子间的键，交点或末端即代表一个碳原子，每个碳原子都是由氢来满足其四价的要求，但连有其他原子的基团必须标出。如：

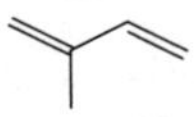

异戊二烯
2-甲基-1,3-丁二烯

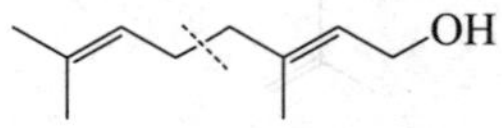

牻牛儿醇
3,7-二甲基-2,6-辛二烯-1-醇

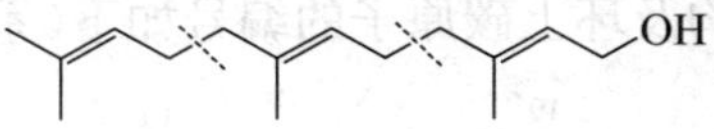

金合欢醇（倍半萜）
3,7,11-三甲基-2,6,10-十二碳三烯-1-醇
（存在于玫瑰花油中）

二、萜类化合物的分类

根据分子中所含异戊二烯结构单元的多少，可将萜类化合物分为如下几类（表14-1）。

（1）单萜 含有两个异戊二烯结构单元。包括（无环）单萜、单环萜、二环单萜等。

（2）倍半萜 含有三个异戊二烯结构单元。

（3）二萜 含有四个异戊二烯结构单元。

（4）三萜 含有六个异戊二烯结构单元。

（5）四萜 含有八个异戊二烯结构单元。

（6）其他萜 这些萜类和单萜一样，也有开链和成环之分。

表 14-1 萜类化合物的分类

分 类	碳原子数	异戊二烯结构单元数量	代表化合物
单萜	10	2	柠檬烯、樟脑
倍半萜	15	3	昆虫保幼激素
二萜	20	4	维生素A
三萜	30	6	角鲨烯
四萜	40	8	胡萝卜素

三、常见的萜类化合物

萜类化合物一般结构复杂，命名时多用俗名，结构通常写简式。

1. 单萜类化合物

（1）开链单萜 开链单萜是由两个异戊二烯结构单元相连而成，如香叶醇、橙花醇、香叶醛和柠檬醛等，它们是香精油的主要成分。

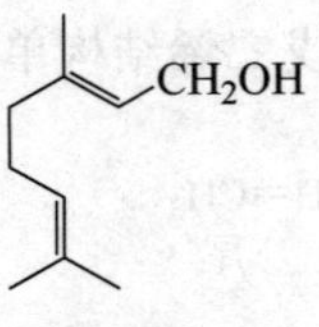

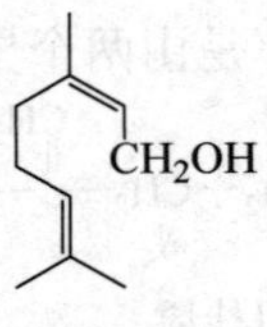

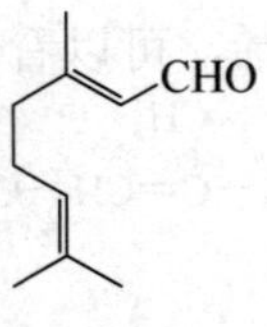

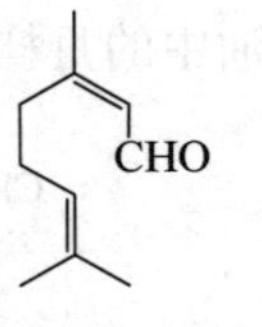

香叶醇　　　橙花醇　　　香叶醛　　　橙花醛

（2）单环单萜　单环单萜是由两个异戊二烯结构单元构成的具有一个六元环的化合物。柠檬烯和薄荷醇是自然界存在的最重要的单环单萜。柠檬烯主要存在于香茅油和柠檬油中，有柠檬香味。薄荷醇具有清凉愉快的芳香气味，有杀菌、防腐作用，是医药、食品、香料工业的重要原料。

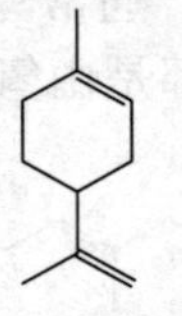

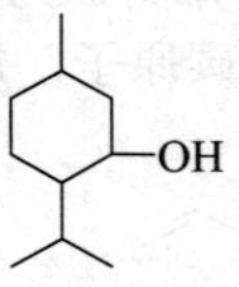

柠檬烯　　　　　　薄荷醇

（3）双环单萜　双环单萜类化合物结构中含有两个碳环。它们的母体是蒎烷、莰烷、蒈烷、苧烷等几种双环单萜，它们的结构及环上碳原子的编号如下（系统命名与桥环化合物命名相同）：

蒎烷　　　　　　莰烷　　　　　　蒈烷　　　　　　苧烷

这四种双环单萜烷在自然界并不存在，而它们的衍生物广泛分布于植物体内。

① 蒎烯。蒎烯有两种异构体，即α-蒎烯和β-蒎烯，它们存在于松节油中。

α-蒎烯　　　β-蒎烯

α-蒎烯是从松树（马尾树）提取得到的，是松节油的主要成分，沸点为155～156℃，是合成龙脑和樟脑的原料。β-蒎烯的沸点为164℃。此外，松节油在医药上用作跌打摔伤以及肌肉、关节的局部止痛剂。

② 龙脑。龙脑又称冰片，为透明六角形片状结晶，熔点206～208℃，气味似薄荷，不溶于水，而易溶于醇、醚、氯仿及甲苯等有机溶剂。龙脑具有开窍散热、发汗、镇痉、止痛等作用，是仁丹、冰硼散的主要成分，外用有消肿止痛的功效。

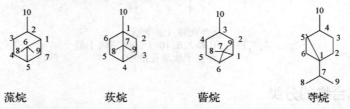

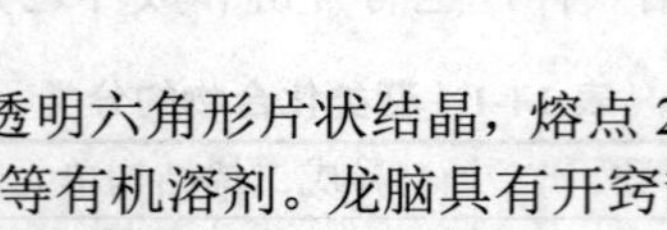

龙脑（冰片）

③ 樟脑（ 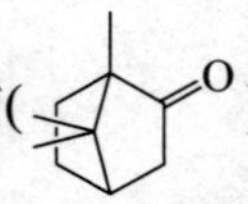  ）。樟脑主要存在于樟树中，是樟脑油的主要成分。

自然界存在的樟脑为右旋体，为白色闪光结晶，熔点176～177℃。难溶于水，易溶于有机溶剂。容易升华，有令人愉快的香味，有驱虫作用，常代替臭丸用作衣物的防蛀虫剂。樟脑能反射性地兴奋呼吸或循环系统，但因其不溶于水，而不易被人体吸收，若在 C-10 处引入磺酸基则可增大其水溶性，加快其在体内的吸收，可用于呼吸与循环系统功能急性障碍的急救。

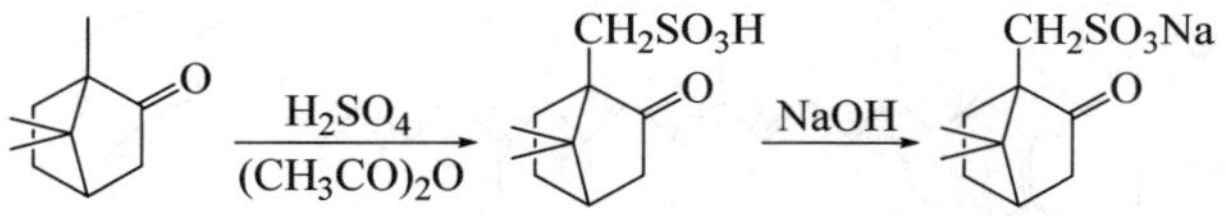

2. 倍半萜类化合物

倍半萜是由三个异戊二烯结构单元构成的，如金合欢醇、杜鹃酮和愈创木薁等。

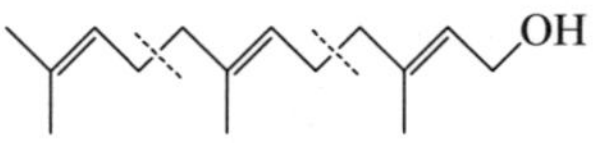

金合欢醇 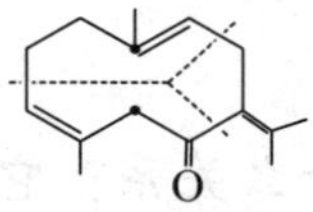　　　　　　　杜鹃酮 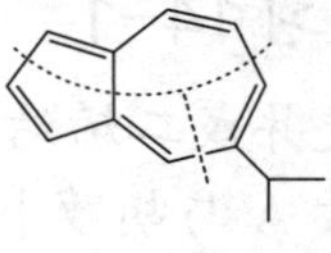　　　　　　愈创木薁

金合欢醇又名法尼醇，是无色油状液体，有铃兰香气，存在于金合欢油、玫瑰油、茉莉油以及橙花油中，但含量很低，是一种珍贵的香料，用于配制高档香精。

杜鹃酮又叫牻牛儿酮，存在于满山红（兴安杜鹃）的挥发油中。具有祛痰镇咳作用，常用于治疗急、慢性支气管炎等疾病。

愈创木薁存在于满山红或桉叶等的挥发油中，具有消炎、促进烫伤或灼伤创面愈合及防止辐射热等功效，是国内烫伤膏的主要成分。

3. 二萜类化合物

二萜是由四个异戊二烯结构单元构成的，如维生素 A、叶绿醇等。维生素 A 存在于动物的肝、奶油、蛋黄和鱼肝油中，是一种黄色晶体，又叫视黄醇，熔点 62～64℃，为哺乳动物正常生长发育所必需的维生素，人体内缺乏维生素 A，可导致皮肤粗糙、眼角膜干燥（干眼症）和夜盲症。维生素 A 易溶于有机溶剂，不溶于水，为脂溶性维生素，对紫外线、高温、氧化剂不稳定，应低温和避光储存。

维生素 A 可以分为两种：维生素 A_1 和维生素 A_2。结构式如下：

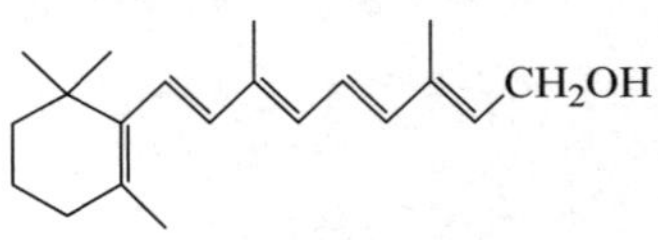

维生素A_1 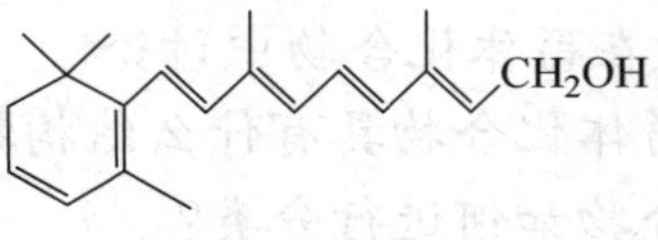　　　　　　　　　　维生素A_2

叶绿醇（植醇）是叶绿素分子的组成部分，工业上是合成维生素 E 和维生素 K_1 的原料。结构式如下：

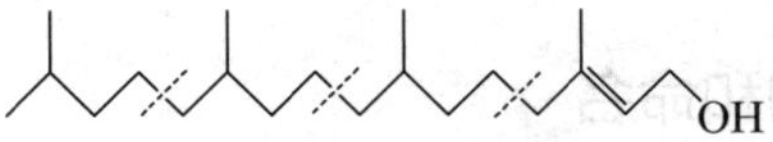

4. 三萜类化合物

三萜是由六个异戊二烯结构单元聚合而成的，可为游离状态或结合为酯类或苷类，多数是含氧衍生物，为树脂的主要组成部分之一，在草药中分布很广。角鲨烯是很重要的三萜，大量存在于鲨鱼的肝、橄榄油、菜籽油、麦芽、酵母中，为不溶于水的油状液体。

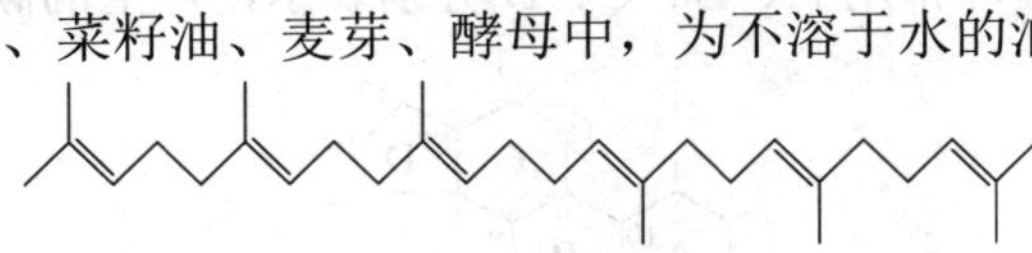

角鲨烯

5. 四萜类化合物

胡萝卜素是由八个异戊二烯结构单元构成的四萜类化合物，广泛存在于植物的叶、茎和果实中，最早是由胡萝卜中分离得到的。胡萝卜素有 α、β、γ 三种异构体，其中最主要的是 β-胡萝卜素，它在动物体内能转化成维生素 A，可用于治疗夜盲症。

胡萝卜中的胡萝卜素有 85% 为 β-胡萝卜素，其结构式为：

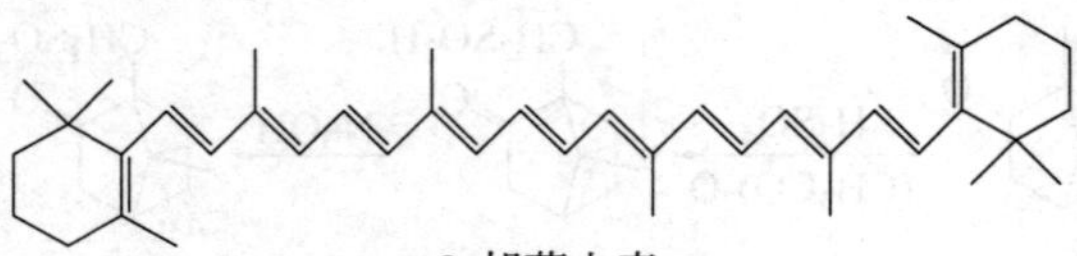

β-胡萝卜素

随堂练习 14-1

1. 什么是异戊二烯结构单元？
2. 维生素 A 与胡萝卜素有什么关系？它们各属于哪一类？

第二节　甾体化合物

情景导入

扫一扫

甾体化合物 PPT

人们熟知的维生素 D，其主要生理功能是促进人体内 Ca^{2+} 的吸收，用以防止佝偻病和骨软化病等。维生素 D 已分离出四种，即维生素 D_2、维生素 D_3、维生素 D_4 和维生素 D_5（维生素 D_1 不存在），其中以维生素 D_2 和维生素 D_3 的生理活性最强。维生素 D 广泛存在于动物体内，如鱼的肝脏、牛奶和蛋黄等中。维生素 D 亦可人工合成，如由麦角甾醇在紫外线照射下经一系列变化即可转变为维生素 D_2（在空气中和日光下均不稳定）。

从维生素 D_2 的结构式可以看出，维生素 D_2（也包括其他维生素 D）实际上已不属于甾体化合物，因为母体甾环结构中的 B 环已被打开，但由于它可由甾体化合物生成，通常还是将其放在甾体化合物中讨论。

问题：1. 甾体化合物具有什么结构特点？
2. 甾体化合物如何进行分类？

甾体化合物亦称为类固醇化合物，广泛存在于动植物体内，含量虽少，在动植物生命活动中却起着重要的调节作用，是一类具有重要生理活性的天然有机化合物。

一、甾体化合物的结构和命名

1. 甾体化合物的结构

从化学结构上看，甾体化合物分子中都含有氢化程度不同的环戊烷并多氢菲结构，该结构是甾体化合物的母核，四个环常用 A、B、C、D 分别表示，环上的碳原子按如下顺序编号：

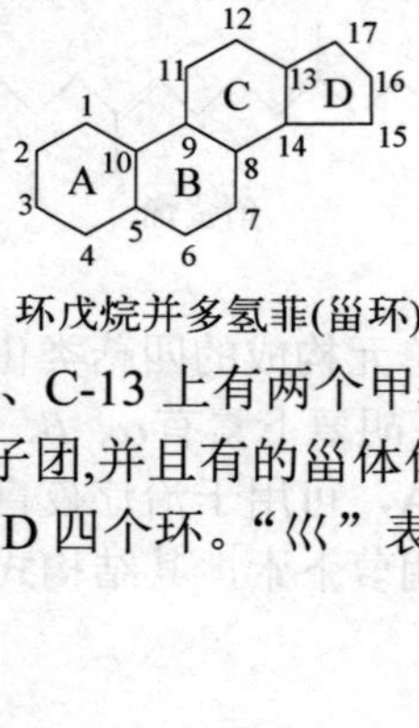

环戊烷并多氢菲(甾环)

一般情况下，甾体化合物的 C-10、C-13 上有两个甲基侧链（称为角甲基），C-17 上连接各种不同的烃基、含氧原子团或其他原子团，并且有的甾体化合物在不同的位置含有双键。甾为象形字，甾中的"田"表示 A、B、C、D 四个环。"巛"表示环上有三个侧链。如：

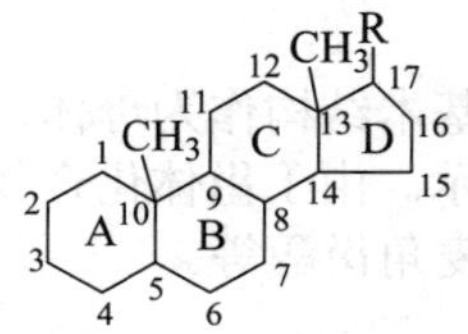

常见的甾体母核有 6 种，即甾烷、雌甾烷、雄甾烷、孕甾烷、胆烷及胆甾烷。

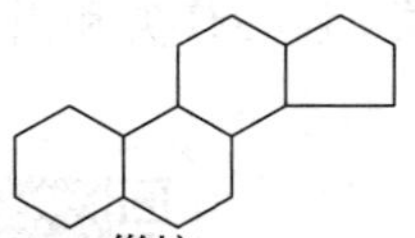

甾烷 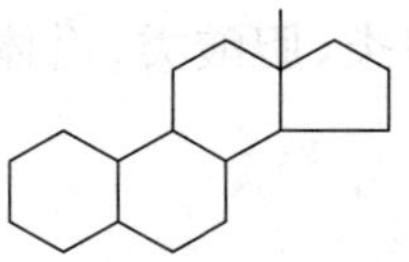　　　　　　　　雌甾烷 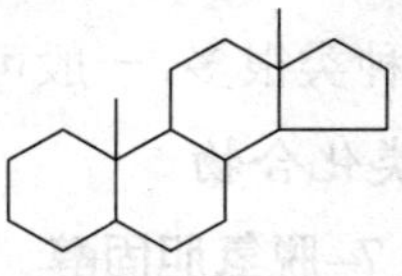　　　　　　　　雄甾烷

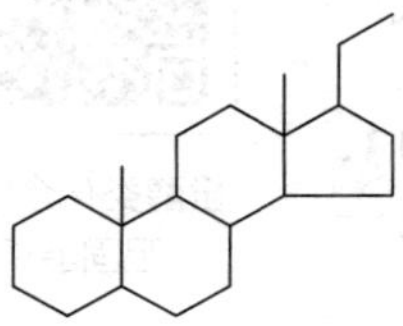

孕甾烷 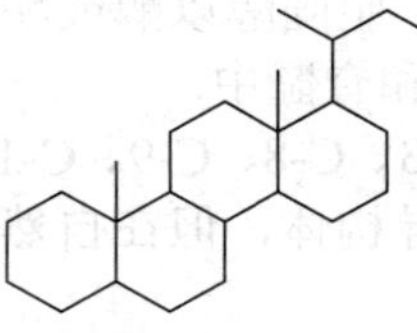　　　　　　　　胆烷 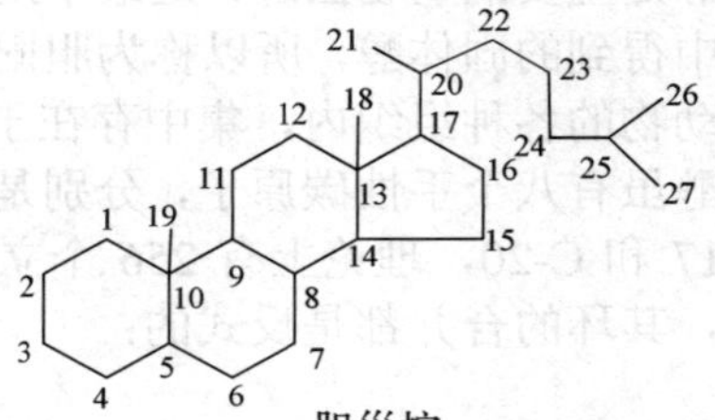　　　　　　　　胆甾烷

在甾体化合物中，C-5、C-8、C-9、C-10、C-13、C-14、C-17 七个碳原子均为手性碳原子，理论上甾体化合物应有 128（2^7）个旋光异构体。实际上自然界存在的甾体化合物只有两种构型，即只有 A、B 两环顺式或反式两种稠合（B、C 两环都是反式稠合，C、D 两环除强心苷元和蟾毒苷元外也都是反式稠合）。

A、B 两环顺式稠合的称为正系，即 C-5 上的氢原子和 C-10 上的角甲基处于环平面的同侧，用实线与环相连表示；A、B 两环反式稠合的称为异系（或别系），即 C-5 上的氢原子和 C-10 上的角甲基分别处于环平面的两侧，用虚线与环相连表示。

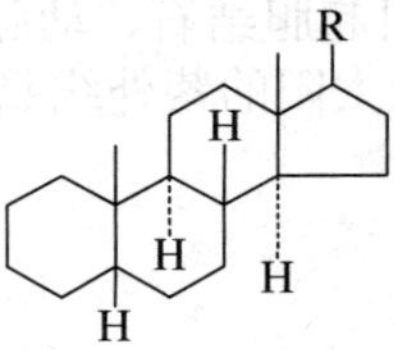

正系（A、B 顺式） 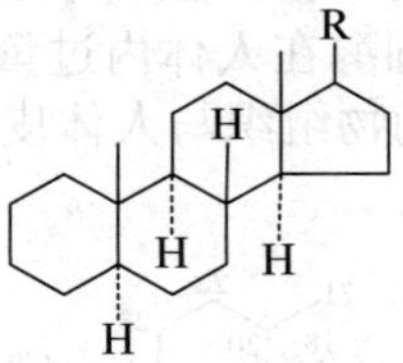　　　　　　异系（A、B 反式）

此外，甾体化合物环上的取代基也有不同的空间取向，其构型的确定方法为：环上取代基与 C-10、C-13 两个角甲基在环系平面同侧的，称为 β 构型，用实线与环相连表示；环上取代基与 C-10、C-13 两个角甲基在环系平面异侧的，称为 α 构型，用虚线与环相连表示。如果环取代基在环系平面的取向无法确定，用波浪线与环相连表示。

双键的位次亦用所在碳原子的编号表示，如 1,3,5（10）-三烯，代表 C_{1-2}、C_{3-4} 及 C_{5-10} 位存在双键；后者以区别 C_{5-6} 位双键。习惯上也可采用 "Δ" 表示双键，如 Δ^5 代表 C_{5-6} 存在双键（系统命名法不用）。

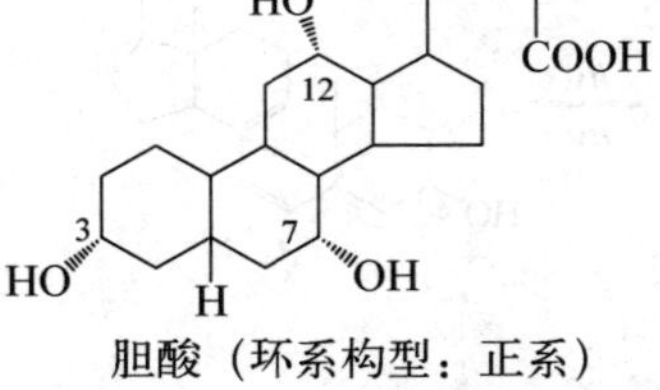

胆酸（环系构型：正系）

C-3、C-7、C-12 上的 OH 都为 α 型

2. 甾体化合物的命名

甾体化合物的命名是以其烃类的基本结构作为母体，取代基的位次名称与构型表示在母体之前。分子内的手性中心用 R 或 S 表示。由于甾体化合物的结构比较复杂，一般常用与其来源或生理作用有关的俗名，如胆固醇、麦角甾醇等。

二、重要的甾体化合物

甾体化合物种类很多，一般可分为甾醇类、胆酸类、甾体激素类、强心苷类和甾体皂苷等。

（一）甾醇类化合物

1. 胆固醇和 7–脱氢胆固醇

胆固醇是重要的动物固醇，是最早发现的一种甾体化合物，最初是从胆结石中得到的固体醇，所以称为胆固醇。胆固醇以醇或酯的形式广泛存在于动物的各种组织内，集中存在于脑和脊髓中。

扫一扫

甾醇类化合物——
胆固醇视频

胆固醇虽有八个手性碳原子，分别是 C-3、C-8、C-9、C-10、C-13、C-14、C-17 和 C-20，理论上有 256 个立体异构体，但在自然界只有一种胆固醇，其环的合并都是反式的：

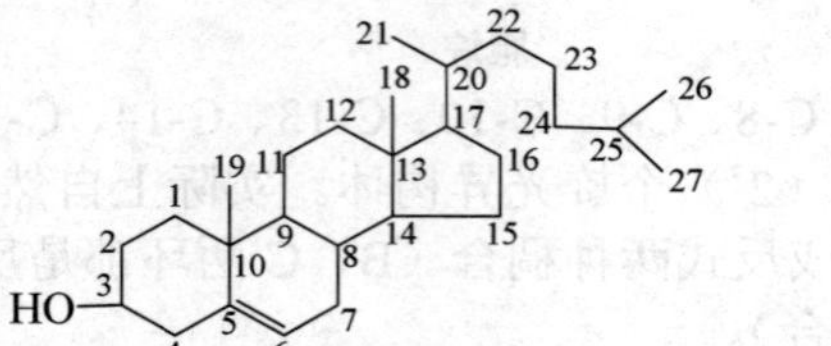

胆固醇结构中有甾核、侧链、双键、羟基等，所以它能发生这些基团的一系列化学反应。它微溶于水，易溶于有机溶剂，是无色蜡状固体。

胆固醇虽在人体内非常丰富，如一个 80kg 重的人体内约有 240g 胆固醇，但人们对它的生理作用还不是很清楚。胆固醇在人体内过量时，会引起胆结石、动脉硬化等病症。

7-脱氢胆固醇存在于动物组织与人体皮肤中，经太阳的紫外线照射可转化成维生素 D_3，其可促进钙质吸收。

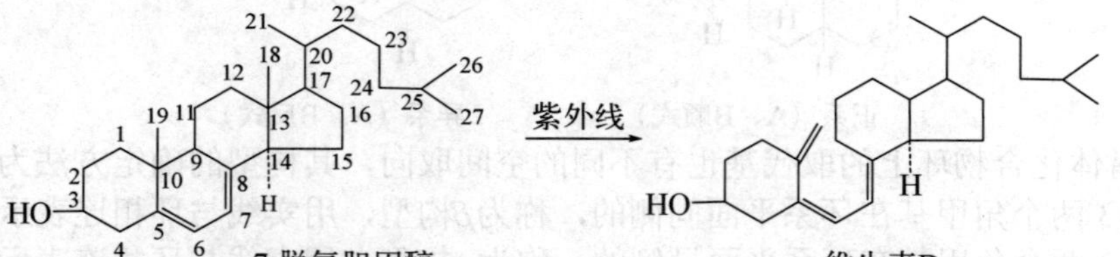

7-脱氢胆固醇　　　　紫外线　　　　维生素 D_3

2. 麦角甾醇

它是一种植物甾醇，最初是从麦角中得到的，但在酵母中更易获得。麦角甾醇经日光照射后，其第二个环裂开而形成前钙化醇，加热后形成钙化醇，即维生素 D_2。

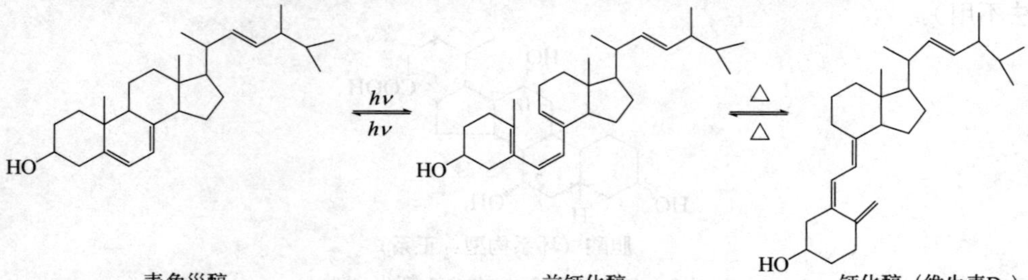

麦角甾醇　　　　　　前钙化醇　　　　钙化醇（维生素 D_2）

（二）胆酸类化合物

胆酸类化合物存在于动物的胆汁中，因其结构为与胆固醇相似的甾酸而得名。胆酸具有乳化油脂的作用，在肠道中可帮助油脂水解，便于动物机体的消化、吸收。

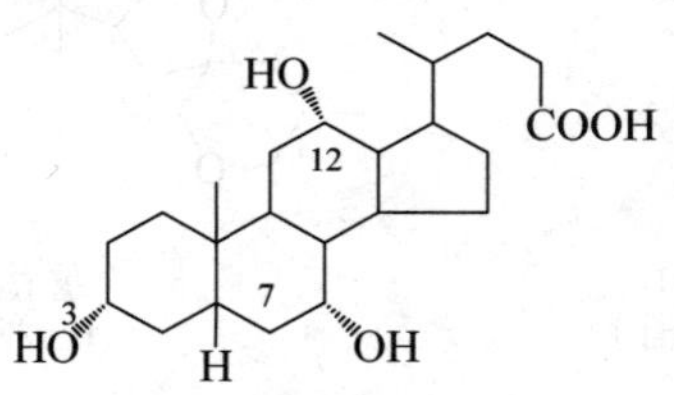

胆酸

（三）甾体激素类化合物

甾体激素是动物体内各种内分泌腺所分泌的一类化学活性物质。它们能直接进入血液和淋巴液中，数量虽少，但具有重要的生理作用。激素根据分子组成的不同，可分为含氮激素和甾体激素两类。甾体激素又可根据来源和生理功能不同，分为肾上腺皮质激素和性激素两类。

扫一扫

甾体激素视频

肾上腺皮质激素是一种重要的激素，其中如皮质甾酮、可的松和醛甾酮等。肾上腺皮质激素对动物是极重要的，缺乏它会引起机能失常以致死亡。因此，可的松已用作药物，以调节糖类的新陈代谢，治疗风湿性关节炎等。

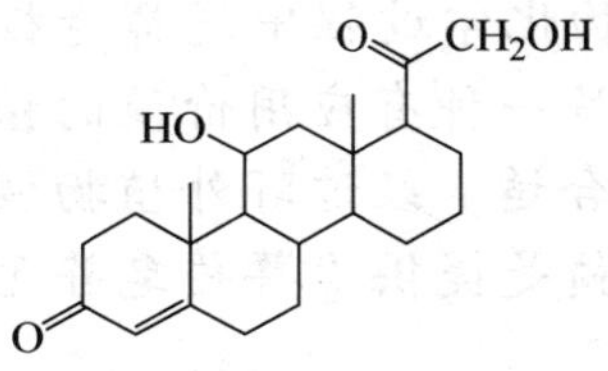

皮质甾酮 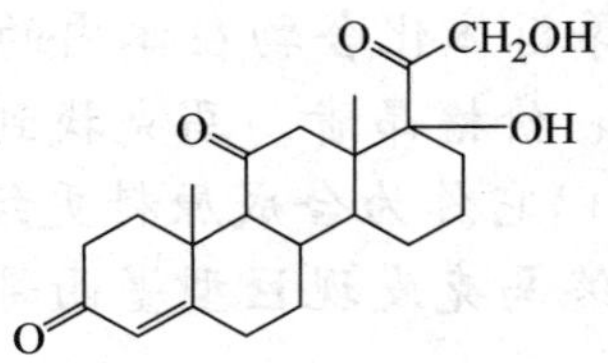　　　　　可的松 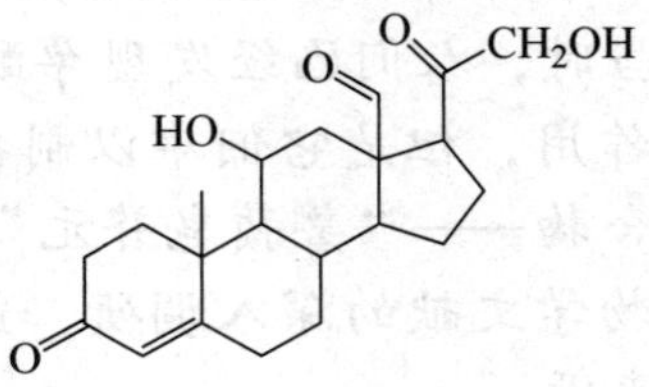　　　　　醛甾酮

甾体性激素包括雌性激素（如雌二醇）、雄性激素（如睾丸甾酮）和孕激素（如孕甾酮）。

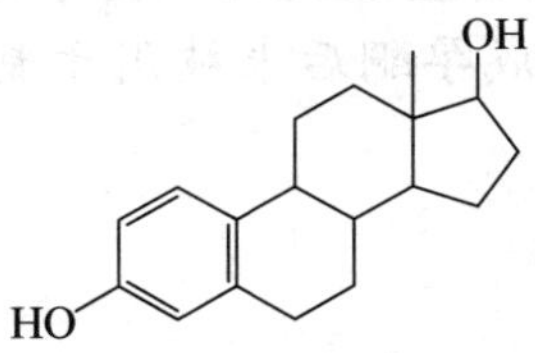

雌二醇 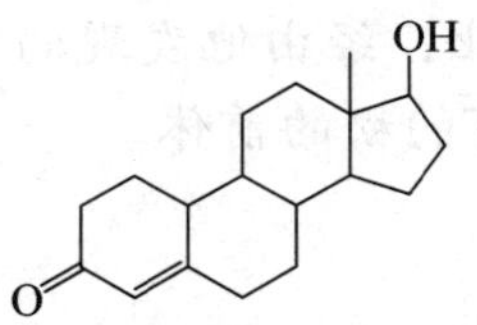　　　　　睾丸甾酮 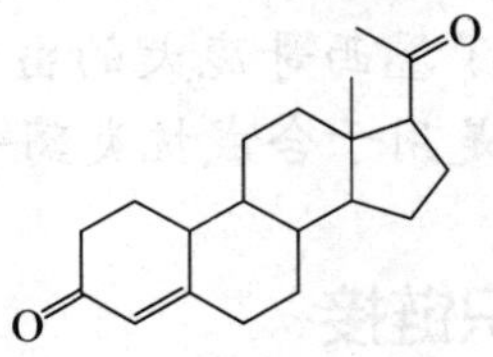　　　　　孕甾酮

性激素的生理作用很激烈，极微量的雌性激素给予雄性后，即会引起某些雌性的特征变化，相反亦然。人工合成的某些性激素类似物，如乙炔基的酮醇能阻止未孕妇女的排卵，从而用于人工避孕。

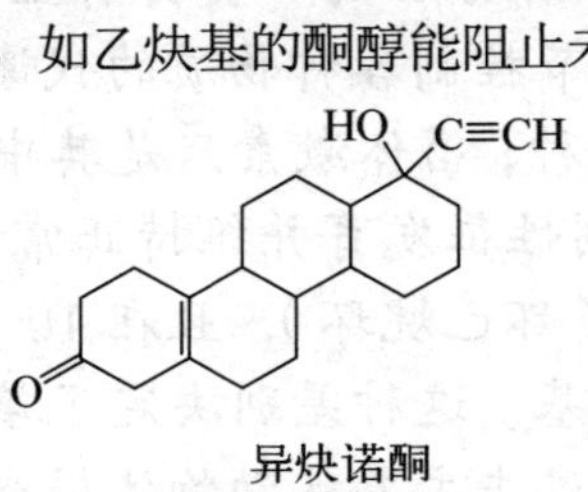

异炔诺酮

甾体中还有其他类化合物，例如皂苷。皂苷是一种糖苷，溶于水即成胶状溶液，经强烈摇动会产生持久性泡沫，类似肥皂。皂苷是乳化剂，用于油脂的乳化。强心苷在水溶液中也产生泡沫，但它有特殊的强心作用，主要用于心脏病治疗。

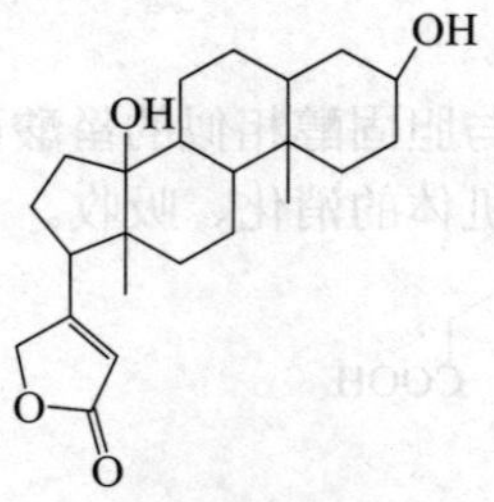

毛地黄素苷元
（一种强心苷）

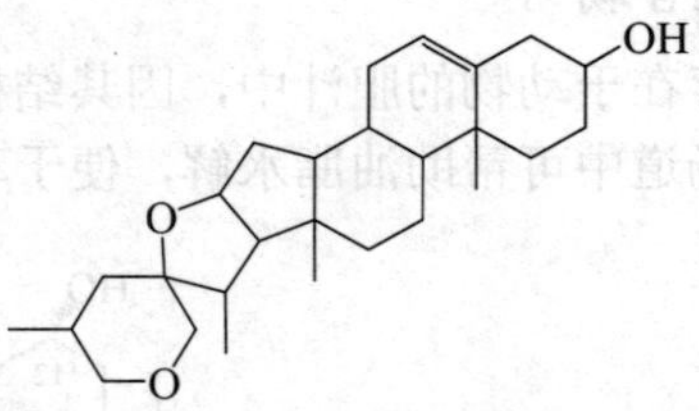

薯蓣皂苷元
（一种皂苷）

👥 人物

药物化学史上的传奇人物
——拉塞尔·马克

拉塞尔·马克在药物化学史上是一位传奇人物，他的研究领域是甾类化学。他在宾夕法尼亚州立大学执教期间，发现一种来源于植物的甾体化合物"菝葜皂苷元"的化学结构存在错误。该分子的主体是常见的四元环甾体母核，但它的侧链并不像文献描述的那样没有反应活性，相反，侧链的反应活性很高，只需几步简单的反应就能将该物质转换成"孕酮"，这一反应过程后来被命名为"马克降解法"。

当时，人们已经发现孕酮等甾体化合物在体内的生物化学过程中发挥着极其重要的作用，但是它们难以制备、价格昂贵。马克找到了另一种有应用价值的植物甾体化合物——"薯蓣皂苷元"，以它作为合成原料更经济合适。经过野外植物调查和对植物学文献的深入调研，最终马克发现巨型墨西哥薯蓣是提供"薯蓣皂苷元"的可靠来源。

19世纪40年代，马克利用积攒的10多吨的墨西哥薯蓣块根，用他自己发现的合成方法，最终制得了约3千克的孕酮纯品，这在当时是出货量最大的一批孕酮。马克的研究开启了墨西哥庞大的甾体产业，经由他发现的半合成孕酮后来被用于制造口服避孕药，或是用于合成抗炎药——可的松的前体。

🧲 知识链接

特殊的甾体化合物——性激素

激素是生物体内各种内分泌腺分泌的一类具有生理活性的有机化合物，它在生物体内被运送到特定部位，起着调节控制各种物质的代谢或生理功能的作用，性激素则是与动物的性特征有关。激素有多种，甾体激素只是其中一类。雄甾酮和雌酮分别是促进动物雄性和雌性器官成熟以及副性征发育并维持正常功能的甾体激素，两者在结构上的差别是，雄甾酮A环为脂环（环己烷环），且在10位有一个角甲基，而雌酮A环为芳环（苯环），同时10位无角甲基。这种差别决定了雄、雌两性第二性征的不同。甾体化合物等较复杂的天然化合物，过去主要从动物体提取，现在已逐渐可由人工方法合成。例如，常用来治疗风湿性和类风湿性关节炎，对糖的代谢和对K^+、Na^+代谢都有显著影响的可的松，已由合成法制备，它也属于甾体化合物。

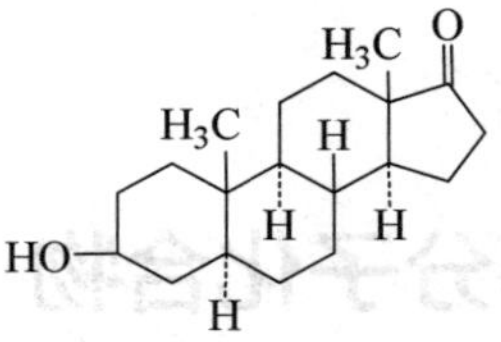

雄甾酮($C_{18}H_{30}O_2$) 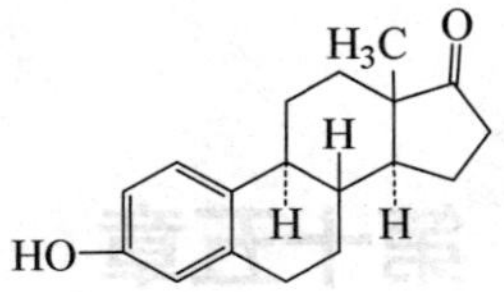　　　　　　雌酮($C_{18}H_{22}O_2$)

📑 本章重要知识点小结

1. 萜类化合物在组成上的共同点是分子中的碳原子数都是 5 的整数倍，它们可以看作是由若干个异戊二烯结构单元以不同的方式相连而成的，这种结构特点叫作萜类化合物的异戊二烯规律。

2. 甾体化合物亦称为类固醇，广泛存在于动植物体内，在动植物生命活动中起着重要的调节作用，是一类重要的天然类脂化合物。

3. 从化学结构上看，甾体化合物分子中都含有氢化程度不同的环戊烷并多氢菲结构。

📋 目标检测

一、单项选择题

1. 含有 10 个碳原子的萜为（　　）。
   A. 单萜　　　　　　B. 倍半萜　　　　　　C. 双萜　　　　　　D. 三萜

2. 倍半萜含有的碳原子个数为（　　）。
   A. 10　　　　　　B. 15　　　　　　C. 20　　　　　　D. 30

3. 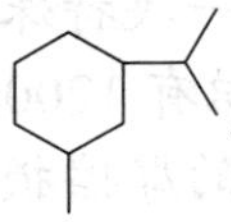 属于下列哪类萜（　　）。
   A. 单萜　　　　　　B. 倍半萜　　　　　　C. 二萜　　　　　　D. 三萜

4. 甾体化合物的基本结构是（　　）。
   A. 环戊烷　　　　　　B. 全氢菲　　　　　　C. 甾烷　　　　　　D. 苯并菲

5. 胡萝卜素的异构体中，以（　　）含量最高，生理活性最强。
   A. α-胡萝卜素　　　B. β-胡萝卜素　　　C. γ-胡萝卜素　　　D. 三种都一样

6. 松节油中含量最高的是（　　）。
   A. α-蒎烯　　　　　B. β-蒎烯　　　　　C. 樟脑　　　　　　D. 龙脑

7. 下列化合物中不属于甾体化合物的是（　　）。
   A. 胆酸　　　　　　B. 樟脑　　　　　　C. 胆固醇　　　　　　D. 黄体酮

8. 经紫外线照射后，能转变成维生素 D_3 的是（　　）。
   A. 胆固醇　　　　　B. 胆酸　　　　　C. 7-脱氢胆固醇　　　D. 麦角甾醇

9. β-胡萝卜素广泛存在于植物的叶、花、果中，它属于哪一类化合物（　　）。
   A. 甾体化合物　　　B. 碳水化合物　　　C. 杂环化合物　　　D. 萜类化合物

二、判断题

1. 碳原子数为 5 的倍数的有机物均为萜类化合物。（　　）
2. 甾体化合物中 C-10 及 C-13 上一定有角甲基。（　　）
3. 萜类化合物与甾体化合物是结构、性质完全不同的两类化合物。（　　）
4. 一些萜类化合物与甾体化合物具有相似的结构特征。（　　）

第十五章　药用高分子化合物

学习目标

知识目标

1. 了解高分子化合物的概念、分类、结构。
2. 了解重要的药用高分子化合物。

能力目标

1. 能够根据高分子化学物的性质对其进行分类。
2. 能通过有机化合物的结构特点、基本性质的学习，提高解决某些实际问题的能力。

情景导入

　　圆满完成所有在轨任务后,搭乘3名航天员的神舟九号载人飞船返回舱平安返回。参与神舟九号返回舱降落伞技术研发设计的南京航空航天大学专家介绍,神舟九号返回舱的降落伞不同于普通的航空伞,其采用了特别的设计,伞衣的保护布是一块特殊的绸布,是采用强力高、重量轻、缓冲性好的特制涤纶材料制成的,伞撑开的面积有 $1200m^2$,缝制在伞衣上。它使伞衣材料与伞包材料相隔离,起到保护伞衣、减小伞衣的摩擦损伤等作用。伞衣保护布还可以控制伞衣的充气,有利于改善伞衣充气的对称性和稳定性。其中,特制涤纶材料就是一种高分子材料。

　　问题：1. 什么叫高分子化合物？高分子化合物有哪些特点？

　　2. 如何对高分子化合物进行命名？

　　高分子化合物简称高分子,是指相对分子质量很高（大多数在 $10^4 \sim 10^6$ 之间）的一类化合物,它已成为人们衣、食、住、行以及现代工业、农业、尖端科学技术不可或缺的应用材料。

　　在医药领域上,随着高分子化合物的不断发展,对其应用也越来越广泛。科学家们提供了越来越多的药用辅料和新的高分子药物,为防病治病提供了新的手段。本章中简要介绍高分子化合物的一般概念和一些常用的药用高分子化合物。

第一节　高分子化合物概述

一、高分子化合物的一般概念

　　高分子化合物尽管分子量很大,但其组成很有规律性,大多数具有规则的重复结构单元,即都是由一种或几种小分子化合物（单体）聚合而成,故高分子化合物又称为高聚物。

例如，聚乙烯是由乙烯聚合而成的。

$$nCH_2=CH_2 \xrightarrow{\text{聚合}} -[CH_2-CH_2]_n$$

聚乙烯是由很多个"—CH$_2$—CH$_2$—"结构单元重复连接而成的，这种组成高分子链的重复结构单元称为链节。能够聚合成高分子的小分子化合物称为单体，例如上式中的乙烯。n 表示链节的数目，称为高分子的聚合度。

高分子化合物的相对分子质量=聚合度 × 链节的相对分子质量

在高分子材料中，各分子的聚合度不是完全相同的，所以 n 是指平均聚合度，由此所得的高分子化合物的相对分子质量是平均相对分子质量。

二、高分子化合物的分类

（1）按来源，可分为天然高分子和合成高分子。

（2）按所制成材料的性能和用途，可分为塑料、橡胶、纤维三大类。

（3）按应用功能的不同，可分为通用高分子、特殊高分子、功能高分子、仿生高分子、医用高分子、高分子药物、高分子催化剂和生物高分子等。

（4）按聚合反应类型，可分为加聚物和缩聚物。如聚合物的化学组成与单体的化学组成相比基本没有变化的称为加聚物；如反应中有小分子副产物生成，聚合物的化学组成与单体不同的称为缩聚物。

（5）根据高分子的主链结构，可分为有机高分子、元素有机高分子和无机高分子三大类。

三、高分子化合物的命名

（一）习惯命名

天然高分子大都有其专门的名称，例如纤维素、淀粉、蛋白质等。一些高分子化合物是由天然高分子衍生或改性而来的，它们的名称则是在天然高分子名称前冠以衍生的基团名，例如羧甲基纤维素、羧甲基淀粉等。

最常用的简单命名是以单体名称为基础进行命名。由一种单体聚合得到的高分子，在单体名称前加一个"聚"字即可，如聚乙烯、聚丙烯等。由两种单体聚合得到的高分子，是在两种单体形成的链节结构名称前加一个"聚"字。例如对苯二甲酸和乙二醇的聚合物称为聚对苯二酸乙二酯；己二酸和己二胺的聚合物称为聚己二酰己二胺。

（二）商品名称

许多高分子材料都有它们各自的商品名。表 15-1 所列为常见的通用高分子化合物的名称。

表 15-1　常见高分子化合物的习惯名称或商品名称

名称	化学名称	习惯名称或商品名称	简写符号
塑料	聚乙烯	聚乙烯	PE
	聚丙烯	聚丙烯	PP
	聚氯乙烯	聚氯乙烯	PVC
	聚苯乙烯	聚苯乙烯	PS
合成纤维	聚对苯二甲酸乙二酯	涤纶	PET
	聚己二酰己二胺	锦纶 66 或尼龙 66	PA

续表

名称	化学名称	习惯名称或商品名称	简写符号
合成纤维	聚丙烯腈	腈纶	PAN
	聚乙烯醇缩甲醛	维纶	PVA
合成橡胶	丁二烯苯乙烯共聚物	丁苯橡胶	SBR
	聚顺丁二烯	顺丁橡胶	BR
	聚顺异戊二烯	异戊橡胶	IR
	乙烯丙烯共聚物	乙丙橡胶	EPR

高分子化合物名称有时很长，往往用英文缩写符号表示，且每个字母均要大写。

（三）系统命名

习惯命名和商品名称简单实用，但不够科学，容易引起混乱，因此国际纯粹与应用化学联合会（IUPAC）提出系统命名法，其规则如下：

① 确定重复单元结构；

② 排好重复单元中次级单元的次序；

③ 按照小分子有机物的系统命名规则命名重复结构单元，并在重复单元名称前加一个"聚"字，即为高分子的名称。系统命名法科学严谨，但较烦琐，目前尚未广泛使用。

知识链接

塑料制品符号的秘密

塑料制品底部三角形内的不同数字有着不同的含义。1 号代表 PET，PET 耐热至 65℃，耐冷至–20℃。2 号代表 HDPE，建议不要循环使用。3 号代表 PVC，不适合作为杯子材料。4 号代表 LDPE，耐热性不强。5 号代表 PP，微波炉餐盒、保鲜盒，耐高温120℃。6 号代表 PS，又耐热又抗寒，但不能放进微波炉中。7 号代表 PC，为其他类，如水壶、水杯、奶瓶。

四、高分子化合物的结构

高分子化合物的结构类型可分为两类：一类是线型结构，即组成高分子化合物的原子呈链状排列，链和链之间彼此独立，有些带支链的也属这种结构。另一类是体型结构，即高分子化合物的链与链之间通过某些结构交联起来，如分子间存在少量交联的网状结构的高分子化合物。如图 15-1 所示。两类型高分子化合物的比较见表 15-2。

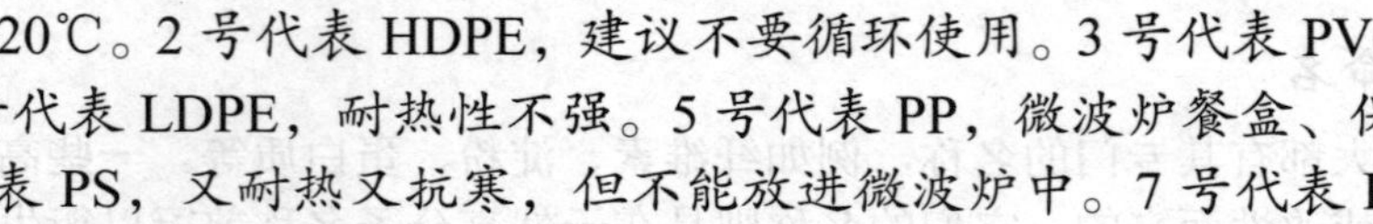

(a) 线型结构　　(b) 线型结构(带有支链的)　　(c) 体型(网状)结构

图 15-1　高分子化合物的分子结构示意图

表 15-2　线型高分子和体型高分子的比较

结构类型	结构特征	性质区别	举例
线型	高分子链是独立存在的，且构成主链的σ键可以自由旋转	柔软、有弹性，在溶剂中能够溶解，受热可软化甚至熔融，是热塑性材料，但其硬度和脆性小	聚乙烯、聚氯乙烯、合成纤维
体型	高分子链是相互交联的，链之间不能相互移动，σ键自由旋转受到阻碍	没有弹性和可塑性，不能溶解于溶剂，受热不能熔融，只能溶胀，但其硬度和脆性都较大	酚醛树脂、合成橡胶

随堂练习 15-1

一、填空题

1. 聚氯乙烯 $\left[CH_2-\underset{Cl}{CH}\right]_n$ 的单体是＿＿＿＿＿＿，链节是＿＿＿＿＿＿，聚合度是＿＿＿＿＿。

二、写出下列聚合物的单体结构式

1. $\left[CH_2-CH_2\right]_n$
2. $\left[CH_2-\underset{Cl}{CH}\right]_n$
3. $\left[CH_2-CH=C-CH_2\right]_n$ （Cl）

第二节　药用高分子化合物

　　高分子化合物在药学领域的应用主要在两方面：一是作为药物制剂的辅料，利用它们某些特殊的性质，改善药物的渗透性、湿润性、黏着性、溶解性以及增稠性等多方面的性能，以改进主药的药物动力学作用，促进更多使用方便、疗效高的新剂型出现；二是合成高分子药物。一些高分子药物本身具有生理活性，而另一些则是将具有生理活性的低分子挂接到高分子化合物上形成的，与低分子药物比较，高分子药物具有定向、长效、缓释和毒副作用小等优点。本节只讨论作为制剂辅料的高分子化合物，而合成高分子药物则在其他课程中详述。

　　用作制剂辅料的高分子化合物的种类很多，如天然的高分子化合物有淀粉、纤维素等，合成的种类最多，应用也最广阔。下面主要介绍一些常用的药用高分子化合物。

一、药用天然高分子化合物

（一）淀粉

　　淀粉广泛存在于绿色植物的须根和种子中。药用淀粉多以玉米淀粉为主，由于它有许多独特的优点，虽然近年来有许多化学合成辅料问世，但它仍然是目前最主要的药用辅料。

　　淀粉在药物制剂中大量被用作赋形剂，还用作葡萄糖等药物的原料。此外，淀粉还用于制备羧甲基淀粉钠（CMSNa）。

（二）纤维素

　　纤维素是植物纤维的主要组分之一。药用纤维素的主要原料来自棉纤维，少数来自木材。纤维素经酸处理后可得到微晶纤维素，微晶纤维素的黏合力很强，可用作口服片剂及胶囊剂的黏合剂、稀释剂和吸附剂，适用于湿法制粒及直接压片，也可作为倍散的稀释剂和丸剂的赋形剂。

纤维素经碱处理后可得到粉状纤维素，粉状纤维素在水中不溶胀，可用作片剂的稀释剂、硬胶囊或散剂的填充剂。在软胶囊剂中可用作油性悬浮性内容物的稳定剂，以减轻其沉降作用。也可作为口服混悬剂的助悬剂。

纤维素分子中的羟基可被酯化成各种纤维素酯，如醋酸纤维酯。它广泛应用于口服制剂中，几乎能与所有的医用辅料配伍，亦可作为透皮吸收的载体；与其他物质合用，也可实现缓释的目的。

纤维素分子中的羟基也可被醚化，生成各种纤维素醚类衍生物，如乙基纤维素、羟丙基纤维素等。乙基纤维素广泛用作缓释制剂、固体分散载体，适用于对水敏感的药物。羟丙基纤维素在制剂中广泛用作黏合剂或薄膜包衣材料等。

二、药用合成高分子化合物

（一）聚丙烯酸（PAA）和聚丙烯酸钠（PAA-Na）

$$\left[CH_2-CH\right]_n \qquad \left[CH_2-CH\right]_n$$
$$\quad\quad COOH \qquad\qquad\quad COONa$$
$$\text{PAA} \qquad\qquad\qquad\quad \text{PAA-Na}$$

聚丙烯酸和聚丙烯酸钠可作为霜剂、搽剂、软膏等外用药剂及化妆品中的基质、拉稠剂、增黏剂和分散剂。在面粉发酵食品中用作保鲜剂、黏合剂等。聚丙烯酸钠可在交联剂作用下形成不溶性高聚物，它是一种高吸水性树脂材料，大量用作医用尿布、吸血巾、妇女卫生巾等一次性复合卫生用品的主要填充剂或添加剂。

（二）卡波姆

$$\left[CH_2-CH\right]_x \left[C_3H_6-蔗糖\right]_y$$
$$\quad\quad COONa$$

卡波姆为强吸湿性的白色松散粉末，无毒，对皮肤无刺激性，但对眼黏膜有严重的刺激性。它在药物制剂生产中有广泛的应用，高分子的卡波姆可作为软膏、霜剂或植入剂的亲水性凝胶基质，低分子量的可作内服或外用药液的增黏剂。卡波姆亦用于制备黏膜黏附片剂，以达到缓释药物的效果。高聚物的大分子链可与黏膜的糖蛋白分子相互缠绕而使黏附的时间延长，与某些水溶性纤维素衍生物配伍使用效果更好。

（三）丙烯酸树脂

$$\begin{array}{cc} CH_3 & R' \\ \left[C-CH_2\right]_{n_1} \text{------} & \left[C-CH_2\right]_{n_2} \\ COOH & COOR'' \end{array}$$

丙烯酸树脂是一类无毒、安全的药用高分子材料，对药品起到防潮、避光、掩色、掩味的作用。它主要用作片剂、微丸剂、硬胶囊剂等的薄膜包衣，以防止药物受胃酸破坏，或用作对胃刺激性较大药物的包衣。依据树脂类型的不同可用作胃溶型薄膜包衣、肠溶型薄膜包衣。近年来丙烯酸树脂亦用于制备微胶囊、固体分散体，并用作控释、缓释药物剂型的包衣材料。

（四）聚乙烯醇（PVA）

$$\left[CH_2-CH\right]_n$$
$$\quad\quad OH$$

聚乙烯醇对眼、皮肤无毒，是一种安全的外用辅料，在药品及化妆品中应用非常广泛，可用于糊剂、软膏、面霜、面膜及定型发胶等的制备。聚乙烯醇可用作药液的增黏剂，是一种良好的水溶性成膜材料，可用于制备缓释制剂和透皮给药制剂等。

（五）聚乙二醇（PEG）

$$HO-[CH_2-CH_2-O]_n H$$

聚乙二醇可作软膏、栓剂的基质，常以固体及液态聚乙二醇混合使用以调节稠度、硬度及熔化温度；也可用作液体药剂的助悬剂、增黏剂与增溶剂；还可用作固体分散体的载体，如用热熔法制备一些难溶药物的低共溶物，加速药物的溶解与吸收。液态聚乙二醇可作为与水相混溶的溶剂填装于软明胶胶囊中，由于其可选择性地吸收囊壳中的水分而使囊壳变硬。

（六）泊洛沙姆

$$HO-[CH_2-CH_2-O]_a-[CH(CH_3)-CH_2-O]_b-[CH_2-CH_2-O]_c H$$

泊洛沙姆无味、无臭、无毒，对眼黏膜、皮肤具有很高的安全性。它是目前使用的静脉乳剂中唯一的合成乳化剂。在口服制剂中，泊洛沙姆可增加药物的溶出度和体内吸收率，在液体药剂中，可作增稠剂、助悬剂。近年来，常利用高分子量泊洛沙姆水凝胶制备药物控释制剂，如埋植剂、长效滴眼液等。

 知识拓展

医用高分子化合物——聚四氟乙烯

聚四氟乙烯（PTFE）是由四氟乙烯加聚而成的，结构式为：

$$-[CF_2-CF_2]_n$$

它具有极高的稳定性，能够耐受 400℃ 的高温且不易老化，并耐强酸和强碱，有着"塑料王"之美称。它无毒，有自润滑作用，是一种非常理想的医用塑料。它可用作人工心脏瓣膜、整形材料和人造血管等。

 本章重要知识点小结

一、基本概念

高分子化合物简称高分子，是指相对分子质量很高（大多数在 10^4～10^6 之间）的一类化合物，大多数具有规则的重复结构单元。

二、高分子化合物的分类

1. 按来源，可分为天然高分子和合成高分子。
2. 按所制成材料的性能和用途，可分为塑料、橡胶、纤维三大类。
3. 按应用功能的不同，可分为通用高分子、特殊高分子、功能高分子、仿生高分子、医用高分子、高分子药物、高分子催化剂和生物高分子等。
4. 按聚合反应类型，可分为加聚物和缩聚物。
5. 根据高分子的主链结构，可分为有机高分子、元素有机高分子和无机高分子三大类。

三、常用的药用高分子化合物

1. 淀粉　　　　2. 纤维素　　　　3. 聚丙烯酸和聚丙烯酸钠　　　4. 卡波姆
5. 丙烯酸树脂　6. 聚乙烯醇　　　7. 聚乙二醇　　　　　　　　　8. 泊洛沙姆

📋 目标检测

一、简答题

1. 什么是高分子化合物？其结构特点是什么？
2. 高分子化合物在药学领域的主要应用有哪些？请举例说明。

三、填空题

1. 高分子化合物按性能和用途，可分为＿＿＿＿＿＿、＿＿＿＿＿＿和＿＿＿＿＿＿。
2. 聚氯乙烯的简写是＿＿＿＿＿，涤纶的简写是＿＿＿＿＿，丁苯橡胶的简写是＿＿＿＿＿。
3. 高分子化合物的基本结构有两种类型，一种是＿＿＿＿＿结构，另一种是＿＿＿＿＿结构。
4. 药用天然高分子有＿＿＿＿＿＿＿＿＿＿＿＿＿＿＿＿＿＿＿＿，药用合成高分子有＿＿＿＿＿、＿＿＿＿＿＿＿＿＿、＿＿＿＿＿＿＿＿（至少写出三种）。

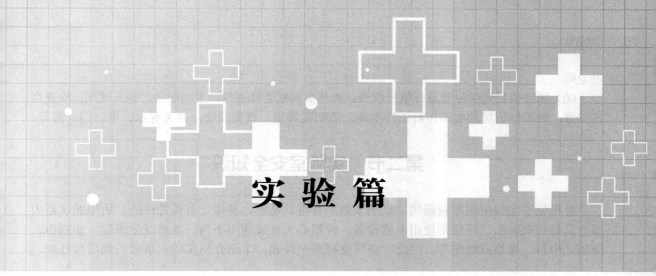

实 验 篇

第十六章 有机化学实验的一般知识

高职高专是以实训为主线教学特色的职业教育，主张理论实践一体化，并以实践教学为基础，实训是实践教学的重要环节，通过实训可以帮助学生理解和巩固课堂学习的基础理论知识，学以致用，使学生掌握有机化学基本操作技能，培养学生学会观察、综合分析问题和解决实际问题的能力，培养学生创新意识、团结协作的良好习惯，使学生养成严肃认真、实事求是的科学态度和严谨的工作作风，为学生学习后续专业课程以及为药品的生产、检验、流通和销售等实际工作奠定基础。为此，学生在实训前应学习有机化学实训基础知识。

第一节 有机化学实验室规则

实训前要做好充分的准备工作，认真通读《实训室守则》，培养良好的实训习惯，严格遵守实训室规则，排除实训安全隐患，增强安全意识，将安全摆在第一位，安全、规范地进行实训操作。

（1）实训前要认真通读实训教材或讲义，明确实训内容和目标，领会实训原理和方法，熟悉实训操作步骤，了解实训的注意事项，按要求书写预习报告方能进行实训。

（2）进入实训室，应先熟悉实训所需仪器和试剂的摆放位置，检查仪器的齐缺或破损，清洁仪器，仪器和试剂随用即复原，注意节约水、电和试剂，要保持安静，遵守秩序，听从教师指导。

（3）实训时应穿白大褂，不准穿拖鞋，长头发的女生要求用橡皮筋或发夹将头发扎起。遵守实训室纪律，不能交头接耳，要静心实训。

（4）实训时要签到；实训结束后，洗净、点齐仪器，清洁台面，污物、残渣等应扔到指定的地点，废酸、废碱等腐蚀性溶液不能倒进水槽，应倒入指定的废液缸中，经实训室老师检查是否符合要求；认真观察，做好实训结果记录，并将实训原始记录交给老师检查，经认可签名后方可离开。

（5）认真、严格按实训要求，安全、规范地操作，按编号对号入座，实训时不得擅自离开岗位，使用有毒、易挥发、易燃、易爆物品要小心，防止事故发生，实训如有异常，应及时报告老师。

（6）轮流值日的学生要履行值日职责，听从实训室老师安排，主动配合，补充试剂，检查点齐仪器，为其他班级的实训做好工作准备，清扫实训室，收集废液，并关好水、电、门、窗等。

第二节　实验室安全知识

有机化学实验所用原料药物、试剂多数是有毒、易燃、易爆、有腐蚀性的。所用的仪器大部分又是玻璃制品，还经常使用电器设备，若粗心大意或使用不当，就易发生事故，如割伤、烧伤、中毒、爆炸或触电等。因此，必须重视安全问题。下面介绍实验室事故的预防和处理。

一、保护眼睛和其他个人安全防护

（1）在进行有可能发生危险的实训时，要根据具体情况采取必要的安全措施，如戴防护眼镜、面罩、手套或其他防护设备，防止玻璃碎片、液体等飞溅到眼睛，以保护眼睛及皮肤。

（2）绝对禁止将实训仪器的口部对准他人或自己。

（3）接触强酸、强碱或纯溴等实训时，若皮肤被灼伤，应立即用洁净的布、卫生纸吸干，用大量的水冲洗，然后分别用5%碳酸氢钠溶液、硼酸溶液和2%硫代硫酸钠溶液洗涤，涂上烫伤软膏；被严重灼伤者处理后送医务室诊治。

二、防火

（一）火灾的预防

实验室中使用的有机溶剂大多数是易燃的，火灾是有机实验室常见事故之一。预防火灾要注意以下几点：

（1）在操作易燃溶剂时应远离火源；勿将易燃溶剂放在敞口容器（如烧杯）内直火加热；加热必须在水浴中进行，当附近有露置的可燃溶剂时，不要点火。

（2）蒸馏易燃有机物时，严禁直火加热，装置不能漏气，如发现漏气，应立即停止加热；不要立即拆装仪器，待冷却后方能拆换装置。加热的烧瓶内液量不能过满也不能过少。

（3）用油浴加热蒸馏或回流时，切勿使冷凝用水溅入热油浴中，以免使油外溅到热源上而引起火灾。

（4）不得把燃着的或者带有火星的火柴梗或纸条等乱抛乱扔。

（5）不得将易燃、易挥发物倒入废液缸内，量大的要专门回收，少量的可倒入水槽内用水冲掉。

（6）使用电器之前要检查用电仪器设备，防止短路现象发生。

（7）注意检查煤气或天然气的阀门、管路是否漏气。

（二）火灾的处理

实验室一旦发生火灾事故，室内全体人员应沉着镇静，及时采取措施，一方面要防止火势扩散，应立即熄灭附近所有火源，切断电源，移开未着火的易燃物。然后，根据易燃物的性质和火势采取不同的方法扑灭火焰。一般来说，水在大多数场合下不能用来扑灭油浴和有机溶剂的着火，因为它们都比水轻，泼水后，火不但不熄，反而会漂浮在水面燃烧使火焰蔓延开。

（1）如果地面或桌面着火，火势不大时可用湿抹布来灭火。

（2）如果油类着火，要用沙或灭火器灭火，也可撒上干燥的固体碳酸氢钠粉末灭火。

（3）如果反应瓶内有机物着火，可用湿抹布或石棉网盖住瓶口，使之隔绝空气而熄灭，绝不能用口吹。

（4）如果电器着火，应切断电源，然后再用二氧化碳灭火器或四氯化碳灭火器灭火。绝不能用水和泡沫灭火器灭火，因为水能导电，可能使人触电。

（5）如果衣服着火，切勿奔跑，应立即在地上打滚或用自来水冲淋使火熄灭。

三、防爆炸

（1）反应或蒸馏装置必须正确，不能使加热系统密闭。

（2）操作易燃易爆的有机溶剂时，应防止其蒸气散发到室内，因为空气中易燃易爆的蒸气达到一定比例时，如遇明火即可发生爆炸。

（3）使用易燃易爆的气体（如乙炔、氢气等可燃气体）时，应保持空气流通，严禁明火，并防止一切火花的产生。

（4）对于易爆炸的有机化合物（如重金属乙炔化物、苦味酸金属盐等）都不能重压或撞击。对危险的实验物残渣必须小心处理，如重金属炔化物可用浓硝酸或浓盐酸破坏。

（5）减压蒸馏时，减压要用圆底烧瓶或吸滤瓶作为接收器，不得使用机械强度不大的仪器作接收器。

（6）反应过于猛烈时，要根据不同情况采取冷却和控制加料速度等措施。

四、防中毒

（一）中毒事故的预防

化学药品大多具有不同程度的毒性。产生中毒的主要原因是皮肤或呼吸道接触了有毒药品。在实验中，要防止中毒，应切实做到以下几点：

（1）对有毒药品应妥善保管，实验后的有毒残渣必须及时按要求处理，不得乱放、乱丢。

（2）有毒化学品可经消化道、呼吸道或皮肤、黏膜被人体吸收而中毒。因此，不要在实验室进食，以防毒物入口；切勿使易挥发或易升华的有毒物吸入呼吸道；切勿使有毒物质接触皮肤或黏膜。针对不同的有机物应采取不同的防中毒措施，如戴防护手套、口罩，加强实验室通风等。

（3）使用强酸、强碱或其他有腐蚀性的化学试剂和材料时，要防止沾到皮肤或黏膜上，特别是眼睛上，否则有可能造成化学灼伤。一般可戴防护手套和防护眼镜来保护自己。

（二）中毒的处理

溅入口中而尚未咽下的毒物应立即吐出来，用大量水冲洗口腔。若已将毒物吞下，应根据毒物的性质服解毒剂，并立即送医院急救。

（1）腐蚀性毒物中毒　对于强酸，先饮大量的水，再服鸡蛋清或牛奶；对于强碱，也要先饮大量的水，然后服醋、鸡蛋清或牛奶，不要服用呕吐剂。

（2）刺激性及神经性中毒　先服牛奶或鸡蛋清，再服硫酸铜溶液催吐，有时也可用手指伸入喉部催吐，并立即送医院。

（3）吸入气体中毒　将中毒者移至室外，解开衣领及纽扣，吸入少量氯气和溴气者，可用碳酸氢钠溶液漱口。

五、割伤救护

（一）割伤的预防

（1）玻璃管或玻璃棒切割后断面应在火上烧熔以消除棱角。

（2）将玻璃管或温度计插入塞中时，要注意操作方法，不可用力过猛。

（3）在清理破碎玻璃仪器的碎片时注意不要伤手，留在实验台上的玻璃碎屑一定要清理干净。

（二）割伤的处理

（1）如伤口内无玻璃碎粒，伤势不重，用蒸馏水洗净伤口，涂上碘酊或红汞后包扎好即可。

（2）若伤势较为严重、流血不止，应先做止血处理，然后立即送到医务室就诊。

六、防触电

（1）使用电器时应防止人体与电器导电部分直接接触，不能用湿的手或手握湿的物体接触电插头。

（2）电器装置与设备的金属外壳应与地线连接，使用前应先检查其外壳是否漏电。

（3）电器设备用毕后应立即拔去电源，以防事故发生。

七、实验室应备的急救箱

（一）消防器材

宜配备泡沫灭火器、四氯化碳灭火器、二氧化碳灭火器、沙、石棉、毛毡、棉胎等。

（二）急救药箱

宜配备红汞、紫药水、碘酒、双氧水、饱和硼酸溶液、1%乙酸溶液、5%碳酸氢钠溶液、75%酒精、玉树油、万花油、药用蓖麻油、硼酸膏或凡士林、磺胺药粉、洗眼杯、消毒棉花、纱布、胶布、绷带、剪刀、镊子、橡皮管等。

第三节   常用的玻璃仪器和装置

一、常用的普通玻璃仪器

有机化学实验常用普通玻璃仪器如图 16-1 所示。在无机化学实验中所用到的玻璃仪器（如试管、烧杯、玻璃漏斗等）从略。

平底烧瓶

长颈圆底烧瓶

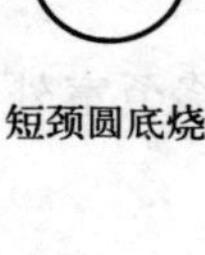

短颈圆底烧瓶

三颈烧瓶

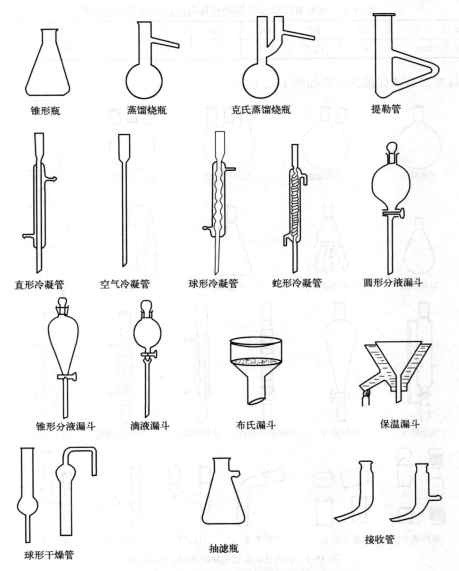

锥形瓶　　蒸馏烧瓶　　克氏蒸馏烧瓶　　提勒管

直形冷凝管　　空气冷凝管　　球形冷凝管　　蛇形冷凝管　　圆形分液漏斗

锥形分液漏斗　　滴液漏斗　　布氏漏斗　　保温漏斗

球形干燥管　　抽滤瓶　　接收管

图 16-1　有机化学实验常用普通玻璃仪器

二、常用的标准磨口玻璃仪器

　　标准磨口玻璃仪器是具有标准磨口或磨塞的玻璃仪器。由于口塞尺寸的标准化、系列化，所以，凡属同类型规格的磨口仪器均可任意互换，各配件可组合成不同的成套仪器装置。不同类型规格的磨口仪器虽然无法直接连接，但可使用变径接头连接起来。使用标准磨口玻璃仪器既可省去配塞子的麻烦，又能避免反应物和橡胶塞作用而溶胀或产物被塞子污染；磨口仪器由于密闭性好，对减压蒸馏有利；此外，其对于毒物或挥发性液体的实验较为安全。标准磨口玻璃仪器均按国际通用技术标准制造，常用的规格有 10、12、14、16、19、24、29、34、40 等。这些数字编号指磨口大端直径的毫米整数。表 16-1 是标准磨口玻璃仪器的规格与磨口大端直径的对照。

表 16-1　标准磨口玻璃仪器的规格与磨口大端直径的对照

规格	10	12	14	16	19	24	29	34	40
大端直径/mm	10	12.5	14.5	16	18.8	24	29.2	34.5	40

各种标准口玻璃仪器的示意如图 16-2 所示。

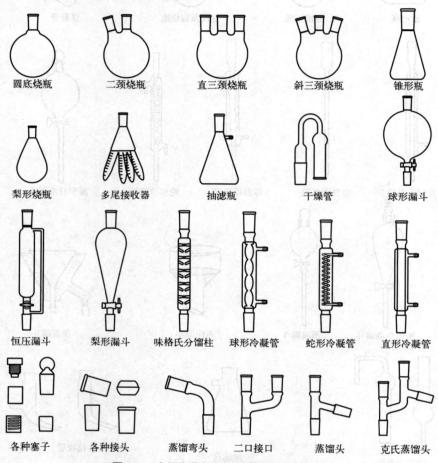

| 圆底烧瓶 | 二颈烧瓶 | 直三颈烧瓶 | 斜三颈烧瓶 | 锥形瓶 |

| 梨形烧瓶 | 多尾接收器 | 抽滤瓶 | 干燥管 | 球形漏斗 |

| 恒压漏斗 | 梨形漏斗 | 味格氏分馏柱 | 球形冷凝管 | 蛇形冷凝管 | 直形冷凝管 |

| 各种塞子 | 各种接头 | 蒸馏弯头 | 二口接口 | 蒸馏头 | 克氏蒸馏头 |

图 16-2　有机化学实验常用标准磨口玻璃仪器

三、有机化学实验常用装置

如图 16-3～图 16-9 所示。

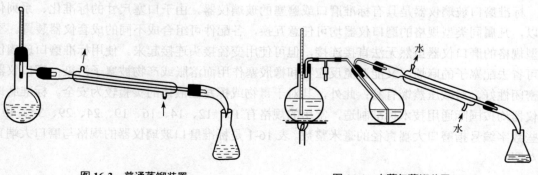

图 16-3　普通蒸馏装置　　　　　图 16-4　水蒸气蒸馏装置

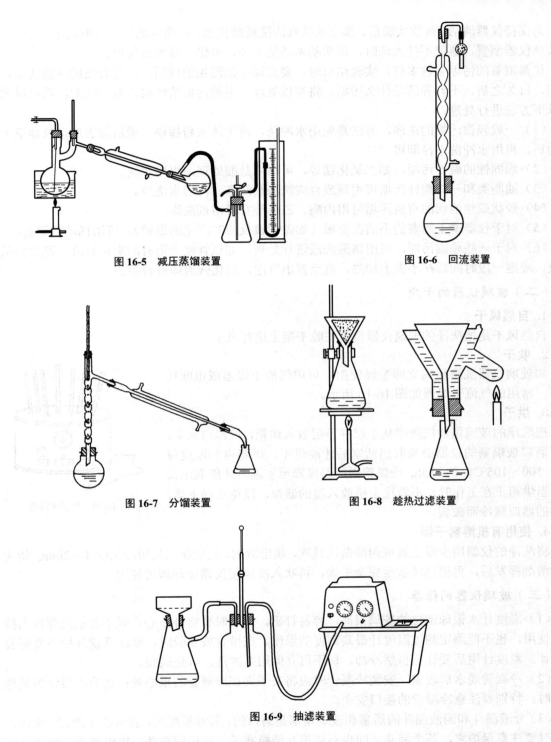

图 16-5　减压蒸馏装置

图 16-6　回流装置

图 16-7　分馏装置

图 16-8　趁热过滤装置

图 16-9　抽滤装置

四、玻璃仪器的洗涤、干燥和保养

（一）玻璃仪器的洗涤

在进行实验时，为了避免杂质混入反应物中或杂质干扰实验、影响反应的结果，必须使用清洁的玻璃仪器。

为保持仪器清洁，每次实验后，都应该认真清洗玻璃仪器，应该养成这个习惯。清洗之后，将玻璃仪器倒置，器壁不挂水珠时，说明基本清洗干净，可供一般实验使用。

仪器附着的污垢多种多样，实验结束时，要立即根据污垢的性质，选择合适的洗液洗涤，否则，日久之后，不好弄清是什么污垢，将难以处理。根据污垢的性质，对不同的污垢可以采取以下方法进行处理。

（1）一般轻微污垢的洗涤，方法是先用水冲洗，再用洗衣粉擦刷，最后除去玻璃仪器壁上污物后，再用水冲洗干净即可。

（2）顽固性的碱性污垢，如二氧化锰等，可用浓盐酸处理，再用水洗。

（3）油脂类和一些酸性污垢可用碱或合成洗涤剂洗涤，再用水洗净。

（4）胶状或焦油状的有机污垢可用丙酮、乙醚等有机溶剂洗涤。

（5）对于仪器壁上附着的不活泼金属（如做银镜反应时产生的银镜），可用稀硝酸除去。

（6）对于一些顽固污垢，可用铬酸洗液进行处理，如试管壁上附有的炭化残渣，可加少量洗液，浸泡一段时间后在小火上加热，直至冒出气泡，炭化残渣即可被除去。

（二）玻璃仪器的干燥

1. 自然风干

自然风干是把洗净的玻璃仪器倒置在晾干架上进行风干。

2. 吹干

如玻璃仪器洗涤后需立即干燥使用，可用气流干燥器或电吹风吹干。常用的气流干燥器如图 16-10 所示。

3. 烘干

把洗净的玻璃仪器按顺序从上层往下层放入烘箱，仪器口向上，带有磨口玻璃塞的仪器必须取出活塞后才能烘干。烘箱内的温度保持在 100～105℃，约 0.5h，待烘箱内的温度降至室温时才能取出仪器。当烘箱正在工作时，不能往上层放入湿的器皿，以免水滴下落，使热的器皿骤冷而破裂。

图 16-10　气流干燥器

4. 使用有机溶剂干燥

将洗净的仪器用少量乙醇或丙醇荡洗几次，倾出溶剂，用电吹风先用冷风吹 1～2min，待大部分溶剂挥发后，再用热风吹至完全干燥，再吹入冷风使仪器冷却即可使用。

（三）玻璃仪器的保养

（1）温度计水银球部位的玻璃很薄，容易打破，使用时要格外小心，既不能把温度计当搅拌棒使用，也不能测定超过温度计最高刻度的温度。在做合成实验时，要注意搅拌棒不要碰着温度计。温度计用后要让它自然冷却，切不可立即用水冲洗，以免破裂。

（2）冷凝管通水后较重，安装冷凝管时应将夹子夹在冷凝管的重心处；在给冷凝管拆装橡胶管时，特别要注意冷凝管的接口安全。

（3）分液漏斗和滴液漏斗的活塞和玻璃塞都是磨口的，若非原配的，就可能不严密，所以，使用时要注意保护它，各个漏斗之间也不要相互调换塞子。用后应洗净，拔出塞子，擦净上面的润滑油。并在活塞和磨口间垫上纸片，以免日久难以打开。

（4）标准磨口玻璃仪器的保养

① 磨口处必须保持洁净。否则，不但会污染反应物，还会造成磨口对接不紧密，导致漏气，甚至损坏磨口。

② 装配时要把磨口和磨塞轻微地对旋连接，不宜用力过猛，也不要装得太紧，达到密闭要求即可。

③ 一般使用时磨口无须涂润滑剂，以免污染反应物或产物；若反应物中有强碱，则应涂少量润滑剂，以免磨口连接处因碱腐蚀而粘牢不易拆开。

④ 仪器拆装时应注意相对的角度，不能在角度偏差时进行硬性拆装。

⑤ 磨口仪器用后应立即拆卸洗净，否则，放置太久磨口的连接处会粘牢，很难拆开。

⑥ 洗涤磨口时，应避免使用去污粉，以免损坏磨口。

第十七章　有机化学实验的基本操作

实验一　塞子钻孔和简单玻璃工操作

一、目的要求

（1）掌握玻璃管的切割、圆口、弯曲、拉细等基本操作。

（2）掌握塞子的选用、配塞、钻孔方法。

二、基本原理

玻璃是一种无定形透明的硅酸盐混合物，可用硬度比玻璃大的器材如三角锉、砂轮等进行切割。玻璃加热到900℃左右即软化，可以吹、拉、铸成各种形状，冷却后硬化，借此可把玻璃加工成各种制品。

在有机化学实验中，一些常用的简单玻璃管制品如滴管、测熔点的毛细管、仪器装置中的玻璃弯管和塞子等配件，常常需要自己动手制作，因此简单玻璃工操作，如玻璃管的切割、拉细、弯曲，及塞子的选用和钻孔是一项重要的实验基本操作。

三、仪器与试剂

500mL 塑料瓶（软质）、玻璃管（外径 7～10mm）、玻璃棒、三角锉刀（或小砂轮）、酒精喷灯（吊式或座式）、白瓷板、木塞或橡皮塞、钻孔器。

四、实验步骤

（一）塞子的选用和钻孔

1. 塞子的选择

实验室中常用的塞子有软木塞和橡皮塞。软木塞不易和有机物质作用，而橡皮塞易受有机物质的侵蚀或溶胀，且价格较贵，所以在有机化学实验中一般使用软木塞。但在要求密封的实验中，必须用橡皮塞，以防漏气。

塞子的大小应与仪器的口径相匹配，以塞入瓶颈或管径的部分不少于塞子本身高度的1/2，且不多于2/3为宜，如图17-1所示。

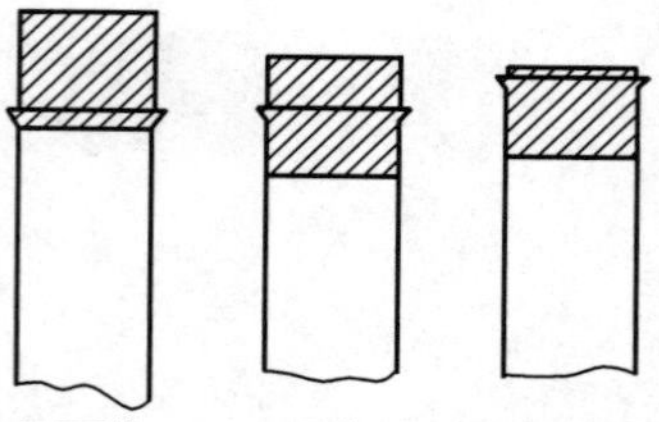

图 17-1　塞子的配置

2. 钻孔器的选择

在塞子上钻孔所用的工具叫钻孔器，也叫打孔器，如图 17-2 所示。这种打孔器是靠手力打孔的。也有把钻孔器固定在简单的机械上，借助机械力进行钻孔的，这样的装置叫打孔机。每套钻孔器备有五六支直径不同的钻嘴，以供选择。在软木塞上打孔时，钻孔器的外径应比要插入的玻璃管等的外径略大，因为软木塞有弹性，孔道钻成拔出钻孔器后，软木收缩会使孔径变小。总之，要求所钻孔径既要使玻璃管或温度计等能较顺利地插入，又要保持插入后紧贴固定而不漏气。

3. 钻孔的方法

软木塞质地疏松，使用前必须用压塞机滚压，没有压塞机可用木板代替，把软木塞横放在桌面上，用一块木板在塞子上滚压。压实后可防钻孔时塞子破裂。压塞机如图 17-3 所示。

图 17-2　常见的打孔器

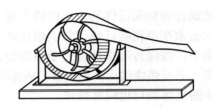

图 17-3　压塞机

钻孔时塞子平放在一块木板上，使塞子小头朝上，在塞子中心转动刻出印痕，然后右手略向下施加压力，同时将钻孔器以顺时针方向钻动，注意钻孔器要保持垂直，不能倾斜，也不要左右摇摆。当钻至塞子高度的一半时，旋出钻孔器，用铁条捅出其中的塞芯。然后在塞子的大头钻孔，要对准原孔位置，按上述方法操作，直至把孔钻透，操作如图 17-4 所示。

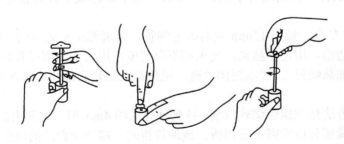

图 17-4　软木塞的钻孔方法示意图

给橡皮塞钻孔时，可在钻孔器刀口涂些甘油或水，以减少钻孔时的摩擦。孔道略小或不光滑时，可用圆锉进一步修整。

（二）玻璃工基本操作

1. 玻璃的清洗

被加工的玻璃管必须是清洁干净的，用于拉毛细管的玻璃事先应在硝酸、盐酸或清洁液中浸泡，然后用自来水或蒸馏水冲洗。洗净后的玻璃管要烘干或晾晒干后才可进行加工。

2. 玻璃管的切割

可用三角锉刀或小砂轮的锐棱，按需要的长度，在玻璃表面的某一点上用力朝一个方向挫出一道凹痕（不可来回乱挫），如图 17-5 所示。然后用双手握住玻璃管，用大拇指顶住凹痕侧（凹痕向外），用力急速轻轻一压带拉，玻璃管即可在凹痕处断开（图 17-6）。为了安全，常常用布包住玻璃管，同时尽可能远离眼睛。玻璃棒的切割同此操作。

图 17-5　玻璃管的切断　　　　　　　　　图 17-6　玻璃管的折断

玻璃管的断端很锋利，难以插入塞子的孔中，也容易把手割破，必须在酒精喷灯或煤气上熔烧圆口，这时截面应斜插在氧化焰中，缓缓转动玻璃管使受热均匀，以把玻璃管的断端熔烧光滑（不可熔烧过火，否则管口收缩变小），如图 17-7 所示。玻璃棒的烧熔圆口也同此操作。

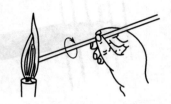

图 17-7　玻璃管的圆口

（三）玻璃管的拉细

1. 拉毛细管

取清洁干燥的玻璃管，放在酒精喷灯或煤气灯火焰上加热。火焰应由小到大，不断旋转玻璃管，使受热的范围扩大。当烧到玻璃管发软并开始下垂时从火焰中取出，顺着水平方向，一边转动，一边由慢而快地拉至两臂张开所能允许的长度，使拉成的毛细管内径为 1mm 左右。然后一手持玻璃管，使玻璃管下垂，冷却后，用小砂轮或小锉刀按需要切割。如图 17-8 所示。

截取内径 1mm 左右、长为 15mm 左右的毛细管，两端都用小火封闭（将毛细管呈 45° 角插入酒精灯火焰的边沿，用左手挡风，使火焰不会摇曳，用右手的拇指和食指持毛细管，一边转动毛细管，一边加热熔封）。要求封闭严密，避免把毛细管底部烧成圆珠状。

2. 拉制滴管

用拉毛细管的方法把玻璃管烧软拉细，拉到外径大约 4mm 时，离开火焰，固定勿使弯曲变形。冷却，滴管尖嘴部分按所需长度切断。玻璃管粗的一端烧至合适的软化程度，然后在石棉网上垂直下压软化的玻璃管，使端头直径稍微变大，压制成喇叭口形状，使接圆橡皮乳头而不脱出，如图 17-9 所示。

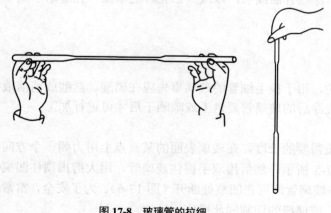

图 17-8　玻璃管的拉细

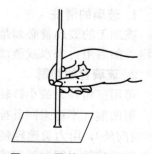

图 17-9　压喇叭口

（四）玻璃管的弯曲

按实验中装置仪器的需要将玻璃管切成一定长度，弯成一定角度。其方法是先将切好的玻璃管在小火上预热，然后双手持玻璃管，把需要弯曲的部分在氧化焰中加热，一边旋转，一边移动玻璃管，以扩大受热范围（最好使用鱼尾灯头）。

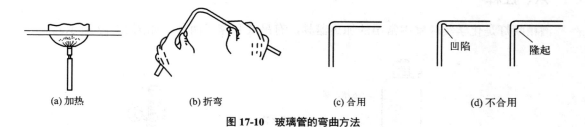

(a) 加热　　　　(b) 折弯　　　　(c) 合用　　　　(d) 不合用

图 17-10　玻璃管的弯曲方法

折弯玻璃管时，两手在上面，弯曲部位在两手的中间下方。弯好后，两手平持玻璃管，固定勿使变形，稍冷后放在石棉网上继续冷却。弯好的玻璃管要求角度准确，整个玻璃管在同一平面上，弯曲部分粗细均匀，不扁不曲不扭。120°以上角度可以一次弯成。较小的锐角应分几次弯成，先弯成一个较大的角度，然后在第一次受热部位的偏左偏右处做第二次、第三次加热与弯曲……直到弯成所需要的角度为止。如图 17-10 所示。

也可将玻璃管的一端塞住或封闭，待玻璃管加热到发黄变软后从火焰中取出，一边往管中吹气，一边弯曲，以免凹陷或扭曲。依法弯 75°、90°、120° 角的玻璃管，弯好的玻璃管两端也需在火焰上圆口。

（五）玻璃管插入塞中的方法

玻璃管插入塞中时，应用手握住玻璃管接近塞子的地方，均匀用力慢慢旋入孔内，捏住玻璃管的位置与塞子距离不可太远，以防玻璃管折断而伤手（图 17-11）。插入弯形玻璃管时，手指不应捏在弯曲处，因为弯曲处很容易折断。为减少摩擦，可以使玻璃管沾一些水或甘油作为润滑剂。

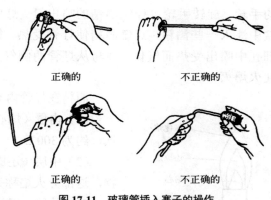

正确的　　　　　　不正确的

正确的　　　　　　不正确的

图 17-11　玻璃管插入塞子的操作

（六）玻璃仪器的简单修理

在实验室中遇到冷凝管口，或其他仪器的管口破裂时，可稍加修理断续使用。在接近破裂处，用三角锉锉出一深痕迹，另外选一支细玻璃棒，或将粗玻璃棒的一端拉成直径 2mm 的细玻璃棒，再将此细端在强火上烧红烧软，然后立即将它放在待修管的锉痕上，稍用力压，管即可沿锉痕处断裂。有时，只断开一半，需重复上述操作直至完全断开。也可趁热在开裂处滴一点水而使它断开。若切口不齐，须重复上述操作直至完全断开，再在强火焰边上把管口烧圆。修理量筒时，烧圆管口后，将管口顺适当位置在强火焰上烧软，用镊子向外一压即可出现一个流嘴。

五、实验内容

1. 用玻璃管拉制长 15cm、内径约 1mm、两端封口的毛细管 4 根。

2. 用玻璃管制成末端内径为 1.5mm 左右、长 10~15cm 的滴管 2 支。

3. 用玻璃管弯制呈 75°、90°、120° 角的玻璃管各 1 支。

4. 取 250mL 蒸馏烧瓶一个，配上装有 90° 或 75° 玻璃弯管的软木塞或橡皮塞。

六、注释

酒精喷灯是化学实验室中常用的加热器具，有吊式和座式两种，如图 17-12 所示。

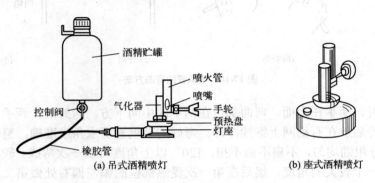

图 17-12　酒精喷灯

吊式酒精喷灯由酒精罐与灯体两部分组成。灯体由灯管与灯座组成，两者通过螺旋相连接。灯管的底部有一细小圆孔（喷嘴），酒精从这里喷出。灯管壁上，稍高于喷嘴处有两个气孔，位置相对，使空气对流，酒精蒸气才能在灯管内充分燃烧。灯座的一侧有酒精的进口，通过橡胶管与挂在高处的酒精罐沿着橡胶管流入喷灯灯座。灯座的另一侧有调节酒精流量的手轮，旋转手轮可控制酒精的喷出量。灯座与灯管的连接处有预热盆。使用前，先往预热盆中注入一些酒精，点燃酒精使灯管受热，待酒精快烧完时，旋开手轮。酒精从灯管底部的细孔中喷出受热而气化，并与从灯管两侧气孔进来的空气混合而燃烧。用毕，旋紧手轮就可使火熄灭。

图 17-13　酒精喷灯的火焰

酒精在灯管内充分燃烧时的正常火焰分为三层，如图 17-13 所示。

（1）内层（焰心）　酒精蒸气和空气混合物并未完全燃烧，温度低，约为 300℃。

（2）中层（还原焰）　酒精蒸气不完全燃烧，并分解为含碳的产物，这部分火焰称为还原焰，温度较高，火焰呈淡蓝色。

（3）外层（氧化焰）　酒精蒸气完全燃烧，过剩的空气使这部分火焰具有氧化性，故称为氧化焰，其温度最高，为 800~900℃，火焰呈淡紫色，实验时都用氧化焰加热。

七、思考题

1. 截断玻璃管时要注意哪些问题？怎样弯曲和拉制细玻璃管？在火焰上加热玻璃管时怎样才能防止玻璃管拉歪？

2. 弯制好的玻璃管如果立即和冷的物件接触会发生什么不良后果？应该怎样避免？

3. 选用塞子时应注意什么？塞子钻孔时怎样使钻孔器垂直于塞子的平面？

实验二　熔点的测定

一、目的要求

（1）掌握熔点测定的方法及操作步骤。
（2）了解熔点测定的定义。

二、基本原理

把固体物质加热到一定的温度时，其可从固态转变为液态，此时的温度就是该化合物的熔点。纯净化合物从开始熔化至完全熔化的温度范围（称为熔点距）很小，一般为 0.5～1℃。因为每种化合物有它自己独特的晶形熔点，纯的化合物几乎同时崩溃，所以熔点距很小。如若混入少量杂质，熔点就下降，熔点距即增大，所以测定熔点可以鉴定固体化合物的纯度。

若两种物质 A 和 B 的熔点是相同的，可用混合熔点法检验 A 和 B 是否为同一种物质，若 A 和 B 不为同一物质，其混合物的熔点比各自的熔点降低很多，且熔点距增大。例如：肉桂酸及尿素，它们是熔点很相近的物质，熔点均约为 133℃，但是，如把它们等量混合，再测其熔点，则比 133℃低得多，而且熔点距很大。

本实验测定尿素、肉桂酸、50%尿素和 50%肉桂酸混合物的熔点。

三、仪器与试剂

（1）仪器　100mL 烧杯、200℃温度计、玻璃管（内径 10mm 左右，长 50cm）、铁架、烧瓶夹、直角夹、毛细管、酒精灯、表面皿、牛角匙、软木塞、玻璃搅拌棒、液体石蜡。
（2）试剂　尿素（熔点 132.7℃）、肉桂酸（熔点 133℃）。

四、实验步骤

1. 熔点测定装置

测定熔点的装置如图 17-14 所示。该装置是《中国药典》采用的装置。

取一个 100mL 的高型烧杯，放在石棉网的铁环上，在烧杯中放入一个玻璃搅拌棒（最好在玻璃棒底端烧一个环，便于上下搅拌，如图 17-15），放入约 60mL 传热液。将装有样品的毛细管用橡皮圈或毛细管夹固定在温度计上，最后在温度计上端套一软木塞，并用铁夹夹住，将其垂直固定在离烧杯底约 1cm 的中心处。

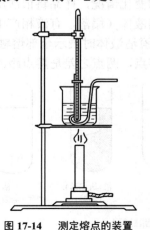
图 17-14　测定熔点的装置

图 17-15　玻璃搅拌棒

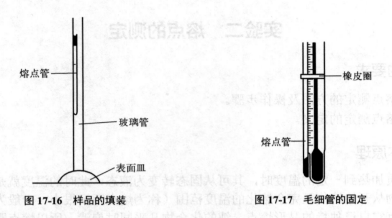

图 17-16　样品的填装　　　　　　　图 17-17　毛细管的固定

2. 传热液的选用

传热液通常为水、液体石蜡、硅油等，可依据被测样品熔点的高低不同来选用。熔点在 80℃以下者，用水；熔点在 80℃以上者，用硅油或液体石蜡。

3. 样品的填装

取少许干燥样品（约 0.1g）置于清洁干燥的表面皿或玻璃片上，用玻璃棒研成细粉，并集中成堆。把毛细管一端封口，然后将毛细管开口一端插入其中，使少许样品进入毛细管中。然后将毛细管封闭端朝下，沿着直立于表面皿的长玻璃管内壁投下，样品即落入管底。如此反复操作数次，使粉末紧密集结在毛细管的熔封端。装入样品的高度为 3mm。操作应迅速，以防样品吸潮；装入的样品要紧密均匀，没有空隙，否则不易传热，影响测定结果。如图 17-16 所示。

每个样品填装三根毛细管。

4. 毛细管的固定

把装有样品的毛细管，用传热液润湿后，使其紧贴温度计旁，样品部分应紧靠温度计水银球的中部，并用橡皮圈固定，如图 17-17 所示。注意将橡皮圈的固定点尽可能放高些，以免传热液在受热膨胀后液面升高，腐蚀或溶胀橡皮圈，从而影响实验。

5. 熔点的测定

装置安装完毕，用酒精灯在熔点管的侧末端缓缓加热，开始时温度计每分钟上升 5～6℃，加热到距熔点 10℃时改用小火。将上面固定好的有样品的毛细管温度计浸入传热液，继续加热，调节升温速率为每分钟上升 1.0～1.5℃，加热时须不断搅拌使传热液温度保持均匀，记录供试品在初熔至全熔时的温度，重复测定 3 次，取其平均值，即得。

在加热时仔细观察温度计所示的温度与样品的变化情况，样品将依次出现"发毛""收缩""液滴""澄清"等现象。当毛细管内样品出现小滴液体（塌落，有液相产生）时，记下此时温度为"初熔"（始熔）的温度；全部样品变为透明澄清液体时表示全部熔融（全熔），再记此时温度为"全熔"的温度。初熔到全熔的温度即为熔点，两点之差是熔点距。如图 17-18 所示。

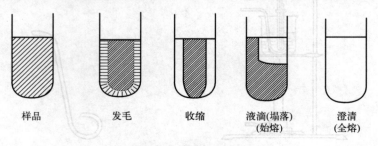

样品　　　发毛　　　收缩　　　液滴(塌落)　　　澄清
　　　　　　　　　　　　　　　（始熔）　　　（全熔）

图 17-18　样品熔融过程

进行第二次测定时，须待传热液温度降到熔点以下约30℃时，再取另一根装好的新毛细管，按同样的方法加热测定。测定熔点至少要两次，每次须用新的样品管，两次误差不能超过±1℃。测定熔点必须多次练习，方可获得可靠数据。

实验完毕，稍冷后取出温度计，用干布或纸擦去其上的油，让其自然冷却至室温后，再用水清洗。

五、实验内容

测定尿素、肉桂酸、50%尿素和50%肉桂酸混合物的熔点。

六、注释

（1）用橡皮圈固定毛细管，切勿使其触及传热液，以免污染传热液及橡皮圈被传热液所溶胀。

（2）每次测定都必须用新的毛细管另装样品。

（3）传热液要待冷却后方可倒回瓶中。温度计不能马上用冷水冲洗，以免破裂。

（4）误差来源：温度计的刻度、读数、样品（干燥度、细度）、装样紧密度、加热速度、观察等。

（5）测定熔点也可以用图17-19所示装置，将提勒管（又称b形管，也叫熔点测定管）夹持在铁架上，烧瓶夹夹在管颈的上部。管口配有一个带缺口的软木塞，温度计插在木塞中，水银球位于测定管的两侧管之间，传热液加到液面刚能盖住测定管的上侧管口。装有样品的毛细管用小橡皮圈固定在温度计下端，样品部分位于温度计水银球侧面中部。小橡皮圈要在液面上。

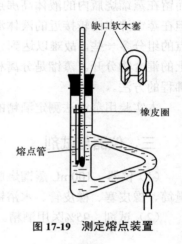

图17-19　测定熔点装置

七、思考题

1. 有两种样品，测定其熔点数据相同，如何证明它们是相同还是不同的物质？为什么？
2. 测定熔点时如何选择传热液？
3. 影响熔点测定准确性的因素有哪些？
4. 加热速度的快慢为什么会影响样品熔点的测定？
5. 是否可以使用第一次测熔点时已经熔化了的有机化合物再做第二次测定？为什么？

实验三　蒸馏及沸程的测定

一、目的要求

（1）掌握蒸馏及沸点测定的方法。
（2）熟悉蒸馏的仪器、装置及使用。

二、基本原理

液体的蒸气压随温度升高而增大。当蒸气压增大到与外界大气压相等时液体沸腾，此时的温度称为沸点。液体的沸点随所受到的压力而改变。通常所说的沸点，是指在 101.3kPa（760mmHg）压力下液体沸腾的温度。纯物质一般具有固定的沸点，所以沸点是物质的重要物理常数之一。不纯的物质其沸点往往为一个区间，称为沸点范围或沸程。《中国药典》的沸程系指一种液体样品蒸馏，自开始馏出第 5 滴算起，至样品仅剩 3～4mL 或一定比例（90%以上）的容积馏出时的温度范围。纯液体有一定的沸点，且沸程很短（0.5～1℃）。不纯的液体没有固定的沸点，沸程较大。因此，可利用沸程的测定，以鉴定有机化合物的纯度。

所谓蒸馏就是将液体物质加热到沸腾使其变成蒸气，再将蒸气冷凝为液体，蒸馏是两个过程的联合操作。当一个液体混合物沸腾时，由于沸点较低者先挥发，蒸气中低沸点的组分较多，而留在蒸馏烧瓶内的液体高沸点的组分较多，故通过蒸馏可达到分离和提纯液体化合物的目的。但在蒸馏沸点比较接近的液体混合物时，各物质的蒸气将同时被蒸出，只不过是馏出液中低沸点的组分多一些，故难以达到分离提纯的目的。因此，普通蒸馏只能将两组分沸点相差 30℃ 以上的混合物分开。蒸馏是分离和纯化液体有机物质最常用的方法之一，也是测定液体有机物质沸程的方法。

本实验用蒸馏法测定酒精的沸程。

三、仪器与试剂

（1）仪器　100mL 蒸馏烧瓶、直形冷凝管、温度计（100℃）、接液管、50mL 锥形瓶、50mL 量筒、橡皮塞、橡皮管、水浴锅、铁架台、铁夹、酒精灯、钻孔器、沸石。

（2）试剂　95%医用酒精。

四、实验步骤

（一）蒸馏装置及安装

蒸馏装置主要包括蒸馏烧瓶、冷凝管和接收器三部分。

1. 蒸馏烧瓶

蒸馏沸点较低的液体，选用长颈圆底蒸馏烧瓶；蒸馏沸点较高（120℃以上）的液体，选用短颈圆底蒸馏烧瓶。蒸馏烧瓶的大小应按蒸馏物质量的多少来选择，一般宜使蒸馏物的体积占蒸馏烧瓶的 1/3～2/3。如果装入的蒸馏物过量，受热沸腾时，液体可能冲出或液体泡沫被蒸气带入馏出液中；如果装入的蒸馏物太少，蒸馏结束时，相对会有较多的液体残留于烧瓶中蒸不出来。

2. 冷凝管

冷凝管有直形冷凝管与空气冷凝管。蒸馏沸点低于 130℃ 的液体时，选用直形冷凝管，用水冷却。冷凝管的下端侧管为进水口，用橡皮管接自来水龙头，上端为出水口，套上橡皮管导入水槽中。上端的出水口应向上，以保证套管内充满水。蒸馏沸点高于 140℃ 的液体时，选用空气冷凝管。蒸馏低沸点液体且须加快蒸馏时，可用蛇形冷凝管。

3. 接收器

常由接液管和锥形瓶构成，二者之间不可用塞子塞住，蒸馏装置应与外界大气相通。

4. 热源

加热时可视液体沸点的高低而选用适当的热源，很少允许直火加热。一般沸点在80℃以下的易燃液体，宜用水浴（其液面始终不得超过蒸馏烧瓶内样品的液面）加热；80℃以上时用直接火焰或其他电热器加热。

5. 沸石的应用

为了消除在蒸馏过程中的过热现象，并保证沸腾平稳，常加入沸石2~3粒。蒸馏装置如图17-20所示。

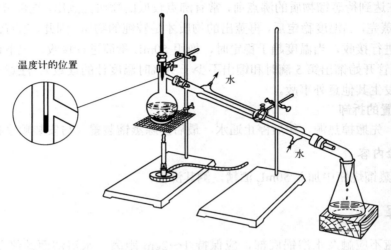

图 17-20　蒸馏及沸点测定装置

取一个干燥的大小适度的蒸馏烧瓶，瓶口配上塞子，塞子上钻一个孔，插入温度计，将配有温度计的塞子塞入瓶口，温度计汞球的上端与蒸馏瓶出口支管的下壁在同一水平线上，蒸馏时水银球完全被蒸气包围，以便正确测出蒸气的温度。

以铁夹夹住蒸馏烧瓶支管以上的瓶颈，并固定在铁架台上。选择一个适合冷凝管上口的塞子，钻一个孔，孔径大小以能紧密地套进蒸馏烧瓶的支管为度，然后把塞子轻轻套入蒸馏烧瓶的支管上。

选择一个接液管口的塞子，钻孔，孔径大小以恰好套进冷凝管的下端为宜。用另一个铁架台上的铁夹夹住冷凝管的重心部位（中上部），调整铁架台和铁夹的位置，使冷凝管与蒸馏烧瓶的支管在同一直线。然后沿此直线移动冷凝管使之与蒸馏烧瓶相连，蒸馏烧瓶的支管口应伸出塞子2~3cm。最后装上接液管和锥形瓶。

组装仪器的顺序一般是：由下到上，由左到右（或由右到左）。即：热源（酒精灯或电炉）→铁圈或三角架（以电炉为热源时可不用）→石棉网或水浴→蒸馏烧瓶→冷凝管（先配上橡皮管）→接液管→接收器。拆卸仪器与安装顺序相反。整套装置要求整齐端正，做到"正看一个面，侧看一条线"。所有的铁夹和铁架台都应尽可能整齐地放在仪器的背部。直角夹的缺口应朝前、朝上，烧瓶夹和冷凝管的螺旋钮向右向上。

（二）蒸馏操作及沸点的测定

1. 加料

通过漏斗或沿着蒸馏烧瓶的颈部（没有支管的一侧），倒入待蒸馏的乙醇，要注意防止液体从支管流出；投入几颗沸石；加入水浴的水。

2. 加热

先慢慢打开水龙头缓缓通入冷水，然后开始加热。加热时可见蒸馏瓶中液体逐渐沸腾，蒸气逐渐上升，温度计读数也略有上升，当蒸气达到水银球部位时，温度计读数急剧上升，蒸馏开始。然后调节火焰，使蒸馏速度控制在每秒 1~2 滴。在整个蒸馏过程中，应使温度计水银球上始终保持有被冷凝的液滴，这说明液体与蒸气已处于平衡状态，因此，此时温度计的读数就是馏出液的沸点。

3. 收集馏分和沸点的观察记录

蒸馏时，在达到待蒸馏物质的沸点前，常有沸点较低的物质先蒸出，这部分馏出液称为"前馏分"，前馏分蒸完，当温度稳定后，再蒸出的物质才是较纯的物质。因此，当有馏出液滴下时，用一个锥形瓶进行接收，当温度趋于稳定时，换用 50mL 量筒进行接收，记下该馏出液的沸程（即记录自冷凝管开始馏出第 5 滴时和馏出不少于 90%时温度计的读数）。注意不要蒸干，以免蒸馏瓶破裂及发生其他意外事故。

4. 蒸馏装置的拆卸

蒸馏完毕，先撤掉热源，然后停止通水，最后拆除蒸馏装置（与安装顺序相反）。

（三）实验内容

在 100mL 蒸馏烧瓶中加入 50mL 酒精，测其沸程。

五、注释

（1）蒸馏瓶不应触及水浴锅底部，应保持 1~2cm 距离。水浴浴面始终不能超过样品的液面。

（2）各个塞子应尽量紧密套进有关部位，各个铁夹不能与玻璃仪器直接接触，应垫上石棉网或橡皮，且不能夹得太松或太紧，以免损坏仪器。

（3）冷却水的流速不要过快，以能保证充分冷凝即可，水流太急不仅造成水资源浪费，还有可能会冲脱胶管，甚至造成事故。

（4）若直接用电炉加热，开始应该先用小火预热，以免蒸馏烧瓶因局部受热而破裂。

（5）蒸馏时，蒸馏烧瓶的支管不能插入冷凝管太多，否则有可能因为支管口的骤冷导致支管口破裂。

（6）止暴剂一般是表面多孔，能吸附空气，与被蒸馏物不反应的固体颗粒或小块状物质，如素瓷片、磨砂玻璃珠、破玻璃屑等。如果加热前忘了加止暴剂，补加时须先移去热源，待液体冷却至沸点以下方可加入，如中途停止蒸馏，应在重新加热前加入新的止暴剂。

六、思考题

1. 当加热后有馏液蒸出时，才发现冷凝管未通水，应如何处理？为什么？

2. 沸石的作用是什么？加热后才发现未加沸石，应如何处理才安全？当重新进行蒸馏时，用过的沸石能否继续使用？

3. 试述下列因素对常压蒸馏中测得的沸点的影响。

（1）温度控制不好，蒸出速度太快。

（2）温度计水银球上缘高于或低于蒸馏烧瓶支管下缘的水平线。

4. 如果测得液体具有恒定的沸点，那么能否认为它是纯净物质？

实验四　重结晶

一、目的要求

（1）掌握配制饱和溶液、抽气过滤、趁热过滤的方法，并学会菊花滤纸的折叠方法。

（2）熟悉用重结晶法纯化有机化合物的原理、方法。

二、基本原理

利用被纯化物质和杂质在溶剂中的溶解度不同，来达到分离纯化目的的方法叫重结晶。

固体有机化合物在溶剂中的溶解度与温度有关。温度升高，通常能增大其溶解度，相反，则降低其溶解度。若把不纯的固体有机物质溶解在热的溶剂中制成饱和溶液，趁热过滤（必要时须经脱色）除去杂质，再把滤液冷却，则原来溶解的固体可由于溶解度降低而析出结晶。过滤后所得的滤液称为母液，所得的结晶即为纯化的物质。有时这种操作必须反复进行，才能获得纯品。

三、仪器与试剂

（1）仪器　150mL 烧杯、250mL 抽滤瓶、150mL 锥形烧瓶、保温漏斗、布氏漏斗、水泵（或油泵）、短颈玻璃漏斗、滤纸、铁架、酒精灯、表面皿、50mL 量筒、玻璃棒、石棉网、托盘天平。

（2）试剂　粗制乙酰苯胺、活性炭。

四、实验步骤

（一）配制热饱和溶液

用水作溶剂时，可用烧杯作容器，其他溶剂常选用锥形瓶或圆底烧瓶作为容器。待纯化的物质与溶剂混合加热溶解时，为避免溶剂挥发损失，一般溶剂的实际用量比需要用量多 20% 左右。

在使用可燃性的低沸点溶剂时，为防止溶剂的挥发损失或引起着火，应在烧瓶上装回流冷凝管，添加溶剂可以从冷凝管的上口加入。

（二）脱色

不纯的粗制品往往含有色杂质或树脂状物质，会影响晶体的外观质量，甚至妨碍结晶，所以常常加活性炭进行脱色。活性炭的用量，一般是粗制品重量的 1%～5%，如果一次脱色效果不好，可用新的活性炭再脱色一次。活性炭不能在溶液正在或接近沸腾时加入，以免溶液暴沸溢出，造成危险。加入活性炭后，要不断搅拌（如果在回流装置中脱色，改为不断振摇），使活性炭与杂质充分接触以提高效率。然后趁热过滤，滤液必须澄清，滤液中如若还有活性炭或其他固体杂质的存在，应予重滤。

（三）趁热过滤

经过脱色处理的溶液，要除去不溶性杂质和活性炭，必须趁热进行过滤，过滤速度越快越好，否则，较多的晶体就会在滤纸上析出，堵塞滤纸孔隙，造成过滤困难和产物损失。

为了加快过滤速度，一是采用保温漏斗，二是使用菊花形滤纸。

1. 使用菊花形滤纸

菊花形滤纸的折法如图 17-21 所示。将选定的滤纸折成半圆形后，先向内折成 4 等分，再按图 17-21（b）、（c）的顺序向同一方向折成 8 等分，然后在 8 等分的每个小格中间从相反方向折成 16 等分，如同折扇一样，最后在 1、2 和 2、3 处各向内折一小折面，展开即成菊花形滤纸。在折叠时，折痕不要折到纸的中心，以免在过滤时因滤纸中心破裂而妨碍工作。

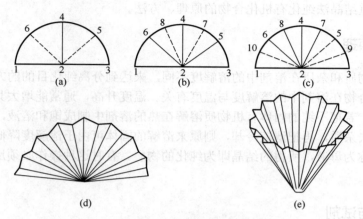

图 17-21　菊花形滤纸的折法

2. 用保温漏斗过滤

热水从上面的加水口注入保温漏斗的夹层中，用夹子固定在铁架上，加入短颈玻璃漏斗，再放入菊花形滤纸，注意滤纸的边缘应比漏斗边低一点。用酒精灯在保温漏斗的侧管上加热，按常法过滤。装置如图 17-22 所示。除了水溶液可以用烧杯接收外，其他液体都应储存在小口容器（如锥形烧杯）中，滤液用洁净的软木塞塞紧保存，放冷时结晶析出。

（四）冷却结晶

冷却结晶时一般是在室温下自然冷却。当溶液降至室温，析出大量结晶后，可用冰水进一步冷却，以析出更多晶体。

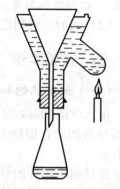

图 17-22　保温过滤装置

注意切不可一开始就置于冰水浴中冷却，因为这样虽然冷却速度快，结晶迅速，但这样得到的晶体颗粒很小，总表面积较大，吸附的杂质也较多。

若结晶不易析出，可采取以下方法促进析出：①用玻璃棒摩擦容器壁；②放进少许晶种；③用冷水或冰浴冷却。

（五）抽滤

结晶析出后，抽气过滤（简称抽滤），它可以加快过滤速度，并使晶体与母液分离得较完全，所得晶体较干燥。抽气过滤装置一般由布氏漏斗、抽滤瓶、安全瓶、真空泵四部分组成，如图 17-23 所示。

在布氏漏斗上进行抽滤时，滤纸的直径要比漏斗内径略小，但要把底部小孔全盖住。抽滤前先用少量溶剂把滤纸湿润，然后打开水泵将滤纸吸紧，以防晶体从滤纸边缘吸入抽滤瓶中。抽滤时用玻璃棒将晶体和母液搅匀，分批倒入布氏漏斗中，注意布氏漏斗中的液面不能超过其深度的 3/4。抽滤得到的晶体可以用同一溶剂进行洗涤，以除去吸附的母液。洗涤时加入少量溶剂，以玻璃棒轻轻松动晶体，使晶体能更好地分开，必要时可用玻璃塞或玻璃钉在晶体表面用力挤压。停止抽滤时，要先把安全瓶上的活塞打开，再关闭真空泵，否则真空泵中的水有可能倒吸入安全瓶内。

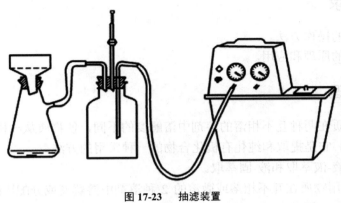

图 17-23　抽滤装置

（六）结晶的干燥

将经洗涤抽干的结晶连同滤纸转移到表面皿上，盖上干净滤纸，晾干，熔点高的可烘干。

五、实验内容

称取 5g 粗乙酰苯胺，放于烧杯中，加 50mL 蒸馏水，加热煮沸，直至乙酰苯胺全部溶解。若不溶，可适当添加少量热水，待稍冷，再加入适量活性炭（约 0.3g），再煮沸 5min，趁热用短颈玻璃漏斗及保温漏斗以菊花形滤纸过滤。滤液集中到一洁净的烧杯中，室温放置冷却，使乙酰苯胺结晶析出。待晶体完全析出后，用布氏漏斗抽滤，并用玻璃塞挤压晶体，尽量抽干母液。然后从抽滤瓶上拔去橡皮管，停止抽气，在布氏漏斗上加少量冷蒸馏水，使结晶浸没，用玻璃棒小心搅匀，再抽滤至干。如此反复洗涤两次，转移结晶至一表面皿上晾干，或在 100℃ 以下烘干后称量。

六、注释

（1）配制热饱和溶液时，用水作溶剂可用明火直接加热。若使用易燃溶剂时，禁止明火加热，一般除高沸点溶剂外，多用水浴加热。

（2）不可向沸腾的溶液加入活性炭，以免溶液暴沸，冲出容器，一定要等溶液稍冷后方可加入。

（3）抽滤时，抽滤瓶的液体不应超过其容积的 2/3，否则瓶中液体易抽入安全瓶中。

七、思考题

1. 重结晶的原理是什么？一个理想的溶剂应该具备哪些条件？
2. 在布氏漏斗上洗涤结晶时应注意什么？停止抽滤前，如不先拔下连接抽滤瓶与水泵的橡皮管就关闭水泵，会产生什么问题？
3. 为什么活性炭要待固体物质完全溶解后才能加入？为什么不能在溶液沸腾时加入？
4. 促进结晶析出的方法有哪些？
5. 如何证明经重结晶的产品是纯粹的？

实验五　萃　取

一、目的要求

（1）掌握萃取的操作方法。
（2）了解萃取的原理和应用。

二、基本原理

萃取是利用物质在两种互不相溶的溶剂中溶解度的不同，使物质从一种溶剂转溶到另一种溶剂中的一种操作。它是提取和纯化有机化合物的一种常用的方法。

萃取通常分为液-液萃取和液-固萃取。

液-液萃取是利用物质在互不相溶或微溶的 2 种溶剂中溶解度或分配比的不同来达到分离、纯化目的的一种操作。假设 A 和 B 是互不相溶的两种溶剂，有一种物质 x 溶解在 A 中形成溶液，现在把 B 溶剂（萃取剂）加入到该溶液中，充分混合后，在一定温度下，当达到平衡时，物质 x 在 A 与 B 两种溶剂中的浓度之比为一常数，这就是 "分配定律"。可写出公式：

$$K = \frac{x在溶剂A中的浓度}{x在溶剂B中的浓度}$$

式中，K 为分配系数，为一常数，它可近似看作物质 x 在 A 和 B 两种溶剂中的溶解度之比。

实验证明，萃取时为了提高萃取效率及节省溶剂，需把溶剂 B 分成几份做多次萃取，这种方法比用全部量的溶剂做一次萃取的效果好。经过反复多次萃取，x 物质极大部分就从 A 溶剂转移到 B 溶剂中，即被萃取出来。

液-固萃取的原理是利用固体样品中被提取的物质和杂质在同一液体溶剂中溶解度的不同而达到提取和分离的目的。

三、仪器与试剂

（1）实验仪器　125mL 分液漏斗、20mL 量筒、100mL 锥形瓶、100mL 烧杯、点滴板。
（2）试剂　5%苯酚水溶液、乙酸乙酯、1%三氯化铁溶液。

四、实验步骤

（一）液-液萃取

1. 实验前的准备工作

最常使用的萃取器皿为分液漏斗。操作时应选择容积较液体体积大 1～2 倍的分液漏斗，将分液漏斗的活塞和玻璃塞用橡皮圈套扎在漏斗上，把活塞擦干并在活塞的粗端抹上一薄层凡士林；再在活塞的孔道细端内涂上一薄层凡士林（与活塞的方向相反）；然后塞好活塞，向同方向旋转至透明，即可使用。

2. 萃取操作

将分液漏斗放在固定于铁架台上的铁圈中，关好活塞，将溶液和萃取剂（萃取剂的用量一般为溶液体积的 1/3）由分液漏斗上口依次倒入，盖好玻璃塞（此玻璃塞不能涂凡士林，塞好后旋紧，以免漏液），取下分液漏斗振摇，使两液相充分接触。振摇方法如图 17-24（a）所示，以右手手掌顶住漏斗塞子，手指握住漏斗的颈部；左手握住漏斗的活塞部分，大拇指和食指按住活塞柄，中指垫在塞座下边。开始时振摇要慢，每摇几次后，使漏斗的活塞部分向上（朝向无人处）呈倾斜状态，打开活塞放出因振荡产生的气体，此过程称为"放气"，如图 17-24（b）所示。如不放气，漏斗中的压力增大，有可能顶开玻璃塞而造成漏液。如此重复至放气时只有很小压力后，再用力振摇 2～3min，然后将分液漏斗放在铁圈中静置，如图 17-25 所示。待液体分成清晰的两层后，打开玻璃塞，把分液漏斗的下端靠在接收器的内壁上，打开活塞，使下层液体流出，当液面间的界限接近活塞时，关闭活塞静置片刻，再把下层液体仔细放出。然后将余下的上层液体自上口倾入另一容器，切不可也由活塞放出，以免被漏斗颈中的残液所污染。将被萃取溶液（假设在下层）倒回分液漏斗中，再用新的萃取剂重复上述操作。萃取次数依据分配系数而定，一般以 3～5 次为宜。

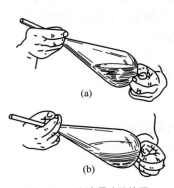

图 17-24　分液漏斗的使用

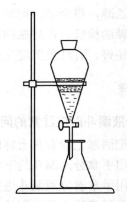

图 17-25　混合液的静置

（二）液-固萃取

通常用索式提取器进行液-固萃取。索式提取器，又名脂肪提取器，如图 17-26 所示。

首先把固体物质粉碎研细，放在圆柱形滤纸筒中。滤纸筒的直径小于索氏提取器的内径，其下端用细绳扎紧，其高度介于索氏提取器外侧的虹吸管和蒸气上升用支管口之间。提取器下口与盛有萃取溶剂的圆底烧瓶连接，上口与回流冷凝管相连，向圆底烧瓶中投入几粒沸石，开始加热，溶剂蒸气经蒸气上升管进冷凝管，冷凝后回流到提取管中，当提取管中的溶剂液面超过虹吸管上端时，提取液自动流入烧瓶中（这一过程称为"虹吸"）。就这样溶剂回流和虹吸循环不止，直至把所要提取的物质大部分收集到下面的烧瓶里。

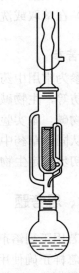

图 17-26　索氏提取器

五、实验内容

（一）用乙酸乙酯从苯酚水溶液中萃取苯酚

取 5%苯酚水溶液 20mL，加入分液漏斗中，再加入 10mL 乙酸乙酯，盖好玻璃塞。按上述方法振摇和放气，当放气至很小压力时，再剧烈振摇 2～3min。静置，当液体分成清晰的两层后，将下层水溶液从下口放入一烧杯中，上层乙酸乙酯从上口倾入一锥形瓶中。然后将经分离后的下层水溶液倒入分液漏斗中，再用 5mL 乙酸乙酯萃取一次，分出两层。合并两次乙酸乙酯提取液。

取未经萃取的 5%苯酚溶液和萃取后的下层水溶液各 2 滴于点滴板上，各加 1%三氯化铁溶液 1～2 滴，观察对比各颜色的深浅。

（二）用乙醇提取苦参中的苦参总碱（选做内容）

（1）正确组装索氏提取器装置。

（2）称取 5g 苦参（粉末）用滤纸包好，放在提取器中，量取 100mL 乙醇倒入烧瓶中，加 0.5mL 浓盐酸。

（3）冷凝管通水后，加热水浴，进行回流。

（4）待回流及虹吸数次后（约 0.5h），停止加热，冷却溶液，加氨水使呈碱性，装上蒸馏装置，蒸干溶剂乙醇，将全部溶剂倒入回收瓶中。烧瓶底的残留物即为苦参总碱。

（5）苦参碱的检验。在烧瓶的残渣中加入 2mL 蒸馏水、1 滴盐酸溶液，然后倒入试管中，再加 2 滴碘化铋钾，有红色沉淀生成，证明苦参碱存在。

六、注释

1. 使用分液漏斗时应注意的问题

（1）不能把活塞上涂有凡士林的分液漏斗放在烘箱内烘干。

（2）不能用手拿分液漏斗的下端。

（3）不能用手拿着分液漏斗进行液体分离。

（4）上下两层液体必须分别从上下两口倒出。

（5）分液漏斗用后应洗净，玻璃塞裹以薄纸塞回去。

（6）在萃取或洗涤时，不要丢弃任何一个液层，最好保留至实验结束，以防出现差错，无法补救。

2. 苦参

苦参为常用中药，苦参中含有 11 种生物碱。生物碱一般不溶于或难溶于有机溶剂，如乙醇、氯仿等，生物碱的盐多数溶于水而不溶于有机溶剂，生物碱多数溶于酸性溶液中，可用于提取生物碱。本实验苦参总生物碱的提取就是利用生物碱可溶于酸醇的原理，用索氏提取器将生物碱从固体草药中提取出来。生物碱可与某些生物碱沉淀剂发生反应生成有色沉淀，利用此性质可初步鉴定生物碱的存在。

七、思考题

1. 若用下列溶剂萃取水溶液，它们将在上层还是下层？乙醚、氯仿、己烷、苯。

2. 怎样正确使用分液漏斗？怎样进行萃取？怎样才能使两层液体分离干净？

3. 分液时，上层液体是否可以从漏斗下口放出？为什么？

4. 实验中三氯化铁显色的深浅说明什么问题？

实验六　减压蒸馏

一、目的要求

（1）掌握减压蒸馏装置的安装和减压蒸馏的操作方法。
（2）熟悉减压蒸馏的主要仪器设备。
（3）了解减压蒸馏的原理及应用。

二、基本原理

液体的沸点与外界压力有关，且大气压降低，液体的沸点也随之降低。一些沸点较高或性质不稳定的有机物质在加热还未达到沸点时往往发生分解或氧化现象，故不能用常压蒸馏进行分离提纯，而使用减压蒸馏可避免这些现象的发生。由于蒸馏系统内的压力减少，液体的沸点降低，这样就可以在比较低的温度下进行蒸馏，即减压蒸馏。减压蒸馏是分离提纯沸点较高或性质比较不稳定的液态有机物的重要方法。许多有机化合物的沸点在压力降低到 1.33～2.0kPa（10～15mmHg）时，可比其在常压下的沸点降低 80～100℃。某些遇水分解不宜采用水蒸气蒸馏的有机物，也可利用减压蒸馏进行分离。

三、仪器与试剂

（1）仪器　克氏蒸馏瓶、直形冷凝管、水泵、抽滤瓶、蒸馏烧瓶、温度计、抗暴沸毛细管、橡皮塞、水浴锅、酒精灯、水银压力计。
（2）试剂　乙酰乙酸乙酯。

四、实验步骤

（一）减压蒸馏装置

常用的减压蒸馏装置如图 17-27 所示，其由蒸馏、抽气（减压）、保护和测压三部分组成。

1. 蒸馏部分

蒸馏部分由克氏蒸馏瓶、冷凝管、接收器、抗暴沸毛细管、螺旋夹等组成。克氏蒸馏瓶有两个颈，其主要优点是可以防止液体沸腾时由于暴沸或泡沫的发生而冲入冷凝管中。瓶的一个颈中插入温度计，另一颈中插入一根抗暴沸毛细管，使其下端距瓶底 1～2mm。玻璃管的上端套一带螺旋夹的橡皮管，螺旋夹用以调节进入的空气量，减压时使空气细流进入液体并冒出连续的小气泡，作为液体沸腾的气化中心，避免暴沸跳溅，使蒸馏平稳进行。接收器用圆底烧瓶或抽滤瓶。

2. 抽气部分

通常使用的减压用抽气泵有水泵和油泵两种。在不需很低压力时可用水泵，水泵可把压力降至水温下的水蒸气压，如水温在 25℃、20℃、10℃时，水蒸气压分别为 3.2kPa、2.4kPa、1.2kPa（24mmHg、18mmHg、9mmHg）。水泵的抽气效能虽然不是很高，但价格便宜，使用方便。若需要较低的压力，就要用油泵，好的油泵能抽至 0.01kPa。

3. 保护和测压部分

保护和测压部分主要由冷却阱、水银压力计、安全瓶、净化塔等组成。

　　减压蒸馏时，在泵前应接一个安全瓶，瓶口的两通活塞供调节系统压力及放气之用。当用油泵减压时，为了防止易挥发的有机溶剂、酸性物质及水汽进入油泵，必须在馏出液接收器与油泵间顺次安装冷却阱和几种吸收塔，以免污染油泵和腐蚀机件。

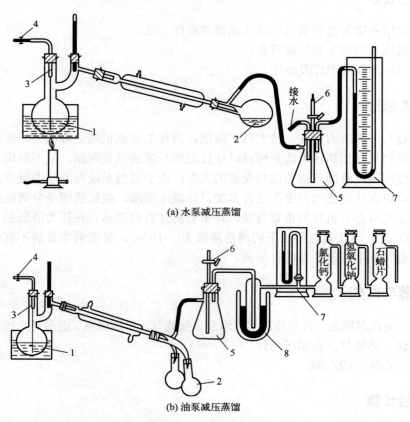

(a) 水泵减压蒸馏

(b) 油泵减压蒸馏

图 17-27　减压蒸馏装置

1—克氏蒸馏瓶；2— 接收器；3—抗暴沸毛细管；4—螺旋夹；5—安全瓶；6—两通活塞；7—压力计；8—冷却阱

（二）减压蒸馏操作

1. 准备工作

　　仪器安装好后，检查减压系统能否达到所要求的压力，检查方法为：关闭安全瓶上的活塞，旋紧克氏蒸馏瓶上毛细管的螺旋夹，然后抽气，观察压力是否达到实验要求。如达不到实验要求，可检查各部分塞子和橡皮管的连接是否紧密等。必要时可涂少许熔融的固体石蜡（注意密封应在解除真空条件下进行）。检查合格后，慢慢打开安全瓶上的活塞，放入空气，直至内外压力相等。

2. 减压蒸馏操作

　　打开克氏蒸馏瓶的中间瓶口，通过漏斗倒入乙酰乙酸乙酯，蒸馏液不能超过蒸馏瓶容量的1/2。打开水泵或油泵抽气，慢慢关闭安全瓶活塞，控制压力慢慢下降。调节毛细管上的螺旋夹，使进入烧瓶的气泡连续平稳。开启冷凝水，选用合适的热浴加热进行蒸馏。收集所需温度和压力下的馏分。加热时克氏蒸馏瓶的圆球部位至少应有 2/3 浸入浴液中。在浴液中放一温度计，控制加热速度，蒸馏速度以每秒 1～2 滴为宜。

蒸馏结束或蒸馏过程中需要中断时，应先移去热源和热浴，再慢慢旋开毛细管的螺旋夹，并慢慢打开安全瓶上的活塞，平衡内外压力，使压力计的水银柱缓慢地恢复原状，不可放得太快，否则水银柱上升很快，有冲破压力计的危险。然后关闭抽气泵，最后拆除接收器、冷凝管、克氏蒸馏瓶等其他仪器。

（三）实验内容

用乙酰乙酸乙酯进行减压蒸馏。乙酰乙酸乙酯的沸点为 88℃（3.99 kPa）或 78℃（2.4kPa）。

五、注释

（1）减压蒸馏所用的玻璃仪器必须是硬质的、耐压的，不能使用有裂缝或薄壁的玻璃仪器，如平底烧瓶、锥形瓶等，以防爆炸伤人。

（2）实验室常用水银压力计来测量压力系统中的压力，有封闭式和开口式两种，如图 17-28 所示。开口式压力计两臂汞柱高度之差，即为大气压力与系统压力之差。系统内的实际压力应是大气压力减去这一汞柱差。封闭式压力计，两臂高度之差即为系统中的压力。测定压力时，可将玻璃管后木座上的滑动标尺的零点调整到右臂汞柱顶端线上，这时左臂汞柱顶端线所指示的刻度即为系统的压力。

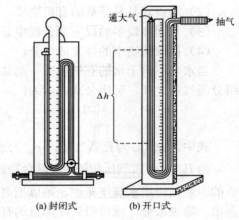

(a) 封闭式　　(b) 开口式

图 17-28　水银压力计

开口式压力计装汞方便，读数准确，但较笨重，不能直接读出系统内的压力。封闭式压力计较轻便，读数方便，但使用时应注意勿使杂质进入压力计，汞柱中也不能有小气泡，以免影响测定结果。

（3）减压蒸馏的整个系统必须保持密封不漏气，所用橡皮塞的大小及孔道都需十分合适，质量较好，橡皮管要用厚壁耐压的，各磨口玻璃塞应涂上真空脂。

（4）蒸馏过程中，应密切注意温度和压力，注意蒸馏情况，记录好压力、沸点等数据。不得直火加热，否则会产生严重的暴沸现象。应根据被蒸馏液体的沸点和性质选择热浴，也可使用电热套。

（5）本实验应在教师指导下认真操作，初学者未经教师同意，不得擅自单独操作。

六、思考题

1. 减压蒸馏适用于什么情况？它与普通蒸馏有什么不同？
2. 减压蒸馏中为什么要插一根毛细管？
3. 为什么减压蒸馏要先调好所需的压力，然后再加热蒸馏？
4. 减压蒸馏中怎样才能使装置严密不漏气？如何检查？
5. 加压蒸馏的开始和结束应按什么顺序进行操作？

实验七 水蒸气蒸馏

一、目的要求

（1）掌握水蒸气蒸馏的装置及操作方法。

（2）了解水蒸气蒸馏的原理及其适用范围。

二、基本原理

在不溶或难溶于水但具有一定挥发性的有机物中通入水蒸气，使有机物在低于 100℃的温度下随水蒸气蒸馏出来，这种操作过程称为水蒸气蒸馏。它是分离、提纯有机化合物的重要方法之一。尤其适用于下列几种情况：

（1）含有大量树脂状杂质或不挥发性杂质的混合有机物。

（2）沸点较高易分解的有机物质。

（3）从固体较多的反应混合物中分离被吸附的液体。

（4）提取植物中的挥发油组分。

当水与不溶于水的有机物质一起共热时，根据道尔顿分压定律，整个体系的蒸气压应为各组分蒸气压之和。可用公式表示为：

$$P_{混合物} = p_水 + p_{有机物}$$

式中，$P_{混合物}$ 为总蒸气压；$p_水$ 为水的蒸气压；$p_{有机物}$ 为与水不相溶或难溶物质的蒸气压。当 $P_{混合物}$ 与大气压相等时，混合物就沸腾。很明显，混合物的沸点是低于任何一个组分的沸点的。所以应用水蒸气蒸馏，可以把高沸点的有机物质在常压且低于 100℃的温度下与水一并蒸出，除去水分，就可得到高沸点的有机物质。

在馏出物中，随水蒸气一并馏出的有机物质与水的质量（$m_{有机物}$ 和 $m_水$）之比。等于两者的分压（$p_{有机物}$ 和 $p_水$）分别和两者的摩尔质量［$M_{有机物}$ 和 $M_水$（$M_水$ =18g/mol）］的乘积之比，所以馏出液中有机物质与水的质量之比可按下式计算：

$$\frac{m_{有机物}}{m_水} = \frac{p_{有机物} \times M_{有机物}}{p_水 \times 18}$$

三、仪器与试剂

（1）实验仪器 水蒸气发生器、40～50cm 长玻管、250mL 长颈圆底烧瓶、125mL 锥形瓶、T 形管、螺旋夹、水蒸气导管、馏出导管、直形冷凝管、接液管、橡皮塞、酒精灯、石棉网。

（2）试剂 冬青油。

四、实验步骤

（一）实验装置

实验室常用的装置如图 17-29 所示，主要由水蒸气发生器、蒸馏部分、冷凝部分和接收器组成。

水蒸气发生器一般是铜制的（也可用圆底烧瓶代替），内插一根 40cm 左右的长玻管（直径约为 5cm）作为安全管，其下端接近容器底部，以调节内压。器内盛水量一般以容积的 2/3 为宜，另加数粒沸石。长颈圆底烧瓶作蒸馏瓶，斜放于桌面上并与桌面成 45° 角，可防止水蒸气通入时飞溅的液体被带进冷凝管中。烧瓶内液体不宜超过 1/3。水蒸气导管（直径约 8mm）应插至接近烧瓶底部。馏出导管（直径约 9mm）一端插入烧瓶中，露出塞子约 5mm，另一端与冷凝管相接。

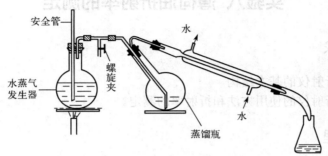

图 17-29　水蒸气蒸馏装置

水蒸气发生器的支管与水蒸气导管之间装一个 T 形管，其支管上套有一段短橡皮管，用螺旋夹旋紧。T 形管可用来除去水蒸气中冷凝下来的水，也可在发生不正常情况时，立刻打开夹子，使与大气相通，保证安全。为了减少水蒸气冷凝，应尽量缩短水蒸气发生器与圆底烧瓶间的距离。

（二）实验内容

将被蒸馏物冬青油倒入蒸馏瓶中，加入水。在水蒸气发生器内加入水和几粒沸石。按图 17-29 所示装好仪器，接通冷凝水。先打开 T 形管的螺旋夹，加热水蒸气发生器。用小火加热蒸馏瓶，当有大量水蒸气从 T 形管的支管冲出时，立即旋紧螺旋夹，水蒸气进入蒸馏瓶，开始蒸馏。应注意防止蒸馏瓶内发生蹦跳现象，蒸馏速度应控制在每秒钟 2～3 滴，若速度过快可停止加热。当馏出液呈澄清透明状时，即停止蒸馏。首先打开螺旋夹与大气相通，再停止加热。依次拆下接收器、冷凝管、圆底烧瓶等。

馏出液用分液漏斗分离即可得到冬青油。将所得冬青油加干燥剂除去残存的水分，然后再蒸馏提纯。

五、注释

（1）水蒸气发生器内盛水量以占其容积的 2/3 为宜，若太满，沸腾后水会直接冲入圆底烧瓶内。

（2）蒸馏烧瓶中液体的体积不宜超过其容积的 1/3，过多容易从馏出导管中冲出。

（3）在中断蒸馏时或蒸馏完毕后，不能先移水蒸气发生器的火源，应先打开螺旋夹与大气相通，再停止加热，以防烧瓶中的液体倒吸入水蒸气发生器。

（4）水蒸气导管应小心地插到接近圆底烧瓶的底部，以便水蒸气和被蒸馏物质充分接触并起搅动作用。

六、思考题

1. 适用于水蒸气蒸馏的物质应具备什么条件？

2. 水蒸气蒸馏的原理是什么？为什么可以使一些高沸点而不稳定的有机物免于因蒸馏而

被破坏？

　　3. 如何判断水蒸气蒸馏是否已完成？
　　4. 安装水蒸气发生器和蒸馏器时应注意什么？
　　5. 进行水蒸气蒸馏时，水蒸气导入管的末端为什么要插入到接近于容器底部？

实验八　薄荷油折射率的测定

一、目的要求

（1）了解阿贝折射仪的基本结构。
（2）掌握阿贝折射仪的使用方法和折射率的测定。

二、基本原理

　　折射率是物质的特性常数，固态、液态、气态物质都有折射率。通过测定折射率可以确定有机物的纯度及溶液的组成，也可用于鉴定未知化合物。

　　折射率与物质的结构、光线的波长、温度及压力等因素有关。通常折射率是以钠光灯为光源，于20℃时测定的。

　　折射仪的基本原理即为折射定律：

$$n_1 \sin \alpha = n_2 \sin \beta$$

　　式中，n_1、n_2为交界面两侧的两种介质的折射率（见图17-30）

　　当入射角$\alpha=90°$时，折射角为β_0，此折射角被称为临界角。因此，当在两种介质的界面上以不同角度射入光线时，光线经过折射率大的介质后，其折射角$\beta \le \beta_0$，其结果是大于临界角的不会有光，成为黑暗部分，小于临界角的有光，成为明亮部分。从而

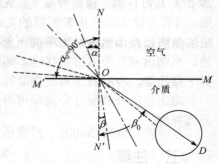

图 17-30　光的折射

$$n_1 = \frac{n_2 \sin \beta_0}{\sin \alpha} = n_2 \sin \beta_0$$

　　在固定一种介质后，临界角的大小与被测物质的折射率成简单的函数关系，由此可以方便地求出另一种物质的折射率。

三、仪器与试剂

（1）仪器　阿贝折射仪、恒温槽、烧杯、滴管。
（2）试剂　薄荷油、蒸馏水。

四、实验步骤

1. 仪器安装

测定折射率的仪器常用阿贝折射仪，其结构如图17-31所示。

先将折射仪与恒温槽相连接，使恒温槽中的恒温水通入棱镜夹套内，检查插入棱镜夹套中的温度计的读数是否符合要求，一般选用（20.0±0.1）℃或（25.0±0.1）℃。

2. **加样**

小心扭开直角棱镜的闭合旋钮，分开直角棱镜，滴加 1～2 滴薄荷油，合上棱镜使上、下镜面润湿，再打开棱镜，用擦镜纸顺一个方向轻轻拭干上、下镜面。待晾干后，滴加 2～3 滴蒸馏水并使蒸馏水均匀地置于下镜面上，合上棱镜，锁紧锁纽。

3. **测折射率**

转动手轮，使刻度盘标尺上的示值为最小，调节反光镜，使镜内视场明亮，调节望远镜目镜使聚焦于"十"字上，转动棱镜直到目镜中观察到有界线或出现彩色光带，如图 17-32（a）所示；如出现的是彩色光带，可调节消色散棱镜使明暗界线清晰，彩色光带消失，如图 17-32（b）所示；然后再转动棱镜使界线恰好通过"十"字交点，如图 17-32（d）所示。记录读数（可读至小数点后第 4 位）与温度。重复测两次，将 2 次测得的平均折射率与纯水的标准值（$n_D^{20}=1.33299$）比较，求得仪器的校正值，然后用同样的方法测定薄荷油的折射率。

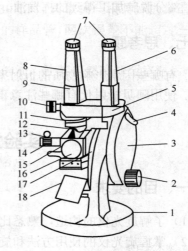

图 17-31　阿贝折射仪

1—底座；2—棱镜转动手轮；3—圆盘组（内有刻度盘）；4—小反光镜；5—支架；6—读数镜筒；7—目镜；8—望远镜筒；9—示值调节螺丝；10—阿米西棱镜手轮；11—色散值刻度圈；12—棱镜锁紧扳手；13—棱镜组；14—温度计座；15—恒温器接头；16—保护罩；17—主轴；18—反光镜

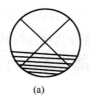　　　

　　(a)　　　　　　　(b)　　　　　　　(c)　　　　　　　(d)

图 17-32　折射率测定

仪器使用完毕，打开棱镜，用擦镜纸擦净镜面，晾干后合上棱镜。

五、实验内容

测定薄荷油的折射率。

六、注释

（1）试样不宜加得太多，一般只滴入 2～3 滴即可。

（2）滴加液体样品时，滴管末端切不可触及棱镜，以免造成划痕。

（3）要保持仪器清洁，注意保护刻度盘。每次实验完毕，要用擦镜纸擦净，干燥后放入箱中，镜上不准有灰尘。

（4）温度为 t 时的折射率可用公式 $n_D^{20}=n_D^t+0.00045\times(t-20℃)$ 校正为 20℃时的折射率。

（5）薄荷油为唇形科植物薄荷（*Mentha haplocalyx* Briq.）的新鲜茎和叶经水蒸气蒸馏，再冷冻，部分脱脑加工得到的挥发油。药用薄荷油的折射率应为 1.456～1.466。

七、思考题

1. 有哪些因素影响物质的折射率？
2. 使用阿贝折射仪有哪些注意事项？

实验九　糖的旋光度测定

一、目的要求

（1）了解旋光仪的构造，熟悉比旋光度的计算。
（2）掌握旋光仪的使用方法和旋光度的测定。

二、基本原理

物质按是否具有光学活性可分为两类：一类是具有光学活性或旋光性的物质，如乳酸、葡萄糖有旋光性；另一类是没有光学活性或旋光性的物质。旋光度是指光学活性物质使偏振光的振动平面旋转的角度。

物质的旋光度与测定物质溶液的浓度、溶剂、温度、测定管长度和光源的波长有关。物质的比旋光度 $[\alpha]_\lambda^t$ 与所测得旋光度 α 之间的关系为：

$$[\alpha]_\lambda^t = \frac{\alpha}{cl}$$

式中，$[\alpha]_\lambda^t$ 为旋光性物质在 t℃、光源的波长为 λ 时的旋光度；t 为测定时溶液的温度；λ 为光源的光波波长；α 为标尺盘转动角度的读数（即旋光度）；c 为溶液的浓度 [指 1mL 溶液中所含物质的质量（g）]；l 为测定管的长度，dm。

通常规定 1mL 中含有旋光性物质 1g 的溶液，放在 1dm 长的样品管中，在一定波长与温度下测得的旋光度称为比旋光度。比旋光度是旋光性物质的重要物理常数，可用于区别或检查某些试剂的纯杂程度，亦可用于测定其含量。

三、仪器与试剂

（1）仪器　目测旋光仪、150mL 烧杯、100mL 容量杯、温度计、分析天平。
（2）试剂　葡萄糖、蒸馏水。

四、实验步骤

1. 操作前准备工作

如测定对温度有严格要求的试剂，在测定前应将仪器及试剂置于规定的温度的室内至少 2h，使温度恒定，再开启电源开关。电源开启后，钠光灯瞬时起辉点燃，但发光不稳，应等钠光灯呈现稳定的橙黄色光后，再将钠光灯开关扳向直流点燃模式。

2. 旋光仪零点的校正

在测定样品前，须校正旋光仪的零点。将旋光仪中的样品管洗净，装上蒸馏水，使液面凸出管口，将玻璃盖沿管口边缘轻轻平推盖好，不能留有气泡（不要过紧）。将测定管擦干，放入旋光仪内，罩上盖子，开启钠光灯，调节仪器的目镜的焦点，使旋钮向左或向右旋转时光域的中心明暗分界线清晰、锐利。然后旋转微调手轮使光域中心两边明暗一致[如图17-33(c)所示]。记录读数，重复操作至少五次，取其平均值。若零点相差太大时，应对仪器进行重新校正。

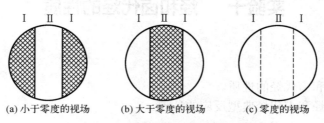

(a) 小于零度的视场   (b) 大于零度的视场   (c) 零度的视场

图 17-33　三分视界式旋光仪中目镜视场图

五、实验内容

1. 测葡萄糖溶液的旋光度

准确称取葡萄糖 10.000g，在 100mL 容量瓶中配成溶液。溶液需透明无颗粒，无纸屑，否则应用干滤纸过滤。用配好的溶液洗涤测定管 2~3 次。把溶液装入测定管中，盖好并旋紧管盖，将管外擦干，放于旋光仪中，测定旋光度。即旋转旋钮使光域两边的明暗一致，然后读数（须重复五次而取平均值）。这一读数与零点之间的差值即为该葡萄糖溶液的旋光度。记录测定管长度和溶液的温度，按公式计算葡萄糖的比旋光度。

2. 测定未知浓度的葡萄糖溶液的旋光度

将旋光管用蒸馏水洗净后，再用少量待测溶液润洗 2 次，按上述方法测定该溶液的旋光度。

将所测旋光度的读数和上述实验内容 1 中所计算出的比旋光度代入公式，即可确定该溶液的浓度。

六、注释

（1）每次测定前都应以溶剂为空白校正旋光仪，测定后再校正一次，以确定在测定时零点有无变化。如有变动，则应重新测定旋光度。

（2）葡萄糖或固体物质的溶液应不显浑浊，也不应含有混悬的小颗粒，否则应先过滤，并弃去初滤液。

（3）测定管在装入液体后，螺丝帽盖不能旋得太紧，只要不流出液体即可，否则会产生扭力使管内有空隙，进行影响旋光度的测定。

（4）一般刻度盘的最小刻度为 0.25°，加上游标，可读到 0.01°。

七、思考题

1. 葡萄糖为什么有变旋现象？
2. 比旋光度与旋光度有什么不同？
3. 使用旋光仪应注意哪些事项？根据测得的数据可以解决什么问题？

第十八章　有机化合物的性质

实验十　烃和卤代烃的性质

一、实验目的

（1）验证芳香烃和卤代烃的性质。
（2）加深对芳香烃和卤代烃典型反应的认识。

二、实验原理

芳香烃都含有苯环，分子中具有闭合共轭结构，因此，易发生亲电取代反应，难发生加成和氧化反应，在紫外线照射下可与卤素加成，在催化剂的存在下，可以加氢。芳环侧链上的烃基受芳环的影响，使α-H 易氧化，或在光照/加热条件下较易发生取代反应。

卤代烃中 C−X 键为极性键，在强碱作用下容易发生β-消除反应生成烯烃，而多卤代烃容易发生α-消除反应生成卡宾。卤代烃的活性顺序为 RI>RBr>RCl。S_N2 反应活性顺序为伯卤代烃>仲卤代烃>叔卤代烃，S_N1 反应活性顺序与其相反。

三、试剂

苯、甲苯、二甲苯、0.5%KMnO$_4$、3mol/LH$_2$SO$_4$、3%Br$_2$/CCl$_4$、20%NaOH、萘、浓 HNO$_3$、浓硫酸、CHCl$_3$、无水 AlCl$_3$、3mol/L HNO$_3$、硝酸银乙醇溶液、NaI-丙酮溶液、1-溴丁烷、溴苯、苄溴、氯苯、苄氯、KOH、乙醇、溴乙烷、酸性高锰酸钾、溴水、氯仿、2%KMnO$_4$。

四、操作步骤

1. 芳香烃的性质

（1）被高锰酸钾溶液氧化　苯、甲苯各 1mL，加 5 滴 0.5% KMnO，振摇，加 10 滴 3 mol/L H$_2$SO$_4$，水浴 60～70℃加热 2min，观察现象。

（2）芳烃侧链的卤代　1mL 甲苯，加 3%Br$_2$/CCl$_4$ 10 滴，光照或避光，分别观察现象。

（3）磺化　在四支试管中分别加入苯、甲苯、二甲苯各 1.5mL 及萘 0.5g，分别加入浓硫酸 2mL，水浴 75℃加热，振荡，将反应物分成两份，一份倒入盛有 10mL 水的小烧杯中，另一份倒入 10mL 饱和 NaCl 中，观察现象。

（4）硝化　1mL 浓 HNO$_3$ 在冷却下逐滴加入 2mL 浓 H$_2$SO$_4$ 中，冷却振荡，然后在冷却下滴加 1mL 苯充分振荡，水浴 5min，再分别倾入 10mL 冷水中，观察现象。

（5）傅-克反应　取 1 支干燥的试管，加入 2mL CHCl$_3$、2 滴苯，加入 0.5g 无水 AlCl$_3$，振荡，观察现象。

2. 卤代烃的性质

（1）与硝酸银乙醇溶液的反应　1mL 硝酸银乙醇溶液，加样品（1-溴丁烷、溴苯、苄溴）2 滴，于 70℃水浴加热 2min，加入 3mol/L HNO₃ 1 滴，观察现象。

（2）与 NaI-丙酮溶液的反应　加 NaI-丙酮溶液 1mL，样品 3 滴（1-溴丁烷、氯苯、苄氯），观察现象，无明显现象的可加热。

（3）β-消除反应　试管中加 1.0g KOH、5mL 乙醇，加热至溶化，加溴乙烷 1mL，振荡，通入酸性 KMnO₄ 或溴水，观察现象。

（4）α-消除反应　试管中加 20%NaOH 3mL、氯仿 8 滴，加热 1～2min，浸入冷水，加 2%KMnO₄ 2～3 滴，观察现象。

五、思考题

卤代烃发生消除反应的难易顺序是什么？

实验十一　醇和酚的性质

一、实验目的

（1）验证醇和酚的化学性质。
（2）比较醇和酚之间化学性质的差异，加深对构效关系的理解。

二、实验原理

低级醇易溶于水，随着烃基的增大，其水溶性逐渐降低。多元醇由于分子中羟基增多，水溶性增大，而且由于羟基间的相互影响，羟基中的氢具有一定程度的酸性，可与某些氢氧化物发生类似中和反应，生成类似盐类产物。

醇中羟基的结构与水相似，羟基中的氢原子不能游离，但易被活泼金属钠取代而生成醇钠。伯醇能被氧化生成醛，仲醇能被氧化生成酮，它们进一步氧化则可生成羧酸。叔醇不易氧化。

酚的羟基由于与苯环直接相连，形成 p-π 共轭体系，使羟基中氢氧键的极性增大，酚羟基中氢原子易解离成质子，因此酚具有弱酸性，又由于 p-π 共轭效应的影响，使苯环上处于羟基邻、对位上的氢更加活泼，容易被取代。

三、实验步骤

1. 醇的性质

（1）醇钠的生成　取 1 支干燥试管，加入 1mL 无水乙醇，并投入一小块（绿豆大小）刚刚切开的金属钠，观察有什么现象发生。待金属钠完全消失后（一定要完全消失），往试管中加入 1mL 水，并滴入 1～2 滴酚酞溶液，观察有什么现象发生，并解释原因。

（2）与卢卡斯试剂的反应　取 3 支干燥试管，各加入 20 滴卢卡斯试剂，然后在各试管中分别加入 5～8 滴正丁醇、仲丁醇、叔丁醇，振摇，比较各试管出现浑浊或分层现象的快慢。

（3）醇的氧化　取 3 支试管，各加入 5 滴 0.5%高锰酸钾溶液，1 滴 5%NaOH 溶液，然后依次分别加入 2 滴乙醇、异丙醇、叔丁醇，振摇，观察各试管颜色有何变化，并解释原因。

（4）多元醇的特性　取 2 支试管，分别加入 10 滴 5%CuSO₄ 溶液和 15 滴 5%NaOH 溶液，在振摇下各加入 3 滴甘油和 5 滴 95%乙醇，观察实验现象，并加以比较。

2. 酚的性质

（1）苯酚的酸性　取苯酚少许于试管中，加水 2mL，振摇使其成乳浊状，将乳浊液分成两份。在第一份中逐滴加入 5%NaOH 溶液至溶液澄清，然后在此澄清液中逐滴加入 3mol/L 硫酸至溶液呈酸性，观察有何变化。在第二份乳浊液中逐滴加入 5%NaHCO₃ 溶液，振摇，观察溶液是否澄清，并解释原因。

（2）卤代反应　取 10 滴 1%苯酚溶液于试管中，慢慢滴加饱和溴水 3～5 滴，并不断振摇，观察有何现象发生。

（3）与 FeCl₃ 反应　取 4 支试管，各加入 10 滴 1%的苯酚、α-萘酚、间苯二酚、乙醇溶液，然后分别加入 2～3 滴 1%的 FeCl₃ 溶液，观察颜色变化。

四、注释

（1）卢卡斯试验适用于含 3～6 个碳原子的醇，因为少于 6 个碳原子的醇都能溶于浓盐酸的氯化锌溶液中，而多于 6 个碳原子的醇则不溶，故不能借此检验。而 1～2 个碳原子的醇，由于产物具有挥发性，此法也不合适。

（2）苯酚对皮肤有很强的腐蚀性，使用时切勿与皮肤接触，万一碰到皮肤可用水冲洗，再用酒精棉球擦洗。

（3）三氯化铁试验为酚类与烯醇类化合物的特征反应，但亦有些酚并不产生颜色反应，故阴性反应并不能证明无酚羟基存在。

五、思考题

1. 伯醇、仲醇、叔醇与卢卡斯试剂反应有什么差异？
2. 苯酚为什么比苯易于发生亲电取代反应？

实验十二　醛和酮的性质

一、实验目的

（1）验证醛和酮的主要化学性质。
（2）掌握醛和酮的鉴别方法。

二、实验原理

醛和酮分子中都含有羰基，因而具有许多相似的化学性质，如羰基上的加成和还原反应及 α-活泼氢原子的卤代反应等。由于羰基所连的基团不同，又使醛和酮具有不同的性质，如醛能被弱氧化剂托伦试剂和斐林试剂氧化，能与席夫试剂产生颜色反应等，而酮则不能，借此可区分醛和酮。乙醛、甲基酮、乙醇及甲基醇均可发生碘仿反应。

三、实验步骤

1. 与亚硫酸氢钠反应

取 4 支干燥试管，各加入 1mL 新配制的饱和亚硫酸氢钠溶液，再分别加入 5 滴乙醛、苯甲醛、丙酮、苯乙酮，边加边用力振摇，观察现象。如无晶体析出，可用玻璃棒摩擦试管壁或将试管浸入冰水中冷却后再观察，并解释原因。

2. 与 2,4-二硝基苯肼反应

在 3 支试管中，分别加入 5 滴乙醛、苯甲醛、丙酮和 10 滴 2,4-二硝基苯肼试剂，充分振摇后，静置片刻，观察反应现象并解释原因。若无沉淀析出，可微热 1min，冷却后再观察。有时为油状物，可加 1～2 滴乙醇，振摇促使沉淀生成。

3. 碘仿反应

在 5 支试管中，分别加入 1mL 水和 10 滴碘试液，再分别加入 5 滴乙醛、苯乙酮、乙醇、异丙醇，边振摇边逐滴加入 5%氢氧化钠溶液至碘的颜色褪去，观察反应现象并解释原因。若无沉淀析出，可在温水浴中温热数分钟，冷却后再观察现象。

4. 与托伦试剂反应

在 4 支洁净的小试管中，分别加入 1mL 托伦试剂，然后各加入 5～8 滴 40%甲醛水溶液、乙醛、苯甲醛、丙酮，摇匀后，在沸水浴中加热数分钟，观察反应并解释原因。

5. 与斐林试剂反应

在 4 支洁净的试管中，分别加入 10 滴斐林试剂 A 和 B，再各加入 5～8 滴 40%甲醛水溶液、乙醛、苯甲醛、丙酮，摇匀后，在 50～60℃水浴中加热数分钟，观察反应现象并解释原因。

6. 与席夫试剂反应

在 4 支试管中，分别加入 10 滴席夫试剂和 5～8 滴 40%甲醛水溶液、乙醛、苯甲醛、丙酮，摇匀后，观察反应现象并解释原因。

四、注释

（1）低分子量羰基化合物与亚硫酸氢钠的加成产物能溶于稀酸中，不易得到结晶。芳香族甲基酮由于空间位阻较大，与亚硫酸氢钠作用甚慢或不起作用。

（2）碘仿反应中，滴加碱后溶液必须呈淡黄色，应有微量碘存在，若已成无色可返滴碘试液；醛和酮不宜过量，否则会使碘仿溶解；碱若过量，则会使碘仿分解。

（3）易被氧化的糖类及其他还原性物质均可与托伦试剂作用。反应用的试管必须十分洁净，否则不能生成银镜，仅出现黑色絮状沉淀。反应时必须水浴加热，否则会生成具有爆炸性的雷酸银。实验完毕，试管用稀硝酸洗涤。

（4）脂肪醛、α-羟基酮（如还原糖）、多元酚等均可与斐林试剂反应。芳香醛、芳香酮不能与斐林试剂反应。反应结果决定（如醛）浓度的大小及加热时间的长短，反应可能析出 Cu_2O（砖红色）、$Cu_2(OH)_2$（黄色）、Cu（暗红色）。因此，有时反应液的颜色变化为：绿色、黄色、红色沉淀。甲醛还可将氧化亚铜还原为暗红色的铜镜。

（5）某些酮和不饱和化合物及吸附 SO_2 的物质能使席夫试剂恢复品红原有的桃红色，但不能被视为阳性反应。反应时，不能加热，溶液中不能含有碱性物质和氧化剂，否则 SO_2 逸去，可使试剂变回原来品红的颜色，干扰鉴别。故反应宜在冷溶液及酸性条件下进行。

五、思考题

1. 哪些试剂可区别醛类和酮类？
2. 进行银镜反应时应注意什么？
3. 用简单的化学方法区分下列化合物：苯甲醛、甲醛、乙醛、丙酮、异丙酮。

实验十三　羧酸及其衍生物、取代羧酸的性质

一、实验目的

（1）验证羧酸及其衍生物、取代羧酸的主要化学性质。
（2）掌握羧酸及其衍生物、取代羧酸的鉴别方法。

二、实验原理

羧酸具有酸性，可与碱作用生成盐，饱和一元羧酸中甲酸的酸性最强，二元羧酸中草酸的酸性最强。

羧酸与醇在浓硫酸催化下可发生酯化反应。在适当的条件下羧酸可发生脱羧反应。甲酸分子中含有醛基，具有还原性，可以被高锰酸钾或托伦试剂氧化。由于两个相邻羧基的相互影响，草酸易发生脱羧反应和被高锰酸钾氧化。

酰卤、酸酐、酯、酰胺均为羧酸的衍生物，可与水发生水解反应生成相应的酸，水解反应的难易次序为：酰卤>酸酐>酯>酰胺。

羟基酸与酮酸均为取代羧酸，它们的酸性比相应的羧酸强。乙酰乙酸乙酯是一个酮式和烯醇式的混合物，在常温下可以互相转变，发生互变异构现象，因此，它既具有酮的性质又具有烯醇的性质，如能与 2,4-二硝基苯肼反应生成橙色的 2,4-二硝基苯腙沉淀，能使溴水褪色，与三氯化铁溶液作用可发生显色反应等。

三、实验步骤

（一）羧酸的性质

（1）酸性试验　取 3 支试管，各加入 1mL 蒸馏水，再分别加入 5 滴甲酸、5 滴乙酸和 0.5g 草酸，摇匀，然后用洁净的玻璃棒蘸取上述 3 种酸的水溶液于 pH 试纸上，记录 pH 并比较其酸性强弱。

（2）成盐反应　在试管中加入 0.1g 苯甲酸和 1mL 蒸馏水，边摇边滴加 5%氢氧化钠溶液至恰好澄清，再逐滴加入 5%盐酸溶液，观察现象。

（3）酯化反应　在一干燥的试管中分别加入 0.5mL 冰醋酸和 1mL 无水乙醇，再逐滴加入 10 滴浓硫酸，摇匀后将试管浸在 60～70℃的热水浴中 10min，取出试管待其冷却后加入 3mL 水，注意浮在液面酯层的气味。

（4）脱羧反应　将 1mL 冰醋酸 和 1g 草酸分别加入 2 支带导管的试管，用塞子塞紧试管口，导管的末端插入盛有 1～2mL 澄清石灰水的试管中，然后直火加热，观察石灰水变化。

（5）氧化反应
① 取 3 支试管，各加入 1mL 0.5%的高锰酸钾溶液，10 滴 3mol/L 的硫酸，摇匀，分别加

入 5 滴甲酸、5 滴乙酸和 0.5g 草酸，观察其颜色变化。

② 在洁净的试管中加入 5 滴甲酸溶液，边摇边逐滴加入 5%氢氧化钠溶液至呈弱碱性，再加入 1mL 新配制的托伦试剂，热水浴加热，观察反应现象。

（二）羧酸衍生物的性质

1. 水解反应

（1）酰卤的水解　在试管中加入 1mL 蒸馏水，沿试管壁慢慢滴加 5 滴乙酰氯，摇匀，观察现象。待反应结束后，再加入 2 滴 2%硝酸银溶液，观察有何变化。

（2）酰胺的水解　取 2 支试管，各加入 0.1g 乙酰胺，在其中一支试管中加入 1mL 10%的氢氧化钠溶液，在另一支试管中加入 1mL 3mol/L 的硫酸溶液，煮沸，并将湿润的红色石蕊试纸放在试管口，观察现象，判断有何气味产生。

（3）油脂的皂化　在试管中加入 0.1g 油脂、1mL 95%的乙醇和 1mL 20%的氢氧化钠，摇匀，放于沸水浴中加热约 30min，将制得的黏稠液体倒入含 10mL 温热的饱和氯化钠溶液的小烧杯中，观察并解释现象。

2. 醇解反应

（1）酰卤的醇解　在干燥的试管中加入 10 滴无水乙醇，边摇边逐滴加入 10 滴乙酰氯，待试管冷却后，慢慢加入 10%碳酸钠溶液至中性，观察现象并闻其气味。

（2）酸酐的醇解　在干燥的试管中加入 10 滴无水乙醇和 10 滴乙酸酐，再加入 1 滴浓硫酸，振摇，待试管冷却后，慢慢加入 10%碳酸钠溶液至中性，观察现象并闻其气味。

3. 缩二脲反应

在一干燥的试管中加入 0.5g 尿素，小心加热，至一定温度时固体熔化，继续加热，则有刺激性气体放出，同时又有物质凝固，冷却后加入 1mL 蒸馏水，搅拌，再滴加 5 滴 10%氢氧化钠溶液和 3 滴 1%硫酸铜溶液，观察并解释现象。

4. 乙酰乙酸乙酯的酮式-烯醇式互变异构

（1）在试管中加入 10 滴 2,4-二硝基苯肼试剂和 3 滴 10%乙酰乙酸乙酯的乙醇溶液，观察现象。

（2）在试管中加入 10 滴 10%乙酰乙酸乙酯的乙醇溶液、1 滴 1%三氯化铁溶液，出现紫红色。边摇边逐滴加入数滴饱和溴水，紫红色褪去，稍待片刻紫红色又出现。请解释原因。

（三）取代羧酸的性质

1. 氧化反应

在试管中加入 10 滴乳酸，边摇边逐滴加入 0.5%高锰酸钾酸性溶液，观察现象。

2. 水杨酸、乙酰水杨酸与三氯化铁的显色反应

取 2 支试管，各加入 0.1g 水杨酸和乙酰水杨酸，加入 1mL 蒸馏水，摇匀，再分别加入 1 滴 1%三氯化铁溶液，观察并解释现象。

四、注释

（1）浓硫酸有腐蚀性，应小心使用。

（2）脱羧反应中，加热草酸时，将试管口略向下倾斜，以防固体中水分或倒吸石灰水使试管破裂。

（3）乙酰氯很活泼，与水或醇反应均较为剧烈，试管口不准对准人，尤其是眼睛。

五、思考题

1. 甲酸是一元羧酸，草酸是二元羧酸，它们都有还原性，可以被氧化。其他的一元羧酸和二元羧酸是否也能被氧化？

2. 如何用实验说明在常温下酮式和烯醇式互变平衡的存在？

3. 举例说明能与三氯化铁显色的有机化合物的结构特点。

实验十四　糖的性质

一、实验目的

（1）验证糖类化合物的主要化学性质。

（2）掌握糖类化合物的鉴别方法。

二、实验原理

糖类可分为单糖、低聚糖、多糖。凡分子中具有半缩醛或半缩酮羟基的糖均有还原性，称为还原糖。多糖及分子中没有半缩醛或半缩酮羟基的糖均没有还原性，称为非还原糖。还原糖能被弱氧化剂（如托伦试剂、斐林试剂）氧化，而非还原糖不能，以此性质可区别它们。

糖类在浓硫酸或浓盐酸的作用下，能与酚类化合物发生显色反应。其中莫立许试剂与糖产生紫色物质，可用此法检验出糖类；塞利凡诺夫试剂与糖产生鲜红色物质，且与酮糖反应出现红色较醛糖快，可用于鉴别酮糖和醛糖。

双糖和多糖在酸存在下，均可水解成具有还原性的单糖。淀粉与碘溶液的显色反应是鉴别淀粉的常用方法。

三、实验步骤

1. 还原性

（1）与托伦试剂反应　取 5 支洁净的试管，各加入 0.5mL 新配制的托伦试剂，再分别加入 3～5 滴 5%葡萄糖、5%果糖、5%麦芽糖、5%蔗糖、2%淀粉，摇匀后，将 5 支试管同时放到 60～80℃热水浴中加热，观察现象。

（2）与斐林试剂反应　取 5 支洁净的试管，加入斐林试剂 A、B 各 0.5mL，再分别加入 5～8 滴 5%葡萄糖、5%果糖、5%麦芽糖、5%蔗糖、2%淀粉，摇匀后，将 5 支试管同时放到 60～80℃热水浴中加热，观察现象。

2. 颜色反应

（1）与莫立许（Molish）试剂反应　取 4 支试管，分别加入 0.5mL 5%葡萄糖、5%麦芽糖、5%蔗糖、2%淀粉和 2 滴莫立许试剂，摇匀，将试管倾斜，沿管壁慢慢滴入 0.5mL 浓硫酸，观察界面层的颜色变化。

（2）与塞利凡诺夫（Seliwanoff）试剂反应　取 4 支试管，各加入 0.5mL 塞利凡诺夫试剂，再分别加入 2～3 滴 5%葡萄糖、5%麦芽糖、5% 果糖、5%蔗糖，摇匀后，将 4 支试管同时放入沸水浴中加热 2min，观察现象。

3. 蔗糖、淀粉的水解反应

取 2 支试管，分别加入 1mL 5%蔗糖、2%淀粉，加入 2 滴浓盐酸，摇匀后放入沸水浴中加热 20min，冷却后用 10%氢氧化钠溶液中和，再加入 1mL 班氏试剂，放入沸水浴中加热，观察现象。

4. 淀粉与碘液的显色反应

在试管中加入 0.5mL 2%淀粉 5 滴和碘液 1 滴，观察现象。再加热，又放冷，解释其变化。

四、注释

（1）与莫立许试剂的反应很灵敏，从单糖到多糖均有反应。此外，丙酮、甲酸、乳酸、草酸、葡糖醛糖及糠糖衍生物等也能与莫立许试剂发生颜色反应，因此，阴性反应是糖类不存在的确证，而阳性反应则只表明可能含有糖类。

（2）水解反应中，因为淀粉难水解，应适当增加反应时间。吸出 1 滴反应液在白瓷板上，滴加 1 滴碘液，不显蓝色时，证明淀粉已水解完全。

五、思考题

1. 为什么说蔗糖既是葡萄糖苷，也是果糖苷？
2. 用简单的化学方法鉴别下列化合物：葡萄糖、果糖、蔗糖、淀粉。

实验十五　　氨基酸、蛋白质的性质

一、实验目的

（1）熟悉氨基酸主要的化学性质。
（2）了解蛋白质的基本结构和重要的化学性质。
（3）掌握鉴别氨基酸和蛋白质的方法。

二、仪器与试剂

（1）仪器　常用仪器、水浴锅等。
（2）试剂　蛋白质溶液、5%硫酸铜、0.5%甘氨酸、0.5%酪氨酸、米隆试剂、0.5%苯丙氨酸、饱和硫酸铵、5%碱性醋酸铅、1%硫酸铜、0.5%苯酚、5%甘氨酸、0.1%茚三酮、饱和苦味酸、5%单宁酸、10%NaOH、95%乙醇、浓硝酸、5%醋酸、30%NaOH、红色石蕊试纸、10%硝酸铅。

三、实验内容与步骤

1. 盐析试验

取一支试管，加入蛋白质溶液 20 滴，再加入 20 滴饱和硫酸铵溶液，振荡后析出蛋白质沉淀，溶液变浑浊。取浑浊液 10 滴于另一试管中，加入蒸馏水 2mL，振荡后观察现象，并解释原因。

2. 醇对蛋白质的作用

取 10 滴蛋白质溶液于试管中，加入 10 滴 95%乙醇，振荡，静置数分钟，溶液浑浊，取浑浊液 10 滴滴于另一试管中，再加入蒸馏水 1mL，振摇，观察现象，与盐析结果比较。

3. 蛋白质与重金属盐作用

取 2 支试管,各加入蛋白质溶液 10 滴,再在其中一支试管中加入 5%碱性醋酸铅溶液 1 滴,另一支试管中加入 5%硫酸酮溶液 1 滴,立即产生沉淀(切勿加过量试剂,否则,沉淀又重新溶解)❶。再用水稀释,观察沉淀是否溶解,与盐析结果做比较。(本试验可用 5%甘氨酸溶液做对比试验。)

4. 蛋白质与生物碱试剂作用

取 2 支试管,各加入 10 滴蛋白质溶液和 2 滴醋酸❷,一管加入饱和苦味酸 2 滴,另一管加入 5%单宁酸 2 滴❸。观察有无沉淀生成。

5. 茚三酮试验❹

取 2 支试管,分别加入 4 滴蛋白质溶液和 4 滴 0.5%甘氨酸溶液,再分别加入 3 滴 0.1%茚三酮溶液,混合后,放在沸水浴中加热 1～5min,观察并比较两管的显色时间及颜色情况。

6. 二缩脲试验❺

取 2 支试管,分别加入 10 滴蛋白质溶液、10 滴 0.5%甘氨酸溶液,再各加入 10 滴 10%氢氧化钠溶液,混合后,再分别加入 1～2 滴 1%硫酸酮溶液(勿过量),振荡后,观察现象,比较结果。

7. 黄蛋白试验❻

取一支试管,加入 5 滴蛋白质溶液及 2 滴浓硝酸,出现白色沉淀或浑浊,然后加热煮沸,观察现象,反应液冷却后再滴入 10%氢氧化钠溶液至反应液呈碱性,观察颜色变化。(这一反应结果,表明蛋白质分子中含有什么基本结构?可能有哪些氨基酸?)(用苯丙氨酸和酪氨酸对比。)

8. 米隆(Millon)试验❼

取 4 支试管,分别加入 20 滴蛋白质溶液、10 滴 0.5%苯酚溶液、10 滴 0.5%酪氨酸溶液和 10 滴 0.5%苯丙氨酸溶液,再分别加入 5～10 滴米隆试剂❽,振摇,观察现象。再将试管置于沸水浴中加热(不要煮沸,加热勿过久,否则颜色褪去),再观察现象。

9. 蛋白质的碱解

取 1mL 蛋白质溶液放在试管里,加入 2mL 30%的 NaOH 溶液,把混合物煮沸 2～3min,此时析出沉淀,继续沸腾时,沉淀又溶解,放出氨气(可用红色石蕊试纸放在试管口检验)。

向上面的热溶液中加入 1mL 10%硝酸铅溶液,再将混合物煮沸,起初生成的白色氢氧化铅沉淀可溶解在过量的碱液中。如果蛋白质与碱作用有硫脱下,则生成硫化铅,结果清亮的液体逐渐变成棕色。当脱下的硫较多时,则析出暗棕色或黑色的硫化铅沉淀。

---

❶ 沉淀复溶于过量沉淀剂中,这是沉淀吸附了过量的金属离子使沉淀胶粒带电形成新的双电层所致的。

❷ 加醋酸的作用是使蛋白质处在酸性环境中,呈阳离子状态存在,使它更易于与生物碱试剂作用,进而使沉淀更明显。

❸ 生物碱试剂过量时,也会出现沉淀复溶于过量沉淀剂的现象。

❹ 茚三酮试验中,蛋白质、α-氨基酸均有正性反应,但脯氨酸、羟脯氨酸、β-氨基酸与茚三酮作用显黄色(并非正常的紫红色),为负性结果,N-取代α-氨基酸、γ-氨基酸亦为负性结果,而伯胺、氨及某些羟胺化合物对本试验有干扰。

❺ 二缩脲反应正常显蓝紫色或淡红色,这是二缩脲与铜离子形成络合物所致的。本试验应防止加入过多的硫酸铜溶液,否则将生成过多的氢氧化铜沉淀,有碍于对紫色或淡红色的观察。

❻ 本试验显色反应,主要是含有苯环的氨基酸或蛋白质中的苯环可与硝酸起硝化作用,在苯环上导入硝基所致的。

❼ 含酚基的氨基酸及蛋白质均有此反应,起先产生白色沉淀,加热后转为砖红色。酚类亦显正性反应,有干扰。加热不要煮沸,也不要时间过长。

❽ 米隆试剂为汞剂,有毒!应避免皮肤接触和入口。

四、思考题

（1）盐析作用的原理是什么？盐析在化学工作中有什么应用？

（2）怎样区别氨基酸与蛋白质？

（3）做蛋白质的沉淀试验和颜色反应试验时应注意哪些问题？

第十九章　有机化合物的制备实验

实验十六　乙酸乙酯的制备

一、实验目的

（1）熟悉酯化反应原理及进行的条件，掌握乙酸乙酯的制备方法。
（2）掌握液体有机物的精制方法。
（3）熟悉常用的液体干燥剂，掌握其使用方法。

二、实验原理

有机酸酯可用醇和羧酸在少量无机酸催化下直接酯化制得。当没有催化剂存在时，酯化反应很慢；当采用酸作催化剂时，就可以大大加快酯化反应的速率。酯化反应是一个可逆反应。为使平衡向生成酯的方向移动，常常使反应物之一过量，或将生成物从反应体系中及时除去，或者两者兼用。

本实验利用共沸混合物，反应物之一过量的方法制备乙酸乙酯。反应方程式为：

$$H_3C-\overset{O}{\overset{\|}{C}}-H + H_3C-CH_2-OH \xrightleftharpoons{\text{浓}H_2SO_4} H_3C-\overset{O}{\overset{\|}{C}}-O-CH_2-CH_3 + H_2O$$

三、仪器与试剂

（1）仪器　圆底烧瓶、冷凝管、温度计、蒸馏头、温度计套管、分液漏斗、酒精灯、接液管、锥形瓶。
（2）试剂　冰醋酸 12mL（12.6g，0.21mol）；无水乙醇 19mL（15g，0.32mol）；浓硫酸 5mL；饱和碳酸钠溶液；饱和氯化钙溶液；饱和食盐水；无水硫酸镁。

四、实验步骤

1. 回流

在 100mL 圆底烧瓶中，加入 12mL 冰醋酸和 19mL 无水乙醇，混合均匀后，将烧瓶放置于冰水浴中，分批缓慢地加入 5mL 浓 H_2SO_4，同时振摇烧瓶。混匀后加入 2～3 粒沸石，按图安装好回流装置，打开冷凝水，用电热套加热，保持反应液在微沸状态下回流 30～40min。

2. 蒸馏

反应完成后，冷却近室温，将装置改成蒸馏装置，用电热套或水浴加热，收集 70～79℃ 馏分。

3. 乙酸乙酯的精制

（1）中和　在粗乙酸乙酯中慢慢地加入约 10mL 饱和 Na_2CO_3 溶液，直到无二氧化碳气体逸出后，再多加 1～3 滴。然后将混合液倒入分液漏斗中，静置分层后，放出下层的水。

（2）水洗　用约 10mL 饱和食盐水洗涤酯层，充分振摇，静置分层后，分出水层。

（3）氯化钙饱和溶液洗　分出水层后，再用约 20mL 饱和 $CaCl_2$ 溶液分两次洗涤酯层，静置后分去水层。

（4）干燥　酯层由漏斗上口倒入一个 50mL 干燥的锥形瓶中，并放入 2g 无水 $MgSO_4$ 干燥，配上塞子，然后充分振摇至液体澄清。

（5）精馏　收集 74～79℃的馏分，产量为 10～12g。

五、注意事项

（1）实验进行前，圆底烧瓶、冷凝管应是干燥的。

（2）回流时注意控制温度，温度不宜太高，否则会增加副产物的量。

（3）在馏出液中除了酯和水外，还含有少量未反应的乙醇和乙酸，以及副产物乙醚，故加饱和碳酸钠溶液主要是除去其中的酸。多余的碳酸钠在后续的洗涤过程可被除去，可用石蕊试纸检验产品是否呈碱性。

（4）饱和食盐水主要用于洗涤粗产品中的少量碳酸钠，还可洗除一部分水。此外，由于饱和食盐水的盐析作用，可大大降低乙酸乙酯在洗涤时的损失。

（5）氯化钙饱和溶液洗涤时，乙醇与氯化钙形成络合物而溶于饱和氯化钙溶液中，由此可除去粗产品中所含的乙醇。

（6）乙酸乙酯与水或醇可分别生成共沸混合物，若三者共存则生成三元共沸混合物。因此，酯层中的乙醇不除净或干燥不够时，由于形成低沸点的共沸混合物，将影响酯的产率。

六、思考题

1. 在本实验中硫酸起什么作用？

2. 为什么乙酸乙酯的制备中要使用过量的乙醇？若采用醋酸过量的做法是否合适？为什么？

3. 蒸出的粗乙酸乙酯中主要有哪些杂质？如何除去它们？

4. 能否用浓的氢氧化钠溶液代替饱和碳酸钠溶液来洗涤蒸馏液？

5. 用饱和氯化钙溶液洗涤，能除去什么？为什么先用饱和食盐水洗涤？可以用水代替饱和食盐水吗？

实验十七　乙酰水杨酸的制备

一、实验目的

（1）进一步熟悉并掌握重结晶等基本操作。

（2）了解用酰化反应制备乙酰水杨酸的原理和方法。

二、实验原理

乙酰水杨酸药名为阿司匹林，是一种广泛使用的具有解热、镇痛、治疗感冒、预防心血管疾病等多重疗效的药物。通常用水杨酸与乙酸酐通过酰化反应，得到乙酰水杨酸。

通常加入少量的浓硫酸作为催化剂，以破坏水杨酸分子中羧基与酚羟基间形成的氢键，从而使酰化反应较易进行。水杨酸分子间可以发生缩合反应，生成少量聚合物，因此反应温度不宜过高，以减少聚合物的生成。

三、仪器和试剂

（1）仪器　圆底烧瓶、烧杯、胶头滴管、表面皿、布氏漏斗、50mL 量筒、真空泵、水浴锅。
（2）试剂　水杨酸、乙酸酐、浓硫酸、蒸馏水、饱和碳酸氢钠水溶液、6mol/L 盐酸、95%
乙醇、1%三氯化铁溶液。

四、实验步骤

1. 制备乙酰水杨酸

在圆底烧瓶中，加入 3g（0.022mol）水杨酸和 5mL（0.053mol）乙酸酐，然后加 5 滴浓硫
酸，充分振摇使水杨酸全部溶解。在 80℃热水浴中加热 30min，并不时加以振摇。稍微冷却后，
加入 50mL 蒸馏水，并用冷水冷却 15min，直至白色结晶完全析出。抽滤，用少量蒸馏水洗涤，
抽干，即得乙酰水杨酸粗品。

将粗乙酰水杨酸放入一个干燥的小烧杯中，在搅拌下加入 30mL 饱和碳酸氢钠水溶液，搅
拌至无二氧化碳产生。抽滤，用 5～10mL 水洗涤，滤液倒入预先盛有 7mL 盐酸和 15mL 水的
烧杯中，搅拌，有乙酰水杨酸晶体析出，将烧杯用冷水冷却，使结晶完全析出。抽滤，用冷水
洗涤结晶 2～3 次。将结晶转移至表面皿，干燥后称重，按下式计算产率：

$$产率 = \frac{实际产量}{理论产量} \times 100\%$$

2. 纯度检验

纯乙酰水杨酸为白色针状或片状结晶，熔点 136℃。由于它受热易分解，较难测准其熔点。
取少量结晶放入试管中，加入约 10 滴 95%乙醇溶解，加入 1～2 滴 1%三氯化铁溶液，观察有
无颜色变化，如果溶液变紫红色则产品不纯。如无颜色变化则纯度较高。

五、思考题

1. 实验所用的仪器为什么必须干燥？
2. 反应物中有哪些副产物生成？如何除去？
3. 水杨酸的乙酰化比一般的醇或酚更难还是更容易些？为什么？

实验十八　从茶叶中提取咖啡因

一、实验目的

（1）学习用冷浸提的方法从茶叶中提取咖啡因，了解咖啡因的一般性质。
（2）进一步熟悉萃取、蒸馏、升华等基本操作。

二、实验原理

咖啡因，又名咖啡碱、茶素，具有刺激心脏、兴奋大脑神经和利尿等作用，因此可用作中
枢神经兴奋药，它是阿司匹林等药物的组分之一。

咖啡因易溶于氯仿、水及乙醇等。含结晶水的咖啡因为无色针状晶体，在 100℃时即失去结晶水并开始升华，在 120℃时升华显著，在 178℃时升华很快。

茶叶中含有咖啡因，占 1%～5%，另外还含有 11%～15%的单宁酸，0.6%的色素、纤维素、蛋白质等。为了提取茶叶中的咖啡因，可用适当的溶剂（如乙醇等）进行连续萃取，然后蒸去溶剂，即得粗咖啡因。粗咖啡因中含有其他一些生物碱和杂质（如单宁酸等），可用升华法进一步提纯。

三、主要产物及其物理常数

见表 19-1。

表 19-1　咖啡因的物理常数

名称	相对分子质量	性状	相对密度	熔点/℃	沸点/℃	溶解度/g/（100 溶剂）		
						水	醇	醚
咖啡因	194.19	白色针状或粉状固体	1.2	234.5	178	微溶	微溶	不溶

四、仪器与试剂

（1）仪器　锥形瓶、100mL 圆底烧瓶、蒸馏头、直形冷凝管、温度计、接液弯管、蒸发皿、玻璃漏斗。

（2）试剂　茶叶、乙醇（化学纯、95%）、生石灰粉（化学纯）。

五、实验步骤

（1）将 8.0g 研细的茶叶置于锥形瓶中，加入 60mL 95%乙醇（液体浸没茶叶且高出 1～2cm），用保鲜膜密封瓶口并盖上表面皿，浸泡一周。

（2）取出上述浸泡液进行常压蒸馏，当蒸馏烧瓶中剩余少量墨绿色液体时结束蒸馏，并趁热将蒸馏烧瓶内的液体倒入蒸发皿中。

（3）向蒸发皿中加入约 3g 生石灰粉，搅拌成糊状，先在水浴条件下蒸干，期间要不断搅拌捣碎块状物，小心焙炒（防止过热使咖啡因升华），除去水分。冷却后擦去沾在蒸发皿边缘的粉末，以免升华时污染产品。

（4）在上述蒸发皿上盖上一张刺有很多小孔的圆滤纸，在上面罩上干燥的玻璃漏斗（漏斗颈部塞少量脱脂棉，以减少咖啡因蒸气逸出），小火加热使咖啡因升华。当漏斗内出现白色烟雾、滤纸上出现白色毛状结晶时，停止加热，冷却，用小匙收集滤纸上及漏斗内壁的咖啡因。残渣经搅拌后用较高温度再加热片刻，使升华完全，合并两次收集的咖啡因。

（5）咖啡因性质试验。在咖啡因溶液中加入碘-碘化钾溶液，应产生棕色或褐色沉淀。

六、注意事项

（1）浓缩提取液不能蒸得太干，否则残液很黏而难以转移。

（2）拌入生石灰要均匀，生石灰除吸水外，还可以除去部分酸性杂质。

实验十九　肥皂的制备

一、实验目的

（1）巩固油脂的性质和皂化反应等知识。
（2）熟悉制肥皂的一般工艺流程。
（3）进一步掌握有关实验基本操作。
（4）提高在工作中不断发现问题和解决问题的能力。

二、实验原理

　　油脂在碱性条件下可水解生成高级脂肪酸盐，后者俗称为肥皂，所以油脂在碱性条件下的水解反应又称为皂化反应。

　　制取肥皂常用动物油脂或植物油脂与 NaOH 溶液进行皂化反应，皂化反应完成后，生成的高级脂肪酸钠、甘油和水的混合物需要加以分离。为了使甘油和肥皂有效分离，常在混合液里加入适量的食盐使肥皂凝结析出在液面上。取得上层物质（肥皂），加入填充剂（如松香、水玻璃等）进行压滤、干燥、成型即可制得肥皂；对下层滤液经纯化后可得到甘油。

　　相关化学反应方程式：

$$
\begin{array}{c}
H_2C-O-\overset{\displaystyle O}{\overset{\|}{C}}-C_{17}H_{33} \\
CH-O-\overset{\displaystyle O}{\overset{\|}{C}}-C_{15}H_{31} \\
H_2C-O-\overset{\displaystyle O}{\overset{\|}{C}}-C_{17}H_{35}
\end{array}
+ 3NaOH \xrightarrow[\triangle]{\text{皂化}}
\begin{array}{c}
H_2C-OH \\
CH-OH \\
H_2C-OH
\end{array}
+
\begin{array}{c}
C_{17}H_{33}COONa \\
C_{15}H_{31}COONa \\
C_{17}H_{35}COONa
\end{array}
$$

　　　　油脂　　　　　　　　　　　　　　甘油　　　　　肥皂

三、仪器与试剂

　　（1）仪器　铁三脚架、酒精灯、石棉网、小烧瓶、小烧杯、玻璃棒。
　　（2）试剂　花生油（也可用猪油或牛油）、NaOH 固体、蒸馏水、乙醇、松香、Na_2SiO_3、陶土或高岭土。

四、实验步骤

1. 皂化反应

　　往平底小烧瓶里放入 6mL 花生油，注入 10mL 乙醇和 5mL 水，再加入 3g NaOH，用带直玻璃管的塞子塞紧小烧瓶口（这根直玻璃管作为冷凝器用）。通过石棉网加热上述烧瓶，并在不断振荡液体情况下进行皂化。也可用小烧杯代替小烧瓶来进行皂化反应（图 19-1）。实验时，煮沸约 10min 后，皂化即可大致完成。

　　检验油脂是否已经完全皂化：取 3～5 滴烧瓶或烧杯里已经皂化的试样放在试管里，加 5～6mL 蒸馏水，把试

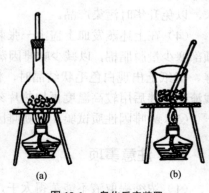

（a）　　　　（b）
图 19-1　皂化反应装置

管置于酒精灯火焰上加热，不时摇荡；如果试样完全溶解，没有油滴分出，表示皂化完成。

2. 盐析、分离

待皂化反应完成后，把一部分制得的溶液倒在 35mL 饱和食盐水里（相当于在反应液里加入电解质），肥皂即凝结在液面上。静置一段时间后，溶液便分成上下两层（上层是肥皂，下层是甘油和食盐的混合液），取出上层物质置于另一烧杯里。

3. 制成成品

往已取出的上层物质里加入适量填充剂（如松香、硅酸钠、陶土或高岭土等），再经压滤（用干净布包裹后，在布上压干）、干燥、成型，即制得成品。

五、注释

在制肥皂过程中，加入的各种填料可起以下作用：加入松香可以增加肥皂的泡沫；加入水玻璃（Na_2SiO_3）可以对纺织品起湿润作用，同时对肥皂又有防腐作用；加入陶土或高岭土可以增加洗涤时的摩擦力。

六、问题与讨论

1. 在制肥皂实验过程中，要解决的关键问题有哪两个？
2. 在皂化反应物配料中，为什么要用到乙醇？

参考文献

[1] 张雪昀，王广珠. 有机化学. 北京：中国医药科技出版社，2021.

[2] 赵温涛，等. 有机化学. 6 版. 北京：高等教育出版社，2019.

[3] 王宁，王立中，谢卫洪. 有机化学. 2 版. 南京：江苏凤凰科学技术出版社，2018.

[4] 李小瑞. 有机化学. 2 版. 北京：化学工业出版社，2018.

[5] 柳阳. 有机化学. 北京：化学工业出版社，2018.

[6] 邢其毅，裴伟伟，徐瑞秋，等. 基础有机化学：上册. 4 版. 北京：北京大学出版社，2016.

[7] 林友文，石秀梅. 有机化学. 北京：中国医药科技出版社，2016.

[8] 许新，陈任宏. 有机化学. 2 版. 北京：高等教育出版社，2015.

[9] 陆阳，刘俊义. 有机化学. 8 版. 北京：人民卫生出版社，2013.

[10] 柯宇新. 有机化学基础. 北京：化学工业出版社，2013.

[11] 陈任宏. 药用有机化学. 北京：化学工业出版社，2012.